国家示范性高等职业院校建设规划教材

水电厂电气一次系统及运行

（修订版）

主　编　孙兰凤
副主编　龚在礼　张丽娟
主　审　袁兴惠

黄河水利出版社
·郑州·

内 容 提 要

本书是国家示范性高等职业院校建设规划教材，是为满足国家示范性高职院校四川电力职业技术学院重点建设项目水电站动力设备与管理专业建设的需要，根据教育部水电站动力设备与管理专业及专业群人才培养方案和水电厂电气一次系统及运行课程标准编写而成的。本书是按照行动导向、项目化教学的新的教育理念编写的教材，主要内容包括：电力系统认知及运行、高低压开关电器认知及运行、其他高压电器及运行、电气一次系统及运行、电力系统过电压保护、电力系统频率与电压调节、电气安全用具与触电急救等七个项目，以及拓展知识。

本书适合高职高专院校水电站动力设备与管理专业教学使用，亦可作为本、专科函授及电力类在岗技术人员的培训教材，还可供从事发电厂电气一次部分设计工作的工程技术人员学习、参考。

图书在版编目（CIP）数据

水电厂电气一次系统及运行/孙兰凤主编．—郑州：黄河水利出版社，2014．5 （2022．1 修订版重印）
国家示范性高等职业院校建设规划教材
ISBN 978－7－5509－0803－1

Ⅰ．①水… Ⅱ．①孙… Ⅲ．①水力发电站－一次设备－高等职业教育－教材 Ⅳ．①TV734

中国版本图书馆 CIP 数据核字（2014）第 096888 号

组稿编辑：王路平 电话：0371－66022212 E-mail：hhslwlp@163.com

出 版 社：黄河水利出版社 网址：www.yrcp.com
地址：河南省郑州市顺河路黄委会综合楼 14 层 邮政编码：450003
发行单位：黄河水利出版社
发行部电话：0371-66026940、66020550、66028024、66022620（传真）
E-mail：hhslcbs@126.com
承印单位：河南新华印刷集团有限公司
开本：787 mm×1 092 mm 1/16
印张：19
字数：440 千字 印数：1 001—1 300
版次：2014 年 5 月第 1 版 印次：2022 年 1 月第 2 次印刷
2022 年 1 月修订版

定价：42.00 元

前　言

本书是根据《教育部关于全面提高高等职业教育教学质量的若干意见》（教高〔2006〕16号）、《教育部关于推进高等职业教育改革创新引领职业教育科学发展的若干意见》（教职成〔2011〕12号）等文件精神，在全国水利水电高职教研会指导下，用中央财政安排的“支持高等职业学校专业建设”项目经费组织编写的教材。

本套教材以学生能力培养为主线，以工作任务为载体，融“教、学、练、做”为一体，适合开展项目化教学，体现实用性、实践性和创新性的特色，是一套紧密联系生产实际的高职高专教育精品规划教材。

本书是国家示范性高职院校四川电力职业技术学院重点建设项目水电站动力设备与管理专业建设成果之一。

为了不断提高教材质量，编者于2022年1月，根据近年来国家及行业最新颁布的规范、标准、规定等，以及在教学实践中发现的问题和错误，对全书进行了修订完善。

本书针对专业课程体系对课程进行系统优化设计，根据岗位知识技能对课程的要求，充分考虑课程在专业人才培养中的地位、作用以及与其他课程的前后衔接，以水电厂运行值班员职业能力培养为重点，突出高职教育的职业性、实践性和开放性特色。通过召开实践专家座谈会，进行职业分析，归纳典型工作任务转化为学习领域，设计出学习项目。同时，分析水电厂运行值班员所需的职业能力，确定学习内容，并融入水电厂运行值班员职业资格证书要求的能力，实现双证融通。课程以电气设备为载体，按平行关系排列学习项目，按照任务教学加上各种方式的实训，实施理实一体的教学。

本书由四川电力职业技术学院承担编写工作，编写人员及编写分工如下：项目1，项目2，项目3的任务3.2，项目4的任务4.1中的4.1.1、4.1.2、4.1.3，任务4.3，项目7及拓展知识Ⅰ由孙兰凤编写；项目3的任务3.1，项目5，项目6由张丽娟编写；项目4的任务4.1中的4.1.4，任务4.2，拓展知识Ⅱ由龚在礼编写。本书由孙兰凤担任主编，并负责全书统稿；由龚在礼、张丽娟担任副主编；由四川水利职业技术学院袁兴惠担任主审。

由于编者水平有限，书中难免存在不足和疏漏，欢迎读者提出宝贵意见。

编　者
2022年1月

目 录

项目1 电力系统认知及运行

◆**项目描述**

本项目主要培养学生认识不同发电厂的生产过程和特点，同时能叙述水电厂的基本设备及水力发电的生产过程；能分析水电厂电力系统的构成及电气设备的分类，能叙述电气设备的主要参数指标；能进行中性点接地方式的比较和分析；对短路的类型、危害、防止措施进行分析及进行短路电流的计算。

◆**教学目标**

1. 知道发电厂的类型，能分析不同发电厂的工作过程及工作特点；
2. 知道电力系统的构成、电气一次及二次设备的组成及主要参数；
3. 能分析电力系统的特点及对电力系统的要求，能分析主要的额定参数；
4. 能进行中性点接地方式的比较和分析；
5. 知道短路的类型、危害及防止措施，能进行短路电流的计算。

◆**教学环境**

相关电厂、电气相关的实训室、多媒体课件、相关的视频资料。

任务1.1 发电厂认知

◆**教学目标**

1. 知识目标

(1)知道发电厂的类型、工作过程及特点；

(2)熟知水电厂的基本设备及水力发电的生产过程。

2. 能力目标

能叙述不同发电厂的生产过程，分析其基本结构及特点。

◆**任务描述**

分析水电厂的生产过程，要求叙述电厂基本的结构组成，绘制各组成的连接图并说明生产过程。

◆**任务准备**

(1)安全帽、手电筒；

(2)熟悉安全注意事项，注意现场设备勿误触碰，注意高压设备间隔；

(3)相关的水力发电厂、火力发电厂等的影像、视频资料。

◆**相关知识**

发电厂是电力系统的电力生产环节，其作用是把自然界演化生成的各种形式的一次能源(如煤炭、石油、天然气、水利等)转变成二次能源——电能。

发电厂按所采用的一次能源划分，目前主要有火力发电厂、水力发电厂、核能发电厂、风力发电厂、潮汐发电厂、地热发电厂、垃圾发电厂、沼气发电厂等多种类型。我国电力工业目前装机容量最多的主要是火力发电厂和水力发电厂。发电厂按其装机容量和供电范围分类，又分为区域发电厂、地方发电厂和用户自备电厂。

下面主要介绍水力发电厂、火力发电厂和核能发电厂。

1.1.1　水力发电厂

水力发电厂（简称水电厂），是将水的位能和动能转换为电能的工厂。水流冲击水轮机旋转，带动发电机发电，图 1-1 为几种水力发电厂的示意图。

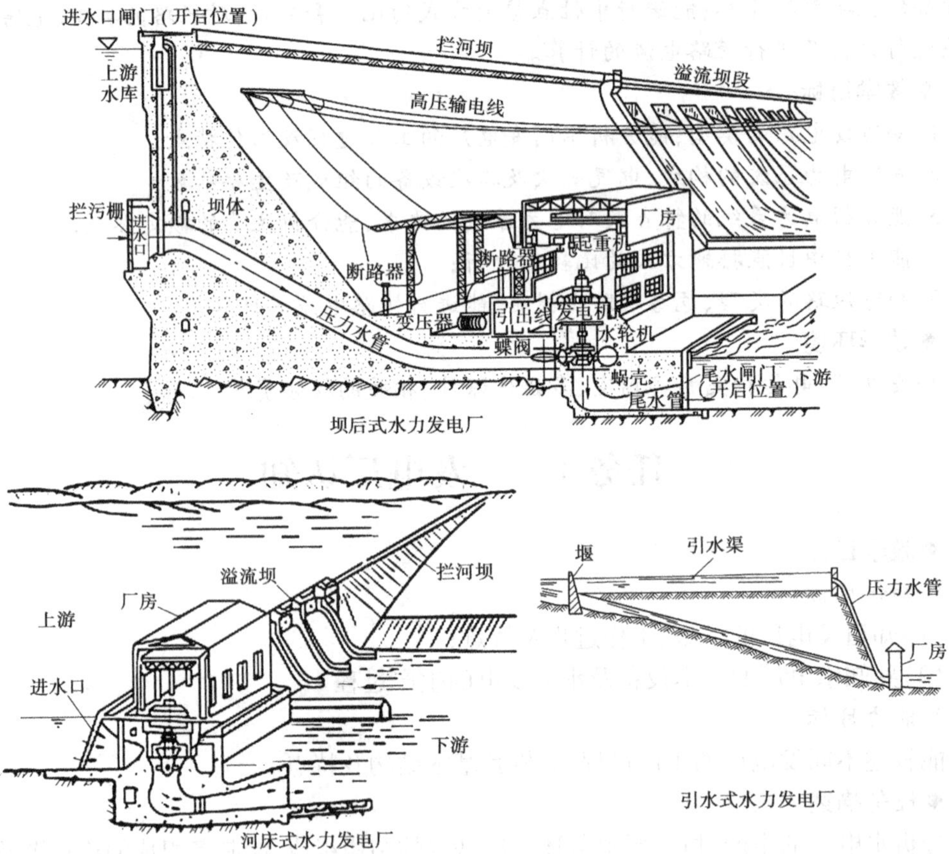

图 1-1　水力发电厂

按取水方式的不同，可分为以下三种：

(1) 堤坝式水电厂。在河流的适当位置修建堤坝，形成水库，利用坝的上下游水位的落差，引水发电。

堤坝式水电厂分为坝后式和河床式两种。坝后式水电厂厂房建筑在大坝的后面，不承受水的压力，适用于高、中水头的水电厂；河床式水电厂的厂房与大坝合成一体，厂房是大坝的一个组成部分，要承受水的压力，故适用于中、低水头的水电厂。

(2)径流式水电厂。利用有较高水位落差的急流江河建坝,但不形成水库,直接将水引入水轮机发电,这种电厂只能按天然江河的水流量及水位落差来发电,受季节影响较大。

(3)抽水蓄能电站。这是一种特殊形式的水电厂,如图1-2所示,由高落差的上、下游水库和水轮机-发电机-水泵的可逆机组组成。

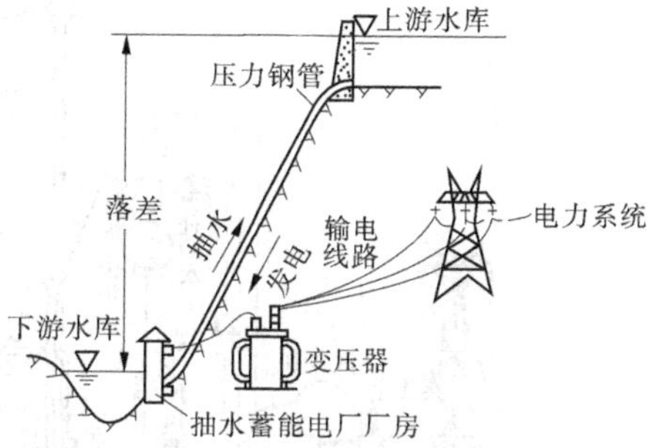

图1-2 抽水蓄能电站

当系统处于低谷负荷时,机组以电动机-水泵方式工作,吸收电力系统的有功功率将下游的水抽至上游水库蓄存起来,把电能转换为水能,这时它是用户,相当于将交流电能以水的位能的形式蓄存起来,用以改善电力系统的运行调度。当系统处于高峰负荷时,机组按水轮机-发电机方式运行,使所蓄的水用于发电,以满足调峰需要,这时它是发电站。

抽水蓄能电站是电力系统的填谷调峰电源,可以做调频、调相和系统的备用容量,一般可与发电出力较稳定的核电站配合设置。

1.1.2 火力发电厂

火力发电厂是利用燃料(如煤、石油、天然气)的化学能来生产电能,按其作用分为凝汽式发电厂和供热式发电厂两种类型。

1.1.2.1 凝汽式发电厂(通常称为火电厂)

只生产电能的火电厂称为凝汽式发电厂,其生产过程如图1-3所示。将天然化石的化学能通过炉内燃烧的方式转变为热能,加热锅炉中的工质水使之变为高温、高压的蒸汽,在汽轮机内膨胀做功推动汽轮机转子,使之转变为旋转机械能带动发电机发电。在汽轮机内做完功的乏汽经凝汽器放出大量的汽化潜热后凝结为水,通过加热器加热、给水泵升压后,再次送入锅炉汽包内循环使用。

凝汽式发电厂由于在凝汽器内,大量做过功的乏汽的汽化潜热被循环冷却水冷凝带走,因此热效率较低,只有30%~40%,为避免长距离的煤运输,适宜建在燃料产地,称为坑(矿)口电厂。

1.1.2.2 供热式发电厂(通常称为热电厂)

既担任发电任务,同时具有向用户供热负荷(蒸汽、热水)作用,建于供热用户负荷中心的火电厂,称为热电厂。将部分做过功的蒸汽从汽轮机某段抽出供给热用户的,称为抽汽式热电厂,这类热电厂的发电负荷不受热用户负荷的影响,由于避免了部分蒸汽排入凝汽器,热损失减小,热经济性好于凝汽式电厂。另一类热电厂称为背压式电厂,其所有乏汽在较高的压力、温度下全部供给热用户,避免了所有排汽热损失,因此其热效率最高,但发电量受热负荷变动的控制,热用户也具有选择性,其使用范围远小于抽汽式热电厂。

1.1.3 核能发电厂

核能发电厂通常称为核电站,或原子能发电厂。以核反应堆取代火电厂的锅炉装置,

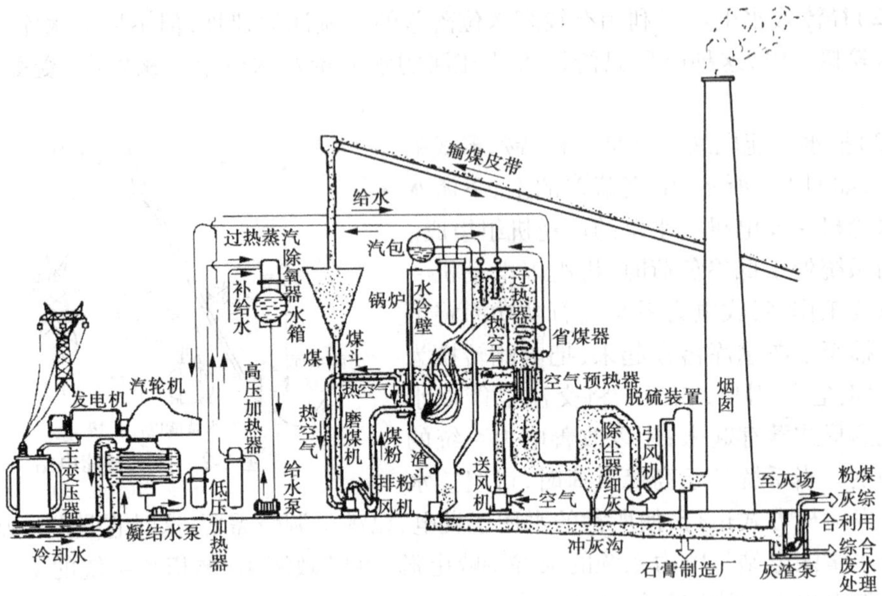

图 1-3 凝汽式发电厂生产流程

如图 1- 4 所示。反应堆采用铀 235 为原料,水、重水或石墨等作为快中子减速剂,铀在慢中子的撞击下产生链式反应,分裂原子核,放出能量,加热水成为高温高压蒸汽,冲动汽轮机再带动发电机工作。

图 1-4 大亚湾核电厂

核电站的单元容量由核反应堆的安全性因素决定。由于核电生产特点的要求,核电站在系统中承担基本负荷,设备年利用小时数在 6 500 h 以上。

由于原子裂变释放的能量巨大,所以核电厂消耗的核燃料很少,因而经济效益很高。

远离负荷中心的大容量的凝汽式火力发电厂、水力发电厂,由于容量较大,输电距离较远,所以把电压升高到 500 kV 甚至更高电压后经线路送出。中型发电厂的电能升压至 220 kV 后由输电线路送到变电站,并通过线路与 220 kV 电网相联系。热电厂由于要兼供热,所以建在用户附近,它除了可用 10 kV 发电机电压直供给附近地区用电,也可通过升压变压器升高到某一个或两个电压等级向电网送电。

◆**任务实施**

(1)实习联系:实习地点落实、时间确定、车辆联系;

(2)实习动员:安全教育、纪律教育、实习任务布置;

(3)入厂安全教育:安全规程学习与考试;

(4)认识电厂中发电、变电、送电环节,拍照记录;

(5)水机部分结构认识,拍照记录;

(6)电气部分结构认识,拍照记录;

(7)辅助设备及系统认识,拍照记录;

(8)各主要部件名称、作用,部件之间的相对位置描述。

◆**思考问题**

(1)水电厂的生产过程是怎样的?

(2)水电厂的主要设备有哪些?各有什么作用?

◆**任务评价**

(1)评价内容。

实际操作:学生拍照记录现场对应的全部设备,写出各设备的名称及作用。教师自行设计考核表格与评分标准,通过考核学生拍照记录、设备名称与作用表述,进而考核学生对水电厂设备的熟知情况和工作原理的掌握程度。

解答思考问题:学生解答思考问题,学生自评、互评,老师审定成绩。

职业素质养成考核:遵守安全规章制度,遵守纪律、吃苦耐劳,一丝不苟地工作,与团队成员、教师和工厂师傅进行有效的沟通,协作共事等。

(2)成绩构成。

实际操作40%,解答思考问题40%,职业素质20%。

任务1.2 电力系统认知

◆**教学目标**

1.知识目标

(1)知道电力系统的组成及特点;

(2)知道变电站、电力网的类型;

(3)知道电气设备的分类及主要参数。

2.能力目标

(1)能用图形描述电力网、电力系统、动力系统之间的关系,能分析电力系统的特点;

(2)能叙述主要的一次设备,能分析一次设备的主要参数。

◆**任务描述**

分析电力系统的组成及特点;在水电厂认识常规的电气一次设备。

◆**任务准备**

(1)安全帽;

(2)熟悉安全注意事项,注意现场设备勿误触碰,注意高压设备间隔;

(3)相关的电力系统的影像、视频资料。

◆**相关知识**

1.2.1 变电站

变电站是汇集电源、升降电压和分配电力的场所,是联系发电厂和用户的中间环节,主要用来变换电压、输送电能、分配电能,其关键设备是主变压器。

设于发电厂端连接发电机出线,再将发电机输出电源的电压升高后通过高压输电线路送入电网的变电站称为升压变电站;设于输配电线路受电端的变电站称为降压变电站。

根据在电力系统中的地位和作用,变电站可分为以下几类:

(1)枢纽变电站。位于电力系统的枢纽点,电压等级一般为 330 kV 及以上,对于保证电网的稳定、可靠运行,其地位十分重要,如发生事故将造成大面积停电,或系统瓦解。其特点是联系电源多、出线回路多、变电容量较大。

(2)中间变电站。位于发电厂和负荷中心之间,与系统主干环线或主要干线连接,电压等级一般为220 ~ 330 kV,汇集 2 ~ 3 个电源和若干线路,从这里可以转送一部分高压负荷,或抽引一部分负荷,降压向附近地区供电,若停电将引起区域电网解列。

(3)地区变电站。它是一个地区或一个中、小城市的主要变电站,电压等级一般为 110 ~ 220 kV,全站停电后将造成该地区或城市供电的紊乱。

(4)企业变电站。它是大中型企业的专用变电站,电压等级一般为 35 ~ 220 kV,1 ~ 2 回进线。

(5)终端变电站。它只是负责供应一个局部地区的负荷,而不承担转送功率。位于配电线路的终端,接近负荷区域,高压侧为 10 ~ 110 kV 引入线,经降压后向用户供电。

1.2.2 电力线路

电力线路按结构可分为架空线路和电缆线路两大类。

(1)架空线路。将导线通过杆塔架设在户外地面上空,由导线、杆塔、避雷线、绝缘子和金具等元件组成。

(2)电缆线路。一般用在变压器配电线路出线、水下线路、污染严重的地区和因建筑拥挤或要求美观的城市配电线路等处,一般埋在地底下的电缆沟或管道中,它由导线、绝缘层、保护层等构成。

1.2.3 电力网

电力系统中由升压和降压变电站通过输配电线路连接起来的部分(不包括用户的用电设备及低压接户线设备)称为电力网,包括送电、变电、配电三个部分。

电力网按其在电力系统中的不同作用,分为输电网和配电网。

(1)输电网。

以高电压、超高电压输电线路将发电厂与变电站、变电站与变电站之间连接起来的送电网络称为输电网,它是电力网中的主网架。电网中通常把 330 ~ 750 kV 的电压称为超高压,而把 750 kV 及以上的电压称为特高压。

(2)配电网。

直接将电能送到用户的网络称为配电网。配电网的电压因用户的需求而定,因此又分为高压配电网(35~220 kV)、中压配电网(3~10 kV)、低压配电网(220 V、380 V)。

电力网按其供电范围、电压高低可分为地方电力网和区域电力网。

(1)地方电力网。电压等级一般不超过 110 kV,供电距离多在 100 km 以内,主要是一般城市、工矿区、农村的配电网络。

(2)区域电力网。把范围较广地区的发电厂联系起来,且输电线路长、电压高、传输功率大,用户类型也较多。目前在我国,区域电力网的电压都在 110 kV 以上,包括 330 kV 及以上的超高压,基本上各省都形成了跨省(区)的多个大电力网。

电力网按结构特征分为开式电力网(又称为无备用网络)、闭式电力网(又称为有备用网络)两种,如图 1-5 所示。

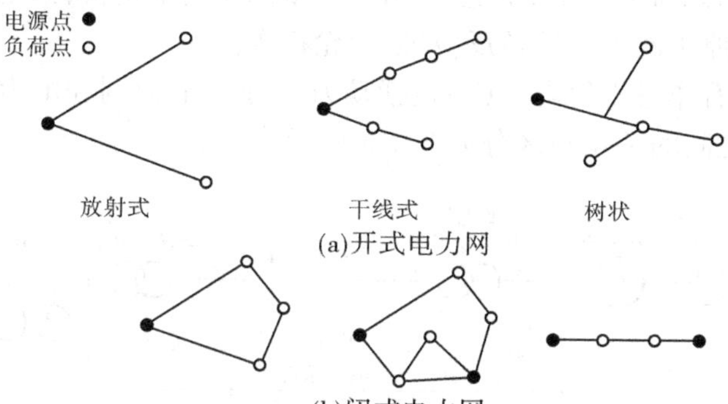

图 1-5 开式、闭式电力网示意图

用户只能从单方向获得供电的称为开式电力网(无备用网络);能从两个或两个以上方向获得供电的称为闭式电力网(有备用网络)。

电力网中当输送的功率一定时,输电电压愈高,线路上的电流就愈小,从而线路上的电压损耗和功率损耗就愈小,电力可有效传输的距离就愈长。而且,线路上的电流小,所需导线载流部分的截面积就小,可以节省线路投资。同样,在相同的电流下,提高电压,就能提高输送功率。所以,一般说来传输功率愈大,输送距离愈远,则选用较高的电压等级较为有利。但是,电压愈高,对绝缘的要求就愈高,结果导致投资增加。综合考虑以上各方面的因素,对应于某一输送容量和输送距离,应采用一个较为经济合理的输电电压。

我国电力网所用电压等级的输电线路距离、输电容量如表 1-1 所示。

表 1-1 架空线路的输送能力

额定电压(kV)	输送容量(MVA)	输送距离(km)	额定电压(kV)	输送容量(MVA)	输送距离(km)
3	0.1~1.0	1~3	110	10~50	50~150
6	0.1~1.2	4~15	220	100~500	100~300
10	0.2~2	6~20	330	200~800	200~600
35	2~10	20~50	500	1 000~1 500	150~850
60	3.5~30	30~100			

1.2.4 电力系统

1.2.4.1 构成

1. 电力系统的构成

随着发电厂的数量和容量不断增加,为了提高供电的可靠性和经济性,把地理上分散的发电厂通过各种电压等级的输、配电线路、升压和降压变电站等相互连接形成一个整体,供电给电力用户时,就形成了现代电力系统。因此,电力系统是由发电厂、升压变电站、输配电线路、降压变电站及用户用电设备有机连接起来的统一整体,它涵盖了发电、变电、输电、配电及用电的全过程。

2. 动力系统的构成

电力系统加上发电厂中驱动发电机转动的动力部分、供热以及用热设备,统称为动力系统。发电厂(电力系统)动力部分包括:水电厂的水库、水轮机;火电厂的锅炉、汽轮机、燃气轮机、热网等;原子能电厂的核反应堆、汽轮机等。

电力系统也可看作是由发电厂(不包括动力部分)、电力网和电力用户用电设备所组成的整体,这三者之间的关系与区分如图1-6所示。

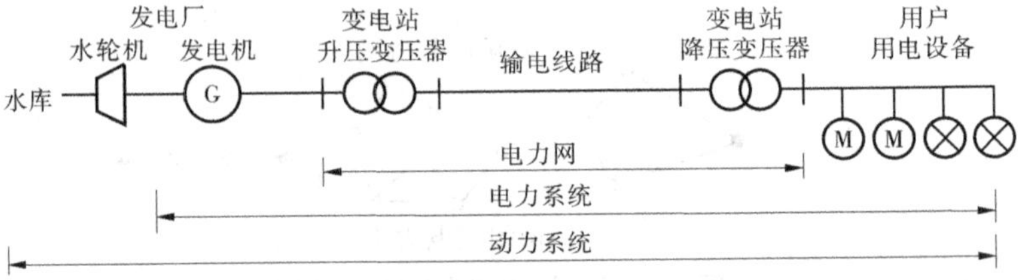

图1-6 动力系统与电力系统、电力网关系示意图

1.2.4.2 电网互联的优越性分析

实践证明,当各孤立运行的发电厂通过电力网连接起来形成并联运行的电力系统后,使发电、供电和用电连接成为整体,在技术和经济上将带来很大好处,主要表现为:

(1)提高电网运行的可靠性。在结构合理的电力系统中,由于是多电源联合供电,机组台数多,即使个别机组或电源发生故障,其他机组或电源仍可以在出力允许的情况下多带负荷;一条输电线路发生故障时,用户还可以从系统的其他部分获得电源,从而提高供电的可靠性。

(2)提高电能质量。电能质量用频率、电压的波形和电压来衡量,其数值应按规定要求,保持在一定的允许变动范围内。由于电力系统容量大,负荷波动所引起的频率和电压波动就会减小,电能质量就可以提高。

(3)减少系统中的总装机容量。电力系统供电的各电力用户的最大负荷是不会同时出现的,因此系统中最大综合负荷总小于各用户最大负荷的总和。由于系统中最大综合负荷降低,也就可以相应地减少系统的总装机容量。为了保证对用户的可靠供电,无论是孤立电厂还是电力系统,都需要检修备用和事故备用容量。在孤立电厂中,备用容量不应小于电厂最大机组的容量(可占电厂总容量的30%~40%)。而在电力系统中,所有发电厂连接在一起并联运行,由于各发电厂的机组互为备用,可以错开检修时间,备用容量只需系统总容量10% ~15%,即不小于系统中最大一台机组容量即可。显然,此时电力系统的备用容量比各孤立电厂备用容量的总和小,即系统总装机容量可以减小。

(4)可以装设大容量机组,推动技术进步和设备升级。形成电力系统后,由于总负荷的增大,因此可以装设大容量机组。大容量机组效率高,每千瓦投资以及维护费用都比多台小机组经济得多。但是,电力系统中所采用的最大机组容量,以不超过总装机容量的15% ~20%为宜。

(5)能够充分利用动力资源。如果不形成电力系统,很多能源难以得到充分利用。例如,水力发电厂的出力取决于河流的来水情况,而水流情况是多变的,很难与电力负荷相适应,往往枯水季节出力不足,而在丰水季节却要弃水。当水电厂投入电力系统后,它的运行情况就可以与火电厂相互调剂组合。在丰水季节,可以让水电厂尽量多发电以减少火电厂的出力,节省燃料;而在枯水季节则让水电厂担负尖峰负荷,火电厂担负固定的基本负荷。这样既充分利用了水能资源,又提高了火电厂的运行效率,降低了煤耗。

(6)提高运行的经济性。形成电力系统后除了充分利用动力资源,在系统中还可以经济合理地分配各机组或各发电厂之间的负荷,使运行经济性好、效率高的机组多带负荷,而效率低、发供电成本高的机组少带负荷,从而降低生产电能的成本。

从上可知,形成并联运行的电力系统有明显的优越性,能显著提高运行的可靠性与经济性。但是随着电力系统的扩大及联系的增强,由于一处发生故障而波及广大地区的情况也越易发生,另外,系统短路电流也随着系统容量的增大而不断增加,甚至达到设备不能允许的程度,因此系统联系的增强也将是有限度的,并不意味着在所有场合下都是系统规模越大越好。

1.2.4.3 电力系统的特点分析

(1)电能的生产与消费具有同时性。由于电能生产和消费是一种能量形式的转换,要求生产与消费同时完成,迄今为止仍未能解决经济、高效的电能大容量贮存问题,因此电能难以贮存,是它的最大特点。因而,在电力系统运行时就要求经常保持电源和负荷的功率平衡,在规划设计时则要求确保电力先行,否则其他工厂即使建成也无法投产。再者,发电和用电同时实现,使电力系统中的各个环节之间具有十分紧密的相互依赖关系,无论是转换能量的原动机或发电机,或是输送、分配电能的变压器、输配电线路,还是用电设备等,只要其中任何一个元件故障,使正常的供需平衡被打破,将使系统运行的稳定性遭到破坏及发生事故,使电力系统和国民经济造成重大损失。

(2)电能生产与国民经济各个部门和人民生活有着极为密切的关系,电能的供应中断或不足,不仅将直接影响生产和人民生活,甚至可能造成严重的社会不稳定性或灾难性后果。

(3)电力系统的过渡过程十分短暂,电磁变化过程非常迅速。由于电能以光速传播,所以运行情况发生变化所引起的电磁和机电过渡过程是非常短暂的。电力系统的正常操作、用户电力设备的启停或负荷增减都是很快的,电力系统中出现的故障更是极其短暂的,往往用微秒、毫秒或秒来计量。因此,不论是正常运行时所进行的调整和切换等操作,还是故障时为切除故障,或为了把故障限制在一定范围内以迅速恢复供电所进行的系列操作都要求十分快速地完成,仅靠人工是不能达到效果的,甚至是不可能的,必须采用各种自动装置来迅速而准确地完成各项调整和操作任务。电力系统的这个特点给运行、操作等带来了许多复杂的问题。

(4)电力系统的地区性特点较强。由于电力系统的电源结构、资源分布情况与特点有关,而负荷结构却与工业布局、城市规划、电气化水平有关,至于输电线路的电压等级、线路配置等则与电源和负荷间的距离、负荷的集中程度等有关,因而各个电力系统的组成情况不尽相同,甚至可能很不一样。例如,有的系统是以水电为主,而有的系统则是以火电为主(或完全没有水电);有的系统电源与负荷距离近,联系紧密,而有的系统却正好相反,等等。因此,在系统规划设计与运行管理时,应从实际出发,针对地区的特点建设结构合理、技术先进的电力系统和管理运行。

1.2.4.4 对电力系统的要求

从电力系统的上述特点出发,根据电力工业在国民经济中的地位和作用,对电力系统有下列基本要求。

1. 保证供电的可靠性

可靠性指标是以统计时期内的实际供电时间与统计时间的比值来衡量的,其中停电时间包括事故、计划检修及临时性停电用时。不同性质的用电负荷,其要求不同。运行经验表明,为保证供电的可靠性,首先,要保证系统各元件工作的可靠性,这就一定要保证电力设备的产品质量,努力搞好设备的正常运行与维护。其次,要提高运行水平和自动化程度,防止误操作的发生,在事故发生后应尽量防止事故扩大等。

电力用户的用电设备所取用的功率称为用电负荷,按其重要性和对供电可靠性的要求及突然中断供电所引起的损失程度,通常分为三类:

(1) Ⅰ类负荷。对Ⅰ类负荷突然停电时,将造成人员伤亡,重大设备损坏,重要产品出现大量废品,引起生产混乱,交通枢纽、干线受阻,重要城市供水、通信、广播中断等,造成巨大经济损失或重大政治影响。Ⅰ类负荷是最重要的电力用户,必须有两个独立电源供电,即要求有很高的供电可靠性。

(2) Ⅱ类负荷。对Ⅱ类负荷突然停电时,会造成大量减产、停工,生产设备局部破坏,局部地区交通阻塞,城市居民的正常生活被打乱等。Ⅱ类负荷也是重要负荷,应尽量用两回线路供电,且两回线路应引自不同的变压器或母线段,确有困难时,允许由一回专用线路供电。

(3) Ⅲ类负荷。不属于前两类负荷的均属于Ⅲ类负荷。此类负荷短时停电造成的损失不大,属于一般电力用户,可以用单回线路供电。

无备用接线的用户只有一个电源,其简单、经济、运行方便,但供电可靠性差,所以一般不能用于对Ⅰ、Ⅱ类负荷的供电。有备用接线的用户有两个或两个以上的电源对其供电,供电可靠,能保证对Ⅰ、Ⅱ类负荷的供电,但运行操作和继电保护较复杂,投资费用也较大。

当发生事故需要对用户拉闸限电时,应根据电力负荷对供电可靠性的要求,先保证Ⅰ类负荷,再保证Ⅱ类负荷,最后保证Ⅲ类负荷。当系统发生事故,出现供电不足的情况时,就应当首先切除Ⅲ类负荷,以保证Ⅰ、Ⅱ类负荷的用电。通常,对Ⅰ、Ⅱ类负荷都设置有两个或两个以上的独立电源,以便在任一电源故障时,保证供电不致中断。

另外,根据各时期的政策和季节的要求还可以分为优先保证供电的重点负荷、一般性供电的非重点负荷、可以暂时限制或停止供电的负荷。

2. 最大限度地满足用户的用电需要,为国民经济各个部门提供充足的电力

为此,首先,应按照电力先行的原则,作好电力系统发展的规划设计,认真搞好电力工业的建设,以确保电力工业的建设优先于其他的工业部门。其次,还要加强现有电力设备的运行与维护,以充分发挥潜力,防止事故的发生,减少限电。

3. 保证良好的电能质量

电能质量的指标主要是频率、电压及波形。当这些指标不符合电气设备的额定值要求时,会影响设备的正常工作,造成用户产品质量下降或产品报废、设备损坏,甚至危及人身安全。

1)频率

我国规定的工频交流电的频率指标为 50 Hz,供电电源频率缓慢变化的现象称为频率偏差,即

$$\Delta f = f - f_e$$

式中 f——实际供电频率,Hz;

f_e——额定频率,Hz。

大容量系统允许频率偏差为 ±0.2 Hz,中小容量系统允许频率偏差为 ±0.5 Hz,由于用户冲击引起的频率变化一般不得超过 ±0.2 Hz。

2)电压

在某一时段内,电压幅值缓慢变化而偏离额定值的程度为电压偏差,用实际值与额定值之差或其百分数表示,即

$$\Delta U = U - U_e$$

式中 U——检测点电压实际值,V;

U_e——检测点电网电压的额定值,V。

电压允许变化的范围见表 1-2。

表 1-2 电压的允许变化范围

线路额定电压	正常运行电压允许变化范围
35 kV 及以上	$\pm 5\% U_e$
10 kV 及以下	$\pm 7\% U_e$
低压照明及农业用电	$(-10\% \sim +5\%)U_e$

另外,还有电压波动、闪变以及衡量三相电压的不平衡度的负序电压系数等指标。

3)波形

谐波是由于电力系统中存在大量非线性阻抗特性的设备引起的,即存在大量的谐波源,造成供电电压、电流正弦波形的畸变,使实际供电电压、电流不再是正弦波。电能质量控制主要对电压正谐波畸变率进行限制,因此应尽力消除和避免电力系统中的各种谐波产生源,保证交流电的电压波形畸变不超过规定的范围。

4. 保证电力系统运行的稳定性

电力系统发生局部的短路事故等情况下,如果因为系统的稳定性较差,使事故扩大导

致整个系统瓦解,会造成长时间的大面积停电。因此,整个系统的自动装置的灵敏可靠、合理地调度和迅速地处理事故,是对系统稳定性的要求。

5. 保证电力系统运行的经济性

要使电能在生产、输送和分配过程中效率高、损耗小、成本低,必须降低一次能源消耗率、厂用电率和线损率,使这三个指标达到最小。另外,合理的规划设计、良好的设备管理水平和运行水平以及整个系统的经济调度,都是实现电力系统经济运行的必要条件。

综上所述,保证对电力用户不间断地供给充足、可靠、优质和廉价的电能,就是电力系统的基本要求和任务。

1.2.5 电气设备

发电厂电气部分的工作主要有:

(1)根据负荷变化的要求,启动、调节和停止机组;

(2)对电路进行必要的切换;

(3)监视主要设备的工作,周期性地检查和维护主要设备;

(4)定期检修设备,迅速消除故障等。

1.2.5.1 一次设备和系统

1. 一次设备

直接参与生产、输送和分配电能的电气设备称为一次设备,主要有:

(1)能量转换设备。如发电机、变压器、电动机等,其中发电机和主变压器是电站的核心,简称主机主变。

(2)开关设备。为满足运行、操作或事故处理的需要,将电路接通或断开的设备称为开关电器。开关电器有以下几种:

①断路器(俗称开关)。断路器不仅能接通或断开电路正常的负荷电流,也能关合或断开过负荷电流或短路电流,是作用最重要、结构最复杂、功能最完善的开关电器,是电力系统中最重要的操作和保护电器。

②熔断器。熔断器不能接通或断开负荷电流,专用于断开故障短路电流,切除故障回路。

③负荷开关。不足以断开短路电流。用来接通或断开电路的正常工作电流和过负荷电流,但其灭弧能力有限,不能用来接通或断开短路电流,还可用来在检修设备时隔离电源。

④隔离开关(俗称刀闸)。主要用于设备或电路检修时隔离电源,造成一个可见的、足够的空气间距;或者进行电路的切换操作及接通或断开小电流电路。它一般只有在电路断开的情况下才能操作,在各种电气设备中,隔离开关的使用量是最多的。

断路器和熔断器都能在电路故障时断开一定的短路电流以切除故障电路,故称为保护电器。断路器和负荷开关能接通和断开一定的负荷电流,称为操作电器。隔离开关没有灭弧能力,不能断开负荷电流,若在负荷电流下错误地切开隔离开关,叫带负荷拉闸,会引起电弧短路,是一种严重的误操作,应避免。

⑤低压开关电器。包括刀开关、组合开关和低压断路器等。

(3)载流导体。电气设备必须通过载流导体按照生产和分配电能的顺序连接起来,常见的载流导体有母线、绝缘子和电力电缆等。

(4)仪用互感器(转换电器)。如电压互感器和电流互感器,将一次回路中的高电压和大电流按变比转换成二次侧的低电压和小电流,供给测量仪表和继电保护用。

(5)限制故障电流和防御过电压的电器(限制电器)。如用于限制短路电流的电抗器和限制过电压的避雷器、避雷针、避雷线等。

(6)接地装置。用来保证电力系统正常工作的工作接地或保护人身安全的保护接地,它们与埋入地中的金属接地体或接成接地网的接地装置连接。

(7)补偿设备。补偿设备有以下几种:

①调相机。它是一种不带机械负荷运行的同步电动机,主要用来向系统输出感性无功功率,以调节电压控制点或地区的电压。

②电力电容器。电力电容器补偿有并联和串联补偿两类。

③消弧线圈。它用来补偿小接地电流系统的单相接地电容电流,以利于熄灭电弧。

④并联电抗器。它的作用是吸收过剩的无功功率,改善沿线电压分布和无功分布,降低有功损耗,提高送电效率。一般装设在330 kV及以上超高压配电装置的某些线路侧。

2. 一次主接线图

表示一次系统的连接方式的电路称为一次电路,又称为电气主接线。

常用一次设备的图形符号及文字符号见表1-3。

一次系统及设备是本课程讲授、学习的主要内容之一。对一次电气设备用规定的图形符号,按一次电路实际连接方式,并用单线表示三相绘制成的电气接线图,称为原则接线图。某些局部图如电流互感器的三相不尽相同,应以三线表示。当有中性线时,以虚线表示。供安装用图,还应标出主设备的型号、规格和技术参数。

一次接线图上的触点一般按无电压、无外力作用的正常状态绘制,即按开关的断开位置绘制,否则应予以注明。当图形为垂直绘制时,动刀闸在静触头的左边;当水平绘制时,动刀闸在静触头的上边。

1.2.5.2 二次设备和系统

与互感器一次绕组处于同一回路中的电气设备,称为一次设备,这个回路称为一次回路,此系统称为一次系统;连接在互感器二次绕组端的电气设备,称为二次设备,这个回路称为二次回路,该系统称为二次系统。简单的划分,电气二次系统就是由互感器二次侧交流供电的全部交流回路及由直流电源的正极到负极的大部分直流回路。互感器是交流一次回路和二次回路的分界,二次设备是对一次设备或系统的运行状况进行测量、控制、保护和监察的设备,包括测量表(计)、继电保护和自动装置、控制和信号装置、直流电源设备、绝缘监察装置、塞流线圈。

(1)测量表(计)。

用来监视、测量电路的电流、电压、功率、电能、频率及设备的温度等,如电流表、电压表、功率表、电能表、频率表、温度表等。

(2)继电保护和自动装置。

继电保护的作用是当发生故障时,作用于断路器跳闸,自动切除故障元件;当出现异常情况时发出信号。

表 1-3　常用一次设备的图形符号及文字符号

序号	设备名称	图形符号	文字符号	序号	设备名称	图形符号	文字符号
1	交流发电机		G或GS	15	三绕组电压互感器		TV
2	直流发电机		G或GD	16	输电线路		WL或L
3	交流电动机		M或MS	17	母线		WB
4	直流电动机		M或MD	18	电缆终端头		W
5	双绕组变压器		T或TM	19	断路器		Q或QF
6	三绕组变压器		T或TM	20	隔离开关		Q或QS
7	自耦变压器		T或TM	21	负荷开关		Q
8	电抗器	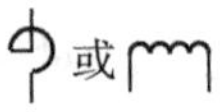	L	22	隔离插头或插座	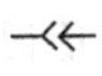	Q或QS
9	分裂电抗器		L	23	接触器		K或KM
10	避雷器		F	24	熔断器		FU
11	火花间隙		F	25	跌落式熔断器	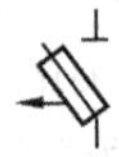	FU
12	电力电容器		C	26	熔断器式负荷开关	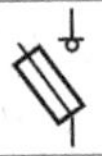	Q
13	电流互感器	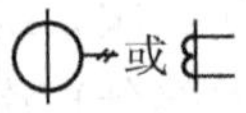	TA	27	熔断器式隔离开关	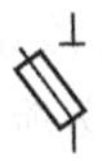	Q
14	双绕组电压互感器	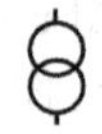	TV	28	接地		

自动装置用来实现发电厂的自动并列、发电机自动调节励磁、电力系统频率自动调节、按频率启动水轮机组，实现发电厂或变电站的备用电源自动投入、输电线路自动重合闸以及按事故频率自动减负荷等。

(3)控制和信号装置。

控制主要是指采用手动(用控制开关或按钮)或自动(继电保护或自动装置)方式通

过操作回路实现配电装置中断路器的分、合闸。

断路器都有位置信号灯,有些隔离开关有位置指示器,主控制室设有中央信号装置,用来反映电气设备的事故或异常状态。

(4)直流电源设备。

如蓄电池组、直流发电机、硅整流装置等,用作开关电器的操作、信号、继电保护及自动装置的直流电源,以及事故照明和厂用直流电动机的备用电源。

(5)绝缘监察装置。

绝缘监察装置用来监察交、直流电网的绝缘状况。

(6)塞流线圈(又称高频阻波器)。

塞流线圈的作用是阻止高频电流向变电站或支线泄漏、减小高频能量损耗。塞流线圈是电力载波通信设备中必不可少的组成部分,它与耦合电容器、结合滤波器、高频电缆、高频通信机等组成电力线路高频通信通道。

1.2.6 配电装置

配电装置是按主接线图,由母线、开关设备、保护电器、测量电器及必要的辅助设备组建成接收和分配电能的电工建筑物。

(1)按电气设备的安装地点可分为以下两种:

①屋内配电装置。全部设备都安装在屋内。

②屋外配电装置。全部设备都安装在屋外(即露天场地)。

(2)按电气设备的组装方式可分为以下两种:

①装配式配电装置。电气设备在现场(屋内或屋外)组装。

②成套式配电装置。制造厂预先将各单元电路的电气设备装配在封闭或不封闭的金属柜中,构成单元电路的分间。成套式配电装置大部分为屋内型,也有屋外型。

配电装置还可按其他方式分类,例如按电压等级分类,称 10 kV 配电装置、35 kV 配电装置、110 kV 配电装置、220 kV 配电装置、500 kV 配电装置等。

1.2.7 电气设备的额定参数

用以表明电气设备在一定条件下长期工作的最佳运行状态的特征量的值叫作额定参数。

1.2.7.1 额定电压

电气设备长期正常工作具有最大经济效果时所规定的电压称为额定电压。为使电气设备实现标准化和系列化生产,国家规定了标准电压等级,见表 1-4。标准电压等级适用于所有电力系统中的直流和交流频率为 50 Hz 的发电、输电、配电、用电的系统和设备。

电力系统中的电机、电器和用电设备都规定有某一额定电压,见表 1-5,只有在额定电压下运行时,其技术经济性能才最好,也才能保证其安全可靠运行。

表 1-4　我国国家标准规定的各类标准电压等级

等级	电压值(kV)
低压	0.22、0.38
高压	3、6、10、35、60、110、220
超高压	330、500、750
特高压	800、1 000

表 1-5　我国交流电力网和电气设备的额定电压　(单位:kV)

用电设备额定电压与电力网额定电压	发电机额定电压	变压器额定电压		
		原边绕组		副边绕组
		接发电机	接电力网	
0.22	0.23	0.23	0.22	0.23
0.38	0.40	0.40	0.38	0.40
3	3.15	3.15	3	3.15(或 3.3)
6	6.3	6.3	6	6.3(或 6.6)
10	10.5	10.5	10	10.5(或 11)
35			35	38.5
60			60	66
110			110	121
220			220	242
330			330	363
500			500	550
750			750	825

1. 用电设备和电力网的额定电压

用电设备的额定电压与电力网的额定电压是相等的。考虑到线路、变压器传输电能时总会产生一定的阻抗电压降,使线路上各处的电压不相等,使各点的实际电压偏离额定电压,即线路首端的电压将高出额定电压,线路末端的电压将低于额定电压。

如图 1-7 所示,设发电机在额定电压下工作,供电给电力网 AB 部分,由于线路有电压损失,负荷 1 ~5 接收到不同的电压,且由于负荷是变化的,电力网中各点电压也非恒定不变,实际上电力网各点电压随距离和时间而变,但设备的额定电压不能按上述变化的电压来制造,设备生产须标准化,用电设备的额定电压只能力求接近于实际的工作电压。一般规定,用电设备的工作电压允许在额定电压的 ±5% 范围内变动,沿线的电压降允许为 10%。故若取电力网首端和末端电压的算术平均值,即 $U_e = (U_a + U_b)/2$ 作为用电设备的额定电压能满足上述要求,这个电压也就是电力网的额定电压。

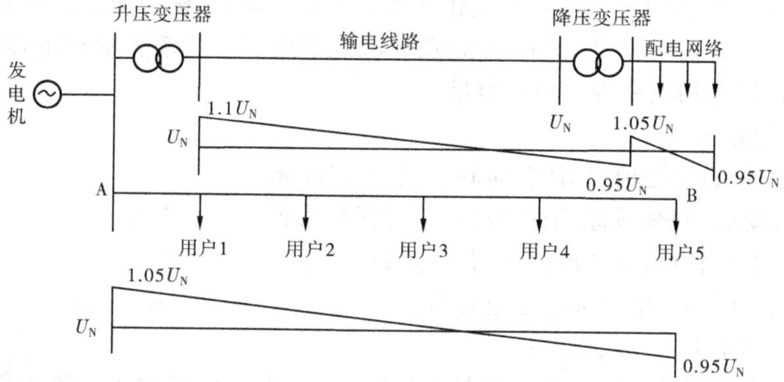

图1-7　电力网电压

2. 发电机额定电压

发电机总是处于电力网首端，其额定电压比电力网高5%，即 $U_{Ge}=1.05U_e$。允许线路电压降10%，从而保证用电设备的工作电压均在±5%以内。其单机容量越大，采用的额定电压越高，如6.3 kV电压等级广泛应用于容量20 000 kW以下至500 kW的中小型发电机，而3.15 kV等级现已很少采用。

3. 变压器额定电压

变压器在电力系统中具有发电机和用电设备的双重性质。变压器一次绕组是从电网接收电能的，相当于用电设备；二次绕组是输出电能的，相当于发电机。因此规定：变压器一次绕组的额定电压等于用电设备的额定电压；但当一次绕组直接与发电机的出线端相连时，其一次绕组的额定电压应与发电机额定电压相同，即 $U_1=1.05U_e$。二次绕组的额定电压（通常指空载电压）比同级电力网的额定电压高10%，即 $U_2=1.1U_e$。但是，10 kV及以下电压等级的变压器阻抗压降在7.5%以下，若线路短，线路上压降小，其二次绕组额定电压可取 $1.05U_e$。

1.2.7.2　额定电流

发电机、变压器、电动机、各种开关电器和其他电器的额定电流，是指在一定的环境介质计算温度和绝缘材料允许温度下，允许长期通过的最大电流值。当设备在额定电流下工作时，其稳定发热的温度不会影响绝缘性能，温度也不会超过规定值。

电气设备运行时的介质计算温度对设备运行时的散热、温升影响很大，因此对各种电气设备，国家标准规定相应的介质计算温度如下：

(1)电力变压器和电器（如断路器、隔离开关、互感器等）周围空气温度为40 ℃；

(2)空冷发电机的进风温度为35～40 ℃；

(3)裸线、母线、绝缘线、电力电缆置于空气的温度为25 ℃；

(4)埋于地下的电力电缆周围的泥土温度为25 ℃。

当周围介质温度高于计算温度时，应采用修正公式计算后，适当减少负荷。

1.2.7.3　额定容量

各种电气设备的额定容量的规定条件，与额定电流相同。在三相供电系统中，如额定电压为 U_e(kV)，额定电流为 I_e(A)，则额定视在功率 $S=U_eI_e$(kVA)。变压器的额定容量

指额定视在功率 S，发电机的额定容量也指额定视在功率，并标明功率因数 $\cos\varphi$。由于原发动机的功率用有功功率 P_e 表示，因此发电机也常用有功功率表示额定容量，动力设备如电动机也常用有功功率表示额定容量。

◆任务实施

(1)实习联系：实习地点落实、时间确定、车辆联系；

(2)实习动员：安全教育、纪律教育、实习任务布置；

(3)入厂安全教育：安全规程学习与考试；

(4)认识电厂中发电、变电、送电环节；

(5)认识常用电气一次设备；

(6)参观水电厂开关站或观看视频并填写下表，水电厂各主要电气元件名称、作用，部件之间的相对位置描述。

设备名称	设备型号	作用

◆思考问题

(1)什么是发电厂、变电站、电力系统及电力网？

(2)电能质量的主要指标是什么？

(3)什么是一次设备和二次设备？它们各包含哪些内容？

(4)一次设备的额定电压是如何规定的？

(5)如图 1-8 所示电路，各母线上已标出电网额定电压，在图上标出发电机及变压器各绕组的额定电压。

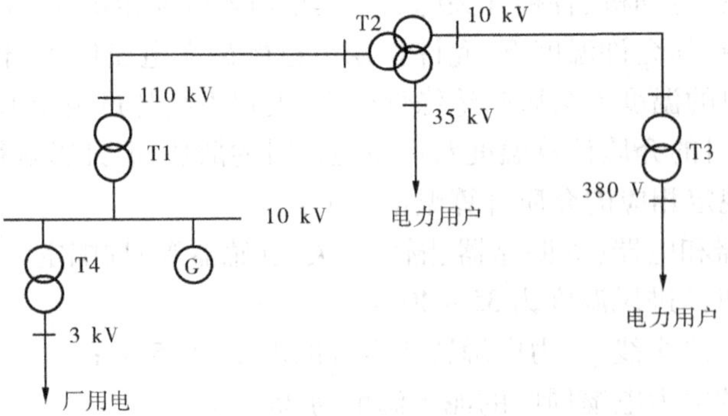

图 1-8

◆任务评价

(1)评价内容。

实际操作:学生拍照记录现场对应的全部设备,写出各设备的名称及作用。教师自行设计考核表格与评分标准,通过考核学生拍照记录、设备名称与作用表述,进而考核学生对水电厂设备的熟知情况和工作原理的掌握程度。

解答思考问题:学生解答思考问题,学生自评、互评,老师审定成绩。

职业素质养成考核:遵守安全规章制度,遵守纪律、吃苦耐劳,一丝不苟地工作,与团队成员、教师和工厂师傅进行有效的沟通,协作共事等。

(2)成绩构成。

实际操作40%,解答思考问题40%,职业素质20%。

任务1.3 电力系统短路电流分析

◆教学目标

1.知识目标

(1)知道电力系统短路的类型、原因及危害;

(2)知道限流措施;

(3)能进行短路电流的计算分析。

2.能力目标

能叙述短路的类型,分析短路的原因及危害,能进行短路电流的计算。

◆任务描述

(1)分析短路的类型及危害;

(2)进行短路电流的计算分析。

◆任务准备

(1)短路类型分析的试题;

(2)计算用纸张和笔、参考书籍。

◆相关知识

1.3.1 短路类型

电力系统的运行经验表明,电气故障大多是由各种短路引起的。所谓短路,是指电力系统正常运行情况以外的相与相之间或相与地(或中性线)之间的非正常接触并产生超出规定值的大电流。

在中性点非有效接地系统中,短路故障主要是指各种相间短路,包括不同点的多相接地;单相接地不会造成短路,仅有不大的接地电流流过中性点,系统仍可继续运行,故不称其为短路故障(属于一种运行故障)。

在三相系统中短路的基本类型如表1-6所示。其中,发生三相短路时,三相的短路电流比正常时大幅度增大,电压较正常时大幅度降低,但被短路回路的三相阻抗可以认为相等,因此三相短路电流和电压仍是对称的,故又称为对称短路。但发生其他类型短路时,每相电路中的电流和电压数值不相等,它们的相角也不相同,这种短路称为不对称短路。

表 1-6　电力系统短路的类型

短路类型	示意图	符号	故障概率(%)
三相短路	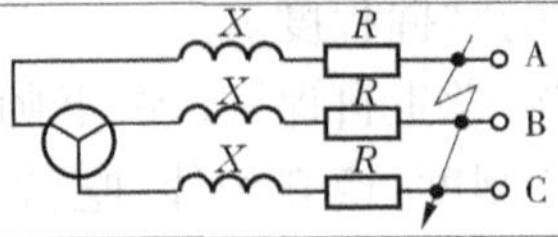	$K^{(3)}$	5
两相短路	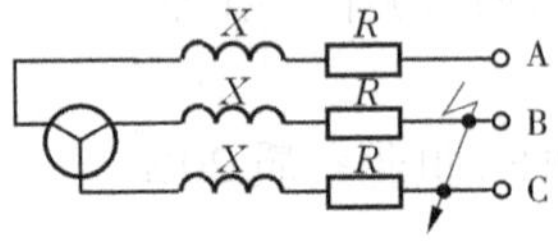	$K^{(2)}$	10~15
单相接地短路(单相短路)	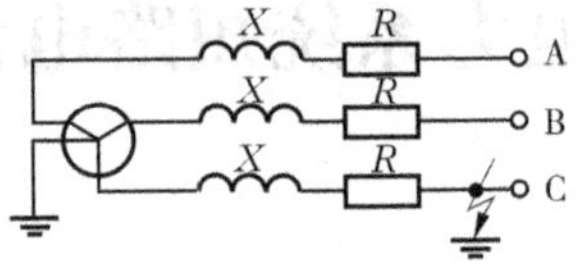	$K^{(1)}$	65~70
两相接地短路	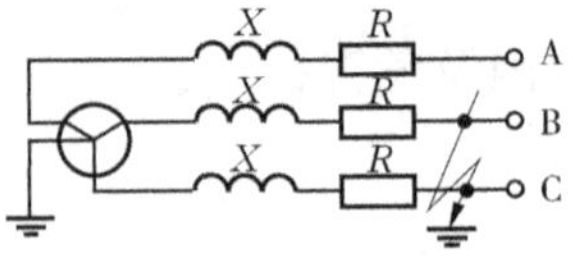	$K^{(1,1)}$	10~20

1.3.2　短路的原因、危害及防止措施

1.3.2.1　原因

(1)电气设备或载流部分的绝缘被破坏。绝缘陈旧、老化或机械损伤(如掘土时电芯绝缘被损伤)以及设计、安装、运行维护不良,污染导致绝缘子污闪,设备缺陷未被发现或未及时消除等,都可能造成绝缘损坏。

(2)大气过电压(指雷击过电压),操作过电压(指操作时产生的过电压)。

(3)运行人员误操作。如运行人员不遵守技术操作规程和安全工作规程(未拆检修接地线、带负荷拉闸等)而造成误操作事故。

(4)自然灾害。如雷击、大风、洪水、冰雪、塌方等引起的输电线路的断线倒杆事故,以及飞禽或小动物跨接裸导体及其他难以预测的外部破坏等。

1.3.2.2　危害

运行经验表明,在中性点直接接地的电力系统中,以单相接地短路(单相短路)的故障最多,约占全部短路故障的 65% ~70%,两相短路占 10% ~15%,两相接地短路占 10% ~20%,三相短路一般只占 5% 左右。三相短路发生的概率最小,但其后果最为严重。

在正常情况下,电路中通过的是负荷电流。当发生短路时,负荷阻抗和一部分电路阻抗被短接,电路总阻抗大大下降,因此短路电路中的电流(短路电流)将显著增大,一般以三相短路最为严重,即在各种短路类型中,一般以三相短路的电流为最大。短路对电力系统会造成诸多不良后果,主要有下列几方面:

(1)设备受到破坏。发生短路时,由于电源供电回路的阻抗减小以及突然短路时的

暂态过程,使短路回路电流值大大增加,可能达到该回路额定电流的几倍到几十倍,某些场合短路电流值可达几万安甚至几十万安。当巨大的短路电流经过导体时,将使导体严重发热,造成导体熔化和绝缘损坏,同时巨大的短路电流还将产生很大的电动力作用于导体,可能使导体变形或损坏。另外,短路时往往有电弧产生,高温的电弧不仅可能烧坏故障元件本身,也可能烧坏周围的设备。

(2)电压降低。由于短路电流基本是电感性电流,它将产生较强的去磁性电枢反应,使得发电机端电压下降,同时短路电流流过线路、电抗器等时还增大了它们的电压损失,因此短路所造成的另一个后果就是使网络电压降低,愈靠近短路点处电压降低愈多。当供电地区的电压降低到额定电压的60%左右而又不能立即切除故障时,就可能引起电压崩溃,造成大面积停电。

(3)影响电力系统运行的稳定性。短路时由于系统中功率分布的突然变化和网络电压的降低,可能导致并列运行的同步发电机组之间的稳定性被破坏。

(4)干扰通信。巨大的短路电流将在周围空间产生很强的电磁场,尤其是不对称短路所产生的不平衡交变磁场,会对周围的通信网络、信号系统、晶闸管触发系统及控制系统产生干扰。

1.3.2.3 防止措施

综上所述,短路对电力系统的危害很大,为了保证系统安全可靠的运行,要尽可能防止短路的发生,在短路情况下还必须采取措施限制短路电流。

(1)防止短路的发生。如提高电气设备的绝缘水平、采用避雷器等设备限制过电压对电气设备的侵袭、加大绝缘距离、采用电缆供电或封闭母线供电、加强对绝缘部件的运行维护、提高运行人员的技术水平,减少误操作。

(2)采取限制短路电流的措施。如在发电厂内(厂用电)采用分裂电抗器或分裂绕组变压器(在短路时可增加回路电抗);在短路电流较大的母线引出线上采用限流电抗器;对大容量的机组采用单元制的发电机-变压器组接线方式;在发电厂内将并列运行的母线解列;在电力网中采用开环运行等方式以及电网间用直流联络线等。

(3)采用自动重合闸。采用自动重合闸技术,对瞬时性故障能够迅速恢复供电。

(4)采用继电保护装置。采用继电保护装置,对永久性故障能够迅速将故障部分与系统其他部分隔离,保证正常部分的正常运行。

1.3.3 短路电流分析

1.3.3.1 短路电流计算的目的与计算假设

在设计、制造和选择电气设备时,应保证设备在规定的短路条件下满足动稳定性(承受短路电流电动力作用的能力)、热稳定性(承受短路电流短时发热作用的能力)的要求,才能保证电气设备在短路情况下不致被破坏。为此,在选择电气设备和载流导体、选择和整定继电保护装置(主要用于发生短路故障时,动作于断路器跳闸,尽快切除短路故障)、选择电气主接线方案时,都必须进行短路电流的计算。

选择、校验电气设备时,一般只需近似计算在系统最大运行方式下,可能通过该设备的最大三相短路电流值。设计继电保护和分析电力系统故障时,应算出各种短路情况下系统各支路中的电流和各点的电压。

要准确进行短路计算是相当复杂的，在工程上多采用近似计算法，即需要采取一系列的计算假设。

(1)正常工作时三相系统对称运行；所有电源的电动势相位角相同；所有发电机转速和电动势的相位相同，即不考虑发电机间的摇摆现象。

(2)电力系统各元件的电阻略去，输电线路的电容略去不计，即不计负荷的影响；短路回路各元件的电抗为常数，即不考虑磁路饱和。

(3)不考虑短路点的电弧阻抗和变压器的励磁电流。

(4)系统短路时是金属性短路。

1.3.3.2　对称短路分析

1. 无限大容量电源供电系统三相短路分析

1)无限大容量电源供电系统认知

无穷大容量系统是指电源内阻抗为零，供电容量相对于用户负荷容量大得多的电力系统，即系统容量 $S=\infty$，电源内阻抗 $Z=0$。不管用户的负荷如何变动甚至发生短路时，电源内部均不产生压降，电源母线上的输出电压均维持不变。

在工程计算中，当电源系统的阻抗不大于短路回路总阻抗的5%～10%，或者电源系统的容量超过用户容量的50倍时，可将其视为无穷大容量电源供电系统。

2)无限大容量系统短路电流变化分析

如图1-9所示，正常运行时，电路中的电流取决于电源母线电压、阻抗 Z 与 Z' 之和。当在 f 点发生三相短路时，电路被分成两个独立的回路：①右边回路没有电源，通过短路点构成短路回路，相当于 RL 串联电路换路时的零输入响应情况，此回路中电流将逐渐衰减到零；②左边回路仍与电源连接，构成短路回路，相当于 RL 串联电路换路时的全响应情况，电源将向短路点供给短路电流。

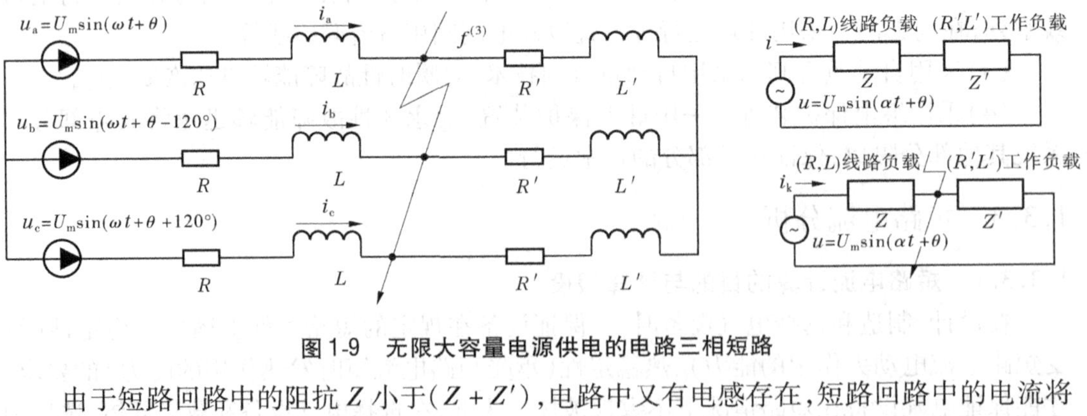

图1-9　无限大容量电源供电的电路三相短路

由于短路回路中的阻抗 Z 小于 $(Z+Z')$，电路中又有电感存在，短路回路中的电流将由正常运行时的工作电流，经过一暂态过程，逐步过渡到短路电流的稳态值。图1-10所示为无限大容量电源供电电路内发生三相短路时电流的变化曲线。因为三相短路为对称性短路，故只讨论一相的情况。

设在 $t=0$ 时发生短路，根据电工基础知识可知，正弦交流激励下 RL 串联电路换路时

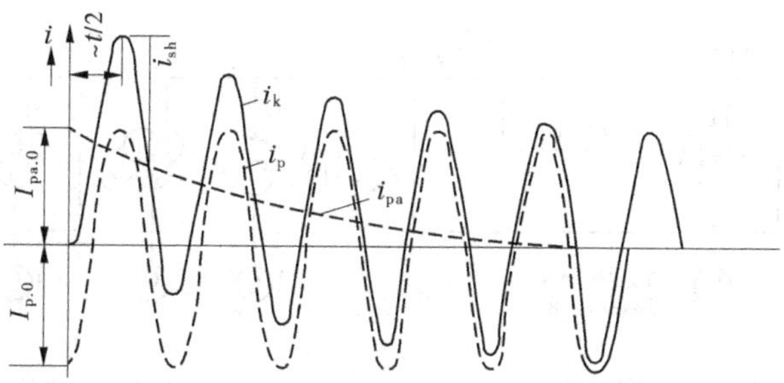

图 1-10 无限大容量电源供电电路三相短路电流变化曲线

的全响应,可分解为两个分量(图 1-10 中虚线所示):稳态分量(周期性分量)和暂态分量(非周期性分量),则短路全电流 $i_k^{(3)}$ 为周期性分量 $i_p^{(3)}$ 与非周期性分量 $i_{pa}^{(3)}$ 之和,即

$$i_k^{(3)} = i_p^{(3)} + i_{pa}^{(3)}$$

自短路开始到非周期性分量衰减到零为止,为短路电流的暂态过程,以后为稳态过程。暂态过程中,短路电流包含周期性分量和逐渐衰减的非周期性分量。短路发生后 $t=0$ 时刻,周期性分量电流瞬时值等于负的最大值,非周期性分量电流瞬时值等于正的最大值,总电流为零,满足了短路前负载电流等于零和短路后电流不能突变的条件。在 $t=0$ 时刻,短路电流非周期性分量的有效值 $I''^{(3)}$ 称为次暂态短路电流,周期性分量的有效值 $I_\infty^{(3)}$ 称为稳态短路电流。

由于非周期性分量的存在,在暂态过程中全短路电流对横轴不对称,并出现最大瞬时值 i_{sh},此电流称为短路冲击电流。

2. 有限容量电源供电系统三相短路分析

在很多情况下,电力系统短路时供电系统的母线电压是下降的。此时,不能把短路回路的电源看成无限大容量系统,而只能看作是一个有限容量的等值发电机。由发电机单独供电的电路上发生短路时,其短路电流不同于由无限大容量电源供电的网络。由于短路后发电机的端电压或电动势在整个短路的过程中是一个变化值,由它所决定的短路电流周期分量幅值或有效值也随着变化,这是有限容量系统供电电路与无限大容量系统供电电路内发生短路的主要区别。

在电力系统中,总是有很多个电源并列运行,当某一点发生短路故障时,只要是电源,不管是发电机还是系统,都要向短路点提供短路电流。短路点流过的总短路电流,等于各个电源提供的短路电流之和。

如图 1-11(a)所示,当 K 点发生三相短路时,1 ~ 3 号发电机都要向短路点提供短路电流,流到 K 点的短路电流分布图如图 1-11(b)所示。

3. 电动机对冲击短路电流的影响

在靠近电动机处发生三相短路时,计算冲击短路电流应将电动机作为附加电源来考虑。当电动机的供电母线上三相短路时,系统的电压从电源到短路点一次下降。如果电动机的反电动势小于供电母线上的电压,则电动机仍能从电网取得电能,并在低电压状态下运转;如果电动机的反电动势大于供电母线上的电压,则电动机将向短路点反馈短路电流。同时,电动机迅速受到制动,送到反馈点的反馈电流也迅速减小,故电动机反馈电流

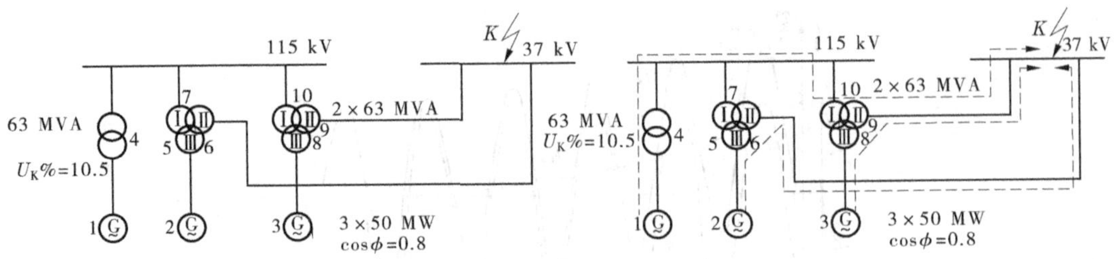

(a)原理接线图　　(b)K点的短路电流分布图

图1-11　短路电流分布

一般只影响短路点的次暂态电流和短路冲击电流。在实际计算中，只有当靠近电动机引出线处发生三相短路，且对于接有高压电动机、总容量大于1 000 kW，或对于低压电动机、单机容量在20 kW以上时，才考虑其影响。由于火电厂中有大量的大容量电动机，故当厂用电系统6 kV母线、380 V母线上发生三相短路时，就必须考虑电动机反馈短路电流的影响。

例1　图1-12为某发电厂的电气一次接线示意图，两台同型号大容量发电机G1、G2发出的电能分别经过变压器T1、T2升压送至220 kV母线WB后经高压输电线路送到各变电站。发电厂的厂用机械用电通过发电机出口的高压厂用变压器T3降压至6 kV，向高压电动机（如送风机、引风机、磨煤机等）供电，试分别画出$K_1^{(3)}$、$K_2^{(3)}$点发生三相短路时短路电流分布图。

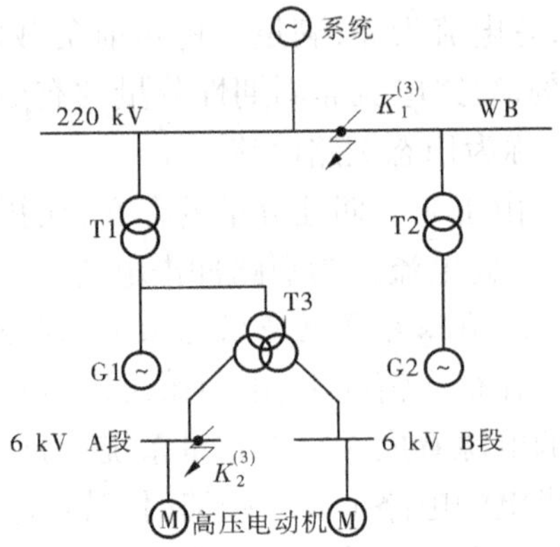

图1-12　某发电厂的电气一次系统图

解　(1) $K_1^{(3)}$点发生三相短路时短路电流分布图，如图1-13所示。由于$K_1^{(3)}$点发生三相短路时，G1、G2和电力系统都是电源，因此G1、G2和电力系统都要向短路点提供短路电流。

(2) $K_2^{(3)}$点发生三相短路时短路电流分布图，如图1-14所示。由于$K_2^{(3)}$点发生三相短路时，G1、G2和电力系统都是电源，此时，6 kV母线A段电压为零，该母线上连接的各电动机的反电动势大于6 kV母线A段电压，则电动机就要向短路点反馈短路电流；但6 kV母线B段电压仍然很高，6 kV母线B段上连接的电动机的反电动势小于6 kV母线B段上的电压，则电动机仍能从电网取得电能，继续运转。故G1、G2、电力系统、6 kV母线A段上连接的各电动机都要向短路点提供短路电流。

例1中的发电厂在$K_1^{(3)}$、$K_2^{(3)}$点发生三相短路时，短路电流计算结果示例如表1-7所示。从表可见，6 kV母线A段发生短路时，电动机向短路点提供的次暂态短路电流为9 kA，大于发电机G2向短路点提供的次暂态短路电流（只有6.76 kA），因此电动机反馈的短路电流是不容忽视的；电动机向短路点反馈短路电流的同时电动机迅速受到制动，向短路点反馈的短路电流也迅速减小，所以电动机反馈电流一般只影响短路点的次暂态电流

$I''^{(3)}$ 和冲击电流 i_{sh}，对稳态短路电流 $I_{\infty}^{(3)}$ 没有影响。

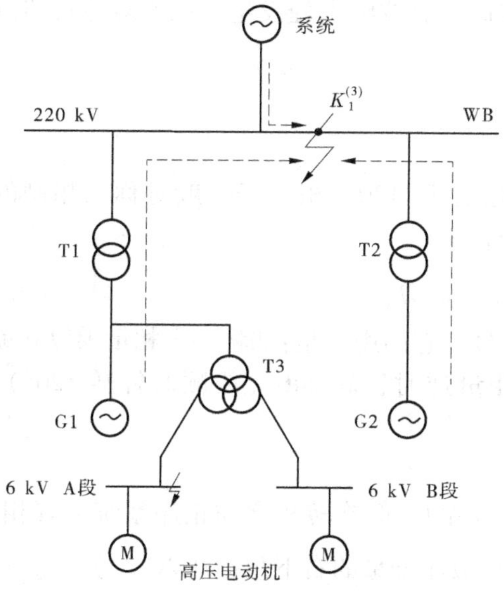

图 1-13 $K_1^{(3)}$ 点发生三相短路时短路电流分布图

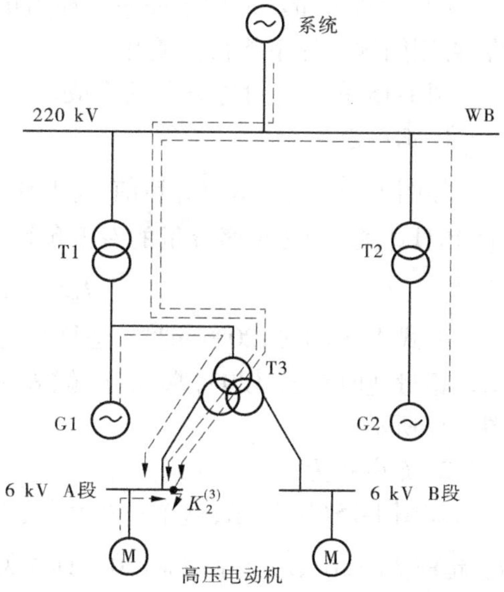

图 1-14 $K_2^{(3)}$ 点发生三相短路时短路电流分布图

表 1-7 短路电流计算结果示例 （单位：kA）

电源	短路点 $K_1^{(3)}$	短路点 $K_2^{(3)}$		
	$I''^{(3)}$	$I''^{(3)}$	$I_{\infty}^{(3)}$	i_{sh}
发电机 G1 提供的短路电流	3.085	38.81	38.81	98.94
发电机 G2 提供的短路电流	3.085	6.76	6.76	17.24
系统提供的短路电流	10	23.92	23.92	61
电动机组提供的短路电流		9		21.63
合计	16.17	78.5	69.5	198.8

1.3.3.3 不对称短路分析

在电力系统中，除了三相短路，还有不对称短路，如单相接地短路、两相短路、两相接地短路等。根据运行经验，发生不对称短路的概率比对称短路要大得多，因此需要掌握不对称短路的分析方法。

发生三相短路时，三相电路电流和电压是对称的；发生不对称短路时，三相电流和电压是不对称的，因此不能直接采用分析三相短路电流的方法来进行不对称短路分析。对于不对称短路可采用对称分量法进行分析，即任一组不对称量（电流或电压）可以分解成三个对称的分量，即正序分量、负序分量、零序分量。

运用对称分量法需满足以下两个条件：

(1)对称分量法是以叠加原理为根据的，所以只有当系统的参数是线性时才可应用。

(2)对称分量法适用于原来三相阻抗对称而只有故障点处发生三相不对称短路的电路，否则问题往往不能得到简化。

图 1-15 表示了对称分量的合成。

1. 正序分量

如图 1-15(a)所示，$\dot{I}_{A1}$超前$\dot{I}_{B1}$ 120°，$\dot{I}_{B1}$超前$\dot{I}_{C1}$ 120°，相当于一般对称三相制的情况，其具体关系为(正序分量的右下角均注以“1”)

$$\dot{I}_{B1} = a^2\dot{I}_{A1};\dot{I}_{C1} = a\dot{I}_{A1}$$

上式中 $a = 1\angle 120° = e^{i120°}$，是复数运算符号。它的用处是：如将一个相量乘以 a 就表示该相量逆时针转 120°，乘以 a^2 就表示该相量逆时针转 240°(或顺时针转 120°)，如图 1-15所示。

2. 负序分量

如图 1-15(b)所示，这个三相系统同样是对称的，但旋转相序与正序系统恰好相反，$\dot{I}_{B2}$超前$\dot{I}_{A2}$120°，$\dot{I}_{C2}$超前$\dot{I}_{B2}$120°，具体关系为(负序分量的右下角标注以“2”)

$$\dot{I}_{B2} = a\dot{I}_{A2};\dot{I}_{C2} = a^2\dot{I}_{A2}$$

负序分量不仅是可以经过公式推导而得到的一种纯数学的抽象概念，而且是客观存在的，可以实测到的，有其单独的物理意义。如负序电流在发电机中所产生的旋转磁场将相对于转子以两倍同步速度而旋转，因而将在转子中感应出电流，造成转子的附加发热等。

只要电路出现不对称运行或出现不对称短路，电路中将产生负序分量(负序电流、负序电压)，如果电路中出现不对称过负荷、单相短路、两相短路、两相短路接地等，都将产生负序分量。

3. 零序分量

如图 1-15(c)所示，零序分量是一组大小相等、相位一致的量(或认为相位互差 0°或 360°)，所以仍为一组对称系统，其具体关系为(零序分量的右下角均注以“0”)

$$\dot{I}_{A0} = \dot{I}_{B0} = \dot{I}_{C0}$$

只要电路出现接地，电路中就将产生零序分量(零序电流、零序电压)，如果电路中出现单相短路、两相接地短路等，都将产生零序分量。

将上述正序、负序、零序分量叠加在一起便可得到如图 1-15(d)所示的一组不对称三相电流系统，即

$$\begin{cases}\dot{I}_A = \dot{I}_{A1} + \dot{I}_{A2} + \dot{I}_{A0}\\ \dot{I}_B = \dot{I}_{B1} + \dot{I}_{B2} + \dot{I}_{B0}\\ \dot{I}_C = \dot{I}_{C1} + \dot{I}_{C2} + \dot{I}_{C0}\end{cases} \tag{1-1}$$

将式(1-1)处理后得

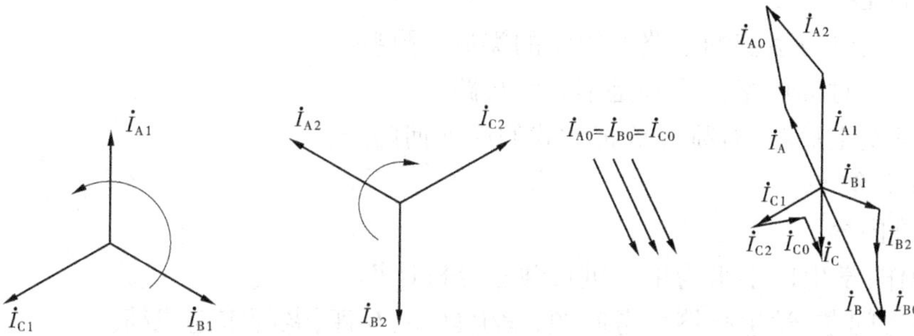

(a)正序分量 (b)负序分量 (c)零序分量 (d)对称分量合成

图1-15 对称分量的合成

$$\begin{cases}\dot{I}_{A}=\dot{I}_{A1}+\dot{I}_{A2}+\dot{I}_{A0}\\ \dot{I}_{B}=a^{2}\dot{I}_{A1}+a\dot{I}_{A2}+\dot{I}_{A0}\\ \dot{I}_{C}=a\dot{I}_{A1}+a^{2}\dot{I}_{A2}+\dot{I}_{A0}\end{cases}\tag{1-2}$$

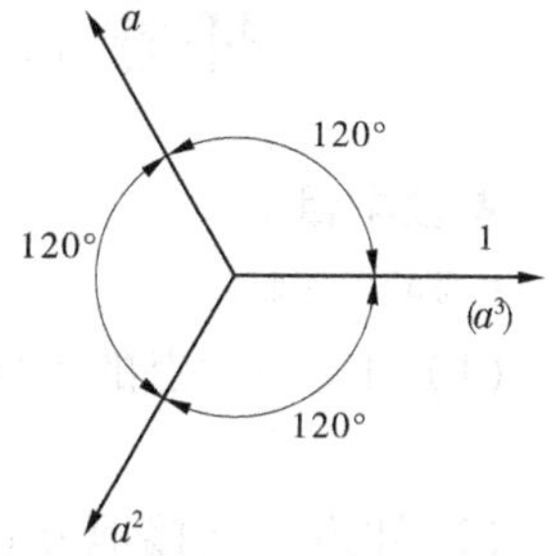

图1-16 算子 a 的相位关系

其中,算子 a 的相位关系如图1-16所示。

由式(1-2)可得

$$\begin{cases}\dot{I}_{A1}=\frac{1}{3}(\dot{I}_{A}+a\dot{I}_{B}+a^{2}\dot{I}_{C})\\ \dot{I}_{A2}=\frac{1}{3}(\dot{I}_{A}+a^{2}\dot{I}_{B}+a\dot{I}_{C})\\ \dot{I}_{A0}=\frac{1}{3}(\dot{I}_{A}+\dot{I}_{B}+\dot{I}_{C})\end{cases}\tag{1-3}$$

式(1-3)即为一组三相不对称电流分解为三个电流对称分量的计算公式,并且这种分解的解答是唯一的。此外,如果将式(1-3)中的电流符号换为电压、电动势或磁通等其他物理量符号,则式(1-3)同样可以用来代表其不对称相量与其对称分量之间的分解和合成关系。

另外,对于一组不对称的三相系统,当 $\dot{I}_{A}+\dot{I}_{B}+\dot{I}_{C}=0$ 时,其 $\dot{I}_{A0}=0$;只有当 $\dot{I}_{A}+\dot{I}_{B}+\dot{I}_{C}\neq0$ 时,才有 $\dot{I}_{A0}\neq0$。这就是说,在不对称系统中,三相相加等于零的部分是由正序和负序分量构成的,而不等于零的部分是由零序分量构成的,这是对称分量的一个重要特点。

输电线路的零序电流总是通过大地而形成回路的,零序电流经过变压器中性点的接地线流入大地($\dot{I}_{A}+\dot{I}_{B}+\dot{I}_{C}=3\dot{I}_{0}$),变压器中性点接地线中流过的电流即为3倍的零序电流。电压互感器开口三角形两端的电压为:$\dot{U}_{A}+\dot{U}_{B}+\dot{U}_{C}=3\dot{U}_{0}$,即3倍零序电压。零序电流或零序电压可提供给继电保护装置或绝缘监测装置使用。

◆任务实施

给出实际短路的情况,进行短路的类型、危害、原因分析,并进行短路电流的计算。

◆**思考问题**

(1)什么是电力系统的短路？短路的类型有哪些？

(2)哪些是对称短路？哪些是不对称短路？

(3)一旦发生短路，有哪些危害？我们应如何防止？

◆**任务评价**

(1)评价内容。

实际操作：学生以小组为单位进行独立分析计算。

解答思考问题：学生解答思考问题，学生自评、互评，老师审定成绩。

(2)成绩构成。

实际操作 60%，解答思考问题 40%。

任务 1.4　中性点的不同运行方式分析

◆**教学目标**

1. 知识目标

(1)知道中性点的不同接地方式，能分析中性点不同接地方式时电力系统的故障特点；

(2)知道不同接地方式的优缺点及适用情况。

2. 能力目标

(1)能叙述中性点的不同接地方式；

(2)能分析中性点不同接地方式时电力系统的故障特点；

(3)能叙述中性点的不同接地方式的优缺点及适用情况。

◆**任务描述**

(1)分析中性点不接地的正常和单相短路时电压和电流的变化；

(2)分析中性点经消弧线圈接地的正常和单相短路时电压和电流的变化；

(3)分析中性点直接接地的正常和单相短路时电压和电流的变化。

◆**任务准备**

(1)中性点不同运行方式发生单相接地故障后电压和电流变化分析的试题；

(2)计算用纸张和笔、参考书籍。

◆**相关知识**

1.4.1　电力系统中性点及运行方式

电力系统的中性点是指三相电力系统中绕组或线圈采用星形连接的电力设备(如发电机、变压器等)各相的连接对称点和电压平衡点，其对地电位在电力系统正常运行时为零或接近于零。由中性点引出的导线称为中性线，简称中线。电力系统中性点接地是一种工作接地，保证电力设备和整个电力系统在正常及故障状态下具有适当的运行条件。

电力系统中性点接地方式有两大类：一类是中性点直接接地或经过低阻抗接地，称为大接地电流系统；另一类是中性点不接地，经过消弧线圈或高阻抗接地，称为小接地电流系统,又称为非有效接地系统。

我国电力系统广泛采用中性点不接地、中性点经消弧线圈接地、中性点直接接地等方式。

中性点接地方式涉及电网的安全可靠性、经济性,同时直接影响系统设备绝缘水平的选择、过电压水平及继电保护方式、通信干扰等。一般来说,电网中性点接地方式也就是变电所中变压器的各级电压中性点接地方式,因此在变电所的规划设计时选择变压器中性点接地方式应进行具体分析、全面考虑。

1.4.2 中性点不接地系统分析

1.4.2.1 正常运行情况

中性点不接地方式,即中性点对地绝缘,广泛应用于35 kV及以下的供电网络。

中性点不接地系统运行中的中性点对地电位,在不同的情况下可能不同,其对地电位的偏移称为中性点位移,其电位偏移的程度,与对系统的绝缘要求密切相关。

中性点不接地的电力系统,在正常运行时的电路图和相量图如图1-17所示,三相导线之间、各相导线对地之间以及沿导线的全长都存在分布电容,在工作电压下产生附加容性电流,其中三相导线之间的电容对系统的接地特性影响很小,故不予考虑,只考虑各相导线对地之间的分布电容,且用集中电容 C 来表示,如图1-17(a)所示。

系统正常运行时,三相相电压 $\dot{U}_A$、$\dot{U}_B$、$\dot{U}_C$ 是对称的,三相的对地电容电流也是对称的,如图1-17(b)所示。这时三相的对地电容电流的相量和为零,因此没有电流在地中流过,各相对地电压均为相电压。

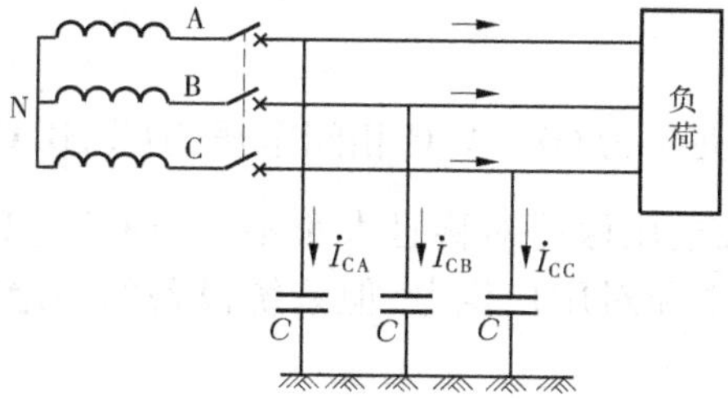

(a)电路图

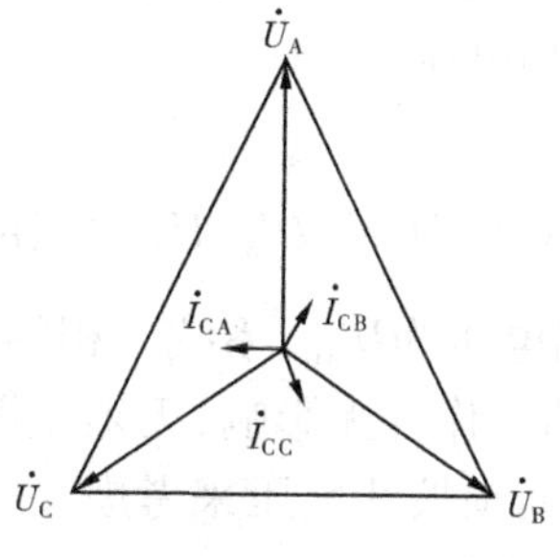

(b)相量图

图1-17 正常运行时的中性点不接地的电力系统

各相对地电压作用在各相的分布电容上,正常时各相对地电容电流的有效值相等,为 $I_{CA}=I_{CB}=I_{CC}$。

1.4.2.2 单相接地短路故障

1. 电压的变化

由于绝缘损坏、断线等原因发生单相接地故障时,假设C相发生完全接地(即金属性接地),接地处的电阻近似等于零,如图1-18所示。

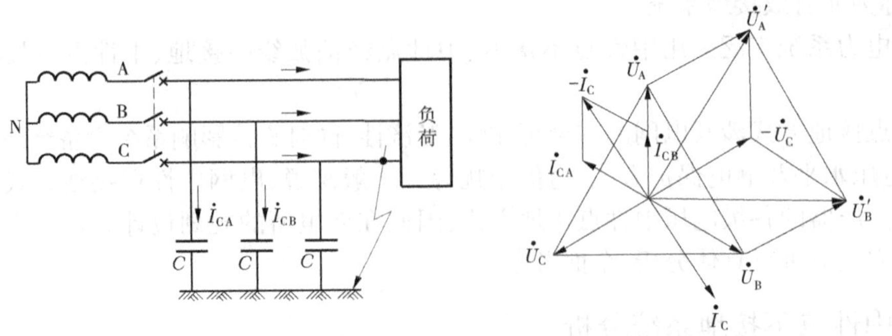

(a)电路图　　(b)相量图

图1-18　单相接地故障时中性点不接地的电力系统

即
$$\dot{U}'_C = \dot{U}'_N + \dot{U}_C = 0$$
$$\dot{U}'_N = -\dot{U}_C$$
$$\dot{U}'_A = \dot{U}'_N + \dot{U}_A = \dot{U}_A - \dot{U}_C = \dot{U}_{AC}$$
$$\dot{U}'_B = \dot{U}'_N + \dot{U}_B = \dot{U}_B - \dot{U}_C = \dot{U}_{BC}$$

1)相对地电压

(1)故障相C相的对地电压为零,即 $U'_C = 0$。

(2)非故障相A、B相的对地电压在相位和数值上都发生改变,数值上升高为线电压,即升高为相电压的$\sqrt{3}$倍。

(3)中性点对地电压与接地相的相电压大小相等、方向相反,中性点对地电压不再为零,而上升为相电压。

2)线电压

如图1-18(b)所示,$\dot{U}'_A$、$\dot{U}'_B$之间的夹角为60°,A、C相间电压为$\dot{U}'_A$,B、C相间电压为$\dot{U}'_B$,A、B相间电压为$\dot{U}'_{AB}$,系统三相的线电压保持对称且大小不变。所以,对接于线电压的用电设备的工作并无影响,无须立即中断对用户供电,但系统设备的相绝缘,不能只按相电压考虑,而须按线电压来考虑。

2. 电流的变化

C相接地故障时,A、B相对地电压升高为线电压,所以非故障相A、B相的对地电容电流相应增大$\sqrt{3}$倍,分别超前相应的相对地电压90°。C相接地,C相对地电容被短接,C相对地电容电流为零。由图1-18(a)可知,C相接地处的电流(接地电容电流)$\dot{I}_C$为A、B两相对地电容电流之和,即

$$\dot{I}_C = -(\dot{I}'_{CA} + \dot{I}'_{CB})$$

由图1-18(b)的相量图可知,$\dot{I}_{CA}$和$\dot{I}_{CB}$分别超前$\dot{U}'_A$和$\dot{U}'_B$ 90°,$\dot{I}_{CA}$和$\dot{I}_{CB}$之间的夹角为60°,两相的相量和为$-\dot{I}_C$,$\dot{I}_C$超前$\dot{U}_C$90°为容性电流。故

$$I_C = \sqrt{3}I_{CA} = 3I_{C0}$$

所以，三相对地电容电流之和不再等于零，大地中有容性电流流过，并通过接地点形成回路。单相接地故障时流过大地的电容电流，等于正常运行时一相对地电容电流的3倍。

接地电流I_C的大小与系统的电压、频率和对地电容值有关，而对地电容值又与线路的结构（电缆或架空线、有无避雷线）、布置方式、相间距离、导线对地高度、杆塔型式和导线长度有关。

工程中单相接地电容电流通常采用下列经验公式来计算：

$$I_C = \frac{U_e(l + 35L)}{350}$$

式中 I_C——中性点不接地系统的单相接地电容电流，A；

U_e——电网额定线电压，kV；

l——同一电压U_e具有电气联系的架空线路总长度，km；

L——同一电压U_e具有电气联系的电缆线路总长度，km。

从上述公式可看出，电缆线路为主构成的电网的单相接地电容电流大大高于架空线路为主构成的电网的单相接地电容电流，但无论如何，接地电容电流较正常负荷电流更小，不会使线路继电保护动作跳闸。

当系统某一相发生故障时，故障相通过一定的阻抗接地，称为不完全接地。此时，接地相的相对地电压大于零而小于相电压，非故障相的对地电压则大于相电压而小于线电压，中性点电压大于零而小于相电压，线电压保持不变。接地电流也比完全接地时小。其具体的电压、电流值与故障相接地电阻值有关。

当中性点不接地系统发生单相接地时，接在相间电压上的受电器的供电并未遭到破坏，它们可以继续运行，但是这种电网长期在单相接地的状态下运行，也是不能允许的，因为这时非故障相电压升高，绝缘薄弱点很可能被击穿，而引起两相接地短路，将严重地损坏电气设备。在中性点不接地系统中，当接地的电容电流较大时，在接地处引起的电弧就很难自行熄灭。在接地处还可能出现所谓间隙电弧，即周期的熄灭与重燃的电弧。由于电网是一个具有电感和电容的振荡回路，间歇电弧将引起相对地的过电压，其数值可达$3.5U_e$。这种过电压会传输到与接地点有直接电连接的整个电网上，更容易引起另一相对地击穿，而形成两相接地短路。因此，电力系统的有关规程规定：中性点不接地的三相系统发生单相接地时，允许运行的时间不得超过2 h。另外，在中性点不接地电网中，必须装设专门的监察装置，以便运行人员及时地发现单相接地故障，从而切除电网中的故障部分。

中性点不接地系统发生单相接地故障时，由于非故障相的对地电压升高，对电气设备和线路的绝缘，应按发生完全接地故障时承受线电压来考虑，例如变压器不能采用分级绝缘，断路器、互感器等设备应按完全绝缘考虑，因而相应地增加了投资。

1.4.3 中性点经消弧线圈接地系统分析

中性点不接地系统的主要优点是发生单相接地时仍可继续向用户供电，供电可靠性高。但当接地电流较大时电弧不能自行熄灭，可能使线路发生谐振过电压现象，所以当单相接地电容电流超过了上述的允许值时，中性点不接地系统的运行可靠性不如中性点经消弧线圈接地运行方式高。

由单相接地故障时的电容电流产生弧光接地，当单相接地故障电容电流超过规定值时，大部分(60% ~80%)可以用中性点经消弧线圈接地运行方式来解决，此系统即称为中性点经消弧线圈接地系统，如图 1-19(a)所示。

1.4.3.1　消弧线圈的结构及工作原理

采用中性点经消弧线圈接地方式，即在中性点和大地之间接入一个电感消弧线圈。消弧线圈主要由带有气隙的铁芯和套在铁芯上的绕组组成，它们被放在充满变压器油的油箱内，绕组的电阻很小，电抗很大，其铁芯柱有很多间隙，以避免磁饱和，使消弧线圈有一个稳定的电抗值；另外，在其铁轭上装有电压测量线圈，在线圈接地端装有电流互感器，消弧线圈的结构和接线如图 1-19 所示。

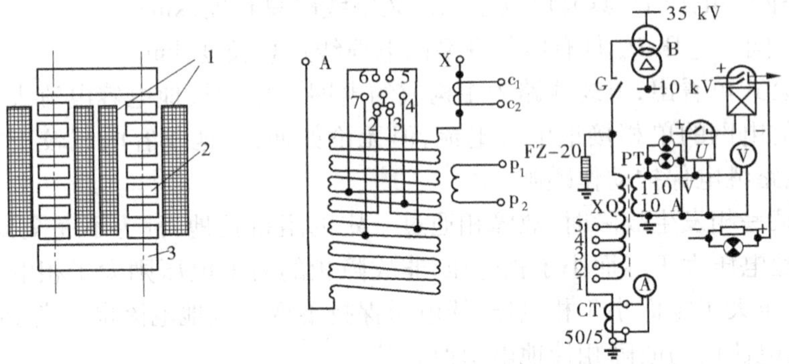

(a)消弧线圈结构示意图　　(b)消弧线圈接线图

1—线圈；2—有气隙的铁芯；3—铁轭

图 1-19　消弧线圈的结构及接线图

由于相应电网运行方式的调整，线路段因运行、检修切断和扩容增长，使对地电容是处于变动的非定值，因此消弧线圈的电感需要根据情况进行调整，即调整分接头，改变接入绕组的匝数加以调节，分接头的个数一般为 5 ~9 个，最小和最大补偿电流比为 2 或 2.5。

1. 正常运行

中性点经消弧线圈接地的系统在正常工作时，中性点的电位为零，消弧线圈两端没有电压，所以没有电流通过消弧线圈。

2. 单相接地故障

当某一相发生金属性接地时，消弧线圈中就会有电感电流流过，补偿了单相接地电流，如果适当选择消弧线圈的匝数，会使消弧线圈的电感电流和接地的对地电容电流大致相等，使流过的接地故障电流变得很小，从而减轻了电弧的危害。

如图 1-20(a)所示，单相接地故障时，如 C 相接地，中性点对地电压 $\dot{U}'_N = -\dot{U}_C$，非故障相 A、B 相对地电压升高至 $\sqrt{3}$ 倍，线电压不变，C 相对地电压为零。

如图 1-20(b)所示，单相接地故障时，消弧线圈在 $-\dot{U}_C$ 作用下有一个电感电流 $\dot{I}_L$ 通

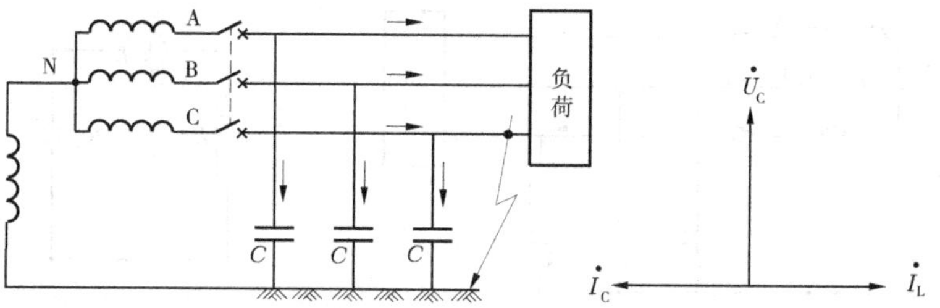

(a)电路图 (b)相量图

图1-20 中性点经消弧线圈接地

过,通过接地点形成回路,故流过接地点的总电流是接地电容电流$\dot{I}_C$与流过消弧线圈的电感电流$\dot{I}_L$的相量和。由于$\dot{I}_C$超前$\dot{U}_C$90°,而$\dot{I}_L$滞后$\dot{U}_C$90°,$\dot{I}_C$和$\dot{I}_L$的相位相差180°,即方向相反,所以$\dot{I}_C$和$\dot{I}_L$在接地点互相补偿,称电感电流对接地电容电流的补偿,适当选择线圈匝数,可使接地电流小于最小生弧电流,从而消除接地点的电弧以及由此而引起的各种危害。另外,当电流过零而电弧熄灭后,消弧线圈还可减小故障相电压的恢复速度,从而减小了电弧重燃的可能性,有利于单相接地故障的消除。

在中性点经消弧线圈接地的系统中,单相接地和中性点不接地系统一样,故障相对地电压为零,非故障相对地电压升高至$\sqrt{3}$倍,三相线电压仍然保持对称和大小不变,所以也允许暂时运行,但不得超过2 h,消弧线圈的作用对瞬时性接地系统故障尤为重要,因为它使接地处的电流大大减小,电弧可能自动熄灭。接地电流小,还可减轻对附近弱点线路的影响。在中性点消弧线圈接地的系统中,各相对地绝缘和中性点不接地系统一样,也必须按线电压设计。

1.4.3.2 消弧线圈的补偿方法

在单相接地故障时,根据消弧线圈产生的电感电流对容性的接地故障电流补偿的程度,可分为三种补偿方式:全补偿、欠补偿和过补偿。

1. 全补偿方式

全补偿指补偿后电感电流等于网络电容电流,接地点残流为0,即$I_L=I_C$。从消除故障点的电弧,避免出现弧光过电压的角度来看,此种补偿方式是最理想的,但从其他方面看,则又存在严重的缺点。在全补偿时,$\frac{1}{\omega L}=3\omega C_0$,正是电感$L$和三相对地电容$3C_0$对50 Hz交流串联谐振的条件。在正常情况下,如果架空输电线的三相对地电容不完全相等,则电源中性点对地之间就产生电压偏移,根据戴维南定理,可将其简化为图1-21所示电路;此外,在断路器合闸过程中,当三相触头不同时闭合时,也将短时出现一个数值更大的零序分量电压。上述情况下出现的零序电压,都是串联于L和$3C_0$之间的,该零序电压在串联谐振回路中产生很大的电压降落,从而使电源中性点对地电压严重升高。因此,在实际应用中不能采用该种补偿方式。

2. 欠补偿方式

欠补偿指补偿后电感电流小于网络电容电流,接地点残流为容性,即$I_L<I_C$。在该种

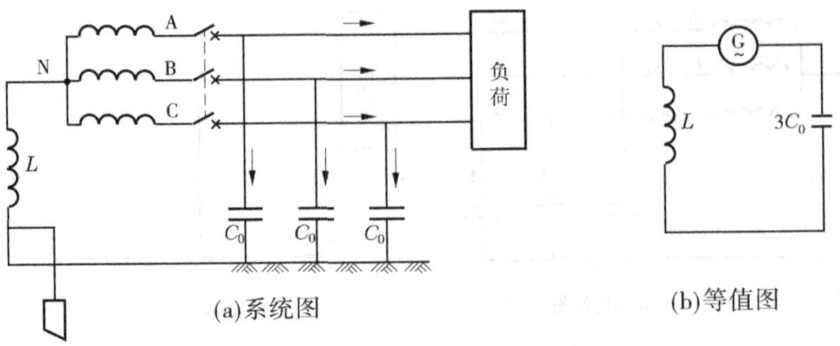

图 1-21　中性点经消弧线圈接地系统正常运行时的等值图

补偿方式下，当系统的运行方式发生改变时，如某个元件或某条输电线路被切除，在系统电容电流减小的情况下，很可能出现 I_C 和 I_L 电流相等的情况，发生串联谐振过电压。因此，该种补偿方式一般也很少被采用。

3. 过补偿方式

过补偿指补偿后电感电流大于网络电容电流，接地点残流为感性，即 $I_L > I_C$。采用该种补偿方式，可以有效避免系统发生串联谐振过电压的问题，在实际运行中获得了广泛的应用。但是，采用过补偿方式时，流经故障线路的零序电流将大于线路本身的电容电流，而电容性无功功率的实际流动方向是由母线指向线路，所以无法利用故障时和正常运行时的功率方向的差别来判别故障线路；另外，由于过补偿度不大，为输电线的选线及故障测距均带来困难。但是，考虑到系统的安全运行及中性点的对地电压，经消弧线圈接地系统选取过补偿方式较好。

过补偿方式下接地点将流过某一数值的电流，这种电流不能超过某一规定值，否则故障点的电弧不能自动熄灭。一般采用过补偿方式，补偿后的残余电流不超过 5 ~ 10 A。运行经验证明，各种电压等级的电网，只要残余电流不超过表 1-8 的极限值，接地电弧就会自动熄灭。

表 1-8　过补偿时残余电流的极限值

额定电压（kV）	6	10	35	60	110
残余电流极限值(A)	30	20	10	5	3

如果系统中性点位移电压过高，则单相接地时采用消弧线圈也难以灭弧。因此，要求中性点经消弧线圈接地的系统在正常运行时中性点的位移电压不得超过额定电压的 15%，这样采用消弧线圈易于灭弧。

1.4.4　中性点直接接地系统分析

对于更高的电压等级和更长的输电距离的电网，由于单相接地时，接地电流更大，采用小接地系统方式不能满足电力系统安全、经济运行的需要。因此，电力系统中性点可以采用直接接地的运行方式，将中性点直接与大地相连接。

中性点直接接地方式广泛用于 110 kV 及以上系统。

1.4.4.1 中性点直接接地系统的工作原理

由于三相对称,正常运行时,中性点的电位为零。在这种系统中,当发生单相接地时,接地相直接经过接地点和接地的电源中性点构成回路,即发生单相接地短路,这时短路电流的数值很大,应立即使继电保护动作,断开断路器,将故障部分切除,以防止短路电流造成更大的危害。

图1-22为中性点直接接地的三相系统单相接地时示意图。

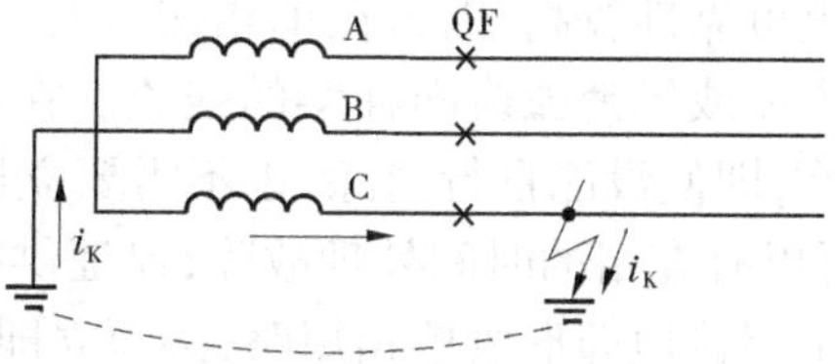

图1-22 发生单相接地的中性点直接接地的电力系统

1.4.4.2 中性点直接接地的特点

1. 主要优点

(1)发生单相接地故障时,接地电阻近似为0,故中性点与地之间电位相同,$U_N=0$。非故障相对地电压不会增高,因而各相对地绝缘可按相对地电压考虑;电网的电压愈高,经济效益愈大,因此变压器可以采用分级绝缘,断路器、互感器等的绝缘要求也降低。因为高压电器特别是超高压电器,其绝缘问题是影响电器设计、制造的关键问题。

(2)在中性点不接地或经消弧线圈接地的系统中,单相接地电流往往比正常负荷电流小得多,因而要实现有选择性的接地保护就比较困难;但在中性点直接接地系统中,实现有选择性的接地保护比较容易,由于接地电流较大,继电保护一般都能迅速而准确地被切除故障线路,且保护装置简单,工作可靠。

2. 主要缺点

(1)发生单相接地故障时,故障的送电线路必须立即被切断,否则可能损坏设备。用户的供电中断,降低了供电可靠性。运行经验表明,在1 000 V以上的电网中,大多数的一相接地故障,尤其是架空送电线路的单相接地故障,大都具有瞬时的性质,在故障部分被切除以后,接地处的绝缘可能迅速恢复,而送电线路可以立即恢复工作。目前在中性点直接接地的电网内,为了提高供电可靠性,均装设自动重合闸装置,在系统一相接地线路被切除后,立即自动重合,再试送一次,如为瞬时故障,送电即可恢复。统计资料表明,采用重合成功率在70%以上。

(2)单相短路电流很大,甚至超过三相短路电流,因此必须按单相或三相短路电流两者之间最大者,选用较大的断路器遮断容量(小接地系统按三相短路电流选择遮断容量)。这样增大了开关设备的投资,另外断路器的动作次数也较多,特别是多次重合闸对少油断路器不利,有可能损坏设备。

(3)较大的单相短路电流在三相导线周围形成较强的单相磁场,对附近通信线路产生电磁干扰,因此必须避免两者平行架设,以减少可能产生的电磁干扰。

1.4.5　中性点不同接地方式的比较和应用范围

1.4.5.1　中性点不同接地方式的比较

前面介绍的三种中性点运行方式在运行中表现出不同的优缺点，其中有关供电可靠性、过电压与绝缘水平、继电保护、对通信的干扰、系统稳定等问题对运行关系较大。

1. 供电可靠性

小接地电流系统的供电可靠性较高，因为在单相接地时，并未形成短路，流过接地点的电流是数值不大的电容电流或经消弧线圈补偿的残流。在小接地电流系统中，大多数单相接地故障均能迅速消除，即使没能自行消除，也不需要立即断开线路（一般允许继续运行 2 h），因而运行人员可以有充裕的时间处理故障，保证供电尽可能不间断。

大接地电流系统发生单相接地即形成单相短路，必须立即断开电路，这样造成的后果是短期停电（重合闸成功），或者是长期停电（永久性故障，重合闸不成功）。此外，在短路过程中，巨大的短路电流引起的电动力和热效应可能使一些电气设备造成损坏。一些断路器由于切断短路电流的次数增加，会增加其维护检修的工作量。

总之，从供电可靠性的角度来看，小接地电流系统，特别是经消弧线圈接地系统，具有明显优势。

2. 过电压与绝缘水平

单相接地时，大接地电流系统非故障相电压不会升高，由于故障线路及时切除，也不会出现弧光接地过电压问题；而小接地电流系统非故障相对地电压升高至$\sqrt{3}$倍，且有可能出现弧光接地过电压。因此，对于电力系统的绝缘水平，大接地电流系统按相电压考虑，小接地电流系统则需按线电压考虑。大接地电流系统比小接地电流系统绝缘水平大约可降低 20%，在选用避雷器时，前者用 80% 避雷器，后者用 100% 避雷器。

另外，作用在绝缘上的内部过电压是在相对地电压基础上产生和发展的，由于小接地电流系统单相接地时，相对地电压大约是线电压的水平，因此其各种操作过电压与共振过电压的倍数几乎是大接地电流系统的$\sqrt{3}$倍。

从过电压与绝缘水平的观点来看，采用大接地电流系统是有利的。

3. 继电保护

大接地电流系统中，单相接地短路时，短路电流大，继电保护简单、可靠、选择性好、灵敏度高、不易使事故扩大，即使简单的电流保护，也具有相当高的灵敏度和可靠性。但小接地电流系统中，单相接地电流往往比正常负荷电流小得多，与零序电流过滤器的不平衡电流相差不多，因而很难用普通的方向继电器来判断故障线路，这就给继电保护造成较大困难。所以，小接地电流系统的保护尚不完善，延长了消除故障时间。

4. 对通信的干扰

单相接地产生的电磁干扰对通信的影响是不可忽视的，在某些情况下，它甚至还是选择中性点接地方式的决定因素。

单相接地产生干扰的途径有两种，一种是静电感应，另一种是电磁感应。

在小接地电流系统中，起主要作用的是静电感应，可以用较简单的方法加以限制。在大接地电流系统接地故障时，大的接地电流对邻近的通信线路干扰大，感应电压可能危及工作人员安全或引起信号装置误动作，因此电力线和通信线间必须保持一定的距离。

一般认为，中性点直接接地系统对通信干扰影响最大，中性点经消弧线圈接地系统对通信的干扰最小。

5. 系统稳定性

在大接地电流系统中发生单相接地时，由于接地电流很大，电压的剧烈下降、线路的突然切除可能导致系统稳定的破坏。采用小接地电流系统，流过接地点的电流很小，不存在引起失步的可能。因此，从系统稳定的角度看，中性点直接接地系统是不利的。

1.4.5.2 中性点运行方式的应用范围分析

由以上分析可见，小接地电流系统主要优点是供电可靠性高，无通信干扰问题，主要缺点是绝缘水平要求高；大接地电流系统则相反。这些优缺点对不同电压等级的系统起主导作用的方面是不同的。实际电力系统中，不同中性点接地方式应用范围大致如下：

(1)3～10 kV。3～10 kV 系统电压不高，绝缘费用在总投资中所占比重不大，同时这个电压等级配电线路总长度长，雷击瞬间跳闸事故多，因此着重考虑供电可靠性问题。一般多采用中性点不接地系统，仅在线路长或有电缆线路而且单相接地电流越限时，才采用经消弧线圈接地方式。当发电机或调相机直接接在3～20 kV 电网时，为了避免因电机内部故障产生电弧烧坏电机，若单相接地电流大于5 A，也应装消弧线圈。

(2)35～66 kV。35～66 kV 系统和3～10 kV 系统相似，降低绝缘水平经济价值不甚显著，同时，这个电压等级都未全线架设避雷线，雷击事故较多，供电可靠性也是主要问题。虽然可采用中性点不接地系统，但由于35～66 kV 系统电网线路总长度一般都不超过100 km，单相接地电流超过限制，因此多采用经消弧线圈接地方式。

(3)110 kV。110 kV 系统由于电压升高，绝缘费用在总投资中所占比重增大，供电可靠性则可通过全线架设避雷线和采用自动重合闸加以改善。因此，我国多数110 kV 系统采用中性点直接接地方式，但雷电活动较强的地区由于考虑供电可靠性也可采用经消弧线圈接地方式。

(4)220 kV 及以上。220 kV 及以上系统降低绝缘水平占首要地位，它对总投资影响很大，中性点直接接地系统有明显优势，我国220 kV 系统都采用这种接地方式。在一些发达国家，由于出线走廊限制，当不能保证与通信线间隔距离时，也有采用经消弧线圈接地方式的。

◆任务实施

对中性点不接地系统发生单相接地短路时的电流和电压的变化进行分析。

◆思考问题

(1)哪些设备具有中性点？我国电力系统的中性点运行方式有哪几种？

(2)有一额定电压为10 kV 的电力网采用中性点不接地系统，若V相发生金属性接地故障，试说出各相对地电压的数值、各线电压的数值、中性点对地电压数值，并画出相量图。

(3)消弧线圈的工作原理是怎样的？有哪几种补偿方式？通常采用哪一种？为什么？

(4)中性点直接接地系统发生单相接地故障后，电流、电压如何变化？

(5)中性点不同的运行方式发生单相接地故障后应如何处理？

◆任务评价

(1)评价内容。

分析问题：学生以小组为单位进行独立分析计算。

学生根据任务要求进行独立分析，成绩评定可分为以下等级。

能用向量图和公式相结合的方式进行完整的分析	80～100
能用向量图或公式任何一种方式进行分析	60～80
无法进行独立分析，但能理解部分内容	60 以下

回答思考问题：学生解答思考问题，学生自评、互评，老师审定成绩。

(2)成绩构成。

分析问题 60%，回答思考问题 40%。

◆项目总结

通过本项目的学习，学生能独立完成如下任务：

(1)对水电厂的结构、生产过程、特点，火电与水电的区别进行熟练的阐述；

(2)熟知电力系统的组成、水电厂电气一次设备的组成、电力系统的额定参数；

(3)熟知短路类型、危害及限流措施；

(4)对中性点不接地、中性点经消弧线圈接地、中性点直接接地系统进行分析。

项目2 高低压开关电器认知及运行

◆项目描述

本项目首先让学生对电气触头、电弧的产生和熄灭过程有较好的认知，其次分别对高压开关电器(如断路器、隔离开关、熔断器)及低压开关电器的作用、分类、结构特点、运行与维护等相关知识进行理论分析和现场认知。通过本项目的学习与训练，学生能够在水电厂进行高低压开关电器的运行、维护及简单事故处理等方面的工作。

◆教学目标

1. 知道电气触头的类型、工作条件，知道电弧的形成及熄灭条件，能分析开关电器的熄弧方法；

2. 知道断路器、隔离开关，熔断器的基本原理、作用、结构、运行方式及事故处理一般原则；

3. 能完成水电厂高低压开关电器的运行及事故处理工作。

◆教学环境

电厂、电气相关的实训室、多媒体课件、相关的视频资料。

任务2.1 电气触头及电弧认知

◆教学目标

1. 知识目标

(1)知道触头的分类及降低接触电阻的措施；

(2)知道电弧的特点、危害，知道直流电弧和交流电弧的形成与熄弧方法。

2. 能力目标

(1)能分析开关电器中触头的类型；

(2)能描述电弧的含义，能分析电弧的特点；

(3)能够准确地描述直流电弧和交流电弧的形成过程和灭弧方法。

◆任务描述

能分析给定开关电器中的灭弧原理及方法。

◆任务准备

1. 关于直流电弧和交流电弧的熄灭方法的分析试题；

2. 分析用纸张和笔、参考书籍。

◆相关知识

2.1.1　电气触头认知

电气触头是指两个或几个导体之间相互接触的部分,如母线和导线的接触连接处以及开关电器中的动、静触头。电气触头直接影响到电气设备和电气装置的工作可靠性,甚至导致电气设备发生严重事故。特别是开关电器中的触头,其性能好坏直接决定了开关电器的品质。

对电气触头的基本要求是:

(1)结构可靠;

(2)接触电阻小且稳定,即有良好的导电性能和接触性能;

(3)通过规定电流时,发热稳定且温度不超过允许值;

(4)通过短路电流时,具有足够的动稳定性和热稳定性;

(5)开断规定的短路电流时,触头不被灼伤,磨损尽可能小,不发生熔焊现象。

2.1.1.1　触头的接触电阻

电流流过触头所产生的电阻称为接触电阻。由于制造加工、使用磨损、氧化等原因,触头的金属接触面往往不是全面接触,而是局部接触,所以接触面积往往小于导体的几何面积,故接触电阻通常比导体其他部分的电阻大。

当接触部位接触不良时,接触电阻会增大,使触头过热,严重时会发展成触头烧毁、损伤触头周围物质,甚至会拉出电弧,造成飞弧短路,导致故障的进一步扩大。触头在正常工作和通过短路电流时发热都与接触电阻值有关,所以触头的品质在很大程度上取决于触头的接触电阻值。

影响接触电阻的主要因素有:触头的表面加工状况、表面氧化程度、触头间的压力及接触情况等。

1. 触头间压力的影响

即使精细加工的触头表面,从微观上看也是凹凸不平的,触头接触面积的大小受施加压力大小的影响,压力是影响接触电阻的重要因素。如图 2-1 所示,在不加外力情况下,将两个触头对接放置时,触头间仅有一点接触;施加外力 F_1 时,a 点被压平形成接触面;若施加比 F_1 更大的外力 F_2,则 a 接触面增大,同时又将 b 点接触并形成新的接触面,总的接触面增大了,接触电阻就小了。

在开关电器中,一般在触头上附加钢性弹簧,目的是增大并保持触头间的接触压力,使触头接触可靠,减小接触电阻并使其保持稳定。

2. 触头材料及预防氧化的措施

触头材料一般采用铜、黄铜和青铜等,金属材料在空气中易氧化,为防止氧化,通常在触头表面镀上一层锡或铅锡合金等。

(1)镀锡铜触头。使用环境温度可在 60 ℃以上,可以用在户外装置中,也可以用在潮湿场所。镀锡后,触头的接触电阻比没有氧化的铜触头的接触电阻高 30% ~50% ,但在运行中不再增加。

(2)镀银触头。银在空气中不易氧化,镀银触头的接触电阻比较稳定,用于户外装置

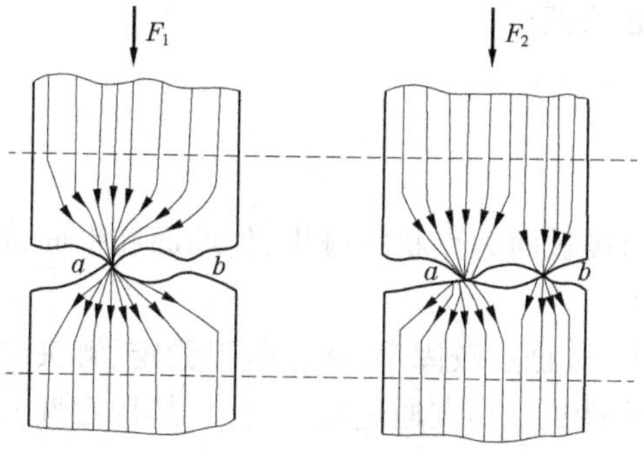

(a)施加外力F_1　(b)施加外力F_2

图 2-1　不同压力作用时两触头表面的接触情况($F_2 > F_1$)

或潮湿场所使用的大电流触头及控制电路的触头。

(3)钢制触头。其接触表面应镀锡,并涂上两层漆加以密封。

(4)铝制触头。在空气中最易氧化,并产生具有很大电阻的氧化膜层,对接触电阻的影响最大,铝制触头必须在表面涂中性凡士林油加以覆盖,以防氧化。

3. 不同材料的触头连接

在屋外和潮湿的场所,不能将铝导体用螺栓与铜端头连接,因为铜铝直接接触会形成电位差(约为 1.86 V),当含有溶解盐的水分渗入接触面的缝隙时,会产生电解反应,铝被强烈地电腐蚀,导致触头损坏,并可能酿成重大事故。为了避免出现这种情况,通常采用铜铝过渡接头,其结构是一端为铝,一端为铜,如图 2-2 所示。

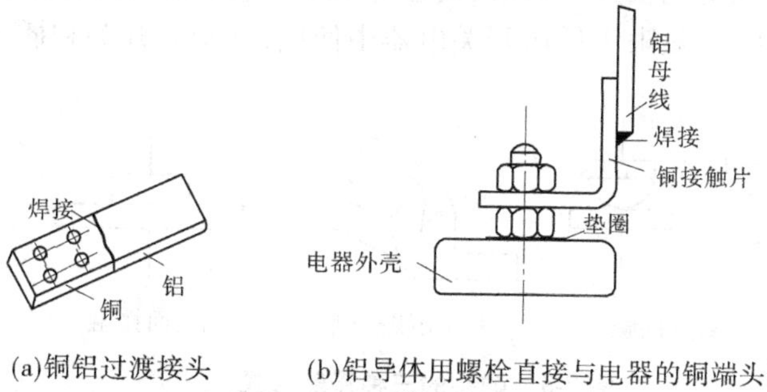

(a)铜铝过渡接头　(b)铝导体用螺栓直接与电器的铜端头连接

图 2-2　铝母线接到电器铜端头上用的接头

在屋内配电装置中,允许将铝导体用螺栓直接与电器的铜端头连接,导体搭接面的处理应满足下列规定:

(1)铝与铝:直接连接。

(2)铜与铜:在干燥的室内可直接连接;在室外、高温且潮湿或对母线有腐蚀性气体的室内,必须搪锡。

(3)钢与钢:必须搪锡或镀锌,不得直接连接。

(4)铜与铝:在干燥的室内,铜导体应搪锡;在室外或空气湿度接近 100% 的室内,应采用铜铝过渡板,铜导体应搪锡。

(5)钢与铝:钢导体必须搪锡。

(6)钢与铜:钢导体必须搪锡。

2.1.1.2 触头类型

1. 按接触面的形式

1)点触头

点触头指两个触头间接触面为点状的触头,如球面和平面接触、两个球面接触等都是点接触,如图2-3(a)所示。

点触头具有压强较大、接触点较固定、接触电阻稳定、触头结构简单、自净作用较强的优点,但同时也存在接触面积小、不宜通过较大电流、热稳定性差的缺点,故通常只用在工作电流和短路电流较小的情况下,如继电器和开关电器的辅助触点等。

2)线触头

线触头指两个触头间接触面为线状的触头,如柱面与平面接触,或两个圆柱面间的接触等都属于线接触,如图2-3(b)所示。

线触头压力强度较大,在同样压力下,线触头比面触头的实际接触点要多,接触面积比较稳定。线触头在接通或断开时,触头间的运动形式是一个触头沿另一个触头的表面滑动,由于触头的压强很大,滑动时极易把触头表面的金属氧化层破坏掉(自净作用强),从而可减小接触电阻,铜制线触头的接触电阻是平面触头的1/3~1/2,广泛应用于高、低压开关电器中。

3)面触头

面触头指两个平面或两个曲面的接触触头,如图2-3(c)所示。

面触头容量较大,在受到较大压力时,接触点数和实际接触面积仍比较小,自净能力弱,压强小,接触电阻较大,只限于低压开关电器中使用,如闸刀开关和插入式熔断器等。

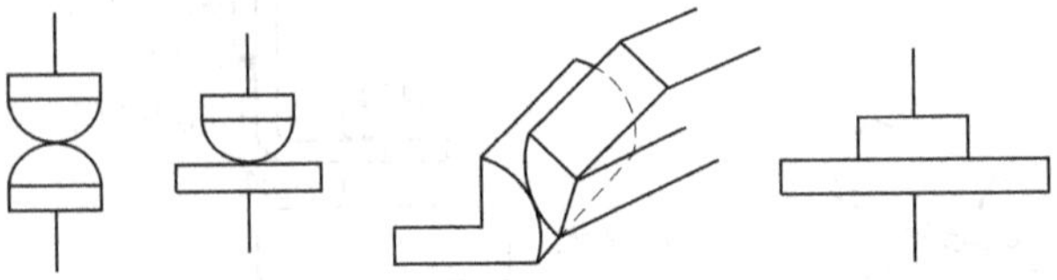

(a)点接触　(b)线接触　(c)面接触

图2-3　触头的三种接触形式

2. 按结构形式

1)固定触头

固定触头指连接导体之间不能相对移动的触头,如母线之间,母线与电器引出端头的连接等。采用可拆卸的螺栓连接方式,以便安装和维修,如图2-4(a)所示。或采用不可拆卸的铆接或压接方式,触头连接后便不可拆卸,压接时,使用专用的压接模具,由压接工具施压成形,如图2-4(b)所示。

固定触头的接触表面应采取适当的防腐措施,以防止外界的侵蚀,保证接触可靠、耐用。防腐的方法一般是在触头连接后,在外面涂以绝缘漆、瓷釉或凡士林油等。

2)可断触头

(1)对接式触头。

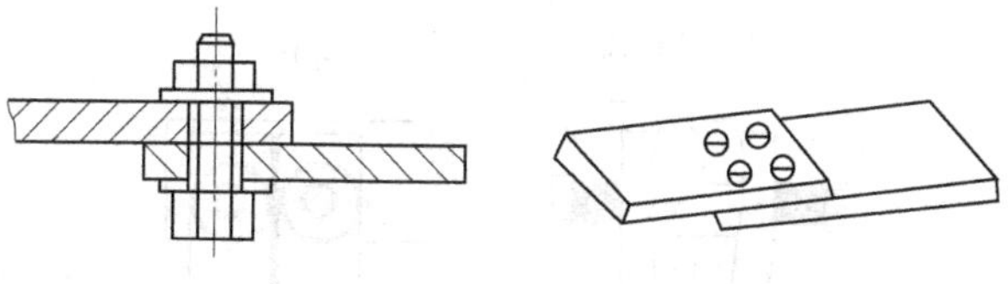

(a)可拆卸的连接　　(b)不可拆卸的连接

图 2-4　固定触头

如图 2-5 所示，对接式触头结构简单，分断速度快，但接触面不够稳定，关合时易发生触头弹跳，由于触头间无相对运动，故基本上没有自净作用，触头容易被电弧烧伤，动热稳定性较差，只适用于 1 000 A 以下的断路器中。

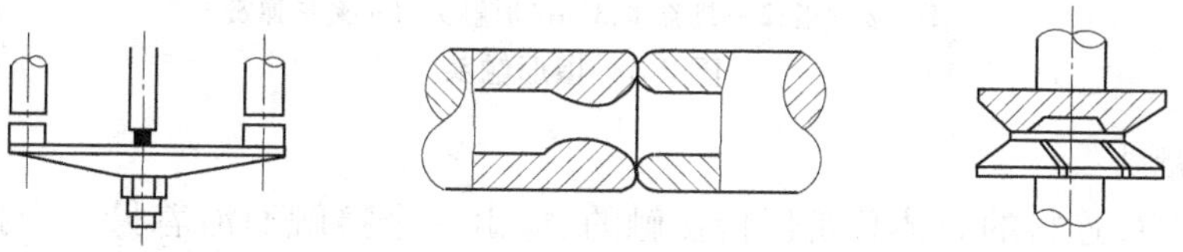

图 2-5　对接式触头

(2)插入式触头。

插入式触头所需接触压力较小，有自净作用，无弹跳现象，触头磨损小，动热稳定性好。除了刀形触头，其他的触头结构复杂，分断时间长。

①刀形触头。如图 2-6 所示，结构简单，广泛用于手动操作的高低压电器，如刀开关、隔离开关等。

②瓣形触头。如图 2-7 所示，又称插座式或梅花形触头，其静触头是由多瓣独立的触指组成一个圆环，如同插座状，动触头是圆形导电杆。接通时导电杆插入插座内，由强力弹簧或弹簧钢片把触指压向导电杆，静触指与动触头间形成线接触。插座式触头接触面工作可靠，接触电阻稳定，结构复杂，断开时间较长，广泛用于少油断路器中作为主触头和灭弧触头。为了使触头具有抗电弧烧伤能力，常在外套的端部加装铜钨合金保护环，在动触头的端部镶嵌铜钨合金制成的耐弧端。

③指形触头。如图 2-8 所示，由成对的装在载流体 2 两侧的接触指 1、楔形触头 3 和夹紧弹簧 4 组成。具有自净作用、动稳定性好，但不易与灭弧室配合，工作表面易被电弧烧伤，用在少油断路器中作工作触头，在一些隔离开关中也有应用。

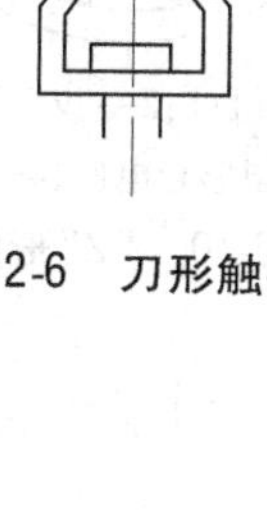

图 2-6　刀形触头

图 2-7　瓣形触头

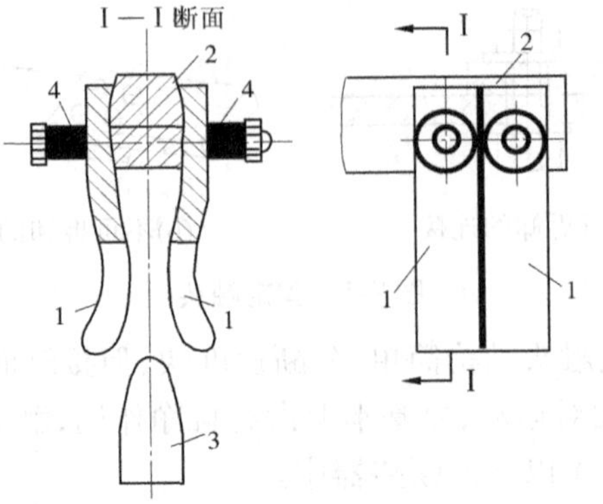

1—接触指;2—载流体;3—楔形触头;4—夹紧弹簧

图 2-8 指形触头

3) 滑动触头

在工作中被连接的导体总是保持接触的、能由一个接触面沿着另一个接触面滑动的触头,也叫中间触头或可动触头,其作用是给移动的受电器供电,如电机的滑环碳刷、行车的滑线装置、断路器的滑动触头等。

(1) 豆形触头。如图 2-9 所示,它的静触指分上、下两层,均匀分布在上、下触头座的圆周上,每一触指配有小弹簧作缓冲,以减小摩擦力和防止动触杆卡涩,动触杆从其中心孔通过。这种触头接触点多,在较小的接触压力下,具有良好的导电能力,且结构紧凑,但通用性差。

(2)"Z"形触头。如图 2-10 所示,把"Z"形触指 2(静触头)装在导电座里面,用弹簧 4 保持触指的位置,并将触指紧压在圆形导电座 3 和动触杆 1 上。这种触头结构简单、工作可靠,没有导电片,高度低,接触稳定且有自净作用。

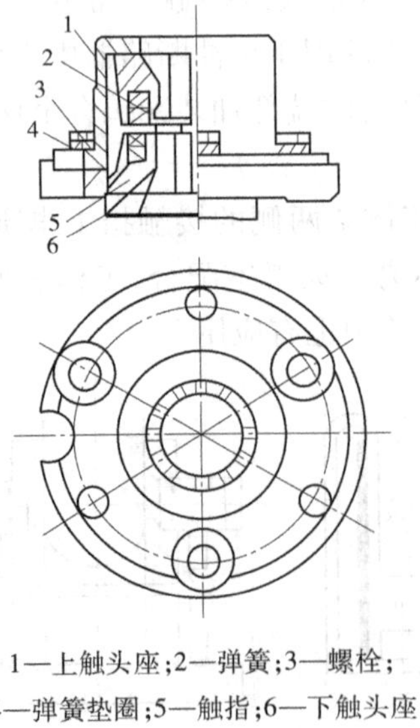

1—上触头座;2—弹簧;3—螺栓;
4—弹簧垫圈;5—触指;6—下触头座

图 2-9 豆形触头

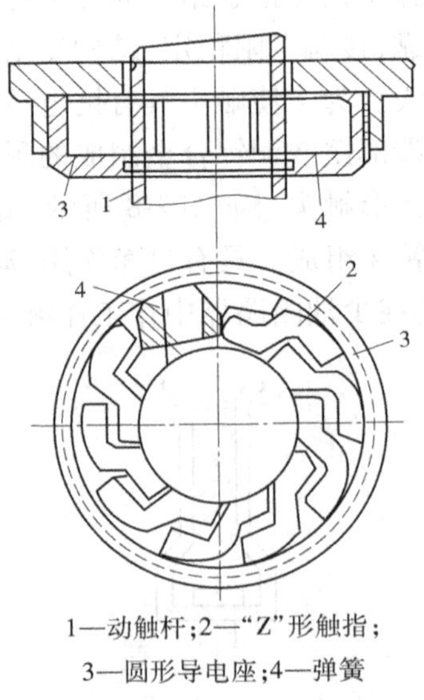

1—动触杆;2—"Z"形触指;
3—圆形导电座;4—弹簧

图 2-10 "Z"形触头

(3)滚动式触头。如图2-11所示,在工作中,导体由一个接触面沿着另一个接触面滑动,由自动导电杆2、成对的滚轮3、固定导电杆1及弹簧5等组成。弹簧的作用是保持滚轮和可动导电杆及固定导电杆的接触压力,在接通和断开过程中,滚轮沿着导电杆上、下滚动,滚动式滑动触头接触面的摩擦力小,自净作用较差。

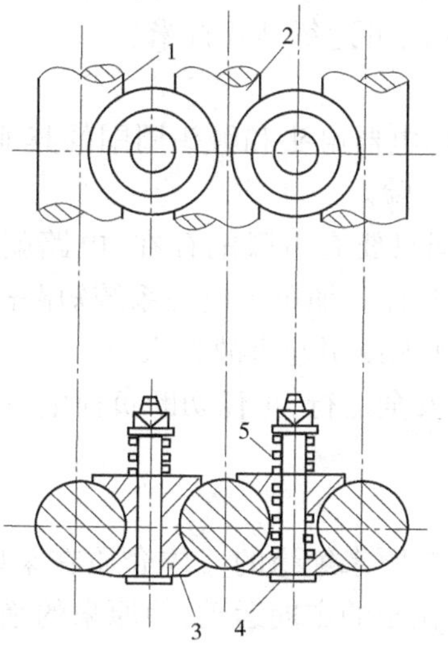

1—固定导电杆;2—可动导电杆;3—滚轮;4—螺栓;5—弹簧

图2-11　滚动式触头

2.1.2　电弧认知

电力系统中的开关电器,承担着通断电路、使系统按需要的方式运行及在事故情况下迅速切断故障设备和线路的任务。切断或接通电流时,在分离的触头两端之间会产生电弧,特别是切断短路电流时,电弧对电气设备和系统的安全会造成很大的危害。

2.1.2.1　电弧的特点和危害分析

电弧是气体导电现象,它实际上是一种能量集中、温度很高、亮度很大的气体放电现象,因此切断电路时触头分开但产生电弧,意味着电路并没有真正断开。

1. 电弧的特点

(1)电弧的组成。电弧由阴极区、阳极区和弧柱区三部分组成,如图2-12所示。阴极和阳极附近的区域分别称为阴极区和阳极区。在阴极和阳极间的明亮光柱称为弧柱;温度最高、电流密度最大的弧柱中心部位称为弧心;弧柱周围温度较低、亮度明显减弱的部分称为弧焰。

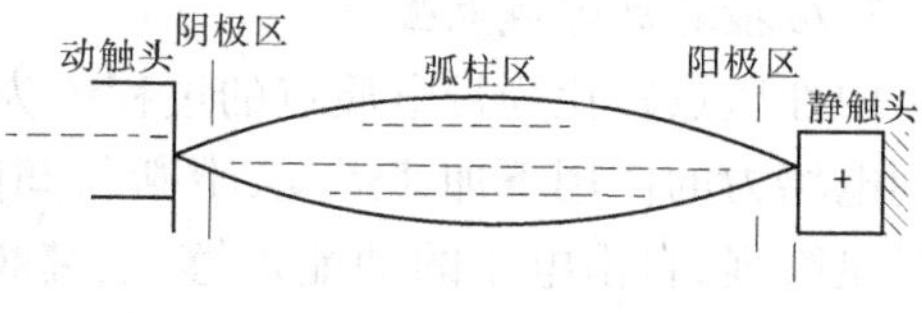

图2-12　电弧的组成

(2)电弧温度很高。弧柱区中心可达到10 000 ℃以上,表面温度也有3 000～4 000 ℃,同时发出强烈的白光,故称弧光放电为电弧。

(3)气体放电分为自持放电(只依靠电场就能维持下去的放电称为自持放电)与非自持放电(需要依靠外界游离因素支持的放电称为非自持放电)两类。电弧是一种自持放电,放电时触头两端电极间的带电质点的消失和产生,处于动态平衡状态,只要很低的电压,就能维持稳定燃烧,其维持燃烧的能量由电源输送。

(4)电弧是一束游离的气体,质量很轻,在电动力、热力或其他外力作用下能迅速移动、伸长、弯曲和变形。运动速度可达每秒几百米。

2. 电弧的主要危害

(1)电弧的高温,可能烧坏电器触头和触头周围的其他部件;对充油设备还可能引起着火、内部过电压甚至爆炸等危险。

(2)在开关电器中,触头间只要有电弧的存在,电路就没有真正断开,电弧的存在延长了开关电器断开故障电路的时间,加重了电力系统短路故障的危害。

(3)容易造成飞弧短路、伤人或引起事故扩大。

因此,要保证电力系统的安全运行,担任切断负荷电流、短路电流的开关电器,应具备迅速可靠熄灭电弧的能力。

2.1.2.2 电弧中的游离

电弧的产生过程,实际上是原来绝缘的气体介质在某些因素作用下,发生强烈游离,产生很多带电质点,这些带电粒子的定向运动,使原来的绝缘介质环境变为导电的电弧通道。其具体过程大致如下。

1. 强电场发射

开关电器的触头开始分离时,触头间隙很小,在外施电压的作用下,触头间会形成很高的电场强度。当电场强度超过一定值后,阴极触头表面的电子就会在强电场作用下被拉出,成为存在于触头间隙中的自由电子。这种现象称为强电场发射,是弧隙间最初产生电子的原因。

2. 热电子发射

开关电器的触头是用金属材料制成的,在常温下金属内部就存在大量的自由电子。当触头开始分离时,由于动、静触头间的接触压力不断下降,接触面积不断减小,使接触电阻迅速增大,在电流的作用下接触处的温度急剧升高,在阴极上出现强烈的炽热点,从而有电子从阴极表面向四周发射,这种现象称为热电子发射。发射电子的多少与阴极材料及表面温度有关。

3. 碰撞游离形成电弧

中性质点转化为带电质点的过程称为游离。从阴极表面发射出来的自由电子,在触头间电场力的作用下加速运动,不断与间隙中的中性气体质点(原子或分子)撞击,如果电场足够强,自由电子的动能足够大,碰撞时就能将中性原子外层轨道上的电子撞击出来,脱离原子核内正电荷吸引力的束缚,成为新的自由电子。失去自由电子的原子则带正电,称为正离子。新的自由电子又在电场中加速积累动能,去碰撞另外的中性原子,产生新的游离,碰撞游离不断进行、不断加剧,带电质点成倍增加,如图 2-13 所示,此过程愈演愈烈,如雪崩似地进行着,发展成为“电子崩”,在极短促的时间内,大量的自由电子和正离子出现,这种现象称为碰撞游离,又称电场游离。

当弧隙中带电粒子积累到一定的数量时，介质的导电性质发生改变，由绝缘体变为导体，在外加电压的作用下，电流通过触头间隙，发出声响和强烈的白光，就形成了电弧。

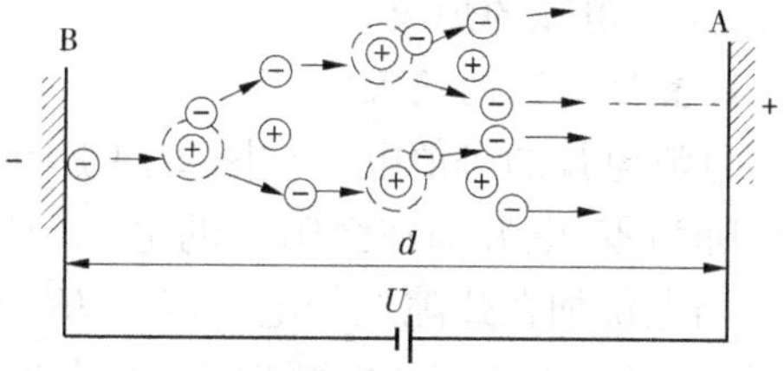

图 2-13　碰撞游离示意图

一种气体能否产生电场游离主要取决于电子运动速度，也就是取决于电场强度、电子的平均自由行程以及气体的性质。触头间电压越高，电场强度也越高，则气体容易被击穿。气体的压力越高，其中自由电子的平均自由行程就越小，因而也就不容易产生电场游离。不同的气体要从其中性原子外层轨道撞击出自由电子，所需能量值是不同的。

4. 热游离维持电弧

触头间隙在发生了雪崩式碰撞游离形成电弧后，产生高温，气体中粒子的运动速度也随着增大，使原子外层轨道的电子脱离原子核内正电荷的束缚力（吸引力）成为自由电子，这种游离方式称为热游离。

气体温度愈高，粒子运动速度愈大，原子热游离的可能性也愈大，从而供给弧隙大量的电子和正离子，维持电弧稳定燃烧。

综上所述，由于热电子发射或强电场发射在触头间隙中产生少量的自由电子，这些自由电子与中性分子发生碰撞游离并产生大量的带电粒子，从而形成气体导电，即产生电弧，一旦电弧产生后，将由热游离作用来维持电弧燃烧。电弧的形成过程就是介质向等离子态的转化过程。

2.1.2.3　电弧中的去游离

去游离，即与游离相反的过程，这个过程实际上与游离过程同时存在，去游离使弧隙中正离子和自由电子减少。

1. 复合

复合是指异性带电质点相遇，正负电荷中和成为中性质点的现象。电子的运动速度远远大于正离子，所以电子和正离子直接复合的可能性很小。复合的方式是电子先附在中性质点上形成负离子，负离子的运动速度比较小，正负离子的复合就容易进行。

2. 扩散

扩散是指电弧中的自由电子和正离子散溢到电弧外面，并与周围未被游离的冷介质相混合的现象。扩散是由于带电粒子的无规则热运动，以及电弧内带电粒子的密度远大于弧柱外，电弧的温度远高于周围介质的温度造成的。电弧和周围介质的温度差愈大，带电粒子的密度差愈大，扩散作用就愈强。高压断路器中常采用吹弧的灭弧方法，加强了扩散作用。

综上所述，当游离作用大于去游离作用时，电弧电流增加，电弧燃烧加强；当游离作用与去游离作用持平时，电弧维持稳定燃烧；当去游离作用大于游离作用时，弧隙中导电质点的数目减少，电导下降，电弧越来越弱，弧温下降，使热游离下降或停止，最终导致电弧熄灭。要使电弧熄灭，必须使去游离作用强于游离作用。

2.1.2.4 电弧的熄灭

1. 直流电弧的熄灭

直流电弧的等值电路如图 2-14 所示。当电弧稳定燃烧时,电流大小不变,电感上的电压降为零,电源加在弧隙上的电压($U-IR$)恰好等于电弧稳定燃烧所需要的电弧电压U_h。当电源加在弧隙上的电压($U-IR$)小于电弧稳定燃烧所需要的电弧电压时,电弧将熄灭。可见,为使直流电弧熄灭,可从两方面着手,一是降低加在弧隙上的电压,二是提高电弧电压。为了避免电弧熄灭时产生过电压,一般不采用强烈的方法熄灭直流电弧,常见的方法有如下几种。

1)增大回路电阻

当电源电压 U 一定时,回路电阻 R 增大,作用于弧隙上的电压减小,电弧就容易熄灭。

2)将长电弧分割为多个短电弧

要使短电弧稳定燃烧,外加电压必须大于阴极和阳极电压降之和。因此,可利用许多平行排列的金属片把长电弧分割成一系列串联的短电弧,如图 2-15 所示。因为每一个短电弧都有一个阴极和阳极电压降,总的电弧电压便大为增加。如果选择金属片的数目使加到开关触头间的电压小于所有短电弧电极电压降的总和,电弧即迅速熄灭。

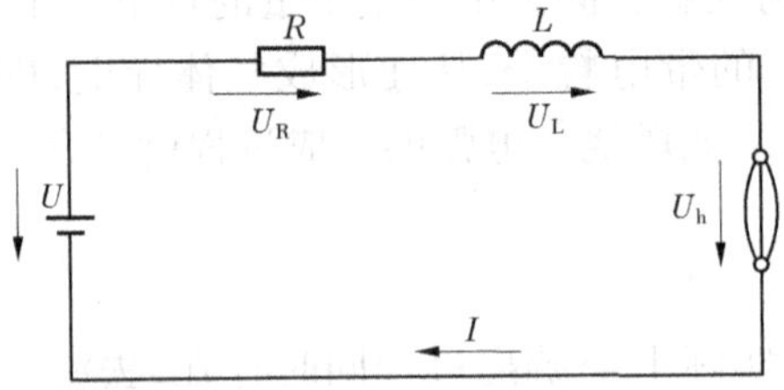

图 2-14　具有直流电弧的等值电路

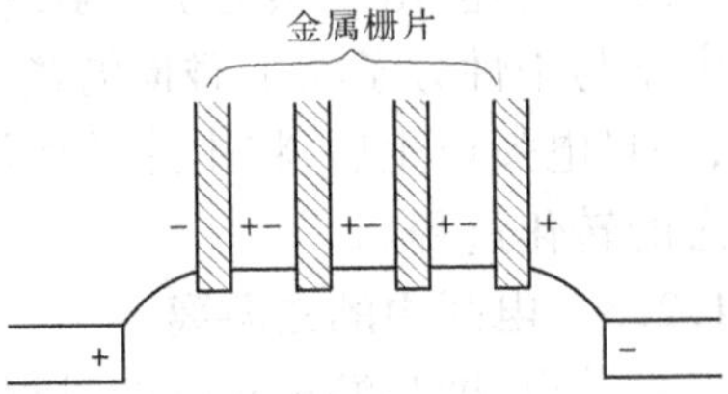

图 2-15　将长电弧分成几个短电弧

对于几毫米长的短弧,电弧电压主要由阳极、阴极电压降组成。电弧电压是与电流、外界条件无关的常数,为 20 V 左右。如果外加电压小于近极压降,电弧将被熄灭。

例如在断口上装灭弧栅。由钢片组成的灭弧栅罩在开关触头上,开关开断时,弧电流产生的磁场与钢片产生作用力使电弧拉入灭弧栅内被钢片分割成多段短弧,形成许多对电极,由于电弧的近极压降而使电弧所需电压增加,从而使电弧熄灭。低压开关的灭弧常采用此方法。

3)拉长电弧

因为弧柱电压降与电弧长度成正比,电弧长度增加,电弧电压降也增加,当电弧长度增加到电弧电压大于外加电压时,电弧即熄灭。增加电弧长度的方法有以下几种:

(1)不断增大触头间的距离。开关触头开始分离后,随着触头间的距离不断增大,电弧长度亦随之增加。当触头间的距离足够大时,电弧将熄灭。

(2)利用磁场横吹电弧。利用导电回路自身的磁场或外加磁场,使电弧电流在磁场中受电动力而横向拉长电弧,如图 2-16(a)所示。电路中电流 I 沿图示箭头方向流动,电弧受电动力 F 后,向上移动被拉长。

4）冷却电弧

利用流体介质对电弧进行横吹或纵吹，或者把电弧与耐热绝缘材料（如石棉、水泥或陶土等）密切接触，都可对电弧起冷却作用，并可增强表面复合作用。如图2-16（b）所示，将电弧吹入石棉、陶瓷等耐弧绝缘材料制成的栅片狭缝中，使电弧与温度较低的固体介质接触，这样，带电粒子在固体介质表面的复合加强，带电粒子减少，弧柱导电性变差，弧柱电压增加，电弧就容易熄灭。另外，狭缝中气体的压力加大和固体介质对电弧的冷却作用，都有利于灭弧。

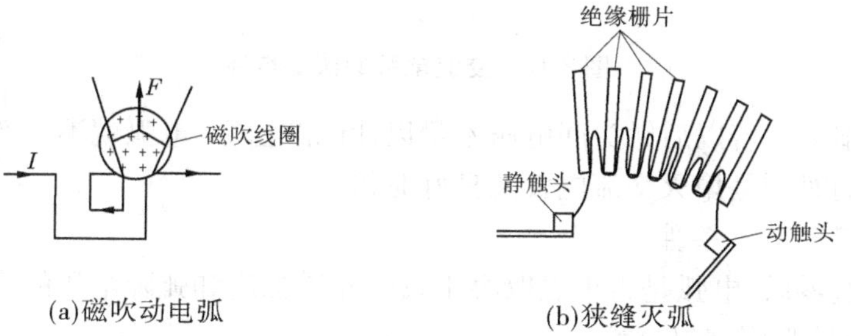

图2-16　磁吹动电弧和狭缝灭弧原理图

在开断直流电路时，由于回路中有电感存在，在触头两端及电感上均可能产生过电压。过电压不仅危及线路中电器的绝缘，而且会造成触头间重新被击穿，电弧复燃。过电压值与回路的电感及电流下降的速率有关。回路电感愈大、电流下降速率（di/dt）愈大，过电压值愈高。为了减小过电压，必须限制电流下降速率。

在断开高压大容量的直流电路时，如大容量同步发电机励磁回路的灭磁开关，一方面采用冷却、拉长电弧及利用短电弧原理来灭弧，另一方面采用逐步增大串联电阻的方法来灭弧。这样，既可增加灭弧能力，又可限制电流的下降速率，降低过电压。

2. 交流电弧的熄灭

1）交流电弧的特性

在交流电路中产生的电弧称为交流电弧。交流电弧是动态的电弧，特点如下：

（1）动态特性。

电弧电流数值随时间变动，电弧的功率也跟随电弧电流变动。电弧功率增大时，电弧的温度增加。反过来，当电弧的功率减小时，电弧的温度减小。电弧的温度、直径以及电弧电压随时间变化。电弧电压呈马鞍形变化，电流小时，电弧电压高；电流大时，电弧电压减小且接近于常数（见图2-17）。

（2）热惯性。

由于弧柱的受热升温或散热降温都有一定的过程，跟不上快速变化的电流，所以电弧温度的变化总滞后于电流的变化，这种现象称为电弧的热惯性。

（3）“自然过零”。

交流电流每隔半个周期要经过零值一次，称为“自然过零”。电弧电流也跟随外电路电流每隔半个周期经过零值一次。当电弧电流过零时，电弧自然熄灭。又因电流接近于零值时输入电弧的能量减少，电流过零后去游离作用继续进行，弧隙的导电性很快减小，

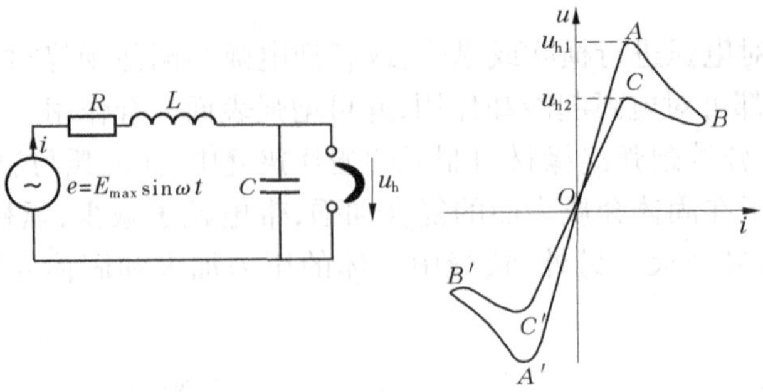

图 2-17　交流电弧的伏安特性

绝缘强度因而增大。若以后触头间电压不足以使间隙击穿，电弧就不再产生。所以，交流电流经过零值的时刻是熄灭交流电弧的良好时机。

2）交流电弧的熄灭条件

交流电流过零后，电弧是否重燃取决于弧隙介质强度和弧隙电压的恢复。

（1）弧隙介质强度恢复过程。

电流过零使电弧自然熄灭后，触头之间的去游离过程仍继续进行，所以弧隙（触头之间的间隙）的电阻不断增大，弧隙的电阻增加得越快越好。要使弧隙电阻增加快些，必须加强去游离作用。弧隙从导电状态转变成绝缘状态所经历的过程，称为介质强度（单位为 V）恢复过程。在此过程中弧隙的击穿电压逐渐增高，弧隙的电阻也逐渐增大。

电弧电流过零后，在极短时间内，弧隙就立刻出现介质强度，这个起始介质强度是由近阴极效应产生的。近阴极效应可以这样解释，当电流自然过零电极极性改变时，弧隙中剩余带电质点的运动方向随之改变。当电极极性改变的瞬间，质量较轻的自由电子因带负电荷迅速转向新的阳极；而此时质量比电子大得多的正离子因带正电荷，运动方向也要改变，但由于惯性较大，来不及改变运动方向，还停留在原处未动。这就使新阴极附近被正的空间电荷充满，缺少导电的自由电子，于是在阴极附近出现了介质强度，此种现象称为近阴极效应。近阴极效应的电荷分布及电压分布见图 2-18。

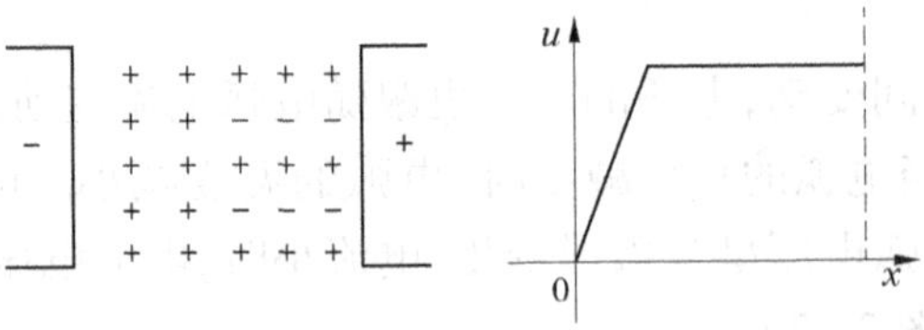

(a)电荷分布　　(b)电压分布

图 2-18　近阴极效应

出现起始介质强度以后，由于弧隙温度降低，热电离减弱，去游离作用加强，弧隙的电导逐渐丧失，以及触头开距的不断增大，弧隙的介质强度还会继续增高。

直接或间接地影响介质强度恢复速率的物理因素主要有以下几点：

①弧隙温度。弧隙温度降低越快，弧隙介质强度恢复速率就越大。

②弧隙介质的特性。不同的灭弧介质（如 SF_6 气体、真空等）对弧隙介质强度恢复速

率影响不同。有些介质击穿后，当外加电压撤除，能很快恢复绝缘，而且恢复后介质强度值较大，不易再击穿。

③灭弧介质的压力。如前所述，气体压力高，不易击穿产生电弧。

④断路器跳闸时触头的分断速度。触头开距越大，弧隙介质强度恢复速率也越大。

(2)弧隙电压恢复过程。

电弧电流自然过零使电弧熄灭后，加于断路器动、静触头之间的电压称为恢复电压。电弧刚熄灭时，触头之间的电压等于熄弧电压，以后触头电压逐渐增大，达到电源电压。触头上的电压从熄弧电压变成电源电压的过程，称为弧隙电压恢复过程。

弧隙电压恢复过程和弧隙介质强度恢复过程是同时进行的，是一个过程的两个方面。

弧隙恢复电压的变化规律可以分两种情况来考虑。一种情况是弧隙恢复电压按指数规律非周期变化，这时的弧隙恢复电压是非周期性的，依指数规律上升的恢复电压最大值不会超过 U_0，这就是说，不会在电压恢复过程中出现过电压，如图2-19所示。另一种情况是弧隙恢复电压呈现出周期性振荡的变化规律，如图2-20所示。这时的弧隙恢复电压的最大值理论上可达到 $2U_0$。实际上，由于电网存在电阻，弧隙恢复电压振荡有所衰减，实际的最大值为 $(1.3\sim1.6)U_0$。

比较两种情况下的恢复电压可得出下列结论：

①周期性振荡的恢复电压最大值，较按指数规律变化的恢复电压最大值大得多。所以，周期性振荡的恢复电压更容易发生再击穿现象，因为它最终有可能超过弧隙的介质强度。

②振荡的恢复电压的上升速率，比按指数规律变化的恢复电压的上升速率大得多。振荡频率越大，恢复电压的上升速率也越大，因此振荡的恢复电压可能很快超过弧隙介质强度，造成电弧重新燃烧。

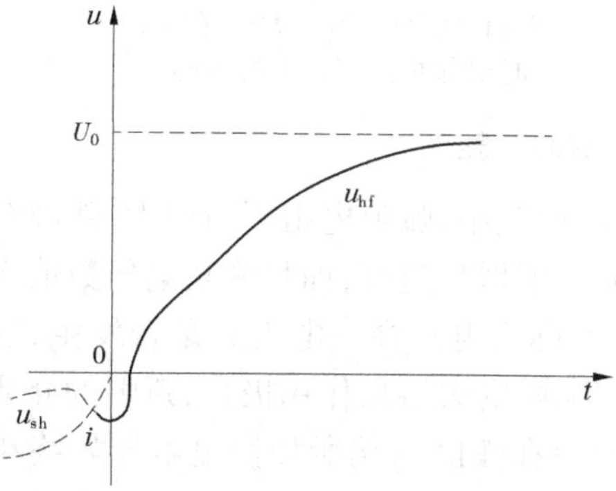

图2-19　非周期性恢复电压变化过程

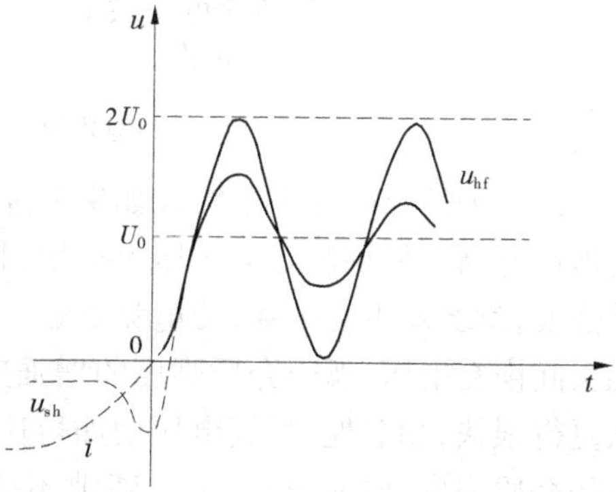

图2-20　周期性振荡的恢复电压变化过程

(3)交流电弧的熄灭条件。

由于电源电压的交变使每一周期内交流电弧两次过零，即电弧两次自然熄灭，而并非如直流电弧那样需要强行熄灭，因此熄灭交流电弧的主要问题仅为防止电弧重燃，且产生过电压的可能性低于强行熄灭的直流电弧，从而使交流电路较直流电路易于切断。

当交流电流过零时，如果采取措施(如吹弧冷却等)使弧隙介质的绝缘能力达到不会被外加电压击穿的程度,则在下半周电弧就不会重燃而最终熄灭。即电流过零后,电弧是否能够重燃,取决于弧隙中游离过程和去游离过程竞争的结果。

交流电弧在电流过零电弧自然熄灭后,发生再击穿使电弧重燃,有以下两种不同的产生方式:

第一种情况叫作热击穿。热击穿往往发生在电流过零以后的附近。交流电流过零以前弧隙的温度很高,可达 7 000 ~ 8 000 K,甚至超过绝对温度 10 000 K。当交流电流通过零点时,电流停止流动,于是弧隙暂时不从电源取得能量。但温度很高的弧隙仍不断地向外界散发热量,弧隙温度会很快下降。因为温度下降是需要时间的,所以电流过零后短时间内,弧隙温度可能仍然保持在 3 000 ~ 4 000 K 及以上。在这样高的温度下,弧隙的热游离作用还很显著,弧隙的导电性仍然存在。因此,当恢复电压由零值开始增大时,在弧隙中会有一个很小的电流通过,此小电流称为残余电流,出现残余电流就意味着电源又向弧隙输入能量。若残余电流很微小,弧隙从电源取得的能量小于弧隙散发到外界的热量,则弧隙的温度仍继续下降,弧隙导电性能也下降,弧隙电阻不断增加,使弧隙变成介质,电弧就不会重燃。反过来,如果残余电流比较大,使电源输入弧隙的能量大于弧隙散发到外界的热量,那么弧隙导电性越来越强,最终导致电弧重燃。这种使电弧重燃的方式,称为热击穿。图 2-21 所示为弧隙电流过零后,残余电流引起间隙热击穿的示意图。

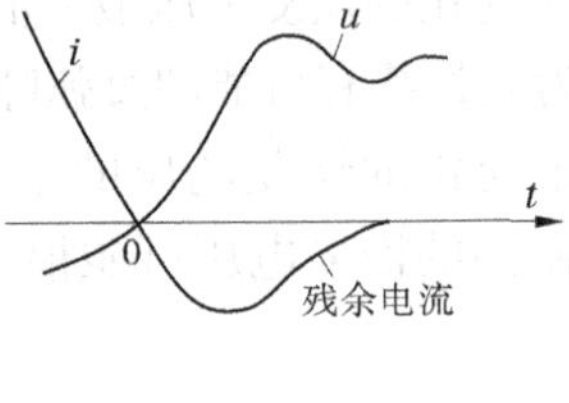

(a)有残余电流(较小),电弧熄灭

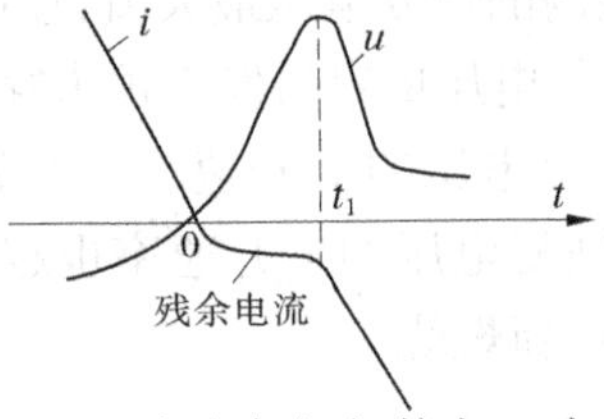

(b)有残余电流(较大),在t_1时引起热击穿,电弧重燃

图 2-21 间隙热击穿的示意图

第二种情况叫作电击穿。如果弧隙残余电流比较小,弧隙电阻不断增大,弧隙介质强度迅速升高。如果恢复电压增大很快,超过介质强度增加速度,而且恢复电压数值大于介质强度,就要发生再击穿,使电弧重燃。这种情况称为电击穿。电击穿是否发生,取决于触头间恢复电压、弧隙介质强度的增强速率。若弧隙的去游离作用极强,弧隙的介质强度恢复得很快,相对地,恢复电压增加得比较慢,使得在弧隙两端所加恢复电压始终小于弧隙的介质强度,即 $u_j > u_{hf}$,那么弧隙不会再击穿,电弧不会重燃,这就是交流电弧熄灭的条件。反之,如果 $u_j < u_{hf}$,就会出现再击穿和重燃。

一般来说,断路器电弧多由电击穿而重燃。

图 2-22 所示说明了交流电弧的熄灭条件。图 2-22(a)所示在 A 点以后 $u_j < u_{hf}$,电弧重燃。重燃以后,触头电压开始下降。在图 2-22(b)中,保持 $u_j > u_{hf}$,电弧不再重燃,最终熄灭。

综上所述,在交流电流过零、电弧自然熄灭后的极短时间内,弧隙内的物理过程是很复杂的。要使电弧迅速熄灭,重要的是在断路器中安装良好有效的灭弧装置,在灭弧装置

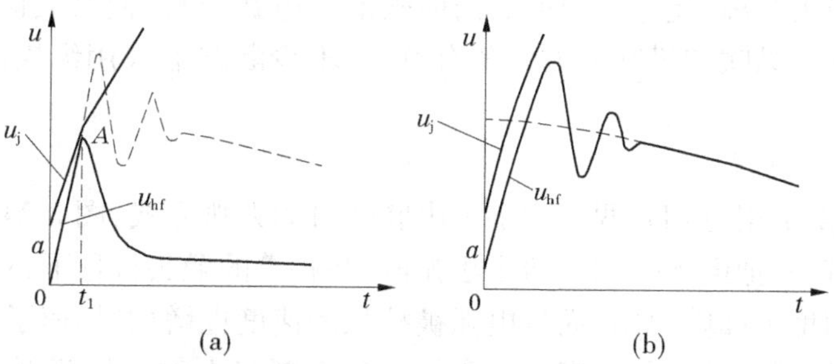

图 2-22 交流电弧在过零后重燃和熄灭

中采用各种有效的灭弧方法，而迅速降低电弧的温度是很关键的措施。

3）熄弧方法

（1）采用灭弧能力强的灭弧介质。

电弧中的去游离强度，在很大程度上取决于电弧周围介质的特性。高压断路器中广泛采用以下几种灭弧介质：

①变压器油。变压器油在电弧高温的作用下，可分解出大量氢气和油蒸气（氢气占70%～80%），氢气的绝缘和灭弧能力是空气的7.5倍。

②压缩空气。压缩空气的压力约 20×10^5 Pa，由于其分子密度大，质点的自由行程小，能量不易积累，不易发生游离，所以有良好的绝缘和灭弧能力。

③SF_6 气体。SF_6 是良好的负电性气体，其氟原子具有很强的吸附电子的能力，能迅速捕捉自由电子而形成稳定的负离子，为复合创造了有利条件，因而具有很强的灭弧能力。

④真空。真空气体压力低于 133.3×10^{-4} Pa，气体稀薄，弧隙中的自由电子和中性质点都很少，碰撞游离的可能性大大减小，而且，弧柱与真空的带电质点的浓度差很大，有利于扩散。其绝缘能力比变压器油、1个大气压力下的 SF_6、空气都大。

（2）采用特殊金属材料作灭弧触头。

电弧中的去游离强度，在很大程度上与触头材料有关。常用的触头材料有铜钨合金和银钨合金等，在电弧高温下不容易融化和蒸发，有较高的抗电弧、抗熔焊能力，可以减少热电子发射和金属蒸气，抑制游离作用。

（3）吹弧。

利用气体或油吹动电弧，广泛应用于各种电压的开关电器，特别是高压断路器中。

温度对灭弧的影响很大。气体热游离的基本条件是需要有一定的温度，温度愈低，热游离愈不易发生。降低弧隙温度便能加速去游离，而且介质的绝缘强度随温度的降低而增加。介质强度恢复的快慢，在很大程度上决定于弧隙温度降低的速率。所以，冷却电弧是熄灭电弧的重要方法之一。用气体或液体介质吹弧，既能起到对流散热、强烈冷却弧隙的作用，也有部分取代原弧隙中游离气体或高温气体的作用，气体流速愈大，对弧隙的冷却作用愈强。

在断路器中，常制成各种形式的灭弧室，使气体或液体产生较高的压力，有力地吹向电弧。吹动电弧的方式有纵吹和横吹，如图2-23所示。纵吹主要是使电弧冷却变细，加大介质压强，加强去游离，使电弧熄灭。而横吹能把电弧拉长，使其表面积增大并加强冷却，灭弧效果较好。纵吹和横吹的方式各有特点，不少断路器采用纵横混合吹弧的方式，灭弧效果更好。

(4)采用多断口熄弧。

高压断路器常采用每相有两个或多个串联断口的灭弧方式，图 2-24 所示为双断口断路器。采用双断口是把电弧分割成两个小弧段，在相等的触头行程下，双断口比单断口的电弧拉长了，从而增大弧隙电阻，而且电弧被拉长的速度也增加，加速了弧隙电阻的增大，同时也增大了介质强度的恢复速率。由于加在每个断口上的电压降低，使弧隙的恢复电压降低，因此灭弧性能更好。

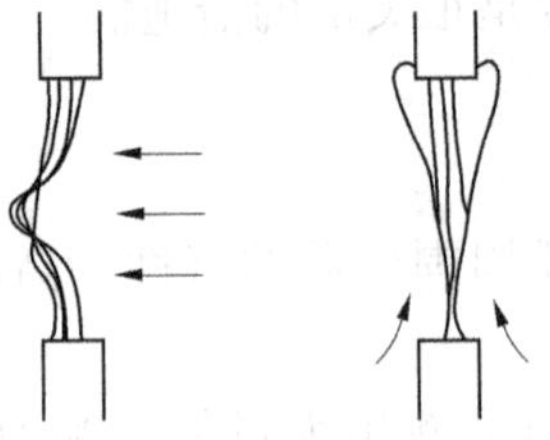

图 2-23　吹弧方式

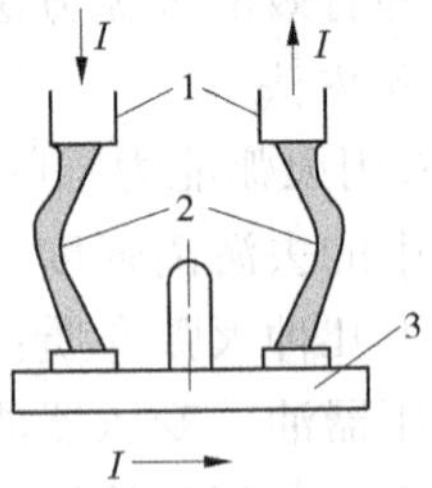

1—静触头；2—电弧；3—动触头

图 2-24　双断口断路器

(5)提高断路器触头的分离速度。

在高压断路器中都装有强力断路弹簧，以加快触头的分离速度，迅速拉长电弧，使弧隙的电场强度骤降，同时使电弧的表面积增大，有利于电弧的冷却及带电质点的扩散和复合，削弱游离而加强去游离，从而加速电弧的熄灭。

(6)金属栅片灭弧装置。

这种灭弧装置的构造原理如图 2-25 所示。灭弧室内装有很多由钢板冲成的金属灭弧栅片，栅片为铁磁性材料。当触头间发生电弧后，由于电弧电流产生的磁场与铁磁物质间产生的相互作用力，把电弧吸引到栅片内，将长弧分割成一串短弧。如前所述，当电弧过零时，每个短弧的阴极附近立即出现 150～250 V 的介质强度。如果作用于触头间的电压小于各个间隙介质强度的总和，电弧必将熄灭。

◆任务实施

(1)交流电弧的形成认知；

(2)交流电弧的熄灭条件认知；

(3)交流电弧的熄灭方法认知；

(4)结合具体的触头，阐述其灭弧方法。

◆思考问题

1. 开关电器中的电弧有什么危害？

2. 分析直流电弧的灭弧方法。

3. 分析交流电弧的灭弧方法。

4. 电气触头有哪些接触形式？各有哪些特点？

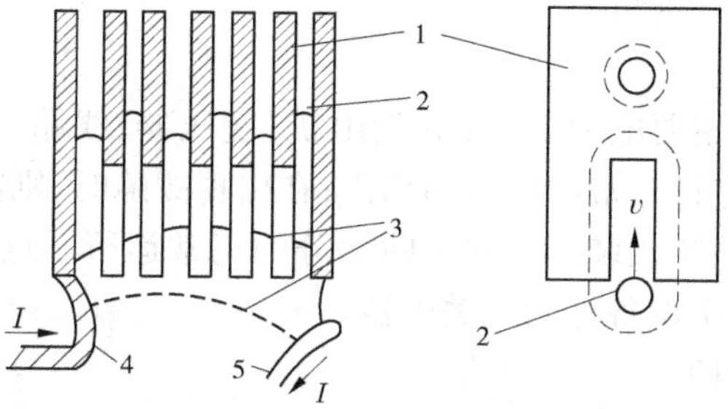

(a)灭弧栅装置　　(b)栅片结构

1—灭弧栅片;2—电弧;3—电弧移动位置;4—静触头;5—动触头

图2-25　金属栅片灭弧装置的构造原理

◆任务评价

(1)评价内容。

实际操作:学生以小组为单位进行独立分析计算。

解答思考问题:学生解答思考问题,学生自评、互评,老师审定成绩。

(2)成绩构成。

实际操作60%,解答思考问题40%。

任务2.2　断路器及运行

◆教学目标

1.知识目标

(1)知道少油断路器;

(2)熟知SF_6(六氟化硫)断路器及真空断路器的结构、工作原理、型号含义、运行方式和控制原则。

2.能力目标

(1)能叙述断路器的类型;

(2)能分析不同断路器的特点,能分析SF_6断路器的工作原理;

(3)能比较不同断路器的优缺点;

(4)能对断路器进行巡回检查与维护;

(5)能正确填写运行日志、值班记录及其他相关运行记录。

◆任务描述

在水电厂监视断路器运行;在水电厂对断路器进行巡视检查;在水电厂对断路器进行维护。

◆任务准备

1.安全帽、手电筒;

2.熟悉安全注意事项,注意现场设备勿误触碰,注意高压设备间隔;

3.熟悉断路器的结构及作用;

4. 相关的图片和视频资料。

◆相关知识

电力系统中的各种主要电力元件(如发电机、变压器、线路、母线等),在改变运行方式或停电检修时,需要进行正常的投入与切出;在出现故障时,则需要迅速分断短路电流,切除故障电路,以保证系统或装置的非故障部分的正常运行。这种直接用于正常投切和故障切除电路的电气一次设备称为开关电器。

开关电器有以下几种:

(1)按电压高低分类。按使用电压的高低分为高压开关电器和低压开关电器,后者用于1 000 V及以下的电力网中。

(2)按安装场所分类。按安装场所分为户内式和户外式,其中低压开关电器除少数外,多为户内式;110 kV及以上的开关电器主要是户外式。

(3)按功能分类。根据开关电器在开断和关合电路中所担负的任务不同,分为断路器、隔离开关、负荷开关、熔断器。

2.2.1 高压断路器认知

2.2.1.1 高压断路器的用途

在发电厂和变电所中,高压断路器是1 000 V以上电路中的重要控制设备,是电力系统一次设备中控制和保护的关键电器。在电网中起两方面的作用:一是控制作用,即根据电网运行需要,将部分电气设备或线路投入或退出运行;二是保护作用,即在电气设备或电力线路发生故障时,继电保护自动装置发出跳闸信号,启动断路器,将故障部分设备或线路从电网中迅速切除,确保电网中无故障部分的正常运行。

2.2.1.2 高压断路器的功能及要求

根据高压断路器的作用,要求其无论在空载、负载或短路故障状态,都应可靠地动作、控制和保护电路。

1. 功能

(1)导电。正常的闭合状态时,应为良好的导体,不仅对正常电流,且对规定的短路电流也应能承受其发热和电动力的作用,保持可靠的接通状态。

(2)绝缘。相与相之间、相对地之间及断口之间具有良好的绝缘性能,能长期耐受最高工作电压,短时耐受大气过电压及操作过电压。

(3)开断。闭合状态的任何时刻,应能在不发生危险过电压的条件下,在尽可能短的时间内安全地开断规定的短路电流。

(4)关合。在开断状态的任何时刻,应能在断路器触头不发生熔焊的条件下,在短时间内安全地闭合规定的短路电流。

2. 对高压断路器的要求

(1)安全可靠,高压断路器不应误动和拒动。

当系统出现短路故障时,不应拒动(拒绝动作),以免扩大事故范围。同时,高压断路器在各种工作状态下,均不应出现危及人身和其他设备安全的现象。

(2)断流容量高。系统中一旦出现故障,其电流很大,往往是其额定电流的几倍、几十倍甚至更高，而持续时间仅几秒钟，高压断路器应能承受开断和关合故障电流的能力。

(3)动作迅速。高压断路器在接到继电保护装置发来的信号后，应在百分之几秒的时间内断开故障电路。高压断路器开断故障电流的快慢将直接影响系统输送功率的大小以及系统的稳定性。

(4)具有自动重合闸功能。大多数情况下，线路故障(如雷击、风害等)是暂时性的，断路器跳闸后线路的绝缘性能(绝缘子和空气间隙)能得到恢复，再次重合能成功，这就提高了电力系统供电的可靠性。少数情况属永久性故障，自动重合闸装置动作后靠继电保护动作再跳开，查明原因，予以排除再送电。

(5)结构简单，经济合理。要求其结构力求简单、尺寸小、质量轻、价格合理。

为了使断路器很好地满足上述要求，高压断路器必须具有可靠、完善的灭弧装置和尽量简单、可靠的二次回路。

2.2.1.3 高压断路器的技术参数

1. 额定电压(kV)

额定电压是指断路器所能承受的正常工作线电压(有效值)，在铭牌上予以标明。

断路器的额定电压不仅决定了断路器的绝缘距离，而且在相当程度上决定了断路器的外形尺寸。

2. 最高工作电压(kV)

最高工作电压是指断路器可以长期工作的最高线电压(有效值)。

因为在输电线路上有电压损耗，那么线路供电端的额定电压高于线路受电端的额定电压，这样断路器就可能在高于额定电压的情况下长期工作，因此规定了断路器的最高工作电压这一指标。通常规定，220 kV 及以下设备，其最高工作电压为额定电压的 1.1 ~ 1.15 倍；对于 330 kV 及以上的设备规定为额定电压的 1.1 倍。

3. 额定电流(A)

额定电流是指铭牌上所标明的断路器在规定环境温度下可以长期通过的最大工作电流。断路器长期通过额定电流时，断路器导电回路各部件的温升均不得超过允许值。

额定电流的大小决定了断路器的发热程度，因而决定了断路器触头及导电部分的截面，并在一定程度上决定了它的结构。

4. 额定短路开断电流(kA)

断路器在额定电压下能可靠切断的最大电流，称为额定开断电流。当断路器在不等于额定电压的情况下工作时，断路器能可靠切断的最大电流，称为该电压下的开断电流。当断路器工作在低于额定电压时，其开断电流将较额定开断电流有所增大，但有一个极限值，并称其为极限开断电流。

断路器的额定开断电流标明了它的断流能力。它是由断路器的灭弧能力和承受内部气体压力的机械强度所决定的。

5. 额定关合电流(kA)

额定关合电流是指在额定电压下，断路器能可靠地闭合的最大短路电流(峰值)。额定关合电流反映了断路器关合短路故障的能力，主要取决于断路器灭弧装置的性能、触头构造及操动机构的型式。

6. 额定热稳定电流(kA)

额定热稳定电流是指断路器在规定时间内允许通过的短路电流有效值。额定热稳定电流表明了断路器承受短路电流热效应的能力,其值等于额定短路开断电流。

短路电流通过断路器时会使导电部分发热,其热量与电流的平方成正比。所以,当断路器通过短路电流时,有可能使触头熔焊直至损坏断路器。因此,断路器规定了在一定的时间(1 s、4 s、5 s、10 s)内的热稳定电流。

7. 额定动稳定电流(kA)

额定动稳定电流是指断路器在合闸位置时所允许通过的最大短路电流,又称极限通过电流。

断路器在通过这一短路电流时,不会因电动力的作用而发生任何的机械损坏。动稳定电流表明了断路器承受电动力的能力。此电流的大小由导电部分和绝缘部分的机械强度来决定。

8. 合闸时间(s)

自发出合闸信号起,到断路器的主触头刚刚接通为止的一段时间,称为断路器的合闸时间。

对断路器合闸时间的要求不高,但应尽可能稳定。我国生产的断路器合闸时间一般均小于或等于0.2 s。

9. 分闸时间(s)

分闸时间是反映断路器开断速度的参数,指从分闸线圈接通起,到断路器三相电弧完全熄灭为止的一段时间。分闸时间包括断路器的固有分闸时间和电弧存在的时间。其中,固有的分闸时间是指从分闸线圈通电,到触头刚刚分离的这段时间;而电弧存在的时间是指从触头分离,到三相电弧完全熄灭的这段时间。

从切断短路电流的要求出发,分闸时间短,说明断路器的开断速度迅速。一般分闸时间为0.2 s。通常,合闸时间大于分闸时间。

2.2.1.4　高压断路器的型号意义

国产高压断路器的型号主要由以下7个单元组成:

[1][2][3] - [4][5]/[6][7]

1:产品名称:S—少油断路器,D—多油断路器,L—SF_6(六氟化硫)断路器,Z—真空断路器,K—压缩空气断路器,Q—自产气断路器,C—磁吹断路器;

2:装置地点:N—户内,W—户外;

3:设计系列顺序号,以数字1、2、3、…表示;

4:额定电压(kV);

5:其他补充工作特性:C—手车式,G—改进型,W—防污型,Q—防震型;

6:额定电流(A);

7:额定开断电流(kA)。

例1:ZN28 - 12/1250 - 25,表示户内式真空断路器,设计序号为28,额定电压为12 kV,额定电流为1 250 A,额定开断电流为25 kA。

例2:SW6 - 220/1250 - 20型断路器,即指额定电压为220 kV,额定电流为1 250 A,

额定开断电流为 20 kA 的户外式少油断路器。

2.2.1.5 高压断路器的基本结构

高压断路器由通断元件、操动机构、中间传动机构、绝缘支撑件和底座 5 个部分组成。

(1)通断元件:执行接通或断开电路的任务。其核心部分是触头,其灭弧能力的大小则决定了开关的开断能力。

(2)操动机构:提供动力使动触头完成开断动作和关合动作。操动机构与动触头的连接由传动机构和提升杆来实现,操动机构使断路器合闸、分闸;当断路器合闸后,操动机构使断路器维持在合闸状态。

(3)中间传动机构:把操动机构提供的操作能量及发出的操作命令传递给通断元件。

(4)绝缘支撑件:断路器断口引入、引出载流导体通过接线座连接。开断元件是带电的,放置在绝缘支柱上,使处在高电位状态下的触头和导电部分保证与接地的零电位部分绝缘。

(5)底座:用于支撑、固定和安装开关电器的各结构部分,使之成为一个整体。

通断元件是断路器的核心部分,主电路的接通和断开由它来完成。主电路的通断,由操动机构接到操作指令后,经中间传动机构传送到通断元件,通断元件执行命令,使主电路接通或断开。通断元件包括触头、导电部分、灭弧介质和灭弧室等,一般安放在绝缘支撑件上,使带电部分与地绝缘,而绝缘支撑件则安装在基座上。断路器类型不同,这些基本组成部分的结构也不同。

2.2.1.6 高压断路器的基本类型和特点

根据断路器安装地点,可分为户内和户外两种。根据断路器使用的灭弧介质,可分为以下几种类型:

(1)油断路器。油断路器是以绝缘油为灭弧介质,可分为多油断路器和少油断路器。在多油断路器中,油不仅作为灭弧介质,而且还作为绝缘介质,因此用油量多、体积大。在少油断路器中,油只作为灭弧介质,因此用油量少、体积小。目前在发电厂和变电所中,油断路器已很少采用,逐渐被其他断路器所替代。

(2)压缩空气断路器。压缩空气断路器以压缩空气作为灭弧介质,靠压缩空气吹动电弧使之冷却,在电弧达到零值时,迅速将弧道中的离子吹走或使之复合而实现灭弧。空气断路器开断能力强,开断时间短,空气介质防火、防爆、无毒、无腐蚀性,检修方便。但空气断路器结构复杂,工艺要求高,有色金属消耗多,运行时噪声大,且需要专门的压缩空气系统,因此空气断路器已很少采用,逐渐被其他断路器所替代。

(3)SF_6(六氟化硫)断路器。SF_6 断路器采用具有优良灭弧能力和绝缘能力的 SF_6 气体作为灭弧介质,具有断口电压高、开断能力强、动作快、开断对触头损耗小、体积小、单压式结构简单、检修周期长等优点。但对制造工艺和材料要求高,对密封要求严格。

近年来 SF_6 断路器发展很快,在高压和超高压系统中得到广泛应用。尤其以 SF_6 断路器为主体的封闭式组合电器,是高压和超高压电器的重要发展方向。

(4)真空断路器。真空断路器是在高度真空中灭弧。真空中的电弧是在触头分离时电极蒸发出来的金属蒸气中形成的,电弧中的离子和电子迅速向周围空间扩散,当电弧电流达到零值,触头间的粒子因扩散而消失的数量超过产生的数量时,电弧即不能维持而熄灭。

真空断路器开断能力强，开断时间短，可连续多次重合闸及频繁操作，体积小，占用面积小，无噪声，无污染，无爆炸可能，寿命长，运行维护简单，检修周期长，检修时不需要检修灭弧室，但断口电压不易做得高。这些特点使其特别适用于35 kV及以下的户内配电装置，并可作为负荷开关使用。

此外，还有磁吹断路器和自产气断路器，它们具有防火防爆、使用方便等优点。但是一般额定电压不高，开断能力不大，主要用作配电用断路器。

2.2.2　典型高压断路器分析

2.2.2.1　少油断路器

少油断路器中油仅作为灭弧介质，而用空气、陶瓷或有机绝缘材料作为相与相或相与地间的绝缘。因此，少油断路器油量少、体积小、防爆性能好、耗用钢材少、价格便宜，曾在电力系统中广泛使用。目前仍有部分少油断路器在运行，但由于它们存在一系列明显的缺点，正逐步被SF_6断路器和真空断路器所取代。

少油断路器类型较多，按使用地点不同可分为户内式和户外式两种。户内式主要用于35 kV及以下电压等级，户外式主要用于110 kV及以上电压等级。户内式少油断路器的三相灭弧室分别装在3个由环氧玻璃布卷成的绝缘筒中，如图2-26所示。绝缘筒2通过支持瓷瓶4固定在支架6上，动触头通过绝缘拉杆5与操动机构相连，完成分合闸操作。户外式少油断路器由于电压等级较高、体积较大，多采用落地式结构，如图2-27所示。

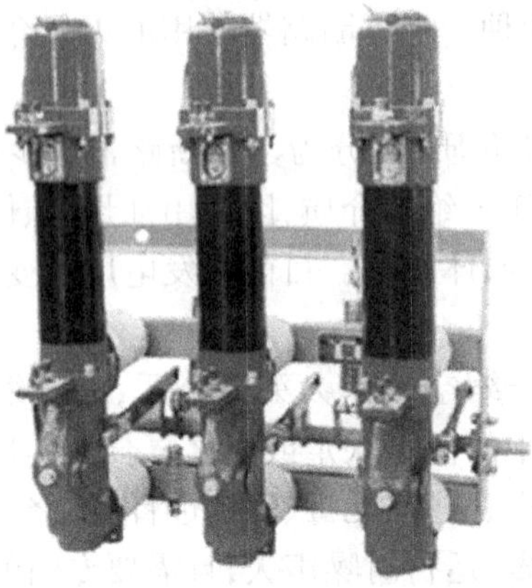

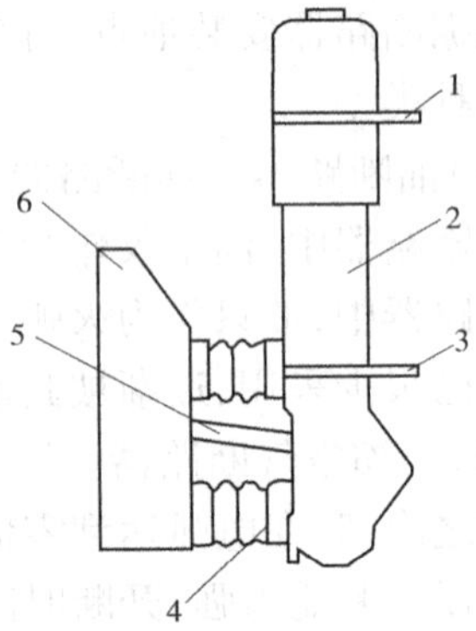

1—上引出线；2—绝缘筒；3—下引出线；4—支持瓷瓶；5—绝缘拉杆；6—支架

图2-26　SN10－10系列户内少油断路器外观图

2.2.2.2　SF_6断路器

SF_6断路器是以SF_6气体作为灭弧和绝缘介质。SF_6气体具有良好的绝缘性能和灭弧能力，因此在断路器中的应用得到迅速发展。

1. SF_6气体性能

1）物理特性

在标准状态下，SF_6气体是无色、无臭、不燃、无毒的惰性气体，难溶于水和油，容易液化，具有优良的绝缘性能，且不会老化变质。它的比重约为空气的5倍，有向低处积聚的倾向。其液化温度与压力有关。如在标准大气压下，-62 ℃时液化；在12个大气压下，0 ℃时液化。故在高压电气设备中，SF_6气体都不采用过高的压力，以使其保持气态，其工作压力为0.2～0.7 MPa。

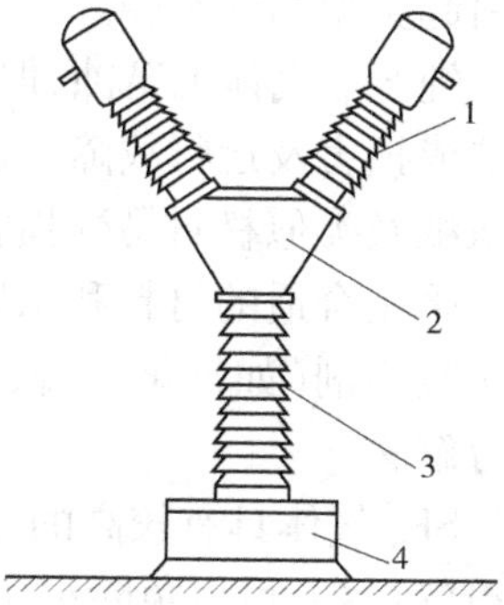

1—灭弧室；2—机构箱；
3—支持瓷瓶；4—底座

图2-27　户外少油断路器

2）化学特性

SF_6气体在常温（低于500 ℃）下是一种化学性能非常稳定的惰性气体。在通常条件下，不与断路器中常用的金属、塑料及其他材料发生化学作用。在大功率电弧引起的高温下分解成各种不同成分时，电弧熄灭后的极短时间内又会重新合成。SF_6断路器中没有碳元素，没有空气存在，可避免触头氧化。一般说来，SF_6气体对断路器的材料没有腐蚀作用，因此断路器的检修周期长，检修工作量小。

3）电气特性

SF_6气体具有优异的绝缘性能。SF_6气体及其分解物具有极强的电负性，能在较高温度下吸附自由电子而成为负离子，由于负离子的运动速度慢，因而与正离子复合的概率大大增加，弧隙的介质强度恢复大为加快。

SF_6气体的绝缘强度很高，受电板影响大，且随压力的增高而增长。均匀电场中，在1个大气压下，SF_6气体的绝缘强度等于空气的2～3倍。绝对压力为3个大气压时，绝缘强度可达到或超过常用的变压器油。但在不均匀电场中，其绝缘强度会下降，因此SF_6断路器的部件多呈同心圆状，以使电场均匀。SF_6气体良好的绝缘性能，还可以减小断路器的尺寸。

4）灭弧性能

SF_6气体具有优异的灭弧性能。SF_6气体的灭弧能力为空气的100倍，开断能力为空气的2～3倍。这是由于SF_6气体及其分解物具有极强的电负性，它不仅具有优良的绝缘特性，还具有独特的热特性和电特性。在SF_6断路器中，当电弧电流接近零时，仅在直径很小的弧柱心上有很高的温度，而其周围是非导电层。这样，电流过零后，电弧间隙介电强度将很快恢复。电流过零前的截流小，能避免产生较高的过电压。

故SF_6气体具有良好的灭弧性能。其主要原因有三个：第一是弧柱的导电率高，燃弧电压很低，弧柱的能量较小；第二是电流过零后，介质绝缘强度恢复很快，其恢复时间常数只有空气的1%，即它的灭弧能力比空气高100倍；第三是SF_6气体的绝缘强度高。

5）分解特性

SF_6气体的分解主要有三种情况：即在电弧作用下的分解，在电晕、火花和局部放电下的分解，在高温下的催化分解。

SF_6气体在断路器操作中和出现内部故障时，会产生不同量的、高毒性的分解物（如SF_4、S_2F_2、S_2F_{10}、SOF_2、HF及SO_2），这些分解物会刺激皮肤、眼睛、黏膜，如果大量吸入，还会引起头晕和肺水肿。

纯 SF_6 气体无腐蚀，但其分解物遇水后会变成腐蚀性强的电解质，对设备内部某些材料造成损害及运行故障。通常使用的材料，如铝、钢、铜、黄铜几乎不受侵蚀，但玻璃、瓷、绝缘纸及类似材料易受损害，且与腐蚀物质的含量有关，其他绝缘材料所受影响不大。

采用合适的材料和采取合理的结构，可以排除潮气和防止腐蚀。在设备运行中可以采用吸附剂（如氧化铝、碱石灰、分子筛或它们的混合物）清除设备内的潮气和 SF_6 气体的分解物。

SF_6 气体具有较高的介电强度、优良的灭弧性能、良好的冷却特性，不可燃等，将它用于电气设备，可以免除火灾威胁，缩小设备尺寸，提高系统运行的可靠性。但在放电时，SF_6 气体会发生分解形成硫的低氟化物，这些产物有毒，并能腐蚀许多绝缘材料和导电材料；在较高压力和低温状态下，SF_6 会液化，必要时需加电热装置。

2. SF_6 断路器的特点

SF_6 气体优良的灭弧性能和绝缘性能，使 SF_6 断路器具有显著的特点。

1）优点

（1）断口耐压高。由于单断口耐压高，所以对于同一电压等级，SF_6 断路器的断口数目比少油断路器和空气断路器的断口数目少。这就必然使其结构简化、减少占地面积，有利于断路器的制造和运行管理。

（2）开断容量大。目前世界水平，500 kV 及以上电压等级的 SF_6 断路器，其额定开断电流为 40 ~60 kA，最大已达 80 kA。

（3）电气寿命长、检修间隔周期长。由于 SF_6 断路器开断电路时触头烧损轻微，所以电气寿命长，一般连续（累计）开断电流 4 000 ~8 000 kA 可以不检修，日常维护工作量极小，年运行费用大为降低。

（4）开断性能优异。SF_6 气体介质强度恢复速度快，SF_6 断路器不仅可以切断空载长线不重燃、切断空载变压器不截流，而且可以比较容易地切断近区短路故障。开断电容电流时不产生重燃，通常不加并联电阻就能够可靠地切断各种故障而不产生过电压，可降低设备的绝缘水平。

（5）SF_6 断路器采用全密封结构，减少了设备事故的可能性，使用安全，运行可靠性高。

（6）SF_6 断路器没有爆炸和火灾的危险，噪声低，无污染，无公害，安全性较高。

（7）安装调试简单方便，施工周期较短，220 kV 的 SF_6 断路器只需 2 ~3 h 就可装好。

2）缺点

（1）制造工艺要求高，制造成本高，价格昂贵。

（2）SF_6 气体处理和管理工艺复杂，要有完备的气体回收、分析测试设备，工艺要求高。

3. SF_6 断路器灭弧室工作原理

SF_6 断路器灭弧室有双压式和单压式两种结构。

双压式 SF_6 断路器的特点是断路器灭弧装置设有高压和低压两个气压系统。低压系统（0.3 MPa）主要用作灭弧室的绝缘介质，而高压系统（1.5 MPa）只在灭弧过程中才起作用。这种灭弧室具有吹弧能力强、开断容量大、动作快、燃弧时间短等优点，故早期的 SF_6 断路器都采用这种灭弧室。但其存在结构复杂、所用辅助设备多、维护不方便等明显缺点，已逐渐被单压式灭弧室所取代。

国内外目前都采用单压式 SF_6 断路器。单压式 SF_6 断路器的特点是灭弧装置只有一种压力(一般为0.6 MPa)的 SF_6 气体，起绝缘作用。开断过程中利用动触头及活塞的运动产生压气作用，在触头和喷嘴间产生高速气流吹动电弧。因单压式灭弧室是根据活塞压气原理工作的，又称压气式灭弧室。开断过程中，灭弧室所需的吹气压力由动触头系统带动压气缸对固定活塞相对运动产生，就像打气筒一样。SF_6 气体在封闭系统中循环使用，不能排向大气。单压式灭弧室结构简单、动作可靠。我国研制的 SF_6 断路器一般采用这种灭弧室。单压式灭弧室又分定开距和变开距两种，本书仅介绍变开距灭弧室。

图2-28所示为单压式 SF_6 断路器的灭弧室原理。断路器在合闸状态时，压气罩、喷嘴及动触头三者处于图中虚线位置；分闸时，动触头向下运动，与静触头分离产生电弧，与此同时，压气罩和喷嘴也向下运动，当压气罩到达下部位置时(如图中黑色部分)，原先被静触头堵塞住的喷嘴打开，高压力的 SF_6 气体向上吹拂电弧(纵吹)，使电弧熄灭。

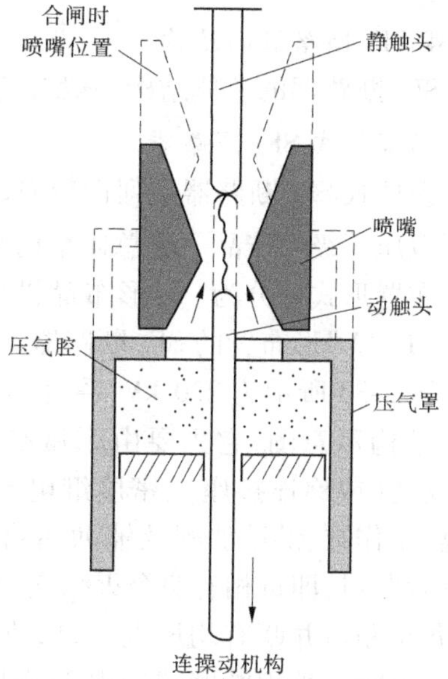

图2-28 单压式 SF_6 断路器的灭弧室原理

变开距灭弧室结构示意图(分闸状态)如图2-29(a)所示。其触头系统包括主静触头1、弧静触头2、主动触头5、弧动触头4及中间触头10，主触头(即工作触头)和中间触头装在外侧，以改善散热条件，提高断路器的热稳定性。喷嘴3由耐高温的绝缘材料制成，并与弧动触头4、主动触头5及压气缸6连成一体，构成灭弧室的可动部分。压气室8有通道通向喷嘴3，在固定活塞9上有逆止阀7。合闸时操动机构通过拉杆使可动部分向左运动，压气室压力降低，逆止阀打开，SF_6 气体从活塞上的小孔经逆止阀冲入压气室，不致使压气室内形成负压，影响合闸速度。

变开距灭弧室动作过程示意图如图2-29(b)所示。图2-29(b)①为断路器处于合闸位置，这时由主静触头、主动触头、压气缸、中间触头构成电流通路；分闸时，操动机构通过拉杆带着可动部分向右运动，使压气室内的 SF_6 气体被压缩，逆止阀关闭，压气室压力增加，主动、静触头首先分离，如图2-29(b)②所示；当弧动、静触头分离时，产生电弧，同时压气室高压气流向弧动、静触头内腔喷射，对电弧进行强烈的双向纵吹，如图2-29(b)③所示；当电弧过零时熄灭，触头处在分闸位置，弧柱的热能被排入灭弧室钢筒外壳，新鲜冷态的 SF_6 气体重新充入弧隙，保证断口的绝缘，如图2-29(b)④所示。

由于这种灭弧室触头的开距在分闸过程中是变化的，所以称为变开距灭弧室。

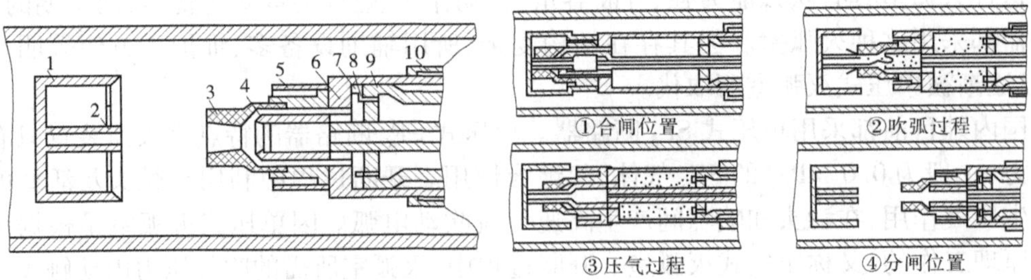

(a)变开距灭弧室结构示意图　　(b)动作过程示意图

1—主静触头;2—弧静触头;3—喷嘴;4—弧动触头;5—主动触头;
6—压气缸;7—逆止阀;8—压气室;9—固定活塞;10—中间触头

图 2-29　变开距灭弧室结构动作过程示意图

4. SF_6 断路器的结构

SF_6 断路器的总体结构一般有瓷柱式和落地罐式两种。

1)瓷柱式 SF_6 断路器

瓷柱式 SF_6 断路器系列性较强,可以用不同个数的标准灭弧室单元及支柱瓷套组成不同电压等级的产品。其总体结构和常规的瓷柱式少油断路器相似,属积木式结构。按整体布置形式可分为“Y”形布置、“T”形布置和“I”形布置等三种。

(1)“Y”形布置的 SF_6 断路器。

图 2-30 所示为 220 kV 系列“Y”形布置的 SF_6 断路器一相结构示意图,它主要由灭弧室、均压电容、三联箱、支柱、支腿(或称连接座)、密度继电器、动力单元(包括主贮压器、工作缸、供排油阀及辅助油箱)等部分组成。每相为单柱双断口,即每相有两个灭弧室,每个灭弧室各有一个断口,每个断口并联有均压电容,以改善断口间的电压分布。支柱为瓷套,承担断路器带电部分与地绝缘的任务。支柱瓷套内有绝缘拉杆,拉杆的上端与三联箱内的传动机构相连,支腿的上部有气体密封装置,中间有一组对接法兰把绝缘拉杆的下端与工作缸活塞杆连接起来,并装有分、合机械指示板。密度继电器用于监视 SF_6 气体的泄漏,它带有充放 SF_6 气体的自动触头。灭弧室和支柱一般为独立气隔,安装后在三联箱内用自动接头连通。三联箱为单独气隔。断路器的操动方式有分相操动和三相联动两种类型。前者每相均具有独立的操动系统,可进行单相或三相的分、合闸或自动重合闸;后者三相共用一套操作系统,可进行三相的分、合闸或自动重合闸。

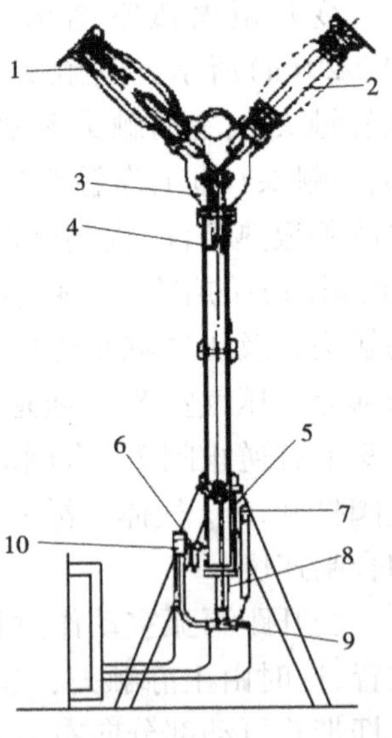

1—灭弧室;2—均压电容;3—三联箱;
4—支柱;5—支腿;6—密度继电器;
7—主贮压器;8—工作缸;
9—供排油阀;10—辅助油箱

图 2-30　“Y”形布置的 SF_6 断路器一相结构示意图

(2)“T”形布置的 SF_6 断路器。

图 2-31 所示为 500 kV 系列“T”形布置的 SF_6 断路器

的外形图和一相结构示意图。每相只有两个断口，灭弧室为变开距压气式结构。每相 SF_6 气体自成一个系统，包括压力表、密度继电器、微动触点、供气口、检查口、动断截止阀及动合截止阀。每相配一台操动机构，可单相操作和三相联动。

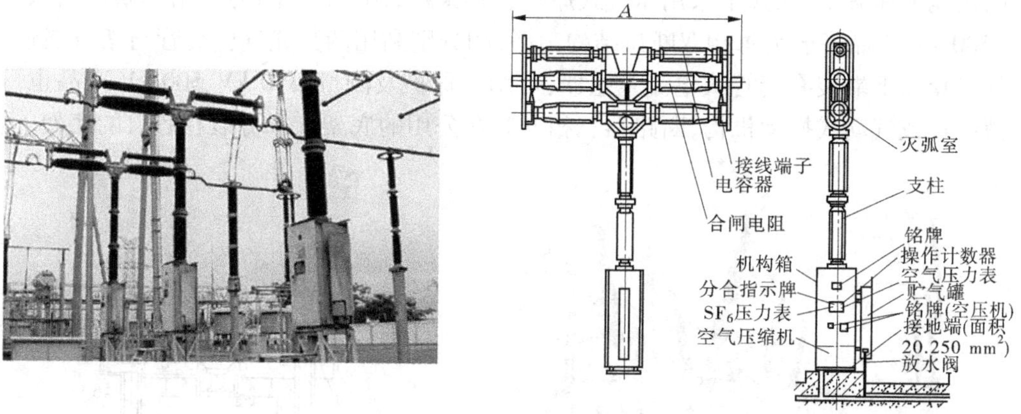

(a)外形图　　(b)一相结构示意图

图 2-31　500 kV 系列"T"形布置的 SF_6 断路器

(3)"I"形布置的 SF_6 断路器。

图 2-32 所示为 220 kV 系列"I"形布置的 SF_6 断路器的外形图及一相结构示意图。该型断路器为单断口结构，即每相只有一个断口，每相由灭弧室、支柱瓷套、机构箱等组成。灭弧室采用变开距、双喷结构；支柱瓷套与灭弧室瓷套气室相通；每相配一台操动机构，可单相操作或三相联动。

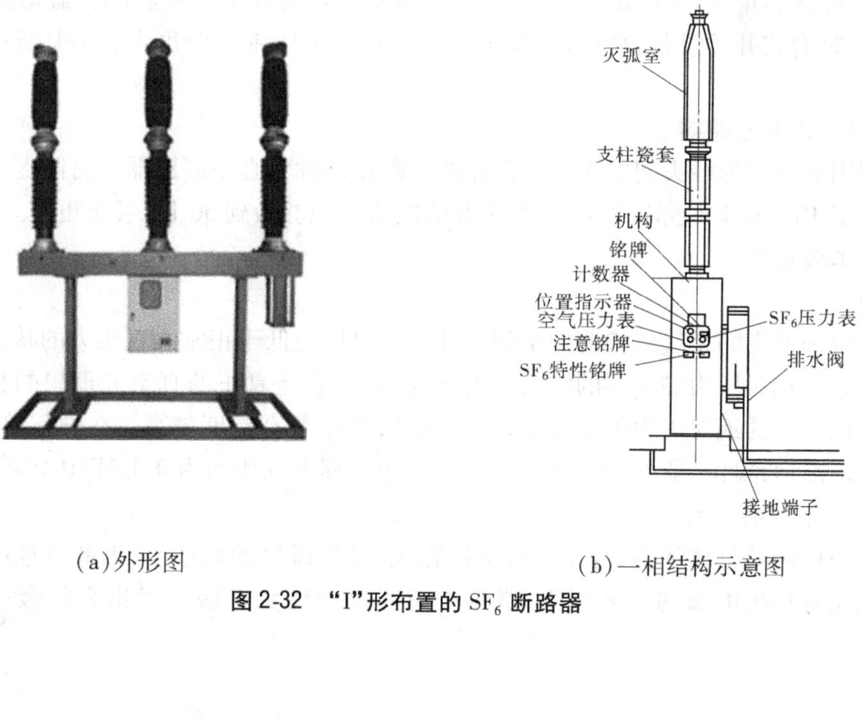

(a)外形图　　(b)一相结构示意图

图 2-32　"I"形布置的 SF_6 断路器

2)落地罐式 SF_6 断路器

图 2-33 所示为 500 kV 系列落地罐式 SF_6 断路器的外形图及结构示意图。它由进出线充气瓷套管、接地金属罐、操动机构和底架等部件组成,断路器每相主要部件均装在相应的接地金属罐中,灭弧室采用压气式原理,110 kV、220 kV 产品为每相单断口结构;330 kV、500 kV 产品一般为每相双断口结构,其每相分别利用两只充气瓷套管与架空线连接,充气瓷套的下端装有套管式电流互感器,可用于保护及测量,330 kV、500 kV 产品也可配用液压式或气动式操动机构,断路器三相安装在公用的底架上或分装在各自的底架上。

(a)外形图

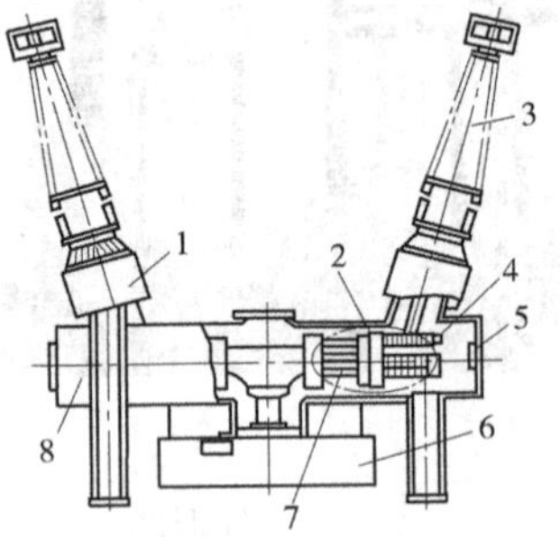

1—套管式电流互感器; 2—灭弧室; 3—套管;
4—合闸电阻; 5—吸附剂; 6—操动机构箱;
7—并联电容器; 8—罐体

(b)结构示意图

图 2-33　500 kV 系列罐式 SF_6 断路器

瓷柱式断路器的优点是结构简单、运动部件少、系列性好;缺点是重心高,抗震能力较差,使用场所受到一定限制。罐式断路器的优点是重心低,抗震性能好,灭弧断口间的电场较好,断流容量大,可以加装电流互感器,还能与隔离开关、接地开关、避雷器等融为一体,组成复合式开关设备;缺点是罐体耗材多,用气量大,制造难度大,系列化较差,因而价格较高。

2.2.2.3　真空断路器

利用真空作为触头间绝缘与灭弧介质的断路器称为真空断路器。目前真空断路器已广泛用于 10~35 kV 配电系统中,额定开断电流已能够做到 50 kA 甚至更高。

1. 工作原理

1)真空

真空一般指的是气体稀薄的空间。凡是绝对压力低于正常大气压力的状态都可称为真空状态。绝对压力等于零的空间称为绝缘真空,它是真正的真空或理想的真空。真空的程度以气体的绝对压力值来表示,压力越低,意味着真空度越高。在国际单位制中,压力以 Pa(帕)为单位,即 1 N/m^2 的作用力,一个工程大气压约为 0.1 MPa(兆帕)。

2)真空中的电弧

真空间隙的气体稀薄,分子的自由行程大,发生碰撞的几率小,因此碰撞游离不是真空间隙击穿产生电弧的主要因素,真空中电弧是在触头电极蒸发出来的金属蒸气中形成的。

不管触头表面如何平整,微观上看总是凸凹不平的。两触头接触时,只有表面突起的部分相接触,接触点的多少和接触面积的大小、接触压力等有关。当触头在真空中开断电流时,随着触头分离,接触压力减小,接触点的数量和接触面积也随之减少。电流集中在越来越少的少数接触点上,损耗增加,接触点温度急剧升高,出现熔化。随着触头继续分开,熔化的金属桥被拉长变细并最终断裂产生金属蒸气。金属蒸气的温度很高,部分原子可能产生热电离,加上触头刚分离时,间隙距离很短,电场强度很高,阴极表面在高温、强电场的作用下又会发射出大量电子,并很快发展成温度很高的阴极斑点。而阴极斑点又会蒸发出新的金属蒸气和发射电子,这样触头间的放电将转变为自持的真空电弧。由此可见,维持真空电弧的是金属蒸气而不是气体分子。金属蒸气来自触头材料的蒸发,因此影响真空间隙击穿的主要因素除真空度外,还与电极材料、电极表面状况、真空间隙长度等有关。

3)真空电弧的熄灭

电弧中的离子与周围高真空比较起来,形成局部的高压力和高密度,因而电弧中的离子迅速向周围扩散。当电弧电流过零点时,由于电流减小,从而向电弧供给的能量减少,电极的温度随之降低。当触头间的离子因扩散而消失的数量超过产生的数量时,电弧便不能维持而熄灭。

2. 特点

1)优点

(1)因为真空状态下的击穿强度比较大,所以断路器的触头开距可以做得比较小,断路器的尺寸和体积也就比较小。

(2)在真空中电弧熄灭得很快,真空断路器开断时触头烧损极微小,所以可以开断多次而不必检修,适用于需要频繁操作的电路中。

(3)检修和维护工作量少。

2)缺点

(1)开断感性负载或容性负载时,由于截流、振荡、重燃等原因,容易引起过电压。

(2)真空断路器的触头采用对接式结构,操动机构使用弹簧,容易产生合闸弹跳与分闸反弹。合闸弹跳会产生较高的过电压,影响电网的稳定运行,还会使触头烧损,甚至熔焊,特别在投入电容器组产生涌流时及短路关合的情况下更加严重。分闸反弹会减小弧后触头间距,导致弧后的重击穿,后果十分严重。

(3)对密封工艺、制造工艺要求很高,价格较高。

3. 真空灭弧室结构

真空灭弧室的结构示意图如图2-34所示,它主要由绝缘外壳、波纹管、动静触头和屏蔽罩等组成。

灭弧室是由一个金属圆筒屏蔽罩和两只瓷管封在一起作为外壳,上、下两只瓷管分别封在上、下法兰盘上,动、静触头分别焊在动、静导电杆上,静导电杆焊在上法兰盘上,动导电杆上焊一波纹管,波纹管的另一端焊在下法兰盘上,由此而形成一个密封的腔体。该腔体经过抽真空,灭弧室的真空度一般在 10^{-5} Pa以上。当合、分闸操作时,动导电杆上、下运动,波纹管被压缩或拉伸,使真空灭弧室内的真空度得到保持。

在真空灭弧室中，由于气体分子的平均自由行程很大，气体不容易产生游离，真空的绝缘强度比大气的绝缘强度要高得多。当开关分闸时，触头间产生电弧，触头表面在高温下挥发出金属蒸气，由于触头设计为特殊形状，在电流通过时产生一磁场，电弧在此磁场力的作用下沿触头表面切线方向快速运动，在金属圆筒（即屏蔽罩）上凝结了部分金属蒸气，电弧在自然过零时就熄灭了，触头间的介质强度又迅速恢复起来。

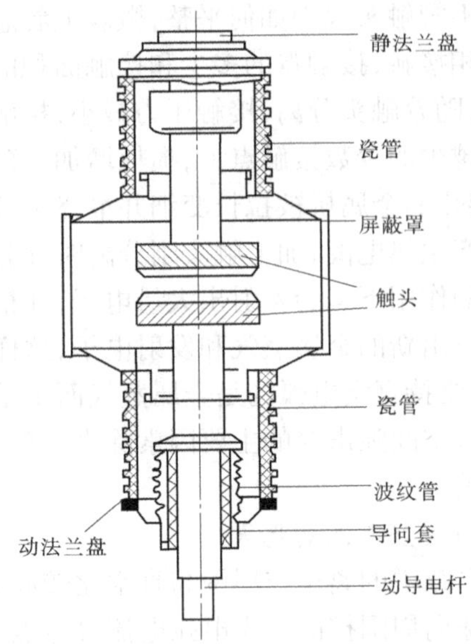

图 2-34　真空灭弧室的结构示意图

1）绝缘外壳

真空灭弧室的绝缘外壳既是真空容器，又是动、静触头间的绝缘体，其作用是支持动、静触头和屏蔽罩等金属部件，与这些部件气密地焊接在一起，以确保灭弧室内的高真空度。一般要求在 20 年内，真空度不得低于规定值，所以需要严格密封。绝缘外壳材料常采用硬质玻璃、氧化铝陶瓷或微晶玻璃。

2）触头

一般断路器的触头只是用来承载和开、合电流，电弧的熄灭另由专门的灭弧装置来完成。真空开关则不同，为了保持由玻璃、陶瓷或微晶玻璃制成的绝缘外壳内高的真空度，外壳内除了必要的动、静触头，不可能再配置结构复杂的灭弧装置。

触头是真空灭弧室最为重要的元件，真空灭弧室的开断能力和电气寿命主要取决于触头状况。真空触头具有三种典型的结构形式：平板触头（如图 2-35（a）所示）、横磁场触头（如图 2-35（b）、（c）所示）、纵磁场触头（如图 2-35（d）所示）。

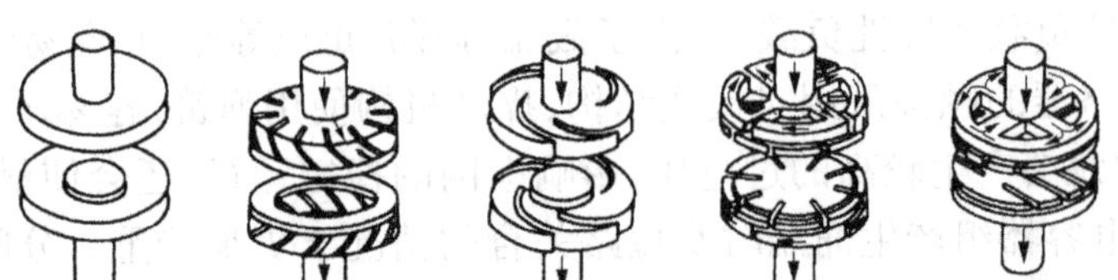
(a) 平板触头　(b) 杯状触头（横磁场触头）　(c) 螺旋触头（横磁场触头）　(d) 纵磁场触头

图 2-35　各种触头结构形状

（1）平板触头。最初的真空灭弧室采用简单的平板触头。要增大开断电流，就得增大触头截面积。当电流超过 10 kA 时，真空电弧聚集，并停滞在局部地方，随着电弧温度的上升，产生严重熔焊的斑点。因此，平板电弧一般用于开断 8 000 A 以下电流。

（2）横磁场触头。为了防止触头局部熔焊，利用电弧沿特殊路径流过触头产生横磁场而驱动电弧在触头表面上运动。这种横磁场触头可分为螺旋触头和杯状触头两种，其开断能力可达 40 kA。

（3）纵磁场触头。纵磁场触头沿正极性真空弧柱的轴向施加一磁场，使之熄弧更为强烈。其开断电流在实验室已高达200 kA。

动、静触头分别焊在动、静导电杆上,用波纹管实现密封。动触头位于灭弧室的下部,在机构驱动力的作用下,能在灭弧室内沿轴向移动,完成分、合闸。在与动触头连接的导电杆周围和外壳之间装有导向管,用以保证动触头在上、下方向准确地运动,导向管采用低摩擦力的绝缘材料制作。

3)屏蔽罩

真空灭弧室内常用的屏蔽罩有主屏蔽罩、波纹管屏蔽罩和均压屏蔽罩。其材料可采用铜或钢制成,要求具有较高的热导率和优良的凝结能力。

主屏蔽罩装设在触头的周围,一般固定在绝缘外壳内的中部,其主要作用有:

(1)防止燃弧过程中触头间产生的大量金属蒸气和金属颗粒喷溅到绝缘外壳的内壁,导致外壳的绝缘强度降低或闪络。

(2)改善灭弧室内部电场的均匀分布,降低局部电场强度,提高绝缘性能,有利于促进真空灭弧室小型化。

(3)吸收部分电弧能量,冷却和凝结电弧生成物,有利于提高电弧熄灭后间隙介质强度的恢复速度,这对于增大灭弧室的开断能力起到很大作用。

波纹管屏蔽罩包在波纹管的周围,防止金属蒸气溅落在波纹管上,影响波纹管的工作和降低其使用寿命。

均压屏蔽罩装设在触头附近,用于改善触头间的电场分布。

4)波纹管

波纹管的功能是保证灭弧室完全密封,同时使操动机构的运动得以传到动触头上。波纹管常用的材料有不锈钢、磷青铜、铍青铜等,以不锈钢性能最好,有液压成形和膜片焊接两种形式。波纹管允许伸缩量应能满足触头最大开距的要求。波纹管是真空灭弧室中最易损坏的部件,触头每分合一次,波纹管的波状薄壁就要产生一次大幅度的机械变形,长期频繁和剧烈的变形容易使波纹管因材料疲劳而损坏,其金属的疲劳寿命决定了真空灭弧室的机械寿命。

4. 真空断路器结构

真空断路器的结构与其他断路器大致相同,主要由操动机构、支撑用的绝缘子和真空灭弧室组成。图2-36所示为ZN12-12型真空断路器的整体结构,断路器主要由真空灭弧室、操动机构及支撑部分组成。在用钢板焊接而成的机构箱上固定6只环氧树脂浇注绝缘子;3只灭弧室通过由钢板或铸铝弯成的上、下出线端固定在绝缘子上;下出线端上装有软连接,软连接与真空灭弧室动导电杆上的导电夹相连;在动导电杆的底部装有万向杆端轴承,该杆端轴承通过一轴销与下出线端上的杠杆相连,开关主轴通过3根绝缘拉杆把力传递给动导电杆,使断路器实现合、分闸动作。

真空灭弧室的固定方式,原则上可以垂直、水平或以任意角度安装。按真空灭弧室的布置方式,真空断路器的总体结构可分为悬臂式和落地式两种基本形式。

1)悬臂式

图2-37所示为ZN4-10型悬臂式真空断路器结构。断路器主要由真空灭弧室2、支柱绝缘子7、操动机构8及支持框架4等部分组成。每相的灭弧室2及上、下接线板由两

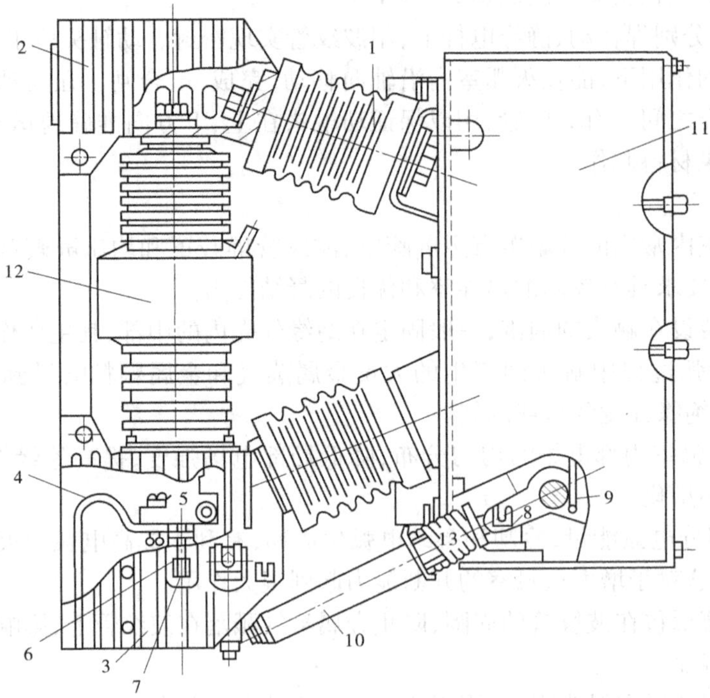

1—绝缘子；2—上出线端；3—下出线端；4—软连接；5—导电夹；6—关节轴承；7—轴销；
8—拐臂；9—主轴；10—绝缘拉杆；11—机构箱；12—真空灭弧室；13—触头弹簧

图 2-36　ZN12－12 型真空断路器的整体结构

只支柱绝缘子 7 固定在支持框架 4 的前方；灭弧室的静导电杆与上接线板固定连接，动导电杆则通过软连接与下接线板连接，上、下接线板间有绝缘加强杆支撑，其灭弧室采用横向磁吹灭弧；操动机构 8 和分闸弹簧都装在框架上，主轴 3 上的拐臂的一端连有绝缘拉杆 6，拉杆的下端则通过另一拐臂、连杆及绝缘件与动导电杆连接；为了防止相间发生弧光短路，在相间加有绝缘隔板 9。

断路器在合闸位置时，上拐臂的另一端被操动机构拉紧并锁住，维持断路器在合闸状态；当操动机构接到分闸命令时，机构被释放，在分闸弹簧作用下，上、下拐臂均逆时针旋转，断路器分闸。

悬臂式真空断路器在结构上与传统的少油断路器类似，便于在手车式开关柜中使用，也可固定安装；高度尺寸较小，其操动机构与高电压隔离，便于检修。与落地式比较，这种结构的缺点是：总体深度尺寸较大，耗用钢材较多，质量重，绝缘子受弯曲力作用，传动效率不高，操作时振动较大。因此，该结构的断路器一般只适于户内中等电压以下的产品。

2）落地式

户内落地式真空断路器结构如图 2-38 所示。落地式真空断路器的真空灭弧室 1 安装在上方，用绝缘支撑杆 2 支持，操动机构 5 设置在基座 4 下方，上下两部分由传动机构 3 通过绝缘杆连接起来。ZN3－10、ZN5－10、ZN14－10、ZN28－10 型等均为落地式真空断路器。

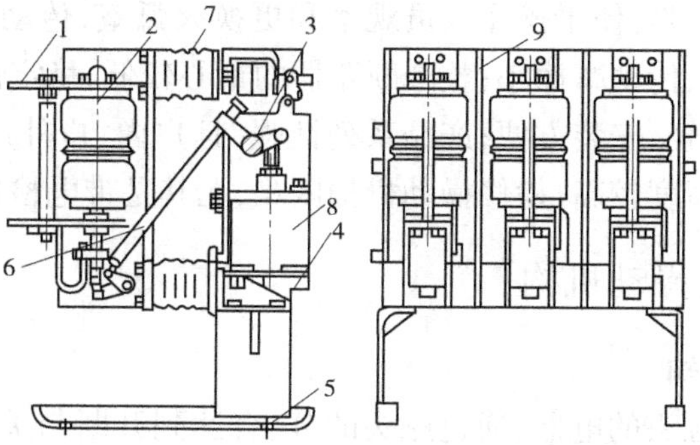

1—接线板;2—灭弧室;3—主轴;4—支持框架;5—安装孔;
6—绝缘拉杆;7—支柱绝缘子;8—操动机构;9—绝缘隔板

图2-37　ZN4－10型悬臂式真空断路器结构

图2-39所示为ZW－40.5型户外落地式真空断路器结构图。其灭弧室2封装在上瓷套3内,其静导电杆与上出线座1连接,动导电杆通过导电夹5、软连接6与下出线座4连接;下瓷套8固定在槽钢底架13上,槽钢底架则固定在三相公用的机构箱16上,操动机构15装于机构箱内;操动机构主轴通过垂直拉杆14、传动轴12和绝缘拉杆7将力传递给动导电杆,实现断路器合闸。

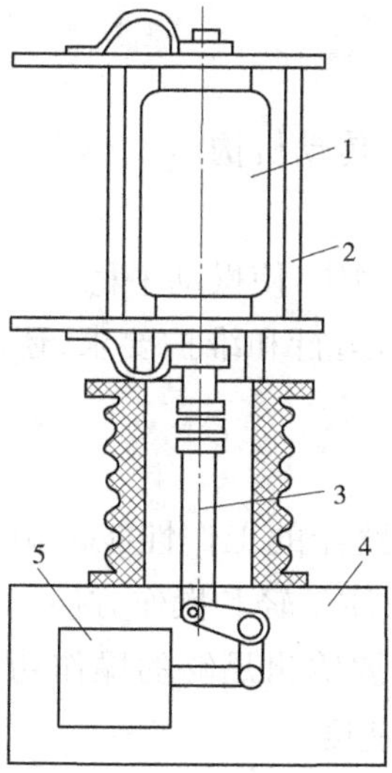

1—真空灭弧室;2—绝缘支撑杆;3—传动机构;
4—基座;5—操动机构

图2-38　户内落地式真空断路器结构

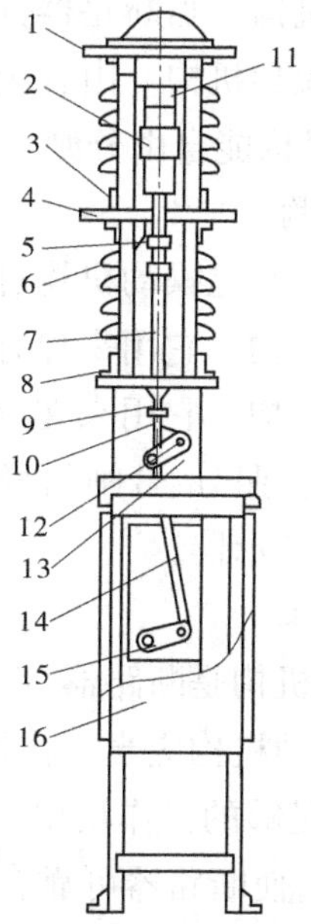

1—上出线座;2—灭弧室;3—上瓷套;
4—下出线座;5—导电夹;6—软连接;
7—绝缘拉杆;8—下瓷套;9—调节杆;
10—触头弹簧;11—连接件;12—传动轴;
13—槽钢底架;14—垂直拉杆;15—操动机构;16—机构箱

图2-39　ZW－40.5型户外落地式真空断路器结构

落地式结构的优点是:便于操作人员观察和更换灭弧室;传动效率高,分合闸操作时直上直下,传动环节少、传动摩擦小;整个断路器的重心较低、稳定性好,操作时振动小;断路器深度尺寸小、质量轻、安装方便;产品系列性强,且户内、户外产品的相互交换容易实现。但是产品的总体高度较高,检修操动机构困难,尤其是带电检修时。

2.2.3 高压断路器操动机构

2.2.3.1 操动机构认知

高压断路器是带触头的电器,通过触头的分、合达到开断与关合电路的目的,因此必须依靠一定的机械操动系统才能完成。在断路器本体以外的机械操动装置称为操动机构,而操动机构与断路器动触头之间连接的传动部分称为传动机构和提升机构,后者常归入断路器的组成部分。操动机构的工作性能和质量对断路器的工作性能和工作可靠性起着重要的作用。

1. 组成

(1)动力机构。其为原动力机构,其操作能源由气压能、弹簧能、电磁能或液压能形成。

(2)扣住机构。当断路器合闸到终了位置时,将机构固定在合闸位置。

(3)脱扣机构。当断路器分闸时,能将死点机构脱开,实现分闸。

(4)自由脱扣机构。由合闸电磁铁动作,顶起机构到合闸终点位置不落下,分闸电磁铁脱扣动作,机构能自由分闸。

2. 传动机构

(1)拉杆。它是操动机构过渡到提升机构的一种连接传动机构。

(2)提升机构。它用来提升触头进行分、合闸。

(3)缓冲机构。它用来在分、合闸终了位置吸收剩余动作,使操动平稳。

操动机构按照分、合闸信号进行操动,除此之外,根据运行和维护要求,还应有分、合闸位置的机械指示器。

3. 基本要求

由于操动机构是断路器分、合运动的驱动装置,对断路器的工作性能影响很大,断路器所配用的操动机构应当工作可靠、动作迅速、结构简单、质量轻和操作方便。

(1)具有足够的操作功率。在操作合闸时,操作机构要输出足够的操作功,以克服机械力和电动力,使断路器可靠合闸,并保证有足够的合闸速度。

(2)具有维持合闸的装置。由于操动机构需要很大的合闸功,所以操动机构是按短时间提供合闸能量来设计的,故操动机构中必须有维持合闸的装置。

(3)具有尽可能快的分闸速度。操动机构应具备电动和手动分闸功能,当接到分闸命令后,断路器应尽可能快速分闸,并能满足灭弧性能的要求。

(4)具有自由脱扣装置。即指断路器在合闸过程中又接到分闸命令,则操动机构不应继续执行合闸命令而应立即分闸,并保持在分闸位置,为此需要有防“跳跃”措施。

(5)防“跳跃”功能。当断路器关合有短路故障电路时,断路器将自动分闸,此时,若合闸命令还未解除,则断路器分闸后将再次合闸,接着又会分闸。这样,断路器就可能连续多次合分短路电流,这一现象称为“跳跃”。“跳跃”对断路器以及电路有很大危害,必须加以防止。

(6)具有自动复位功能。断路器分闸后,操动机构应能自动地回复到准备合闸的位置。

4. 类型

操动机构的合闸能源来自人力或电力,这两种能源可以转变为其他能量形式,如电磁能、弹簧位能、重力位能、气体或液体的压缩能等。根据能量形式的不同,操动机构可分为手动操动机构(CS)、电磁操动机构(CD)、弹簧操动机构(CT)、电动机操动机构(CJ)、气动操动机构(CQ)和液压操动机构(CY)等。目前常用的有弹簧式和液压式两种操动机构。

(1)手动操动机构。它用人力合闸,用已储能的分闸弹簧分闸,适用于10 kV、开断电流为6 kA以下的断路器。

(2)电磁操动机构。它用直流螺管电磁铁产生的电磁力进行合闸,靠已储能的分闸弹簧或分闸线圈分闸,可进行远距离控制和自动重合闸。

(3)弹簧操动机构。它用合闸弹簧(事先用电动机或人力储能)进行合闸,靠已储能的分闸弹簧进行分闸,动作快,可实现快速自动重合闸。

(4)液压操动机构。它用高压油推动活塞实现分、合闸操作。其动作迅速,可实现自动重合闸。

(5)气动操动机构。它用压缩空气推动活塞实现分、合闸操作。

2.2.3.2 典型操动机构分析

1. 电磁操动机构

电磁操动机构是早期断路器普遍使用的操动机构,它是靠合闸线圈通入大的合闸电流,产生大的电磁力,把断路器由分闸位置推向合闸位置,需要强大的操作电源,因而要求用户配备价格昂贵的蓄电池组;并且电磁机构的结构笨重,动作时间较长,合闸线圈的工作电流为90 A左右,工作电流大,易烧坏合闸线圈,故障率比较高。

以CD10型电磁操动机构为例介绍电磁操动机构的基本结构和动作原理。

1)结构特点

CD10型电磁操动机构由自由脱扣机构、电磁系统组成,如图2-40所示。自由脱扣机构位于操动机构的上部,由铸铁弯板和五连杆机构组成。在自由脱扣机构的左右两侧分别装有F4-8Ⅲ/W型和F4-2Ⅱ/W型辅助开关,在右下端装有分闸电磁铁,中间装有接线端子板。

操动机构的中部是电磁系统,它由合闸线圈10、合闸铁芯1和方形磁轭2组成。机构的铸铁弯板及方板为电磁回路的一部分,为了防止铁芯吸合时黏附板上,特加一黄铜垫圈和压缩弹簧,以保证铁芯合闸终了时迅速下落。线圈和铁芯间装一铜套管,以防止铁芯运动时磨损线圈。

机构的下部由帽状铸铁盖和分闸橡胶缓冲垫组成。盖上装有手力合闸手柄，检修时在手柄上套入500～800 mm长的铁管即可进行手力缓合闸，橡胶缓冲垫用于铁芯合闸后下落时缓冲之用，该机构有铁罩做封盖，罩的中部有一圆孔指示分合状态。

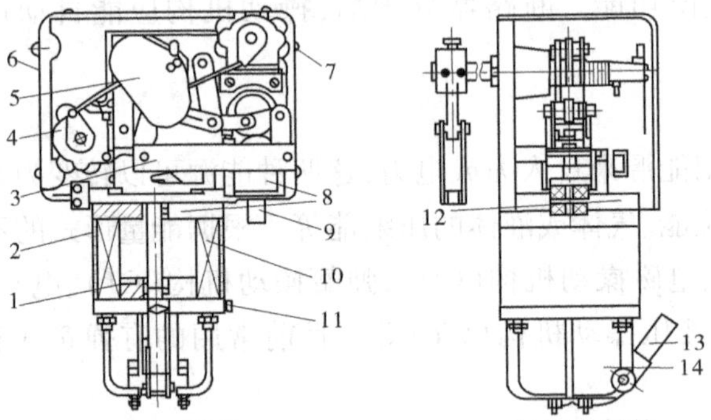

(a)正面结构　　(b)侧面结构

1—合闸铁芯；2—磁轭；3—接线板；4—信号用辅助开关；5—分合指示牌；6—罩壳；7—分合闸用辅助开关；8—分闸线圈；9—分闸铁芯；10—合闸线圈；11—接地螺栓；12—拐臂；13—操作手柄；14—盖

图2-40　CD10型电磁操动机构结构

2)动作原理

电磁操动机构分、合闸过程如图2-41所示。

(1)合闸动作。合闸前连杆7和6趋近于180°，如图2-41(a)所示。合闸线圈通电后，合闸铁芯顶杆1向上运动推动轴2上移，通过四连杆机构使主轴5顺时针转动约90°，使断路器合闸，如图2-41(b)所示，此时断路器的分闸弹簧被拉伸储能。当铁芯向上运行到终点时，轴2与掣子3之间出现(2±0.5)mm间隙，如图2-41(c)所示。这时，因主轴的转动，带动辅助开关，使合闸回路动断触点打开，切断合闸线圈电源，线圈断电后铁芯落下，轴2被掣子3支撑，完成了合闸过程，如图2-41(d)所示。

(2)分闸动作。分闸线圈通电或用手力撞击分闸铁芯9时，使其向上冲击。连杆6、7被冲向上，角度大于180°，如图2-41(e)所示，使轴2离开掣子3并失去支撑。在断路器分闸弹簧的作用下，主轴5逆时针转动完成分闸动作，随着主轴的转动，带动辅助开关使分闸回路的动断触点打开，切断分闸线圈的电源。

(3)自由脱扣动作。在合闸过程中，合闸铁芯顶杆1顶着轴2向上运动，一旦接到分闸指令，则分闸铁芯9立即向上运动，冲击连杆6、7向上。在断路器分闸弹簧的作用下，轴2从铁芯顶杆1的端部滑下，实现自由脱扣，如图2-41(f)所示。

2. 弹簧操动机构

利用已储能的弹簧为动力使断路器动作的操动机构，称为弹簧操动机构。电动机通过减速装置和储能机构使合闸弹簧存储机械能，储能完毕后通过合闸锁扣装置使弹簧保

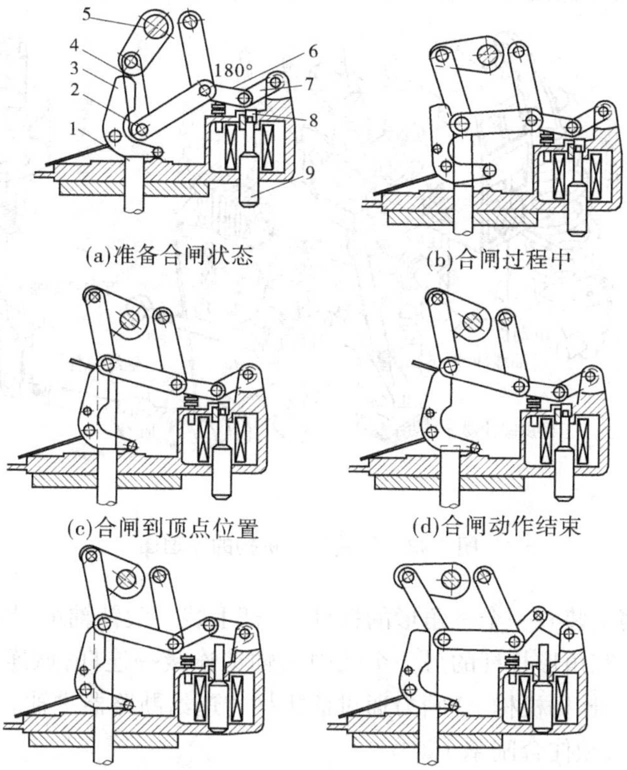

(a)准备合闸状态　(b)合闸过程中

(c)合闸到顶点位置　(d)合闸动作结束

(e)分闸动作　(f)自由脱扣动作

1—合闸铁芯顶杆;2—轴;3—掣子;4—连杆机构;5—主轴;
6、7—连杆;8—螺钉;9—分闸铁芯

图2-41　电磁操动机构分、合闸过程示意图

持在储能状态,然后切断电动机电源;当合闸信号到来时,合闸锁扣解锁,合闸弹簧存储的能量释放。这些能量一部分通过传动机构使动触头运动,另一部分通过传动机构传给分闸弹簧储能,为分闸做准备;当合闸弹簧能量释放完毕后,电动机立即启动,通过储能机构使合闸弹簧重新储能,为下一次合闸做准备;当分闸信号到来时,自由脱扣机构解锁,分闸弹簧能量释放,动触头进行分闸操作。

弹簧操动机构不需要大功率的直流电源,只需要一个小功率的交直流两用的储能电动机,但是结构比较复杂,零件数量多,且要求加工精度高,电机储能时噪声大,易出故障。

1)结构特点

图2-42所示为弹簧操动机构的原理图,它主要由储能机构、锁定机构、合闸弹簧、分闸弹簧、主传动轴、缓冲器和控制装置等部分组成。

储能机构主体是一个外壳为铸铝的减速箱,减速箱内是两套蜗轮、蜗杆,储能轴横穿减速箱中,与蜗轮、蜗杆无机械联系;储能轴上套一轴套,此轴套用键连在大蜗轮上,轴套上有一轴销,上面装一棘爪;在储能轴的右端装有一凸轮,凸轮上有一缺口,棘爪通过此缺口来带动凸轮转动;在储能轴的左端装有一曲柄,合闸弹簧一端挂在此曲柄上。

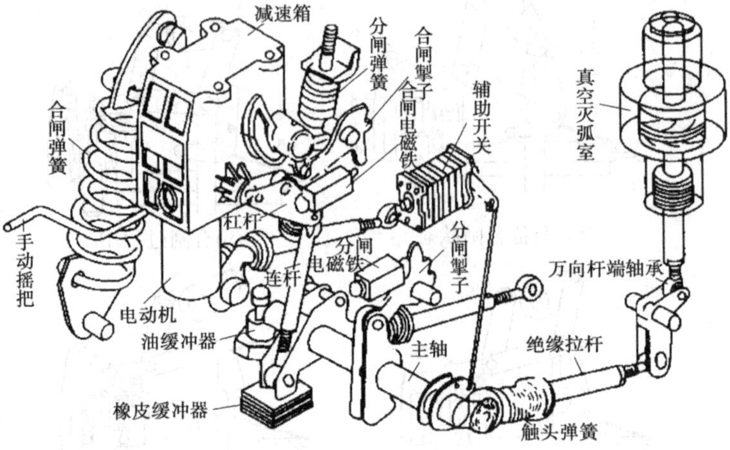

图 2-42　弹簧操动机构的原理图

减速箱的轴销上装有一个三角形的杠杆,杠杆上装一滚针轴承,凸轮将合闸弹簧的能量传到此轴承上。三角形杠杆的另一个孔中用轴销连接一连杆,该连杆的另一端装在主轴拐臂上,形成一四连杆机构,合闸力通过该机构传递给断路器主轴。减速箱的轴上还装有一滚针轴承,用来锁住合闸掣子。

断路器主轴的拐臂上装有分闸弹簧。主轴上还有三对拐臂,其中两对分别作用在合闸橡皮缓冲器和分闸油缓冲器上,另一对拐臂上装一滚针轴承,用于锁住分闸掣子。

2)动作原理

(1)电动储能。接通电动机电源,轴套由减速箱中的大蜗轮带动,当棘爪进入凸轮缺口时,带动储能轴转动,合闸弹簧被拉起而储能,当合闸弹簧被拉到最高点后被合闸掣子锁住,曲柄上的小连杆传动一小弯板压下微动开关,电动机电源被切断,“储能指示”显示在面板孔中,整个储能时间约为 15 s。

(2)手动储能。将手摇把插入减速箱前方孔中,顺时针摇转约 25 圈,棘爪进入了凸轮上的缺口带动储能轴转动,继续用力摇转手摇把 25 圈,合闸弹簧储能完毕,卸下手摇把。

(3)合闸。接通合闸电磁铁电源或用手按压合闸按钮(黑色),合闸掣子被解脱,储能轴在合闸弹簧力的作用下反向转动,凸轮压在三角形杠杆上的滚针轴承上,杠杆上的连杆将力传给断路器主轴,导电杆向上运动,主轴转动约 60°时被分闸掣子锁住,断路器合闸完毕。在此过程中,分闸弹簧被储能,绝缘拉杆上的触头弹簧被压缩,给触头施加了一定压力。“合闸指示”显示在面板孔中。

(4)分闸。接通分闸电磁铁电源或用手按压分闸按钮(红色),分闸掣子解脱,主轴在分闸弹簧和触头弹簧力作用下反向旋转,断路器分闸。“分闸指示”显示在面板孔中。

断路器在合闸后,电动机立即给合闸弹簧储能,亦可用手动再次储能。

3. 液压操动机构

1) 结构特点

液压操动机构是利用高压压缩氮气(或弹簧)作为储能能源;液压油作为传递能量的介质,注入带有活塞的工作缸内,推动活塞做功,实现断路器的合闸和分闸。图2-43所示为液压机构的组成及液压原理图。

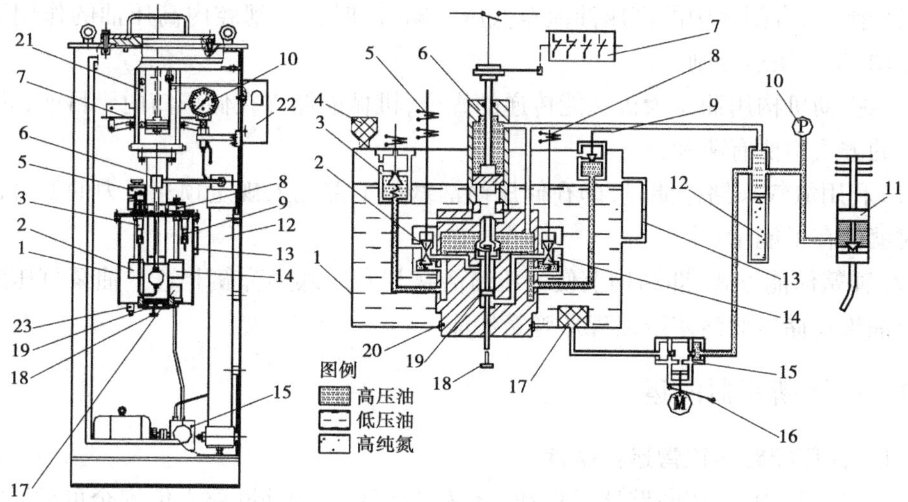

1—油箱;2—分闸一级阀;3—安全阀;4—油气分离器;5—分闸电磁铁;6—工作缸;7—辅助开关;8—合闸电磁铁;9—高压放油阀;10—压力表;11—油压开关;12—储压器;13—油标;14—合闸一级阀;15—油泵电机;16—手力打压杆;17—过滤器;18—操纵杆;19—二级阀阀杆;20—密封圈;21—联接座;22—密度继电器;23—低压放油阀

图2-43 液压机构和液压原理图

液压操动机构的主要构成元件有:储能元件(包括储压器、过滤器和油泵等)、控制元件(包括分、合闸电磁铁,分、合闸启动阀和二级阀等)、操动(执行)元件(包括工作缸、压力开关、安全阀和放油阀等)、辅助元件(包括信号缸、油箱、排气阀、压力检测器和辅助储油器等)、电气元件(包括分、合闸线圈,加热器和微动开关等)。

液压操动机构的主要优点是输出功率大,时延小、动作快,负载特性配合好,噪声小,速度易调整,可靠性高,维修方便等。缺点是加工工艺要求高,如果制造或装配不良,容易渗漏油,速度特性易受环境温度的影响。

2) 动作原理

液压操动机构采用差动原理,利用同一工作压力的高压油作用在活塞两侧的不同截面上测试作用力差,从而使活塞运动来驱动断路器进行分、合闸操作。工作缸活塞和二级阀芯均按差压原理设计,一般在分闸侧常充有高压油,而在合闸侧则由阀系统进行控制,只有在合闸操作及合闸位置时才充入高压油,在分闸位置时与低压油箱连通。

工作缸活塞右侧分闸腔与储压器直接连通,因此不论是在合闸位置还是在分闸位置,都处在常高压状态,活塞左侧合闸腔则通过阀来控制。

当合闸时,电磁铁线圈受电产生磁力,打开合闸电磁阀(一级阀),使高压油进入二级阀操纵活塞的合闸腔,操纵活塞推动二级阀的阀芯运动,于是关闭工作缸通往低压油缸的油路,打开高压阀口,使操纵活塞分闸腔的油从排油孔排出。储压器中的高压油进入工作缸活塞合闸侧,由于在活塞的合闸腔侧承压面积大于分闸腔侧承压面积,使活塞快速向右运动,实现合闸。

当分闸时,合闸腔中的高压油泄至低压油箱,同时在分闸腔内高压油的作用下,活塞向左运动,实现快速分闸。

液压操动机构用油作为机械能传递的媒介,机械能储存在储压筒内。目前,储压筒储存能量的方式主要有两种:

(1)利用氮气来储存能量,即在储压筒活塞的上部充入规定预充压力的氮气,氮气受压缩时就储存了能量。

(2)弹簧储能方式,即结构上使储压筒活塞与专用碟形弹簧相连。油泵打压时,被压的液压油推动储压筒活塞压缩碟形弹簧储能。

2.2.4　高压断路器的运行

2.2.4.1　高压断路器正常运行条件

在电网运行中,高压断路器操作和动作较为频繁。为使断路器能安全可靠运行,保证其性能,必须做到以下几点:

(1)断路器工作条件必须符合制造厂规定的使用条件。如户内或户外、海拔、环境温度、相对湿度等。

(2)断路器的性能必须符合国家标准的要求及有关技术条件的规定。

(3)在正常运行时,断路器的工作电流、最大工作电压和断流容量不得超过额定值。

(4)在满足上述要求的情况下,断路器的瓷件、机构等部分均应处于良好状态。

(5)运行中的断路器,机构的接地应可靠,接触必须良好可靠,防止因接触部位过热而引起断路器事故。

(6)运行中与断路器相连接的汇流排,接触必须良好可靠,防止因接触部位过热而引起断路器事故。

(7)运行中断路器本体、相位油漆及分合闸机械指示等应完好无缺,机构箱及电缆孔洞使用耐火材料封堵。场地周围应清洁。

(8)断路器绝对不允许在带有工作电压时使用手动合闸,或手动就地操作按钮合闸,以避免合于故障时引起断路器爆炸和危及人身安全。

(9)远方和电动操作的断路器禁止使用手动合闸。

(10)明确断路器的允许分、合闸次数,以便很快地决定计划外检修。断路器每次故障跳闸后应进行外部检查,并做记录。

(11)为使断路器运行正常,在下述情况下,断路器严禁投入运行:

①严禁将有拒跳或合闸不可靠的断路器投入运行。

②严禁将严重缺油、漏气、漏油及绝缘介质不合格的断路器投入运行。

③严禁将动作速度、同期、跳合闸时间不合格的断路器投入运行。

④断路器合闸后,由于各种原因,一相未合闸,应立即拉开断路器,查明原因。缺陷消除前,一般不可进行第二次合闸操作。

(12)对采用空气操作的断路器,其气压应保持在允许的范围内。

(13)多油式断路器的油箱或外壳应有可靠的接地。

(14)少油式断路器外壳均带有工作电压,故运行中值班人员不得任意打开断路器室的门或网状遮栏。

2.2.4.2 高压断路器的巡视检查

断路器在运行时,电气值班人员必须依照现场规程和制度,对断路器进行巡视检查,及时发现缺陷,并尽快设法解除,以保证断路器的安全运行。实践证明,对断路器在运行中巡视检查,特别对容易造成事故部位如操作机构、出线套管等的巡视检查,大部分缺陷可以被发现。因此,运行中的维护和检查是十分重要的。断路器的正常巡视检查项目主要有以下几个方面。

1. 表计观察

液压机构上都装有压力表,压力表的指示值过低,说明漏氮气,压力过高则是高压油窜入氮气中。如果液压机构频繁起泵,又看不出什么地方渗油,说明为内渗,即高压油渗到低压油内。这种情况的处理方法,一是停电进行处理,二是采取措施后带电处理。气动机构一般也有表计监视,机构正常时指示值应在正常范围。

对于 SF_6 断路器,应定时记录气体压力及温度,及时检查、处理漏气现象。当室内的 SF_6 断路器有气体外泄时,要注意通风,工作人员要有防毒保护。

2. 瓷套引线检查

断路器的瓷套、支柱绝缘子应清洁,无裂纹、破损和放电痕迹。

3. 断路器导电回路和机构部分的检查

导电回路应良好,软铜片连接部分应无断片、断股现象。与断路器连接的接头接触应良好,无过热现象。机构部分检查,紧固件应紧固,转动、传动部分应有润滑油,分、合闸位置指示器应正确。开口销应完整、开口。

4. 真空断路器检查

真空灭弧室应无异常,真空泡应清晰,屏蔽罩内颜色应无变化。在分闸时,弧光呈蓝色为正常。

(1)断路器分合位置指示是否正确,其指示应与当时实际运行工况相符。

(2)支柱绝缘子有无裂痕、损伤,表面是否光洁。

(3)真空灭弧室有无异常(包括有无异常声响)。如果是玻璃外壳,可观察屏蔽罩的颜色有无明显变化。

(4)金属框架或底座有无严重锈蚀和变形。

(5)可观察部位的连接螺栓有无松动、轴销有无脱落或变形。

(6)接地是否良好。

(7)引线接触部位或有示温蜡片的部位有无过热现象,引线弛度是否适中。

5. SF_6 断路器检查

(1)套管不脏污,无破损裂痕及闪络放电现象。

(2)检查连接部分有无过热现象,如有应停电退出,进行消除后方可继续运行。

(3)内部无异声(漏气声、振动声)及异臭味。

(4)壳体及操作机构完整,不锈蚀;检查各类配管及其阀门有无损伤、锈蚀,开闭位置是否正确,管道的绝缘法兰与绝缘支持是否良好。

(5)断路器分合位置指示是否正确,其指示应与当时实际运行工况相符。

(6)检查 SF_6 气体压力是否保持在额定表压,SF_6 气体压力正常值为 0.4 ~ 0.6 MPa,如压力下降即表明有漏气现象,应及时查出泄漏位置并进行消除,否则将危及人身及设备安全。

(7)SF_6 气体中的含水量监视。当水分较多时,SF_6 气体会水解成有毒的腐蚀性气体;若水分超过一定量,在温度降低时会凝结成水滴,黏附在绝缘表面。这些都会导致设备腐蚀和绝缘性能降低,因此必须严格控制 SF_6 气体中的含水量。

6. 操动机构的检查

1)弹簧操作机构

(1)机构箱门平整,开启灵活,关闭紧密。

(2)断路器在运行状态,储能电动机的电源开关或熔断器应在投入位置,并不得随意拉开。

(3)检查储能电动机,行程开关触点无卡住和变形,分、合闸线圈无冒烟、异味。

(4)断路器在分闸备用状态时,分闸连杆应复归,分闸锁扣到位,合闸弹簧应储能。

(5)防潮加热器良好。

(6)运行中的断路器应每隔 6 个月用万用表检查熔断器情况。

2)液压操作机构

(1)检查项目:①机构箱门平整、开启灵活,关闭紧密,箱内无异味。②油箱油阀正常,无渗漏油。③液压指示在允许范围内。④加热器正常、完好。⑤每天记录油泵启动次数。

(2)运行注意事项:①经常监视液压机构油泵启动次数,当断路器未进行分、合闸操作时,油泵在 24 h 内启动,大多为高压油路渗油,应汇报调度和领导,及时处理。高压油路渗油油压降低至下限,机械压力触点闭锁,断路器将不能操作。②液压机构蓄压时间应不大于 5 min,在额定油压下,进行一次分、合闸操作,油泵运转不大于 3 min。③运行中的断路器严禁慢分合操作(油压过低或开放高压放油阀将油压释放至零),紧急情况下,在液压正常时,可就地手按分闸按钮进行分闸。

3)电磁操作机构

(1)检查项目:①机构箱门平整,开启灵活,关闭紧密。②分合闸线圈及合闸接触器线圈无冒烟、异味。③直流电源回路接线端无松动,无铜绿或锈蚀。

(2)运行注意事项:①严禁用手动杠杆和千斤顶的办法带电进行合闸操作。②以硅整流作电磁操作机构合闸电源,合闸电源应符合要求。

7. 特殊性巡视检查

除上述正常巡视检查外,高压断路器还需在以下场合进行特殊性巡视检查,具体检查内容如下:

(1)在系统或线路发生事故使断路器跳闸后,应对断路器进行下列检查:

①检查有无喷油现象,油色和油位是否正常。

②检查油箱有无变形等现象。

③检查各部位有无松动、损坏,瓷件是否断裂等。

④检查各引线接点有无发热、熔化等。

(2)高峰负荷时应检查各部位是否发热变色、示温片熔化脱落。

(3)天气突变、气温骤降时,应检查油位是否正常,连接导线是否紧密等。

(4)下雪天应观察各接头处有无融雪现象,以便发现接头发热。雪天、浓雾天气,应检查套管有无严重放电闪络现象。

(5)雷雨、大风过后,应检查套管瓷件有无闪络痕迹,室外断路器上有无杂物,导线有无断股或松股现象。

2.2.4.3 高压断路器的事故处理

断路器运行中,如发现异常,应尽快处理,否则有可能发展成为事故。

1. SF_6 断路器的常见故障及其处理原则

1)SF_6 断路器气体压力异常或本体严重漏气故障

可能的原因有:密封面紧固螺栓松动;焊缝渗漏;压力表渗漏;瓷套管破损。相应处理方法是:紧固螺栓或更换密封件;补焊、刷漆;更换压力表;更换新瓷套管。若在运行中发现压力降低报警,应加强监视或闭锁断路器,不得操作该断路器,并及时汇报调度,申请维修部门进行处理。

2)SF_6 断路器本体绝缘不良,放电闪络故障

可能的原因有:瓷套管严重污秽,瓷套管炸裂或绝缘不良。相应处理方法是:清理污秽及其异物,更换合格瓷套管。

3)SF_6 断路器爆炸和气体外逸故障

SF_6 断路器发生意外爆炸事故或严重漏气导致气体外逸时,值班人员接近设备需要谨慎,尽量选择从上风向接近设备,并立即投入全部通风装置。在事故后 15 min 以内,人员不准进入室内,在 15 min 以后、4 h 以内,任何人进入室内时,都必须穿防护衣、戴防毒面具。若故障时有人被外逸气体侵袭,应立即清洗后送医院治疗。

2. 真空断路器的常见故障及其处理原则

1)真空断路器灭弧室真空度降低

真空断路器是利用真空的高介质强度灭弧。真空度必须保证在 0.013 3 Pa 以上,才

能可靠地运行。若低于此真空度，则不能灭弧。由于现场测量真空度非常困难，因此一般均以工频耐压试验合格为标准。正常巡视检查时要注意屏蔽罩的颜色有无异常变化。特别要注意断路器分闸时的弧光颜色，真空度正常情况下弧光呈微蓝色，真空度降低则变为橙红色。这时应及时更换真空灭弧室。造成真空断路器真空度降低的主要原因有以下几方面：

(1)使用材料气密情况不良。

(2)金属波纹管密封质量不良。

(3)在调试过程中，行程超过波纹管的范围，或超程过大，受冲击力太大。

当真空灭弧室真空度降低到一定数值时将会影响它的开断能力和耐压水平。因此，必须定期检查真空灭弧管内的真空度是否满足要求。《电力安全工作规程》规定，在大、小修时要测量真空灭弧室的真空度。

2)真空断路器灭弧室内有异常

真空断路器跳闸，真空泡破损，或检查断路器仍有电流指示，应穿绝缘鞋和戴好绝缘手套至现场检查设备。若真空确已损坏，应汇报调度，拉开断路器电源，将故障设备停电后方允许退出运行。不允许直接拖出故障断路器手车。

3)真空断路器接触电阻增大

真空灭弧室的触头接触面在经过多次开断电流后会逐渐被电磨损，导致接触电阻增大，这对开断性能和导电性能都会产生不利影响。因此，《电力安全工作规程》规定要测量导电回路电阻。处理方法是：对接触电阻明显增大的，除要进行触头调节外，还应检测真空灭弧室的真空度，必要时更换相应的灭弧室。

4)真空断路器拒动现象

在真空断路器检修和运行过程中，有时会出现不能正常合闸或分闸的现象，称为拒动现象。当发生拒动现象时，首先要分析拒动的原因，然后针对拒动的原因进行处理。分析的基本思路是先找控制回路，若确定控制回路无异常，再在断路器方面查找。若断定故障确实出在断路器方面，应将断路器停电进行检修。

5)真空断路器其他故障

(1)当真空断路器灭弧室发出“咝咝”声时，可判断为内部真空损坏，此时值班人员向上汇报，申请停电处理。

(2)发现真空管发热变色时，应加强监视，并进行负荷转移及处理。

(3)当真空断路器开断短路电流次数达到额定次数时，应解除该断路器的重合闸压板。

◆任务实施

观看 LW－252/3150－40 型户外 SF_6 高压断路器实物、操作动画等演示资料，熟悉设备的结构特点及工作原理。

(1)认识断路器的结构特点，能正确叙述其分闸、合闸过程；

(2)对 LW－252 型 SF_6 断路器本体进行巡视，巡视项目及工艺标准如表 2-1 所示；

表 2-1 LW－252 型 SF_6 断路器本体巡视项目及标准

	项目	工艺标准
LW－252 型 SF_6 断路器本体巡视	1. 检查 SF_6 断路器分、合闸位置	断路器分、合闸位置指示器正确
	2. 检查 SF_6 设备分、合闸信号及指示灯	各种指示灯及加热装置正确
	3. 检查 SF_6 断路器的动作计数器	断路器动作计数器指示值正确
	4. 检查本体无漏气现象	无漏气
	5. 判断 SF_6 断路器无异声或异嗅	无异声或异嗅
	6. 检查断路器支持绝缘瓷套、灭弧室瓷套	瓷套管应清洁,无破损裂纹和放电痕迹
	7. 检查断路器及机构箱外壳接地良好	各种螺丝无松动,外壳接地良好

(3)对 LW－252 型 SF_6 断路器液压机构进行巡视,巡视项目及工艺标准如表 2-2 所示;

表 2-2 LW－252 型 SF_6 断路器液压机构巡视项目及标准

	项目	工艺标准
LW－252 型 SP_6 断路器液压机构的巡视	1. 检查操动机构压力状况	压力应正常
	2. 检查传动连杆部分	机构销子不应脱落
	3. 检查机构有无锈蚀	机构无变形,无锈蚀,齿轮没有脱出现象
	4. 检查操作机构接触部分	接触应良好,机构应灵活可靠
	5. 检查位置指示器	位置指示器应与实际相符

(4)对 LW－252 型 SF_6 断路器进行分、合闸操作。

◆**思考问题**

1. 高压断路器的作用是什么？其常见类型有哪些?
2. 真空断路器的灭弧原理与 SF_6 断路器的灭弧原理有什么不同?
3. 断路器正常巡视时需要注意哪些方面?
4. 断路器的操动机构有哪些类型?

◆**任务评价**

(1)评价内容。

实际操作:学生拍照记录现场对应的设备,写出设备的名称及作用。教师自行设计考核表格与评分标准,通过考核学生拍照记录、设备名称与作用表述,进而考核学生对断路器巡视的熟知情况和工作原理的掌握程度。

解答思考问题:学生解答思考问题,学生自评、互评,老师审定成绩。

职业素质养成考核:遵守安全规章制度,遵守纪律、吃苦耐劳,一丝不苟地工作,与团队成员、教师和工厂师傅进行有效的沟通,协作共事等。

(2)成绩构成。

实际操作 40%,解答思考问题 40%,职业素质 20%。

任务2.3　隔离开关及运行

◆**教学目标**

1.知识目标

(1)知道隔离开关的作用、类型、型号含义与技术参数;

(2)熟知隔离开关的结构及工作原理;

(3)熟知隔离开关巡视与维护工作,能进行简单的事故处理。

2.能力目标

(1)能够准确地描述隔离开关的作用与类型,能够准确地说出隔离开关的型号含义及技术参数;

(2)能够说出不同类型隔离开关的结构特点及工作原理;

(3)能够完成隔离开关巡视、维护与故障处理工作。

◆**任务描述**

对隔离开关的作用、类型、结构及工作原理有了详细了解之后,对隔离开关进行日常巡视,巡视时需注意巡视要点,如发现缺陷和隐患要及时记录。对隔离开关进行分闸、合闸操作,在操作过程中要采取必要的安全控制措施。

◆**任务准备**

(1)安全帽、手电筒;

(2)熟悉安全注意事项,注意现场设备勿误触碰,注意高压设备间隔;

(3)熟悉隔离开关的结构及作用;

(4)相关的图片和视频资料。

◆**相关知识**

隔离开关是发电厂和变电站中常用的高压开关电器,一般配有电动和手动操动机构,单相或三相操作,通常与断路器配合使用。隔离开关没有灭弧装置,不能用来接通和切断负荷电流和短路电流。

2.3.1　隔离开关认知

2.3.1.1　作用

(1)隔离电源,保证检修工作的安全。

隔离开关的主要作用是保证高压电气设备检修工作的安全。在检修某一设备或电路的某一部分之前,用断路器开断电流以后,把设备或该部分电路两侧的隔离开关切断,将两侧电压隔离,造成电路中明显的断开点,再在停电检修的设备或部分电路上加装接地线,就能确保检修工作的安全。

利用隔离开关断口的可靠绝缘能力,使需要检修的电气设备与带电系统相互隔离,以保证被隔离的设备能安全地进行检修。

(2)倒闸操作。

用隔离开关配合断路器,在电路中进行倒闸操作;或者倒换线路或母线,即利用等电位间没有电流通过的原理，用隔离开关将电气设备或线路从一组母线切换到另一组母线上。例如双母线电路中的倒母线操作等。

(3)接通或切断小电流电路。

利用隔离开关断口在分开时电弧拉长和空气的自然熄弧能力，可以用隔离开关接通或切断一定长度的母线、电缆、架空线路的电容电流，如空载母线、电压互感器、避雷器、较短的空载线路(长度不超过10 km的35 kV空载线路或长度不超过5 km的10 kV空载线路)及一定容量空载变压器的励磁电流(35 kV、100 kVA及以下和110 kV、3 200 kVA及以下的空载变压器)等。

隔离开关在分断状态下，动、静触头间应有明显可见的断口，绝缘可靠；在关合状态下，其导电系统中可以通过正常的工作电流和故障下的短路电流。隔离开关没有专门设置的灭弧装置，任何情况下都不能用来切断或接通电路中的负荷电流，更不能切断和接通短路电流，并应设法避免可能发生的此类恶性误操作。

2.3.1.2 类型

在发电厂和变电站中所使用的隔离开关的种类和型式很多，其主要分类如下：

(1)按装设地点不同，分为户内式和户外式两种。

(2)按结构中每相支柱绝缘子的数目，可分为单柱式、双柱式和三柱式。

(3)按主闸刀和动触头的运动方式，可分为水平旋转式、垂直旋转式、摆动式和插入式等四种。

(4)按有无接地开关及装设接地开关数量的不同，可分为不接地(无接地刀)、单接地(有一个接地刀)和双接地(有两个接地刀)等三种。

(5)按极数，可分为单极、双极和三极三种。

(6)按所配操动机构可分为手动式、电动式、气动式、液压式。

(7)按使用性质不同，分为一般用、快分用和变压器中性点接地用三种。

2.3.1.3 基本要求及操作原则

在发电厂和变电站中选用什么型式的隔离开关具有重要的意义，因为隔离开关的选型不仅会影响配电装置的总体布置方式、架构型式以及占地面积，而且已经选定的隔离开关工作是否可靠，会影响发电厂和变电站电气部分的安全运行。在隔离开关选型时，必须分析各种型式隔离开关的结构特点和在运行实践中表现出来的优缺点。

1. 基本要求

(1)有明显的断开点。根据断开点可判明被检修的电气设备和载流导体是否与电网可靠隔离。

(2)断口应有足够可靠的绝缘强度。断开后动、静触头间应有足够的电气距离，保证在最大工作电压和过电压条件下断口不被击穿，相间和相对地也应有足够的绝缘水平。

(3)具有足够的动稳定性和热稳定性，能承受短路电流所产生的发热和电动力。

(4)结构简单，分、合闸动作灵活可靠。

(5)隔离开关与断路器配合使用时，应具有机械的或电气的联锁装置，以保证断路器和隔离开关之间正常的操作顺序。

若与断路器配合使用，分闸时应先用断路器断开电路，再按顺序先断开线路侧隔离开关、后断开母线侧隔离开关;合闸时的操作顺序与上述顺序相反。

(6)隔离开关带有接地开关(闸刀)时,其主闸刀与接地开关(闸刀)之间也应设有机械的或电气的联锁装置,以保证两者之间的动作顺序。既不能在隔离开关合闸状态合接地开关,也不能在接地开关未断开状态合隔离开关。

2. 操作原则

(1)隔离开关都配有手动操作机构,操作时要先拔出定位销,分、合闸动作要果断迅速,终了时注意不要用力过猛,操作完毕一定要用定位销锁住,并目测其动触头位置是否符合要求。

(2)不管是合闸操作还是分闸操作,都应在不带负荷或负荷在隔离开关允许的操作范围之内时才进行。为此,操作隔离开关之前,必须先检查与之串联的断路器,应确定断路器处于断开位置。

(3)如果发生了带负荷切投隔离开关的误操作,则应冷静地避免可能发生的另一种反方向的误操作,即:当发现带负荷误合闸后,不得立即拉开;当发现带负荷误分闸后,不得再合上,除非刚拉开一点,发现有火花产生时,可立即合上。

2.3.1.4　基本结构

(1)导电部分。导电部分主要起传导电路中的电流、关合和开断电路的作用,包括触头、闸刀、接线座。

(2)绝缘部分。绝缘部分主要起绝缘作用,实现带电部分和接地部分的绝缘,包括支柱绝缘子和操作绝缘子。

(3)传动机构。传动机构接受操动机构的力矩,并通过拐臂、连杆、轴齿或操作绝缘子,将运动传动给触头,以完成隔离开关的分、合闸动作。

(4)操动机构。与断路器操动机构一样,通过手动、电动、气动、液压向隔离开关的动作提供能源。

(5)支持底座。起支持和固定作用,将上述各部分固定为一体,并使其固定在基础上。

2.3.1.5　型号含义

[1][2][3] - [4][5][6]/[7]

1:产品名称,G—隔离开关,J—接地开关;

2:安装地点,N—户内型,W—户外型;

3:设计序号,以数字1、2、3、…表示;

4:额定电压(kV);

5:补充特性,C—瓷套管出线,K—快分型,G—改进型,T—统一设计,D—带接地开关(ⅠD—带一组接地开关,ⅡD—带两组接地开关);

6:特殊使用环境,W—污秽地区,G—高海拔地区,TH—湿热带地区,TA—干热带地区,H—高寒地区;

7:额定电流(A)。

例如,GN19 - 10/630,表示户内隔离开关,设计序号19,额定电压10 kV,额定电流630 A。

例如,产品型号 GW7－252DW/3150,即隔离开关,户外型,设计序号为7,额定电压252 kV,额定电流3 150 A,带接地开关,用于污秽地区。

2.3.1.6 技术参数

(1)额定电压(kV):指隔离开关长期运行时承受的工作电压。

(2)最高工作电压(kV):指由于电网电压的波动,隔离开关所能承受的超过额定电压的电压。它不仅决定了隔离开关的绝缘要求,而且在相当程度上决定了隔离开关的外部尺寸。

(3)额定电流(A):指隔离开关可以长期通过的工作电流,即长期通过该电流,其各部分的发热不超过允许值。

(4)热稳定电流(kA):指隔离开关在某一规定的时间内,允许通过的最大电流。表明隔离开关承受短路电流热稳定的能力。

(5)极限通过电流峰值(kA):指隔离开关所能承受的瞬时冲击短路电流。这个值与隔离开关各部分的机械强度有关。

2.3.1.7 高压接地开关

高压接地开关的作用是使电路的部件接地,能在规定时间内耐受短路电流,但不能耐受正常负荷电流,主要作用是为检修工作提供安全的可靠接地保障。

户内接地开关大多数装在开关柜中,通常要求具有关合短路电流的能力;户外接地开关除少数快速接地开关外,一般不具备关合短路电流的能力。

2.3.2 典型隔离开关分析

2.3.2.1 户内隔离开关

户内隔离开关有单极式和三极式,且都是闸刀式,其主要结构类型有插入式和转动式。户内隔离开关的可动触头(闸刀)在关合时与支柱绝缘子的轴垂直,并且大多数是线接触触头。

图2-44 所示为配电网中广泛使用的户内隔离开关的典型结构图,它由导电部分、支柱绝缘子、操作绝缘子(或称拉杆绝缘子)及底座等组成。

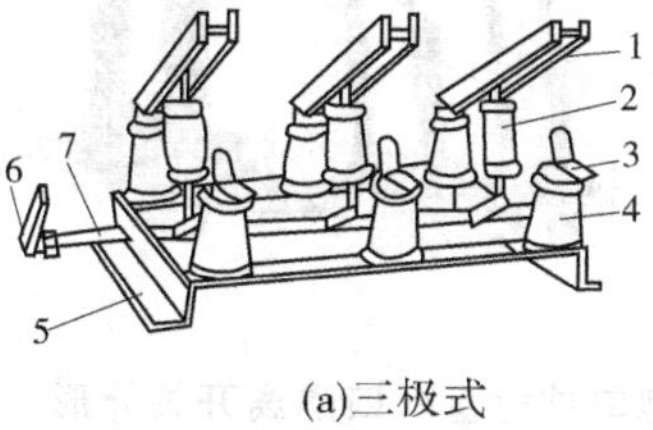

(a)三极式

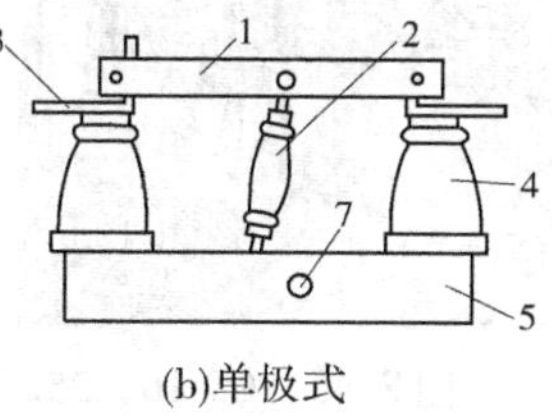

(b)单极式

1—闸刀;2—操作绝缘子;3—静触头;4—支柱绝缘子;5—底座;6—拐臂;7—转轴

图2-44 户内隔离开关典型结构

导电部分包括闸刀1(动触头)、静触头3;支柱绝缘子4 固定在角钢底座5 上,承担导电部分的对地绝缘;操作绝缘子2 与闸刀1 及转轴7 上对应的拐臂铰接,操动机构则与轴端拐臂6 连接,各拐臂均与轴硬性连接。

三相隔离开关装在同一底座上,操动机构通过连杆带动转轴完成分、合闸操作。闸刀采用断面为矩形的铜条,并在闸刀上设有"磁锁",用来防止外部短路时,闸刀受短路电动力的作用从静触头上脱离。

"磁锁"装置的作用原理为:当短路电流沿并行的两片闸刀流向静触头时,闸刀外侧的两片钢片受磁力作用互相吸引,增加了闸刀对静触头的接触压力,从而保证触头对短路电流的稳定性。

2.3.2.2 户外隔离开关

户外隔离开关工作条件比较恶劣,应保证在风、雪、雨、水、灰尘、严寒和酷热条件下可靠工作,并承受母线或线路的拉力,一般要求有较高的绝缘和机械强度。户外隔离开关按绝缘支柱结构的不同,可分为单柱式、双柱式和三柱式三种,有的还带有接地闸刀。

1. 单柱式隔离开关

单柱式隔离开关又称垂直断口伸缩式隔离开关,其绝缘支柱只有一根,它既起绝缘作用,也起支持导电闸刀的作用。这类开关的静触头被独立地安装在架空母线上,导电部分固定在绝缘支柱顶上的可伸缩折架(也有不伸缩的,通常在电压等级较低时)上,借助折架的伸缩,动触头(即闸刀)便能和悬挂在母线上的静触头分开或接触,以完成分、合闸动作。闸刀的动作方式可分为双臂折架式(即剪刀式)和单臂折架式(即半折架式或称伸缩式)。

图2-45所示为GW16-252型单柱垂直断口隔离开关外形。该隔离开关主要由底座装配、绝缘子、主闸刀系统、接地开关系统等组成,具有载流能力大、占地面积小、结构紧凑、运动部分密封良好等特点。

图2-45　GW16-252型单柱垂直断口隔离开关外形

单柱式隔离开关无需笨重的底座,占地面积小,可直接布置在架空母线的下面,能有效地利用配电装置的场地面积;作母线隔离开关时,除节省占地面积外,还可减少引线,分、合闸状态清晰。单柱式隔离开关需用材料少、成本低,但在分合闸时折架上部受力大,所需支柱瓷瓶强度要求高;另外,无法装设两把接地刀,必须另配母线接地器。由于单柱式隔离开关具有占地面积小的突出优点,近年来发展较快,结构形式较多,已经向超高电压发展。

2. 双柱式隔离开关

双柱式隔离开关由两个绝缘支柱组成，根据导电闸刀的动作方式，分为水平回转式和水平伸缩式。

水平回转式隔离开关由两根绝缘支柱同时起支撑和传动作用。我国此类产品较多，主要由底座、支柱绝缘子、导电部分组成。每极有两个绝缘支柱，分别装在底座两端轴承座上，以交叉连杆连接，可以水平旋转。导电闸刀分成两半，分别固定在支柱绝缘子上，触头接触在两个支柱绝缘子的中间。当操动机构动作时，带动支柱绝缘子的一个支柱转动90°，另一绝缘支柱由于连杆传动也同时转动90°，于是闸刀便向同一侧方向分合。为确保隔离开关和接地开关二者之间操作顺序正确，在产品或机构上装有机械联锁装置，以保证"主分—地合"、"地分—主合"的顺序动作。此种结构的支柱既起支撑作用又起传动作用，所以虽然结构简单、安装方便，但不易向超高压发展。代表型号有GW4、GW5、GW31、GW25等系列，图2-46所示为GW4－126型双柱式隔离开关外形图。

双柱水平伸缩式的结构与单柱式基本相同，分闸后形成单断口，闸刀在水平上伸缩，常采用分高低架式结构，占地面积小，分闸后只占用上部空间，相间距离小，因而节省占地面积，并且易于发展成敞开式组合电器。代表型号有GW11、GW12、GW17、GW21、GW28等系列。

图2-47所示为GW4－252型双柱式隔离开关的一极。隔离开关的分、合闸操作由传动轴通过连杆机构带动两侧棒形瓷柱沿相反方向各自回转90°，使闸刀在水平面上转动，实现分、合闸。合闸时圆柱形触头嵌入两排触指内，出线端滚动接触，转动灵活。当操作操动机构时，带动底架中部的传动轴旋转180°，通过水平连杆带动一侧的瓷柱旋转90°，并借交叉连杆使另一绝缘子外向旋转90°，于是两闸刀便向一侧分开或闭合。接地刀主轴上有扇形板与紧固在绝缘子法兰上的弧形板组成联锁装置，确保"主分—地合"、"地分—主合"的顺序动作。

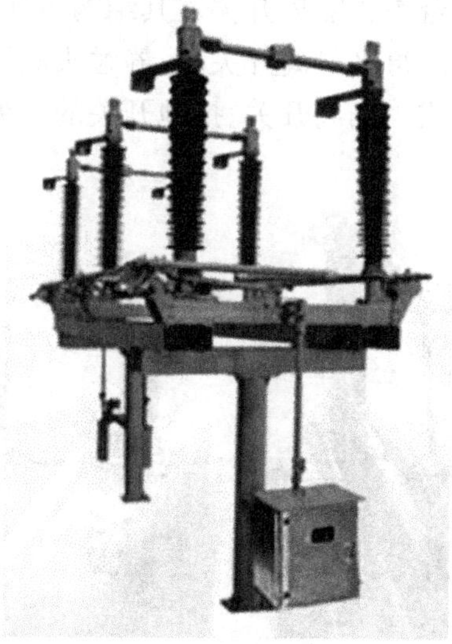

图2-46　GW4－126型双柱式隔离开关外形图

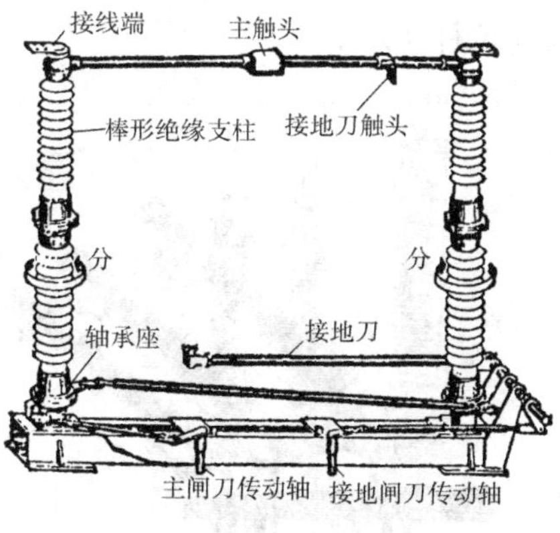

图2-47　GW4－252型双柱式隔离开关的一极

图2-48所示为GW5－110D型隔离开关的一极,其棒形瓷柱作"V"形布置,是双柱式隔离开关的改进型。每相的两个支持瓷柱6呈"V"形布置在底座1的轴承上,夹角为50°;轴承座由伞形齿轮啮合。操作时,两个瓷柱以相同速度作相反方向(一个顺时针,另一个逆时针)转动,于是闸刀2、3便向同一侧分闸或合闸。

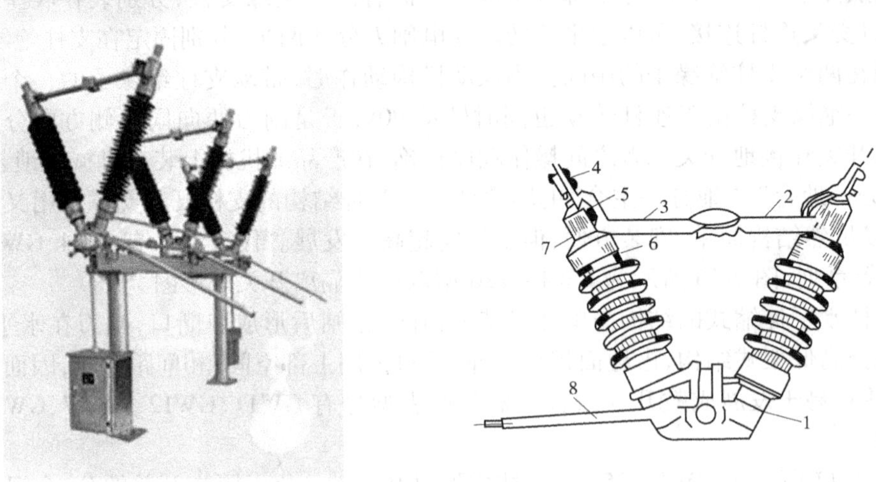

1—底座;2、3—闸刀;4—接线端子;5—挠性连接导体;6—支持瓷柱;7—支承座;8—接地开关

图2-48 GW5－110D型双柱式隔离开关

图2-49所示为GW5－126型隔离开关结构外形图,主要由底座装配、轴承座装配、接地刀管、接线座、左触头、右触头、接地开关静触头、接地开关底座装配等部分组成。

图2-50所示为GW11－252型双柱水平伸缩式隔离开关,采用双柱水平伸缩式结构,闸刀的动作方式为水平伸缩式,分闸后形成水平方向的绝缘单断口,分合状态清晰,便于巡视。隔离开关制成单极形式,由三个单极组成一台三相隔离开关。其结构包括底座、绝缘支柱、传动装置、导电闸刀、静触头和操动机构等。每极隔离开关动、静触头侧均可配装一个接地开关供接地用,接地开关为单杆分步动作式。隔离开关、接地开关的三级联动通过极间拉杆实现。

图2-49 GW5－126型隔离开关结构外形图

图2-50 GW11－252型双柱水平伸缩式隔离开关

在动触头侧，通过机械联锁装置使隔离开关与接地开关实现主分—地合、地分—主合，在静触头侧，采用电磁锁来保证操作顺序的正确。

双柱式隔离开关具有结构简单、体积小、重量轻、不占上部空间、电动稳定度高、破冰能力强等优点。但在合闸时，瓷柱受较大弯曲力；由于闸刀水平转动，相间距离较大。

3. 三柱式隔离开关

三柱式隔离开关的特点是两边的绝缘支柱都静止不动，中间绝缘支柱带动闸刀回转，闸刀对称装在中间支柱顶上。分、合闸时，闸刀在水平方向旋转，分闸后形成两个串联断口。在超高压情况下，中间支柱也不动，只支撑闸刀，由另一根操作支柱传动。

GW7 系列隔离开关为单极三柱式结构，它由底座、支柱绝缘子、导电闸刀、操动机构等组成。底座部分由槽钢和钢板焊制而成，在槽钢上装有三个支座，两端支座是固定的，中间支座是转动的。在槽钢内腔装有主闸刀和接地开关的传动连杆及联锁板。接地开关由刀杆（钢管制成）和静触头组成，刀杆端头有一对触片与静触头接触。每极共有三个瓷柱（500 kV 时每极由四个瓷柱构成，三个固定，一个传动），每柱由实心棒式绝缘子叠装而成，固定在底座的支座上，承担对地绝缘及传递操作力矩的动能。导电部分由动闸刀和静触头组成，动闸刀装在中间支柱绝缘子上部，静触头分别装在两边支柱绝缘子上部，由操动机构带动中间支柱绝缘子转动进行分、合闸操作。该开关制成单极形式，可以带一把接地开关、两把接地开关或不带接地开关。接地开关和主闸刀设有机械联锁功能，以保证主、地间规定的合闸顺序。

图 2-51　GW7－252 型隔离开关结构外形图

图 2-51 所示为 GW7－252 型隔离开关结构外形图，由三个单极装配组成，各极独立分装；每极主要由底座装配、绝缘支柱、主闸刀系统、接地开关系统等组成。

GW7 系列隔离开关具有结构简单、运行可靠、维修工作量少、较高的机械强度和绝缘强度等优点，但所用绝缘子较多、体积较大。

2.3.3　隔离开关的运行

2.3.3.1　隔离开关的正常运行条件

在电网运行中，为使隔离开关能安全可靠运行，正确动作，保证其性能，必须做到以下几点：

（1）隔离开关工作条件必须符合制造厂规定的使用条件，如户内或户外、海拔高度、环境温度、相对湿度等。

（2）隔离开关的性能必须符合国家标准的要求及有关技术条件规定。

（3）隔离开关在电网中的装设位置必须符合隔离开关技术参数的要求，如额定电压、额定电流等。

(4)隔离开关各参数调整值必须符合制造规定的要求。

(5)隔离开关、机构的接地应可靠,接触必须良好可靠,防止因接触部位过热而引起隔离开关事故。

(6)与隔离开关相连接的汇流排接触必须良好可靠,防止因接触部位过热而引起隔离开关事故。

(7)隔离开关本体、相位油漆及分合闸机械指示等应完好无缺,机构箱及电缆孔洞使用耐火材料封堵,场地周围应清洁。

(8)在满足上述要求的情况下,隔离开关的瓷件、机构等部分应处于良好状态。

2.3.3.2 隔离开关巡视与检查

隔离开关及其操动机构在运行时除要满足正常情况下的巡视检查项目和标准外,还要在恶劣气候、异常运行等特殊情况下确定特殊巡视项目,对各种值班方式下的巡视时间、次数、内容,也应做出明确的规定。

1.隔离开关正常巡视

(1)标志牌:名称和编号齐全、完好。

(2)瓷瓶:清洁,无破裂、无损伤放电现象;防污闪措施完好。

(3)导电部分:触头接触良好,无过热、变色及移位等异常现象;动触头的偏斜不大于规定数值。接点压接良好,无过热现象,引线弛度适中。

(4)传动连杆、拐臂:连杆无弯曲,连接无松动、无锈蚀,开口销齐全;轴销无变位脱落,无锈蚀,润滑良好;金属部件无锈蚀,无鸟巢。

(5)法兰连接:无裂痕,连接螺丝无松动、锈蚀、变形。

(6)接地刀闸:位置正确,弹簧无断股、闭锁良好,接地杆的高度不超过规定数值;接地引下线完整、可靠接地。

(7)闭锁装置:机械闭锁装置完好、齐全,无锈蚀、变形。

(8)操动机构:密封良好,无受潮。

(9)接地:应有明显的接地点,且标志色醒目。螺栓压接良好,无锈蚀。

2.隔离开关特殊巡视

设备新投运及大修后,巡视周期相应缩短,72 h 以后转入正常巡视,遇有下列情况,应对设备进行特殊巡视:

(1)设备负荷有显著增加。

(2)设备经过检修、改造或长期停用后重新投入系统运行。

(3)设备缺陷近期有发展。

(4)恶劣气候、事故跳闸和设备运行中发现可疑现象。

(5)法定节假日和上级通知有重要供电任务期间。

3.特殊巡视项目

(1)大风天气:引线摆动情况及有无搭挂杂物。

(2)雷雨天气:瓷套管有无放电闪络现象。

(3)大雾天气:瓷套管有无放电、打火现象,重点监视污秽瓷质部分。

(4)大雪天气:根据积雪融化情况,检查接头发热部位,及时处理悬冰。

(5)节假日时:监视负荷及增加巡视次数。

(6)高峰负荷期间:增加巡视次数,监视设备温度,触头、引线接头,特别是限流元件接头有无过热现象,设备有无异常声音。

(7)短路故障跳闸后:检查隔离开关的位置是否正确,各附件有无变形,触头、引线接头有无过热、松动现象。

(8)严重污秽地区:瓷质绝缘的积污程度,有无放电、爬电、电晕等异常现象。

2.3.3.3 隔离开关故障处理

1. 隔离开关的拒分、拒合

1)隔离开关采用电动操作机构

电动操作机构在拒绝分、合闸时,应观察接触器动作与否、电动机转动与否、传动机构动作情况等,区分故障范围。

若接触器不动作,则属回路不通,应作如下检查处理:

(1)应核对设备编号、操作程序是否有误,如果操作有误,则属操作回路被闭锁,回路不通,应纠正错误的操作。

(2)若不属于误操作,应检查操作电源是否正常,保险是否熔断或接触不良。若有问题,处理正常后,继续操作。

(3)若无以上问题,应查明回路中的断点,处理正常后,继续操作。在分闸时,若时间紧迫,可暂以手动使接触器动作,或手动操作拉开隔离开关,由专业人员进行检修。

若接触器已动作,可能是接触器卡滞或接触不良,也可能是电动机有问题,若测量电动机接线端子电压不正常,则是接触器问题,反之,属电动机问题。这种情况,若不能自行处理或时间紧迫,可手动操作拉、合隔离开关,汇报领导,安排计划停电检修。

若检查电动机转动,机构因机械卡滞拉不到位,应停止电动机操作。检查电动机是否缺相,三相电源恢复正常后,可以继续操作。如果不是缺相故障,可手动操作,检查卡滞、别劲的部位。若能排除,可继续操作;若无法排除,不许强行拉开,应改变运行方式,将隔离开关停电检修。

若检查电动机转动,机构因机械卡滞合不上,应暂停操作。先检查接地刀闸,看是否完全拉开到位,将接地刀闸拉开到位后,可继续操作。若无上述问题,应检查电动机是否缺相,三相电源恢复正常以后,可继续操作。如果不是缺相故障,则可检查机械卡滞、别劲的部位,若能排除,可继续操作。若无法排除,则应改变运行方式,先恢复供电,汇报领导,停电时由检修人员处理。

2)隔离开关采用手动操作机构

隔离开关拒合时,首先核对设备编号及操作程序是否有误,检查断路器是否在断开位置。若无上述问题,应检查接地刀闸是否完全拉开到位。将接地刀闸拉开以后,可继续操作;检查机械卡滞、别劲的部位,如属于机构不灵活,缺少润滑,可加注机油,多转几次,然后再合闸;如果是传动部分问题,无法自行处理,应改变运行方式,先恢复供电,汇报上级,在隔离开关停电时,由检修人员处理。

隔离开关拒分时,首先核对设备编号,看操作程序是否有误,检查断路器是否在断开位置。若无上述问题,可反复晃动操作手把,检查机械卡滞、别劲的部位。如属于机构不灵活,缺少润滑,可加注机油,多转动几次,拉开隔离开关;如果抵抗力在隔离开关的接触部位或主导流部位,不许强行拉开,应改变运行方式,将故障隔离开关停电检修。

3)隔离开关不能合闸到位或三相不同期

隔离开关三相不同期时,应拉开重合,反复合几次,操作动作应符合要领,用力要适当。如果无法完全合到位,不能达到三相完全同期,应戴绝缘手套,使用绝缘棒,将隔离开关的三相触头顶到位,汇报领导,安排计划停电检修。

4)隔离开关电动分、合闸操作时中途自动操作

隔离开关在电动操作中,出现中途自动停止故障时,如果触头之间距离较小,会长时间拉弧放电,多是由操作回路过早断开,回路中有接触不良等引起的。

拉隔离开关时,出现中途停止,应迅速手动将隔离开关拉开,由专业人员处理;合隔离开关时,出现中途停止,若时间紧迫必须操作,应迅速手动操作,合上隔离开关,安排计划检修。

2. 隔离开关在运行中发热的故障处理

隔离开关在运行中发热,主要是负荷过重、触头接触不良、操作时没有完全合好等原因所引起的,接触部位发热,使接触电阻增大,氧化加剧,长期发展可能会造成严重事故。因此,正常运行时应按规定巡视检查隔离开关主导流部位的温度不应超过规定值。

1)运行中检查隔离开关主导流部分有无发热的主要方法

(1)定期用红外测温仪等仪器测量主导部位、接触部位的温度。

(2)利用雨雪天气检查,如果主导流部位、接触部位有发热情况,则发热的部位有水蒸气、积雪融化、干燥现象。

(3)利用夜间闭灯巡视检查,可发现接触部位发红、冒火现象。

(4)观察主导流接触部位有无热气上升,或有无氧化加剧情况。

(5)检查各接触部位的金属颜色、气味。接头过热后,金属过热变色,铝会变白,铜会变紫红等。

2)隔离开关发热的处理方法

处理隔离开关发热时,应根据不同的接线方式,分别采取相应的措施。

(1)双母线接线。如果某一母线侧隔离开关发热,可将该线路经倒闸操作,倒至另一组母线上运行。母线停电时,待负荷转移以后,发热的隔离开关便可停电检修。

(2)单母线接线。如果某一母线侧隔离开关发热,母线短时间内无法停电,必须降低负荷,并加强监视。尽量把负荷倒至备用电源带,母线可以停电时,再停电检修发热的隔离开关。

(3)如果是负荷侧(线路侧)隔离开关运行中发热,其处理方法与单母线接线时基本相同,应尽快安排停电检修,维持运行期间,应减小负荷并加强监视。

(4)带有旁路断路器的可用旁路断路器倒换。

(5)一个半断路器接线的可开环运行。

对于高压室内的发热隔离开关,在维护运行期间,除了减少负荷并加强监视,还要采取通风降温措施。

◆任务实施

观看 GW－252 型隔离开关的实物、操作动画等演示资料，熟悉设备的结构特点及工作原理。

（1）认识隔离开关的结构特点；

（2）对 GW－252 型隔离开关进行正常巡视，巡视项目及工艺标准如表 2-3 所示；

表 2-3 隔离开关巡视检查项目及标准

	项目	工艺标准
隔离开关的巡视	1. 检查标志牌	名称、编号齐全、完好
	2. 检查瓷瓶	清洁，无破裂、无损伤放电现象；防污闪措施完好
	3. 检查传动连杆、拐臂	连杆无弯曲、连接无松动、无锈蚀，开口销齐全；轴销无变位脱落、无锈蚀、润滑良好；金属部件无锈蚀，无鸟巢
	4. 检查法兰连接	无裂痕，连接螺丝无松动、锈蚀、变形
	5. 检查接地刀闸	位置正确，弹簧无断股、闭锁良好，接地杆的高度不超过规定数值；接地引下线完整、可靠接地
	6. 检查闭锁装置	机械闭锁装置完好、齐全，无锈蚀变形
	7. 检查操动机构	密封良好，无受潮
	8. 检查接地	应有明显的接地点，且标志色醒目。螺栓压接良好，无锈蚀

（3）对 GW－252 型隔离开关进行手动分、合操作，操作项目及工艺标准如表 2-4 所示。

表 2-4 GW－252 型隔离开关操作项目及标准

	项目	工艺标准
隔离开关的操作	1. 操作前检查	①检查断路器确已分闸；②相应接地刀闸确已拉开并分闸到位；③相应接地确已拆除
	2. 手动合隔离开关	①应迅速、果断，但合闸终了时不可用力过猛；②合闸后应检查动、静触头是否合闸到位，接触是否良好
	3. 手动分隔离开关	①应慢而谨慎；当动触头刚离开静触头时，应迅速；②拉开后检查动、静触头断开情况

◆思考问题

1. 隔离开关的作用有哪些？

2. 为什么隔离开关不能用来接通和断开有负荷电流的电路？

3. 隔离开关在操作中如果拉不开该怎样处理？

4. 高压断路器与隔离开关的倒闸操作原则是什么？

◆任务评价

（1）评价内容。

实际操作：学生拍照记录现场对应的全部设备，写出名称及作用。教师自行设计考核表格与评分标准,通过考核学生拍照记录、设备名称与作用表述,进而考核学生对隔离开关的巡视的熟知情况和操作的掌握程度。

解答思考问题:学生解答思考问题,学生自评、互评,老师审定成绩。

职业素质养成考核:遵守安全规章制度,遵守纪律、吃苦耐劳,一丝不苟地工作,与团队成员、教师和工厂师傅进行有效的沟通,协作共事等。

(2)成绩构成。

实际操作40%,解答思考问题40%,职业素质20%。

任务2.4　熔断器及运行

◆教学目标

1.知识目标

(1)熟知熔断器的类型;

(2)熟知熔断器的结构、作用及原理。

2.能力目标

(1)能叙述熔断器的类型;

(2)能分析熔断器的特点和工作原理;

(3)能比较不同熔断器的优缺点;

(4)能对熔断器进行巡回检查与维护。

◆任务描述

对熔断器的作用、类型、结构及工作原理有了详细了解之后,进行日常巡视,巡视时需注意巡视要点,如发现缺陷和隐患要及时记录。

◆任务准备

(1)安全帽、手电筒;

(2)熟悉安全注意事项,注意现场设备勿误触碰,注意高压设备间隔;

(3)熟悉熔断器的结构及作用;

(4)相关的图片和视频资料。

◆相关知识

高压熔断器是一种最简单的保护电器,熔断器被串接在电路中使用,防止过负荷电流和短路电流对电气设备的损害。由于熔断器具有结构简单、体积小、价格便宜、使用和维护方便等优点,故在电压为1 000 V及以下的装置中用得很多。在电压为3~110 kV的高压装置中,也应用熔断器来保护电压互感器和小容量的电气设备(如小容量输配电线路和变压器等)。熔断器配合负荷开关还可以在短路容量较小的网络中代替复杂昂贵的高压断路器。

2.4.1　熔断器认知

2.4.1.1　作用

当流过熔断器熔体或熔丝的电流超过一定数值时,熔体自身产生的热量就能自动地将熔体熔断，从而达到开断电路、保护电气设备的目的。

熔断器由金属熔件、连接熔件的触头装置和外壳组成。某些熔断器还具有简单的灭弧装置（如产气纤维管、石英砂等），用来帮助熄灭熔件熔断时形成的电弧。熔件是熔断器的主要元件，该元件或由熔点较低的金属制成，或具有较小的截面或其他的结构形式。当通过熔断器的电流达到或超过一定值时，熔件本身产生的热量，使其温度升高到金属熔点而自行熔断，切断电路，从而实现其保护作用。

2.4.1.2 工作原理

熔断器的工作包括以下四个物理过程：

（1）流过过负荷电流或短路电流时，熔件发热以至于熔化；

（2）熔件汽化，电路开断；

（3）电路开断后的间隙被击穿产生电弧；

（4）电弧熄灭。

熔断器的开断能力取决于最后一个过程。根据以上工作过程，熔件应满足以下几方面的要求：

（1）有良好和稳定的导电性能，能长期、安全地通过允许电流而不发生误熔断。

（2）有较低的熔点。熔点高不仅使正常工作温度偏高，对触头、金属材料和绝缘材料均不利，而且延长了加热熔化时间，不利于熔断器的快速动作。

（3）有利于灭弧。熔体截面越大、熔点越低、电弧越强烈，产生的金属蒸气就越多，灭弧就越困难。

2.4.1.3 类型

（1）按照使用环境分为户内式和户外式；

（2）按结构特点分为支柱式和跌落式；

（3）按工作特性分为限流式和非限流式。限流式熔断器是指熔体在短路电流未达到最大值（冲击电流值）之前，就立即熔断使电流减小到零，因而这种熔断器可以大大减轻电气设备在短路时所受的损害。非限流熔断器在熔体熔化后，电流几乎不减小，仍继续达到其最大值，在电流第一次过零或经过几个周期之后电弧才熄灭。户外跌落式一般为非限流式。

2.4.1.4 技术参数

（1）额定电压。它指熔断器能长期正常工作时承受的电压，其值一般等于或大于电气设备的额定电压。

（2）额定电流。熔断器长期工作时各部件温升不超过规定值时所能承受的电流称为熔断器额定电流，而熔体能长期流过而不被熔断的电流则称为熔体额定电流。其值应大于或等于电气设备的额定电流。

（3）分断能力。它指熔断器在额定电压等规定工作条件下可以分断的预期短路电流值，也就是熔断器可以分断的最大短路电流值。

(4)保护特性。

2.4.1.5　熔断器的保护特性

1. 熔断时间

$$t = t_1 + t_2 + t_3$$

式中　t——熔断器的熔断时间；

t_1——从熔体被电流加热到熔断所需的时间，即熔体熔断时间，与熔体的材料、截流面积、流经熔体的电流及熔体的散热等因素有关，长到几小时，短到几毫秒甚至更短；

t_2——从熔体熔断到产生电弧所需的时间，即产生电弧时间，很短，一般在毫秒以下；

t_3——从电弧产生到电弧熄灭所需的时间，即燃弧时间，与熔断器灭弧装置的原理、结构以及开断电流的大小有关，一般为几毫秒到几十毫秒。

通常将 t 称为熔断器的全开断时间，其中 $t_1 + t_2$ 称为熔断器的弧前时间。由于 t_2 远小于 t_1，因此弧前时间实际上就是熔体的熔化时间 t_1。

2. 保护特性

熔断器的电流－时间特性称为安秒特性，即熔断器的保护特性，是指熔体熔化时间（弧前时间）与熔体电流之间的关系曲线，其特征曲线见图 2-52，对应于每一种额定电流的熔体都有一条安秒特性曲线。熔体的安秒特性曲线是一种反时限曲线，流过熔体的电流大时，熔断时间短，相反，电流小时，熔断时间则长。当熔体电流减小到某个数值，熔体的熔断时间为无限长时的电流称为熔体的最小熔化电流 I_{min} 或称临界电流。若流过熔体的电流稍小于 I_{min1}、I_{min2} 时，熔体不会熔断，但熔体的温度将接近于其熔化温度。熔体 1 的额定电流小于熔体 2 的额定电流，熔体 1 的截面也小于熔体 2。同一电流通过不同额定电流的熔体时，额定电流小的先熔断。熔体的额定电流 I_{RN} 应小于 I_{min}，I_{min} 与 I_{RN} 的比值称作熔化系数，通常取 1.5～2，该系数反映熔断器在过载时的不同保护特性。

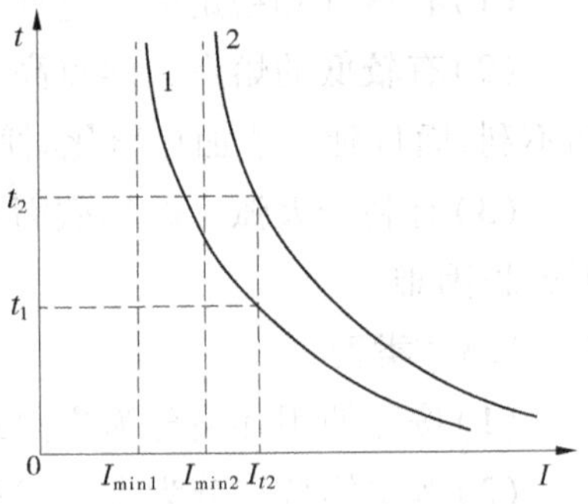

1—熔体截面较小；2—熔体截面较大

图 2-52　熔断器的安秒特性曲线

熔断器的保护特性曲线是选择熔断器的重要依据。例如，电网中有几级熔断器串联，分别保护各电路中元件，当某元件发生短路或过载时，保护该元件的熔断器熔断，即为选择性熔断；如果保护该元件的熔断器不熔断，而上一级熔断器熔断，即为非选择性熔断。当发生非选择性熔断时，将扩大停电范围，造成不应有的损失。

熔断器的保护特性曲线还与一些其他因素有关，如：熔体的氧化、熔体两端的接触连接状况、散热条件、制造偏差（熔体的材料成分和尺寸偏差）等。这些因素造成保护特性的不稳定，即一定的短路电流，可能造成熔体的过早或过迟熔断，从而使熔断器保护的选择性动作发生困难。

2.4.1.6 型号含义

B 1 2 3 - 4 5 6

B:表示自爆式。

1:代表产品名称,R—熔断器。

2:代表安装场所,用下列字母表示:N—户内式;W—户外式。

3:代表设计系列序号,用数字表示。

4:代表额定电压,kV。

5:代表补充工作特性,G—改进型;Z—直流专用;GY—高原型。

6:代表额定电流,A。

例如:RW4－10/50 型,即指额定电流 50 A、额定电压 10 kV、户外 4 型高压熔断器。

2.4.2 典型熔断器分析

2.4.2.1 户内式高压熔断器

户内式高压熔断器全部是限流型熔断器,其主要部分为熔管和熔体,熔管内配置有瓷柱,瓷柱上等间距绕有熔体,熔管的两端配置有压帽,其间填充有石英砂。熔体由高电阻和低电阻两种不同金属丝组成的熔体与经化学处理过作为灭弧介质的高纯度石英砂一起密封于熔管内,熔管采用耐高温的高强度氧化铝瓷制成。当短路电流通过熔体使其熔断时,电弧产生在石英砂的填料中,受到石英砂颗粒间狭沟的限制,弧柱直径很小,同时电弧还受到很多的气体压力作用和石英砂对它的强烈冷却,所以限流式熔断器灭弧能力强,在短路电流未达到最大值时,就将电弧很快熄灭,限制短路电流的发展,起到保护电路的作用,大大减轻了电气设备所受危害的程度,降低了对被保护设备动、热稳定性的要求。因它在开断电路时无游离气体排出,所以在户内配电装置中广泛采用。图 2-53 所示为 RN1 和 RN2 型熔断器的外形图和内部结构。

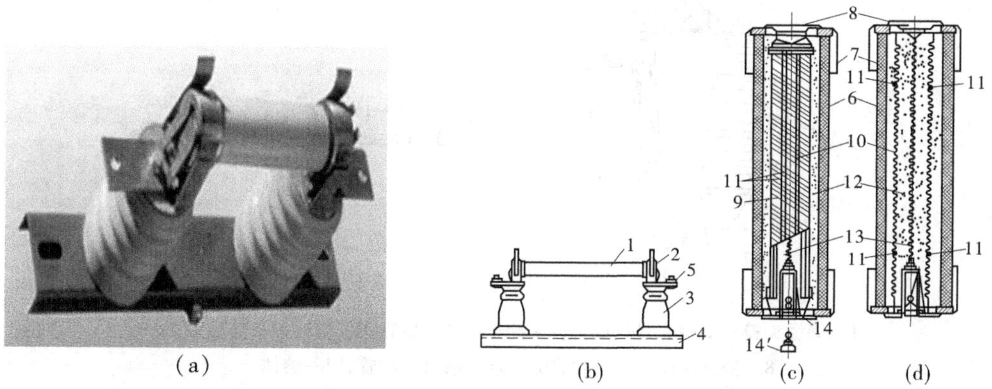

1—熔管;2—静触头座;3—支柱绝缘子;4—底座;5—接线座;6—瓷质熔管;7—黄铜端盖;8—顶盖;9—陶瓷芯;10—熔体;11—小锡球;12—石英砂;13—细钢丝;14、14′—熔断指示器

图 2-53 RN1 和 RN2 型熔断器的外形图和内部结构

以 RN1 型为典型代表的、设计序号为奇数系列的熔断器,用于 3～35 kV 的电力线路和电气设备的过载和短路保护;以 RN2 型为代表的、设计序号为偶数系列的熔断器,专门

用于保护 3 ~35 kV 的电压互感器,用于对高压电压互感器的过载及短路保护。

RN1 和 RN2 系列熔断器的外形结构相似,熔断器由两个支柱绝缘子、触点座、熔管及底板四部分组成。熔管 1 卡在静触头座 2 内,静触头座 2 和接线座 5 固定在支柱绝缘子 3 上,绝缘子固定在底座 4 上。

2.4.2.2 户外式高压熔断器

户外式高压熔断器主要用于输电线路和电力变压器的过负荷与短路保护。户外式高压熔断器按其结构和工作原理可分为跌落式熔断器和支柱式熔断器。

1. 户外跌落式高压熔断器

跌落式熔断器主要由熔丝具、熔丝管和熔丝元件三部分构成。在熔丝管内装有用桑皮纸或钢纸等制成的消弧管。熔管两端的上动触头和下动触头依靠熔断体系,将上动触头推入鸭嘴凸出部分后,磷铜片等制成的上静触头顶着上动触头,故而将熔管牢固地卡在鸭嘴里。当短路电流通过电路使熔体熔断时,将产生电弧,管内衬的钢纸管在电弧作用下产生大量气体,在电流过零时将电弧熄灭。由于熔体熔断,在熔管的上下动触头弹簧片的作用下,熔管迅速跌落,使电路断开,切除故障段线路或者故障设备。

图 2-54 所示是 RW3 - 10 型跌落式熔断器(俗称跌落保险),这种熔断器一般用来保护小容量配电线路、变压器或电压互感器等,主要由瓷绝缘体、熔管、触头等几部分组成。触头分动触头和静触头两部分,动触头与熔管内的熔丝相接,上静触头因形如鸭嘴而称鸭嘴。熔管由钢纸管和酚醛纸管复合而成,熔体由铜银合金制成,其额定电流为 3.5 ~200 A,正常工作时,熔丝依靠其机械拉力使动触头紧卡在鸭嘴上,鸭嘴上的弹簧钢片又顶着动触头,故熔管掉不下来;当严重过载或短路时,熔丝熔断,动触头失去拉力而从鸭嘴中滑脱,由于安装时使熔管轴线与铅垂线成 30°的倾斜角,熔管可以靠自重而自行跌落,形成明显的断开间隙。

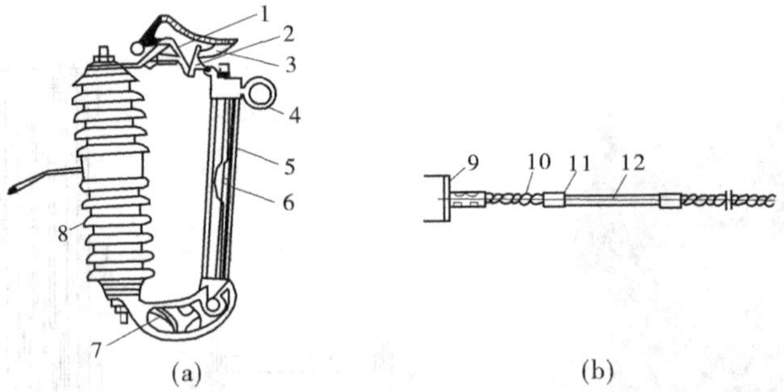

(a)　　(b)

1—静触头;2—动触头;3—抵舌;4—操作环;5—熔管;6—熔体;7—静触头;
8—瓷绝缘体;9—钮扣;10—铜绞线;11—套管;12—熔体

图 2-54　RW3 - 10 型跌落式熔断器

户外跌落式熔断器具有经济实惠、操作方便、适应户外环境性强等特点,广泛应用于 10 kV 架空配电线路的支线及用户进线处、35 kVA 以下容量的配电变压器一次侧以及电力电容器等设备,作为过载或短路保护和进行系统、设备投切操作之用。

2. 户外支柱式高压熔断器

熔断器由瓷套、熔管及棒形支柱绝缘子和接线端帽等组成。RW－35 型限流式熔断器主要用于保护电压互感器,结构如图 2-55 所示。

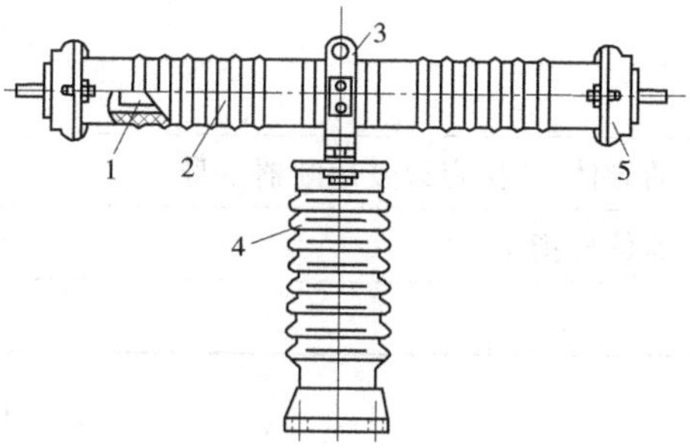

1—RN 型熔管;2—瓷套管;3—紧固法兰;4—棒式支柱绝缘子;5—接线端帽

图 2-55 户外支柱式高压熔断器

熔管装于瓷套中,熔件放在充满石英砂填粒的熔管内。熔断器的灭弧原理与 RN 系列限流式有填料高压熔断器的灭弧原理基本相同,均有限流作用。

2.4.3 高压熔断器的运行

高压熔断器运行维护的注意事项如下:

(1)按《电力安全工作规程》要求选择合格产品及配件,运行中经常检查接触是否良好,加强接触点的温升检查。检查户内型熔断器的瓷管的密封是否完好,导电部分与固定底座触头的接触是否紧密。检查户外型熔断器的导电部分接触是否紧密,弹性静触头的推力是否有效,熔体本身是否损伤,绝缘管是否损坏和变形。

(2)检查瓷绝缘部分有无损伤和放电痕迹。更换熔断器的熔管(体),一般应在不带电情况下进行,若需带电更换,则应使用绝缘工具。

(3)不可将熔断后的熔体联结起来再继续使用。操作仔细,拉、合熔断器时不要用力过猛。拉闸时:先中相,再背风边相,最后迎风边相。合闸时:先迎风边相,再背风边相,最后中相。

(4)检查户外型熔断器的安装角度是否变动。分、合操作时应动作灵活无卡涩,熔体熔断时熔丝管跌落应迅速,以形成明显的隔离间隙,上、下触头应对准。

(5)检查户外型熔丝管上端口的磷钢膜片是否完好。紧固熔体时应将膜片压封住熔断管上端口,以保证灭弧速度,熔丝管正常时不应发生受力震动而掉落的情况。

(6)检查熔断器的额定值与熔体的配合以及负荷电流是否相适应。定期巡视,每月不少于一次夜间巡视,查看有无放电火花和接触不良现象。

◆任务实施

观看 RW3－10 型跌落式熔断器的实物、操作动画等演示资料,熟悉设备的结构特点及工作原理。

(1)认识 RW3－10 型跌落式熔断器的结构特点。

(2)对 RW3－10 型跌落式熔断器进行正常巡视,巡视检查项目及工艺标准如表 2-5

所示。

表 2-5　RW3-10 型跌落式熔断器巡视检查项目及工艺标准

	项目	工艺标准
熔断器的巡视	1. 检查标志牌	名称、编号齐全、完好
	2. 熔断器外观	无裂纹、脏污及放电现象
	3. 与熔断器相连的导体、连接点以及熔断器本身	无过热现象，连接点接触良好
	4. 熔断信号指示器信号指示	弹出
	5. 熔断器内部	无放电声

◆思考问题

(1)熔断器的作用是什么？其保护作用机制是什么？

(2)熔断器有哪些类型？

◆任务评价

(1)评价内容。

实际操作：学生拍照记录现场对应的设备，写出其名称及作用。教师自行设计考核表格与评分标准，通过考核学生拍照记录、设备名称与作用表述，进而考核学生对熔断器巡视的掌握程度。

解答思考问题：学生解答思考问题，学生自评、互评，老师审定成绩。

职业素质养成考核：遵守安全规章制度，遵守纪律、吃苦耐劳，一丝不苟地工作，与团队成员、教师和工厂师傅进行有效的沟通，协作共事等。

(2)成绩构成。

实际操作 40%，解答思考问题 40%，职业素质 20%。

◆项目总结

通过本项目的学习，学生能独立完成如下任务：

(1)对高压断路器的作用、结构、工作原理、特点能够进行正确阐述；

(2)对隔离开关的作用、结构、工作原理、特点能够进行正确阐述；

(3)对熔断器的作用、结构、工作原理、特点能够进行正确阐述；

(4)能够正确完成火电厂高压开关电器的运行及事故处理工作。

◆拓展知识

拓展知识Ⅰ　低压开关电器及运行

【阅读要求】了解低压开关电器的有关概念；掌握低压断路器、刀开关、低压熔断器的工作原理及其在电路中的作用。

一、低压开关电器认知

水力发电厂自用电，除部分采用高压电气设备外，大多数场合均采用低压电气装置。

(一)低压电器的定义和分类

1. 定义

低压电器是在交流 50 Hz、额定电压在 1 000 V 及以下或直流额定电压在 1 500 V 及以下的电力线路中起保护、控制、转换和调节等作用的电气元件的总称。

2. 分类

低压电器按照用途或所控制的对象可分为：

(1)低压配电电器。主要用于低压配电系统中，如断路器、刀开关、转换开关、熔断器和保护继电器等。

(2)低压控制电器。主要用于电力传动系统中，如控制继电器、接触器、启动器、控制调整器、主令电器、变阻器和电磁铁等。

本节仅对部分常用低压开关电器进行介绍。

(二)低压电器的技术参数

(1)额定电压：指在长期工作中能承受的最大电压。

(2)额定电流：指开关在合闸位置允许长期通过的最大工作电流。

(3)额定频率：指工作回路电源的频率。

(4)额定接通和分断能力：指开关在额定电压下能可靠地接通和分断的最大电流。

(5)额定短时耐受电流及持续时间：指开关电器在规定的使用和性能条件下，在指定的短时间内所能承受而不损坏的电流值。对于交流，它包括了经受冲击电流峰值的电动力和一定时间的热稳定电流。

(6)额定短路接通能力：在规定的电压等条件下能够接通的短路电流值，用最大预期短路电流峰值表示。

(7)额定短路分断能力：在规定的电压等条件下能够分断的短路电流值。

(8)额定限制短路电流：指本身不能分断短路电流的电器，在与之配合的短路保护电器如低压断路器的动作时间内，能承受某一短路电流的作用(包括电动力作用和热作用)。与此短路电流相应的预期短路电流值，称为额定限制短路电流。

二、典型低压电器分析

(一)低压断路器

1. 认知

1)结构

低压断路器也称自动空气开关，能接通、承载及分断正常电路条件下的电流，也能在规定的非正常电路条件(过载、短路)下接通、承载一定时间电流和分断电流的开关电器。其功能相当于刀开关、熔断器、热继电器、过电流继电器及欠电压继电器的组合，可用来接通和分断负载电路，也可用来控制不频繁启动的电动机，是一种既有手动开关作用又能自动进行欠电压、失电压、过载和短路保护的开关电器。

低压断路器的结构如图 2-56 所示，由触头系统、灭弧装置、操动机构、保护装置(脱扣器)等组成。

(1)触头系统，包括主触头和辅助触头。主触头用于分、合主电路，有单断口指式触

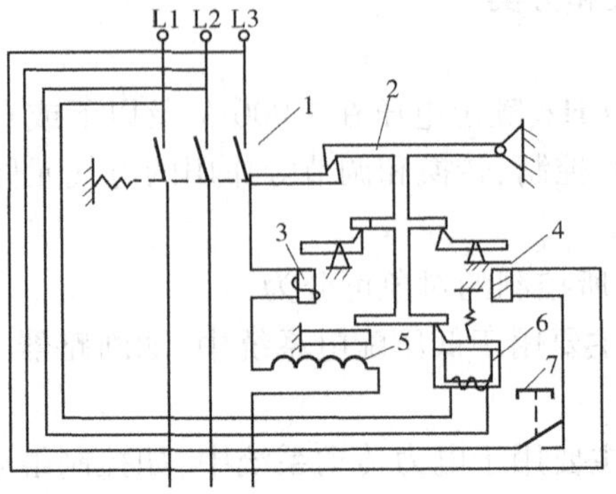

1—主触点;2—自由脱扣机构的锁扣;3—过电流脱扣器;4—分励脱扣器;
5—热脱扣器;6—欠电压脱扣器;7—按钮

图 2-56 低压断路器的结构示意图

头、双断口桥式触头、插入式触头等几种形式,通常由两对并联触头即工作触头和灭弧触头组成,工作触头主要是通过工作电流,灭弧触头是在接通和断开电路时,保护工作触头不被电弧烧伤;辅助触头用于控制电路,反映断路器的位置或构成电路的联锁。

(2)灭弧装置。它的作用是吸引开断大电流时产生的电弧,使长弧被分割成短弧,通过灭弧栅片的冷却,使弧柱温度降低,最终熄灭电弧。其结构因断路器的种类而异,框架式低压断路器常用金属栅片式灭弧室,塑壳式低压断路器所用的灭弧装置由红钢纸板嵌上栅片组成,快速低压断路器的灭弧装置还装有磁吹线圈。

(3)操动机构。包括传动机构和自由脱扣机构。其作用是用手动或电动来操作触头的合、分,在出现过载、短路时可以自由脱扣。当断路器合闸时,传动机构把合闸命令传递到自由脱扣机构,使触头闭合。

(4)保护装置。断路器的保护装置是各种脱扣器。电磁脱扣器用于短路保护,是利用电磁吸力作用,使自由脱扣器机构上的接点断开;热脱扣器主要用于过负荷保护,一般为双金属片结构,当电流超过额定值时,热元件发热使双金属片变形而导致断路器分闸;当电源电压低于某一规定数值或电路失压时,失压或欠压脱扣器使低压断路器分断;半导体式脱扣器由电流、电压变换器、电源变压器、半导体插件组成,可作过载长延时、短路短延时、特大短路瞬时动作保护用;另外,分励脱扣器用于远距离使低压断路器分闸,对电路不起保护作用。

2)动作原理

低压断路器接通或分断电路是通过扳动其手柄(或通过外部转动手柄)或采用电动机操动机构使动、静触头闭合或断开。正常情况下,触头能接通和分断额定电流。当主触头闭合后,自由脱扣器将主触头锁在合闸位置上;过电流脱扣器的线圈和热脱扣器的热元件与主电路串联,欠电压脱扣器的线圈和电源并联;当电路发生短路或严重过载时,过电流脱扣器的衔铁吸合,使自由脱扣机构动作,锁扣脱钩,主触头断开主电路;当电路过载时,热脱扣器的热元件发热使双金属片向上弯曲,推动自由脱扣机构动作使锁扣脱钩,断路器分闸;当电路欠电压(低于额定电压 70%)时,欠电压脱扣器的衔铁释放,也使自由脱扣机构动作。分励脱扣器则作为远距离控制用，在正常工作时，其线圈是断电的，在需要距离控制时，按下启动按钮，使线圈通电，衔铁带动自由脱扣机构动作，使主触点断开。

断路器分、合闸时，触头之间产生的强烈电弧使灭弧罩内的铁质栅片被磁化，产生吸力把电弧吸向灭弧罩，利用灭弧栅片冷却电弧，并将电弧分割成短弧，提高电弧电阻和电弧电压，最终将电弧熄灭。

2. 典型低压断路器分析

1）塑料外壳式断路器

塑料外壳式（简称塑壳式）断路器的所有结构部件都装在由聚酯绝缘材料模压而成的封闭型外壳中，使用安全，结构紧凑、体积小。塑料外壳式断路器多为非选择型，常用于低压配电开关柜（箱）中，用作配电线路、电动机、照明电路及电热器等设备的电源控制开关及保护，作为线路的不频繁转换及电动机的不频繁启动之用。

小容量断路器（50 A 以下）常采用非储能式闭合，操作方式多为手柄式。大容量断路器的操作机构采用储能式闭合，可以手动操作，亦可由电动机操作，可实现远方遥控操作。

塑料外壳式断路器种类繁多，国产主要型号有 DZ15、DZX10、DZ20 等，引进技术生产的有 H、T、3VE、3WE、NSM、S 等型，此外还生产有智能型塑料外壳式断路器，如 DZ40 等型。

DZ15 系列塑壳式断路器，如图 2-57、图 2-58 所示，主要由触点、操作机构、液压式电磁脱扣器、灭弧机构及塑料外壳组成。当被保护线路或电动机发生过载及短路时，断路器能可靠分断。多极断路器能机构联动，只要一极发生过载动作，便能使所有的极同时分断。

图 2-57 塑壳式断路器

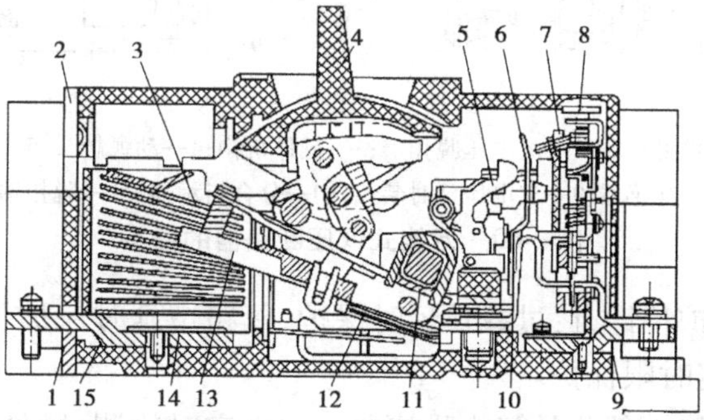

1—基座；2—盖；3—灭弧室；4—手柄；5—扣板；6—双金属片；7—调节螺钉；8—瞬时调节旋钮；9—下母线；10—发热元件；11—主轴；12—软连接；13—动触头；14—静触头；15—上母线

图 2-58 塑壳式断路器的结构

2）框架式（万能式）断路器

框架式断路器如图 2-59 所示，所有部件均安装在带绝缘衬垫钢制框架底座内，容量较大，可装设较多的脱扣器，辅助触点的数量也较多，不同的脱扣器组合可产生不同的保护特性（选择型或非选择型、反时限动作特性），且操作方式较多，故又称万能式断路器。框架式断路器主要用作配电网络的出线总开关、母线联络开关或大容量馈线开关和大型电动机控制开关。容量较小(如600 A以下)的框架式断路器多用电磁机构传动,容量较大(如1 000 A以上)的框架式断路器则多用电动机机构传动。无论采用何种传动机构,都装有手柄,以备检修或传动机构故障时用。极限通断能力较高的框架式断路器还采用储能操作机构以提高通断速度。

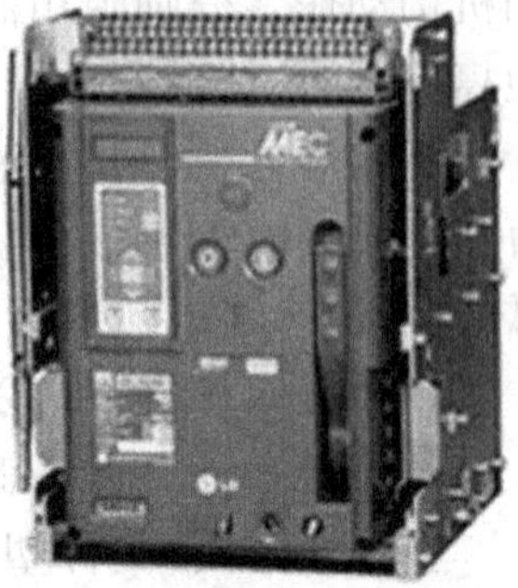

图2-59　框架式断路器

3)智能型万能式断路器

智能型万能式断路器由触头系统、灭弧系统、操动机构、互感器、智能控制器、辅助开关、二次接插件、欠压和分励脱扣器、传感器、显示屏、通信接口、电源模块等部件组成,如图2-60所示。

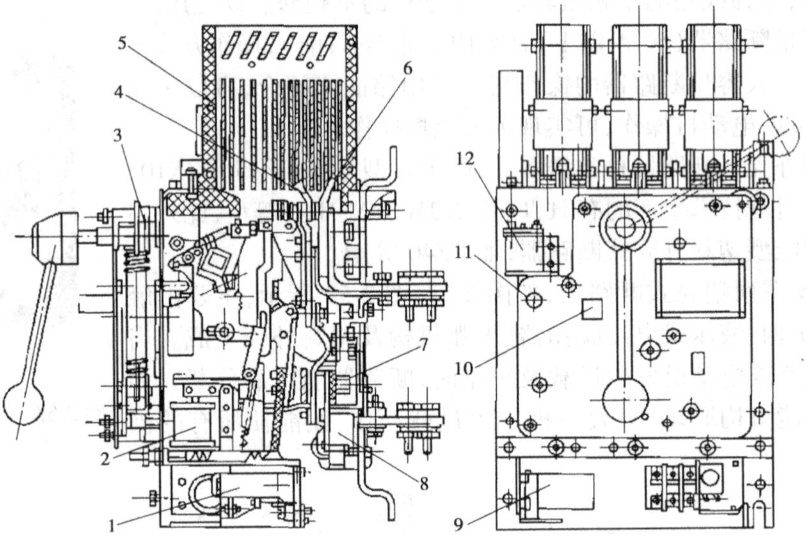

1—热继电器或半导体式脱扣器;2—欠电压脱扣器;3—操作机构;4—动弧触头;5—灭弧室;6—静弧触头;
7—电磁脱扣器;8—互感器;9—欠电压延时装置;10—分合指示器;11—脱扣轴;12—分励脱扣器

图2-60　万能式低压断路器的结构

智能断路器的保护特性有:过载长延时保护、短路短延时保护、反时限、定时限、短路瞬时保护、接地故障定时限保护。

智能化断路器的核心部分是智能脱扣器。它由实时检测、微处理器及其外围接口和执行元件三个部分组成。图2-61所示为智能断路器脱扣框图。

(1)实时检测。智能断路器要实现控制和保护作用,电压、电流等参数的变化必须反映到微处理器上。电压参数通常用电压传感器,而电流参数常用电流传感器。

获取电流信号的电流互感器有实心和空心两种,实心互感器在大电流时铁芯易于饱和,线性区狭小,测量范围小,当出现高倍数短路电流时,它感应的信号幅度很高,常造成对脱扣器自身的损坏;而空心互感器线性区宽,并能获得短路电流出现时的最初半波电流输出信号,有助于断路器的快速分断,因此应用较多。

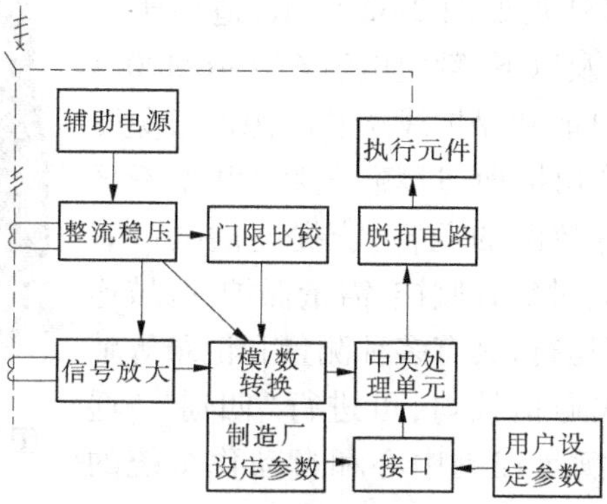

图2-61 智能断路器脱扣框图

(2)微处理器系统。这是智能脱扣器的核心部分,由微处理与外围接口电路组成,对信号进行实时处理、存储、判别,对不正常运行进行监控等。

(3)执行部分。智能型脱扣器的执行元件是磁通变换器,其磁路全封闭或半封闭,正常工作时靠永磁体保证铁芯处于闭合状态,脱扣器发出脱扣指令时,线圈通过的电流产生反磁场抵消了永磁体的磁场,动铁芯靠反作用力使弹簧动作推动脱扣件脱扣。

智能化断路器与普通断路器相比较具有如下特点:

(1)保护功能多样化。普通低压断路器一般采用双金属片式热脱扣器作为过载保护,用电磁脱扣器作为短路保护来构成长延时、瞬时两段保护,因而实现保护功能一体化较难。智能断路除了可同时具有长延时、短延时、瞬时的三段保护功能,还具备过压、欠压、断相、反相、三相不平衡、逆功率及接地保护(第四段保护)、屏内火灾检测报警等功能。

(2)选择性强。智能化断路器由于采用微处理器,惯性小、速度快,其保护的选择性、灵活性及重复误差都很好,加之它的各种保护功能和特性可以全范围调节,因此可实现多种选择性:可任意选择动作特性;可任意选择保护功能;便于实现级联保护协调,实施区域选择性联锁,实现良好的级间协调配合。

(3)具备通信功能。智能断路器除了和各种物理量打交道,还能和人打交道,既能从操纵者那里得到各种控制命令和控制参数,又能通过连续巡回检测对各种保护特性、运行参数、故障信息进行直观显示,还可与中央计算机联网实现双向通信,实施遥测、遥信、遥控、人机对话功能强,操作人员易于掌握,避免误动作。

(4)显示与记忆。智能化断路器能显示三相电压、电流、功率因数、频率、电能、有功功率、动作时间、分断次数以及预示寿命等,能将故障数据保存,并指示故障类型、故障电压、电流等,起到辅助分析、诊断故障的作用,还可通过光耦合器的传输,进行远距离显示。

(5)故障自诊断,预警与试验功能。可对构成智能断路器的电子元器件的工作状态进行自诊断,当出现故障时可发出报警并使断路器分断。预警功能使操作人员能及时处理电网的异常情况。微处理器能进行“脱扣”和“非脱扣”试验,利用模拟信号进行长延时、短延时、瞬时整定值的试验,还可进行在线试验。

智能型万能式断路器外观如图 2-62 所示，适用于交流 50 Hz，额定电压 690 V 及以下，额定电流 630 ~ 6 300 A 的配电网络中，用来分配电能和保护线路及电源设备免受过载、短路、欠压、过压、单相接地、过频、欠频、电流不平衡、电压不平衡、逆功率等故障的危害；能提高供电可靠性，避免不必要的停电。通过负载监控、需量保护、区域连锁等功能实现电网的合理运行；具有多种测量和记录等辅助功能。同时带有开放式通信接口，可进行“四遥”（遥控、遥测、遥信、遥调），以满足控制中心和自动化系统的要求。

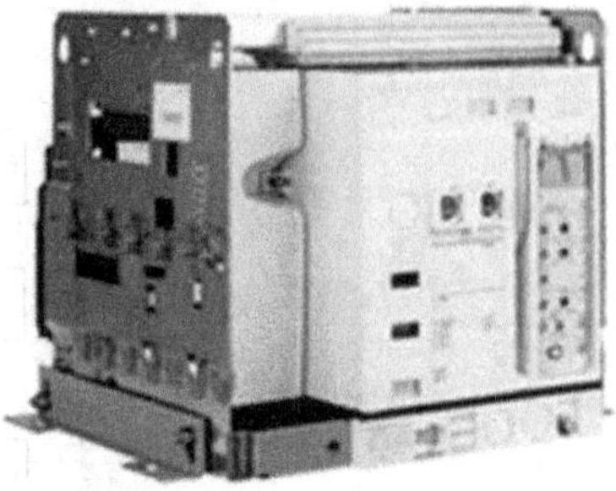

图 2-62　智能型万能式断路器

4）抽屉式断路器

抽屉式断路器（见图 2-63）由本体及抽屉座两大部分组成，通过断路器本体和母线与抽屉座的桥式触点连接构成抽屉式断路器，采用正面面板结构，实现开关屏板外操作，开关屏板内装有以单片机为核心的脱扣控制器。

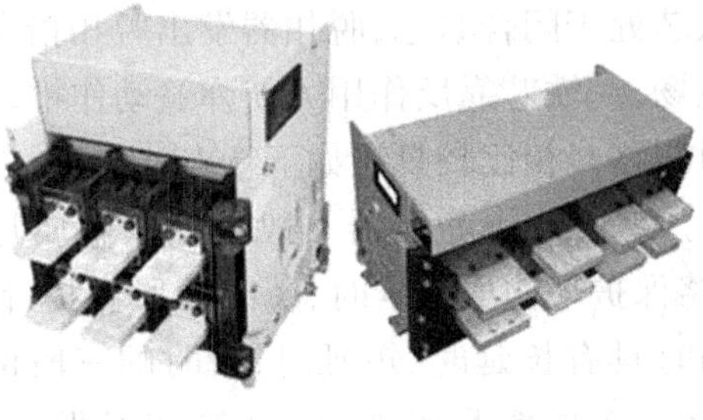

图 2-63　抽屉式断路器

断路器本体是带附件的固定式断路器，其附件包括导轨、辅助电路动隔离触点、安全隔板驱动轴等。抽屉座由带有导轨的左右侧板、底座和横梁等组成，下方装推进机构，上方装辅助电路静隔离触点，底座横梁上装位置指示，桥式触点前方装安全隔板。断路器采用储能弹簧释能的闭合方式，电动操作时，有配合电动机工作的预储能操作用释能电磁铁，手动储能时，储能手柄带动断路器方轴转动进行储能操作。

3. 低压断路器的维护

（1）在使用前应将电磁铁工作面的锈油抹净。

（2）机构的摩擦部分应定期涂以润滑油。

（3）断路器在分断短路电流后，应检查触点（必须将电源断开），并将断路器上的烟痕抹净，在检查触点时应注意：如果在触点接触面上有小的金属粒，应用锉刀将其清除并保持触点原有形状不变；如果触点的厚度小于 1 mm（银钨合金的厚度），必须更换和进行调整，并保持压力符合要求。

（4）清理灭弧室两壁烟痕，如灭弧片烧坏严重，应予更换，甚至更换整个灭弧室。

（5）在触点检查及调整完毕后，还应对断路器的其他部分进行检查。检查内容包括传动机构动作的灵活性；各种脱扣器装置，如过流脱扣器、欠压脱扣器、分励脱扣器等。

(二)刀开关

1. 认知

低压刀开关用于不频繁接通和分断低压供电线路,还可用作隔离电源,以保证检修人员的安全使用及小容量鼠笼式异步电动机的直接启动。

1)结构

刀开关结构简单,主要由操作手柄、动触刀、静触头(座)和绝缘底板构成。推动手柄使动触刀插入静触头中,电路就会被接通,二极和三极刀开关的动触刀由绝缘横杆联动。

静触头是刀开关的重要部件,用铜等良导体材料制成,固定在用绝缘材料制成的底板上。动触刀与静触头之间应有一定的接触压力,以保证刀开关合闸时动触刀与静触头有良好的接触。动触刀与下支座铰链连接,连接处依靠弹簧保证必要的接触压力,绝缘手柄直接与动触刀固定。能分断额定电流的刀开关装有灭弧罩,以保证分断电路时安全可靠。

刀开关的典型结构如图2-64所示。

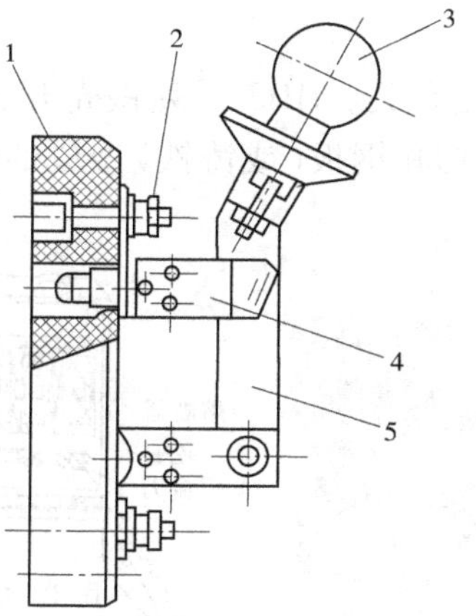

1—绝缘底板;2—接线端子;3—操动手柄;4—静触座;5—动触刀

图2-64 刀开关的典型结构

2)类型

(1)按动触刀的极数分为单极、双极和三极;

(2)按动触刀的转换方向分为单掷和双掷;

(3)按操作方式分为直接手柄操作式和远距离连杆操作式;

(4)按灭弧情况分为有灭弧罩和无灭弧罩等。

2. 典型刀开关分析

1)开启式负荷开关

开启式负荷开关又名瓷底胶盖闸刀开关。HK系列闸刀开关结构如图2-65所示,由刀开关和熔断器组合而成,瓷底座上装进线座、静触头、熔体、出线座及带瓷质手柄的刀片式动触刀。上面装有起保护作用的胶盖,防止操作时触及带电部分和分断时产生电弧飞出。

这种开关结构简单,价格低廉,没有专门的灭弧装置,不宜用于频繁地分、合电路。常用作照明电路的电源开关及控制5.5 kW以下异步电动机的启动和停止。

HD、HS 开启式刀开关如图 2-66 所示。

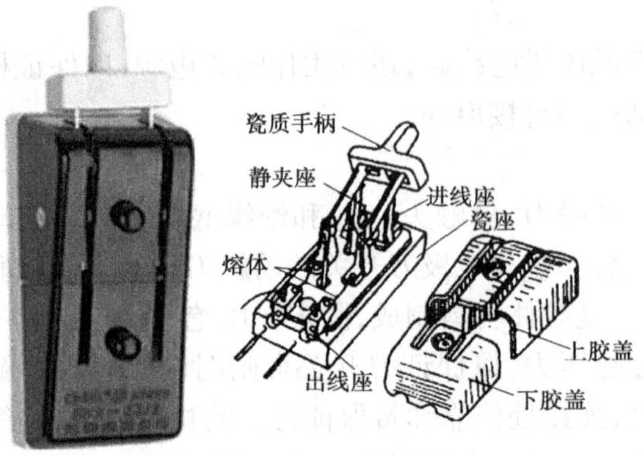

图 2-65　HK 系列闸刀开关结构

图 2-66　HD、HS 开启式刀开关

2）封闭式负荷开关

封闭式负荷开关又名铁壳开关。HH3 系列铁壳开关的结构如图 2-67 所示，由刀开关、熔断器、灭弧装置、操作机构和钢板（或铸铁）做成的外壳构成，三把闸刀固定在一根绝缘方轴上，由手柄操纵。

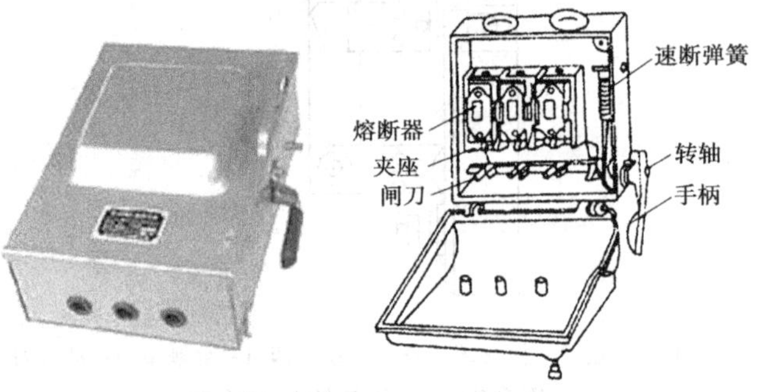

图 2-67　HH3 系列封闭式负荷开关

铁壳开关的操作机构具有以下两个特点：①设有联锁装置，保证开关在合闸状态下开关盖不能开启，而开启时不能合闸，以保证操作安全；②采用储能分合闸方式，操动机构中，在手柄转轴与底座之间装有速动弹簧，能使开关快速接通与断开，与手柄操作速度无关，这样有利于迅速灭弧。

3）隔离刀开关

（1）分类。

隔离刀开关按极数分为单极、双极和三极；按结构分为平板式和条架式；按操作方式分为直接手柄操作机构式、杠杆操作机构式和电动操作机构式；按转换方式分为单投和双投等。

（2）作用。

隔离刀开关起隔离电压的作用，广泛应用于 500 V 及以下的低压配电装置中，不频繁接通和分断电路，普通隔离刀开关不能带负荷操作。

(3)结构。

HD13 系列刀开关主要由操作机构、动静触头、灭弧罩和绝缘底板组成，通过两侧加装的弹簧片的压力来获得触头的分合力，其结构如图 2-68 所示。

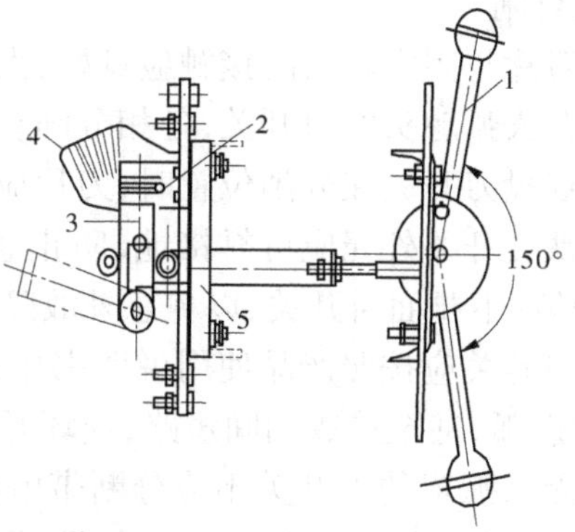

1—操作手柄；2—静触头；3—动触头；4—灭弧罩；5—绝缘底板

图 2-68　HD13 系列刀开关结构

带有杠杆操作机构的刀开关，用于切断不大于额定电流的负荷，均装有灭弧罩，以保证在分断电流时的安全可靠性，隔离刀开关的操作机构具有明显的分合指示和可靠的定位装置。

4)熔断器式刀开关

熔断器式刀开关又称刀熔开关，有多种结构形式，一般多采用有填料熔断器作为开关的动触头，结构如图 2-69 所示。

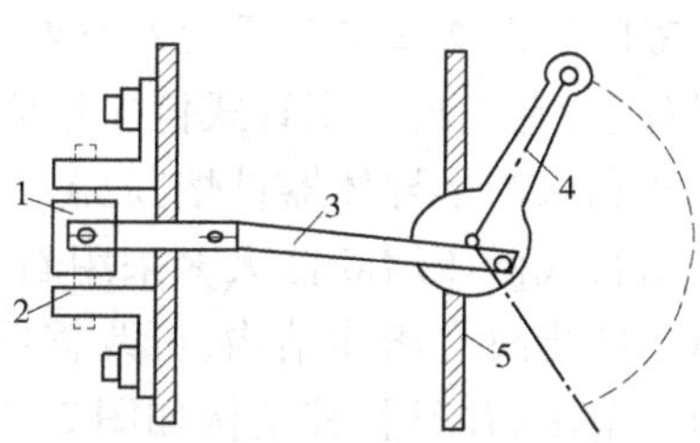

1—RT0 型熔断器；2—触头；3—连杆；4—操作手柄；5—低压配电屏板面

图 2-69　HR3 系列熔断器式刀开关

熔断器式刀开关广泛应用于开关柜或与终端电器配套的电气装置中，作为线路或用电设备的电源隔离开关及作严重过载和短路保护之用，在回路正常供电的情况下接通和切断电源由隔离刀开关来承担，当线路或用电设备过载或短路时，熔断器的熔体熔断，及时切断故障电流。

3. 刀开关的安装及使用要点

刀开关在安装和使用时应注意下列事项：

（1）刀开关应该垂直安装，只有在不切断电流的情况下，才允许水平安装。

（2）电源进线应接在静触点一边的进线端（进线座应在上方），用电设备应接在动触头一边的出线端，这样当开关断开时，闸刀和熔体均不带电，以保证更换熔丝时的安全。

（3）安装时，刀开关在合闸状态下手柄应该向上，不能倒装或平装，以防止闸刀松动落下时误合闸。

（4）刀片与固定触头的接触应良好，大电流的触头或刀片可适量加润滑油（脂）。

（5）有灭弧触头的刀开关，各相分闸动作应迅速一致。

（6）双投刀开关在分闸位置时，刀片应能可靠固定，不得使刀片有自行合闸的可能。

（7）铁壳开关外壳应可靠接地，防止意外漏电造成触电事故。操作时人要在铁壳开关的手柄侧，不要面对开关，以免意外故障使开关爆炸，铁壳飞出伤人。

（8）刀开关应按照产品使用说明书中规定的分断负载能力使用，分断严重过载将会引起持续燃弧，甚至造成相间短路，损坏开关。

（9）无灭弧罩的刀开关不应分断带电流的负载，只能作隔离电源用，合闸顺序要先合上刀开关，再合上控制负载的开关电器；分闸顺序则相反，要先使控制负载的开关电器分闸，然后再拉开刀开关。

（三）低压熔断器

低压熔断器是依靠短路或过载时，通过熔体的电流大于规定值，自身产生的热量使熔体熔化，从而分断电路。低压熔断器主要作为低压配电系统的短路保护电器，有时也可作过载保护。正确选择熔断器与其他电器的配合，在一定范围内达到选择性保护。

低压熔断器按结构形式可分为半封闭插入式、无填料密闭管式、有填料密闭管式及自复熔断器。半封闭插入式、无填料密闭管式熔断器是过去应用较广的形式，但已趋于淘汰。另外，还有采用银作熔体的快速熔断器，主要用作过载能力差的硅变流装置的内部短路的快速分断。

1. 有填料密闭管式低压熔断器的种类和结构

根据使用对象，有填料密闭管式低压熔断器可分为专职人员使用的熔断器、非熟练人员使用的熔断器和保护半导体器件熔断器三种。

有填料密闭管式低压熔断器大多采用石英砂作填料，铜片作熔体材料。封闭在陶瓷材料的熔管内。适当改变熔体结构，可改善低过载倍数（2 倍额定电流）的分断能力，这种熔断特性称为全范围熔断器，其结构如图 2-70 所示。

100 A 以下的小电流管状熔管，置于一个底座内，为螺旋式熔断器，如图 2-71 所示。

有填料密闭管式熔断器由陶瓷熔管、栅状铜熔体、触头底座等部分组成。

（1）熔体部分。熔断器的栅状铜熔片具有引燃栅，其等电位作用使熔体在短路电流通过时，将粗弧分细，形成多道并联电弧，熔体自身多处有若干变截面小孔，使熔体截面减小，短路时在此处容易熔断、形成多段短弧。石英砂使电弧中的离子强烈复合，多种方式的综合作用使电弧容易熄灭。

熔体中部的锡桥结构所产生的冶金效应，实现发生较小的短路电流或过负荷电流时的保护作用，熔体熔断后，有红色的指示器弹出，便于监视判断。栅状铜熔片的结构见图 2-72。

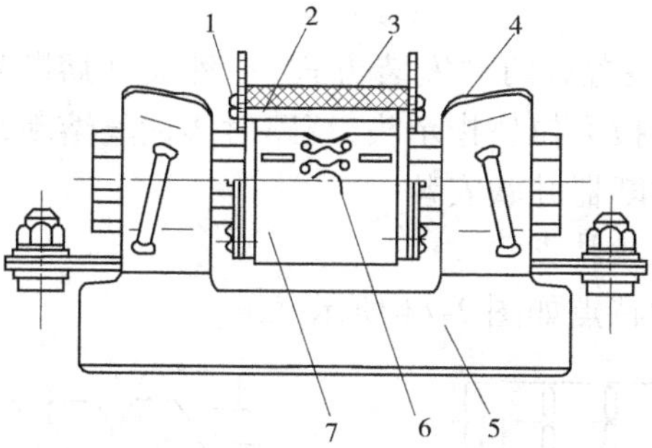

1—熔断指示器;2—石英砂填料;3—熔管;4—触刀;5—底座;6—熔体;7—熔断体

图 2-70 有填料密闭管式低压熔断器

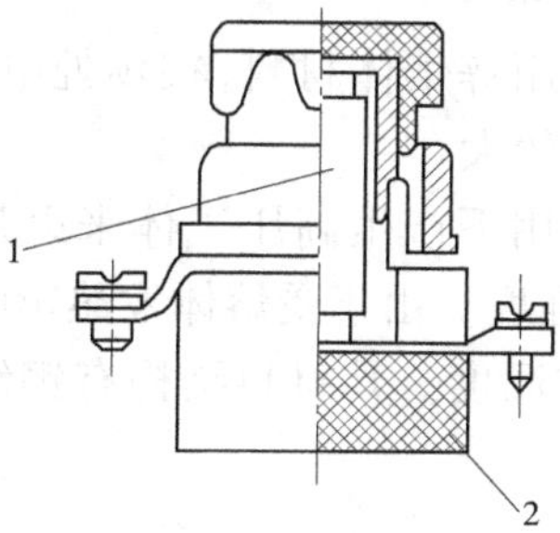

1—熔断体;2—底座

图 2-71 有填料螺旋式熔断器

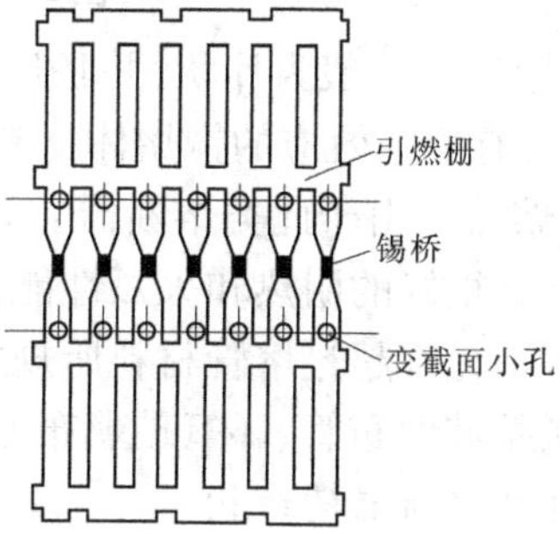

图 2-72 栅状铜熔片的结构

具有二段保护特性的熔体采用双锡桥结构,使小电流过载时延时较长,而更窄的变截面使大电流短路时的动作更快速,达到二段保护的特性的要求。其熔体结构如图 2-73 所示。

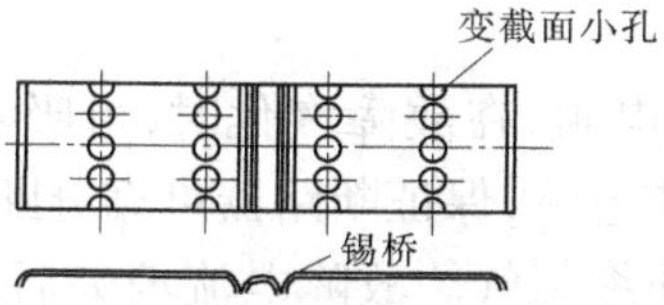

图 2-73 具有二段保护特性的熔体结构

(2)熔管。陶瓷熔管的作用是包容熔体、散热、隔离电弧。因为分断时管内产生的气压不高(不超过 3 个大气压力),所以有填料密闭管式熔断器的熔管为低压瓷管(无填料密闭管式熔断器在熔断时,熔管内壁在电弧高热下产生高压气体灭弧,所以熔管要求很高的机械强度和耐热性,其熔管材料不同)。

(3)填料。熔管内的填料要求熔点高、传热系数大、膨胀系数小、自身产气少、不容易在电弧作用下产生导电金属硅酸盐,并且吸收电弧能量好,降低其他元件的温升,使电弧迅速熄灭,常用的材料是石英砂(SiO_2)。在上述要求中,其不足之处是熔点较低,使小电流分断燃弧时间过长,灭弧困难。石英砂的颗粒大小、填充密度,对灭弧性能有很大的影响。

(4)指示装置。指示装置有两种安装方式,一种装在熔断器内与熔体并联一根康铜丝,正常工作时,克服弹簧拉力拉住指示头,短路时康铜丝熔断,弹簧弹出指示头。另一种为单个指示熔断器与主熔断器并联安装。

2. 无填料熔断器的结构特点

无填料熔断器的结构特点如图 2-74 所示。

图 2-74　无填料熔断器熔体结构

(1)熔体。一般为片状,并联片数不超过 2 片,采用锌熔体材料,狭颈处电流密度较小;采用具有冶金效应的铜熔体材料,狭颈处电流密度较大。

(2)熔管。由于此类熔断器靠熔管内壁在电弧作用下产生高压气体来灭弧,要求熔管材料具有很好的耐热和灭弧性能,以及较高的机械强度。由于受熔体发热影响,其最高工作温度不允许超过熔管材料所规定的长期工作允许温度。其材料结构有钢纸管、铜帽及三聚氰胺玻璃布管、环氧玻璃布帽几种。

3. 自复熔断器的结构

自复熔断器是一种新型限流元件,自身不具备分断电路的能力,常与断路器串联配合使用,提高断路器的分断能力,这种熔断器使用场合不多,其结构见图 2-75。

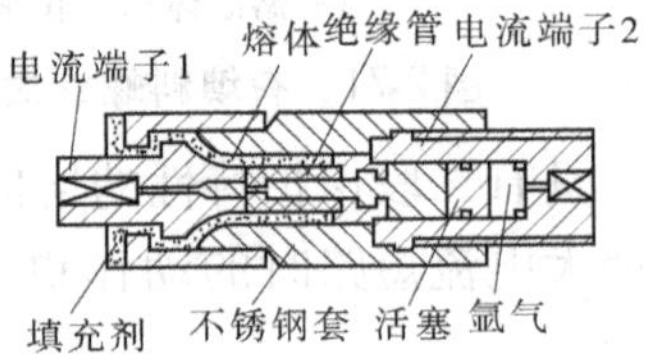

图 2-75　自复熔断器

自复熔断器在正常工作时,呈低电阻特性。当发生短路故障时,自复熔断器的金属熔体(金属钠、钾、汞等)急剧发热汽化,形成高温、高压和高电阻的等离子状态,限制短路电流增大。

自复熔断器两端接有并联电阻,在故障汽化时,可吸收自复熔断器自身产生的高电压,并维持断路器脱扣器的动作电流,保证断路器可靠分断故障电路。

在高压作用下,通过活塞压缩氩气。故障电流消失后,金属温度下降,活塞在压缩氩气作用下使熔断器恢复到初始状态,金属在常温下回复到导电状态。

项目3 其他高压电器及运行

◆项目描述

本项目主要培养学生认识电力系统电流互感器、电压互感器、母线、电缆、绝缘子的作用、类型及特点。

◆教学目标

1. 熟知电力系统电流互感器、电压互感器、母线、电缆、绝缘子的作用;

2. 熟知电力系统电流互感器、电压互感器、母线、电缆、绝缘子的分类;

3. 知道电力系统电流互感器、电压互感器、母线、电缆、绝缘子的特点。

◆教学环境

相关电厂、110 kV 开关站、多媒体课件、相关的视频资料。

任务3.1 互感器

◆教学目标

1. 知识目标

(1)熟知电流互感器、电压互感器的工作原理、作用、接线方式;

(2)了解电流互感器、电压互感器的结构、类型、型号含义;

(3)知道互感器运行中的监视、巡视检查及维护内容。

2. 能力目标

(1)能叙述电流互感器、电压互感器的工作原理、作用、结构、类型、接线方式;

(2)能监视电流互感器、电压互感器的运行情况;

(3)能对电流互感器、电压互感器进行巡回检查与维护。

◆任务描述

(1)在水电厂监视电流互感器、电压互感器的运行;

(2)在水电厂对电流互感器、电压互感器进行巡视检查;

(3)在水电厂对电流互感器、电压互感器进行维护。

◆任务准备

(1)安全帽、手电筒;

(2)熟悉安全注意事项,注意现场设备勿误触碰,注意高压设备间隔;

(3)熟悉电流、电压互感器的巡视要求及项目。

◆相关知识

3.1.1　电流互感器

3.1.1.1　电流互感器认知

1. 作用

电流互感器是一种特殊变压器，是一次系统和二次系统间的联络元件，文字符号为TA(CT)，主要作用是：

(1)将一次回路的大电流变为二次回路标准的小电流，以减少测量仪表和继电器的规格品种，使仪表和继电器标准化、小型化，结构轻巧、价格便宜，并便于屏内安装。

(2)使二次设备与高电压部分隔离，且电流互感器二次侧均接地，从而保证二次设备和人身的安全。所以，在电力系统中，电流互感器是一次电路与二次电路的分界处，二者之间没有直接的电气联络。

2. 工作原理(电磁式)

电磁式电流互感器的基本结构与变压器相似，原理接线如图 3-1 所示，由变压器基本知识可知，变流比 K_i（即指电流互感器一次额定电流与二次额定电流之比）为

$$K_i = \frac{I_{1N}}{I_{2N}} \approx \frac{N_2}{N_1} \approx \frac{I_1}{I_2}$$

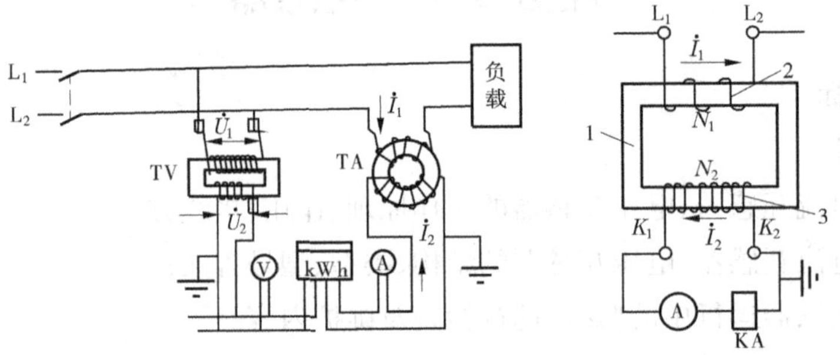

(a)互感器与系统连接图　　(b)原理接线图

1—铁芯；2—一次绕组；3—二次绕组

KA：电流继电器

图 3-1　电流互感器接线图

电流互感器二次额定电流一般规定为 5 A(或 1 A)，所以变流比的大小取决于一次额定电流的大小。如在 10 kV 系统中，用户配电装置使用的电流互感器，其一次额定电流规格一般在 15 ~ 1 500 A。

与普通变压器相比，电流互感器有如下特点：

(1)一次绕组匝数少，截面面积大，串联于被测量电路内；二次绕组匝数多，截面面积小，与二次侧的测量仪表和继电器的电流线圈串联。

(2)一次绕组匝数少(一匝或几匝)，阻抗很小，故一次绕组的电流完全取决于被测电路的负载电流，而不是由二次电流的大小决定。

(3)二次绕组中所串接的测量仪表和保护装置的电流线圈(即二次负载)阻抗很小，

故正常运行中,电流互感器是在接近于短路的状态下工作。

(4)二次回路不允许开路,否则会在开路的两端产生高电压,危及人身安全或使电流互感器发热损坏。

因为二次回路开路时,电流互感器由正常短路工作状态变为开路工作状态,$I_2=0$,$Z_{2f}=\infty$,励磁磁势由正常时很小的$\dot{I}_0N_1$骤增为$\dot{I}_1N_1$。二次绕组感应电势是与磁通的变化率$\frac{d\phi}{dt}$成正比的,故二次绕组将在磁通过零时,感应产生很高的尖顶波电势,其值可达数千甚至上万伏。电流互感器二次回路开路时,首先危及工作人员的安全和仪表、继电器的绝缘;其次,磁感应强度骤增,会引起铁芯和绕组过热;此外,在铁芯中还会产生剩磁,使互感器特性变坏。故当电流互感器一次绕组通有或可能出现电流时,二次绕组是不允许开路的。故应注意以下几点:

①如需接入仪表测试电流或功率,或更换表计及继电器等,应先将电流回路进线一侧短路或就地造成并联支路,确保无瞬间开路。

②电流回路不得装设熔断器。

③连接所用导线或电缆芯线必须是截面不小于2.5 mm^2的铜线,以保证机械强度和可靠性。

④为防止绝缘损坏时高压电窜入二次侧,危及人身和设备安全,电流互感器二次绕组一端及铁芯必须接地。

3. 电流互感器的误差及准确度等级

1)电流互感器的误差

在理想的电流互感器中,励磁损耗电流为零,一、二次电流之比完全与其匝数成反比,并且一、二次电流的相位也没有误差(即$\dot{I}_1N_1+\dot{I}_2N_2=0$,即$\frac{\dot{I}_1}{\dot{I}_2}=-\frac{N_2}{N_1}=K_i$)。

但是,根据磁势平衡式:

$$\dot{I}_1N_1+\dot{I}_2N_2=\dot{I}_0N_1$$

在实际的电流互感器中,由于不可避免地存在励磁电流损耗和磁饱和等因素影响,因此存在一次电流与二次电流数值上的误差(简称变比误差或比差)和相位上角度的误差(简称角差)。

(1)电流误差(比差)。

电流互感器的比差$\Delta I\%$为二次电流的测量值乘以额定变流比所得的值与实际一次电流之差,以后者的百分数表示,即

$$\Delta I\%=\frac{K_iI_2-I_1}{I_1}\times100\%$$

(2)相位误差(角误差)。

电流互感器的角差是指二次电流相量旋转180°以后,与一次电流相量间的夹角δ。并且规定二次电流相量超前于一次电流相量时,角差δ为正,反之为负,δ的单位为度。正常运行时的电流互感器角误差很小,一般都在2°以下。

电流互感器的误差与二次负载阻抗、一次电流的大小等有关。

2)电流互感器的准确度等级

电流互感器根据测量时误差的大小而划分为不同的准确度等级。

电流互感器的准确度等级是以电流互感器最大电流误差和相位误差来区分的,是指在二次负荷允许变化的范围内,一次电流等于额定电流时允许的最大误差限值。

在不同的使用场合,对电流互感器的误差有不同的要求,因此根据电流互感器测量时误差的大小划分为不同的准确度等级。

(1)测量用电流互感器的准确度等级有0.1、0.2、0.5、1、3、5级。

测量用电流互感器的准确度等级和误差限值见表3-1。

表3-1　测量用电流互感器的准确度等级和误差限值

准确度等级	一次电流为额定电流的百分数(%)	误差限值		二次负荷变化范围
		电流误差(±%)	相位误差(±′)	
0.2	10	0.5	20	$(0.25\sim1)\ S_{e2}$
	20	0.35	15	
	100~120	0.2	10	
0.5	10	1	60	
	20	0.75	45	
	100~120	0.5	30	
1	10	2	120	
	20	1.5	90	
	100~120	1	60	
3	50~120	3	不规定	$(0.5\sim1)\ S_{e2}$
10		10		
B	100	3	不规定	S_{e2}

0.1级的最大电流误差为±0.1%,0.2级的最大电流误差为±0.2%,依次类推。0.1、0.2级的电流互感器,用于实验室的精密测量;用于电度计量的电流互感器,准确度等不应低于0.5级;0.5、1级的电流互感器,多用于发电厂或变电所的屏式测量仪表;3级的电流互感器,用于一般的测量或某些继电保护装置。标有B(或D)级的电流互感器,用来按差动保护和距离保护装置。

对测量用电流互感器,可采用匝数补偿。匝数补偿能减小电流误差,不能减小角误差。此外,匝数补偿不能提高10%误差倍数,因此保护型电流互感器不采用此法。

(2)保护用电流互感器分别按稳态(5P、10P)、暂态(TPS、TPX、TPY、TPZ)选用。

稳态指保护动作时间长、短路电流达到稳定值,电流互感器只需满足此状态要求。稳态保护用电流互感器的准确度等级和误差限值见表3-2。例如5P20,数字20为准确限值系数,即事故电流不大于20倍一次额定电流时,复合误差不大于5%。暂态指短路电流未达到稳定值时,电流互感器应满足此状态的要求。

表 3-2 稳态保护用电流互感器的准确度等级和误差限值

准确度等级	额定一次电流下的电流误差(±)	额定一次电流下的相位误差(±)	在额定准确限值一次电流下的复合误差(%)
5P	1	60	5
10P	3	无规定	10

5P、10P 级用于继电保护,保护用电流互感器的误差一般需按 10% 误差曲线来校验。

(3)10% 误差曲线。

对测量用电流互感器的要求是在正常工作范围内有较高的准确度,当其通过故障电流时,则希望电流互感器较早饱和,以便保护仪表不受短路电流的损害。

保护用电流互感器主要是在系统短路时工作,故在额定一次电流范围内的准确度要求不如测量用高,一般只相当于 3~10 级,但对可能出现的短路电流范围内,则要求互感器最大误差不超过 -10%。

电流互感器的误差与励磁电流 I_0 的大小有直接关系。当系统发生短路故障时,电流互感器一次电流急剧增加,励磁电流 I_0 也随之增加,使铁芯产生饱和,引起电流互感器的误差迅速增加。为了保证继电保护装置在短路故障时能够可靠动作,要求保护用电流互感器能够比较准确地反映一次电流的情况,因此在规程中规定了保护用电流互感器最大允许误差值,即电流误差最大不超过 ±10%,角误差最大不超过 7°。所谓 10% 倍数,是指一次侧电流增加到额定电流的多少倍(一般规定为 6~10 倍)时,互感器的电流误差达到 10%,这个倍数 n 称为 10% 倍数。10% 倍数越大,其电流互感器性能越好。

为了保证电流互感器误差在 10% 的范围以内,一次电流和二次阻抗必定相互制约,为此,各种电流互感器产品给出了 10% 误差曲线。所谓 10% 误差曲线,是指在电流误差为 10% 的条件下,一次实际电流和一次额定电流之比的倍数 m 与二次负荷阻抗值 Z 之间的关系曲线,如图 3-2 所示。

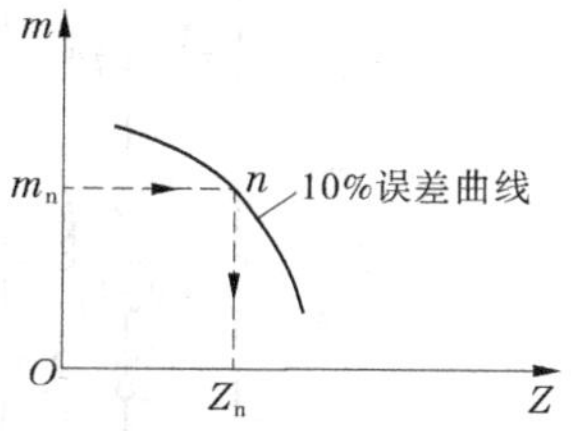

图 3-2 电流互感器 10% 误差曲线

为了满足继电保护灵敏度和选择性的要求,应按电流互感器的 10% 误差曲线来选择和校验电流互感器。校验方法为:首先由已知的最大短路电流,求出其对一次额定电流的倍数 m_n,再由 m_n 根据 10% 误差曲线,求出对应二次最大负荷阻抗值 Z_n,如图 3-2 所示。只要实际的二次负荷阻抗值 Z 不超过 Z_n,则电流误差也不超过 10%。

4. 电流互感器的额定容量

电流互感器的额定容量 S_{2N} 是指电流互感器在二次额定电流 I_{2N} 和二次额定阻抗 Z_{2N} 下运行时,二次绕组输出的视在功率,即

$$S_{2N} = I_{2N}^2 Z_{2N}$$

由于电流互感器二次额定电流通常为标准值 5 A(或 1 A),所以上式实际可写成

$$S_{2N} = 25Z_{2N}$$

以上两式说明，额定容量和二次额定阻抗之间实际上只差一个系数，因此额定容量也可以用二次额定阻抗来表示。

因为电流互感器的误差和二次负载阻抗有关，所以同一台电流互感器在不同的准确度等级工作时，会有不同的额定容量，在使用电流互感器时应予以注意。例如某电流互感器在准确度 0.5 级工作时，额定容量为 $S_{2N}=10$ VA 或 $Z_{2N}=0.4\ \Omega$；而在准确度 1 级工作时，则额定容量为 $S_{2N}=15$ VA 或 $Z_{2N}=0.6\ \Omega$。

5. 电流互感器的接线分析

电流互感器的接线首先要注意其极性，极性接错时功率和电能表不能正确测量，某些保护继电器会误动作。

产品的一次绕组首、尾两端标志有 L_1、L_2 字样，分别与二次绕组的 K_1、K_2 端子同极性。采用减极性原则注明：即先任意选定一次线圈作始端，当一次绕组电流由始端流进，二次绕组电流流出的那端，即为二次绕组的始端。例如，一次电流由 L_1 流向 L_2，则相同相位的二次电流由绕组 K_1 端流出至外接回路，再从 K_2 端流入绕组（L_1 与 K_1、L_2 与 K_2 同名，L_1 流入、K_1 流出）。

电流互感器有以下几种接线方式，如图 3-3 所示。

1）单相接线

图 3-3（a）所示为单相接线原理图。二次电流线圈通过的电流，反映一次电路对应的电流通常用在负载平衡的三相电路中测量电流，或在继电保护中作为过负荷保护接线。

2）两相 V 形接线

这种接线也称为两相不完全 Y 形接线，接线原理图如图 3-3（b）所示。互感器二次的

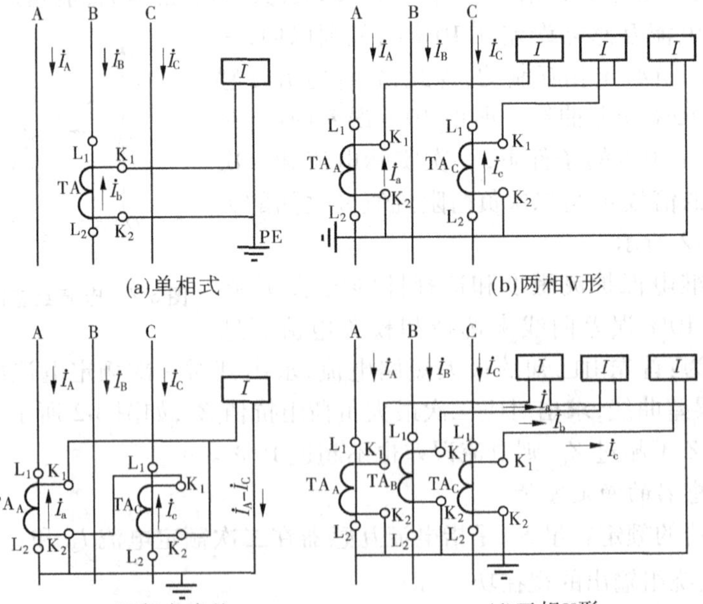

图 3-3　电流互感器接线方案

三个电流线圈，分别反映三相电流，其中右边的电流线圈接在电流互感器二次的公共线上，反映的是两个互感器二次电流的相量和，正好是未接互感器那一相的二次电流，因此这种接线广泛用于中性点不接地的三相三线制电路中，供测量三个相电流之用，也可用来接三相功率表和电度表。这种接线特别广泛地用于继电保护装置中，称为两相三继电器接线。

3）两相电流差接线

这种接线也称为两相交叉接线，接线原理图如图3-3（c）所示。其二次公共线流过的电流大小为相电流大小的$\sqrt{3}$倍。这种接线也广泛用于继电器保护装置中，称为两相一继电器接线。

4）三相Y形接线

如图3-3（d）所示，这种接线的三个电流线圈，正好反映各相电流，因此广泛用于中性点直接接地的三相三线制特别是三相四线制电路中，用于测量或继电保护。

6．分类

电流互感器的类型很多，分类方法也比较多，按照不同的依据大致可分为以下几种：

（1）按照装设地点可分为户内式和户外式。20 kV及以下制成户内式，35 kV及以上多制成户外式。

（2）按照整体结构及安装方法可分为穿墙式、母线式、套管式（装入式）和支持式。穿墙式装在墙壁或金属结构的孔中，可节约穿墙套管；支持式则安装在平面或支柱上；装入式套在35 kV及以上变压器或断路器的套管上，故也称套管式。

（3）按照绝缘结构可分为干式、浇注式和油浸式。干式用绝缘胶浸渍，适用于低压户内的电流互感器；浇注式利用环氧树脂作绝缘，多用于35 kV及以下的电流互感器；油浸式多为户外型。

（4）按照一次绕组匝数多少可分为单匝式和多匝式。

（5）按照用途分为测量用和保护用。

3.1.1.2 典型电流互感器分析

1．单匝和多匝式电流互感器

电流互感器主要由铁芯、一次绕组、二次绕组和绝缘构成。按照一次绕组匝数的多少，电流互感器可分为单匝式和多匝式；多匝式电流互感器又分为只有一个铁芯和具有两个铁芯两种类型，如图3-4（c）所示。

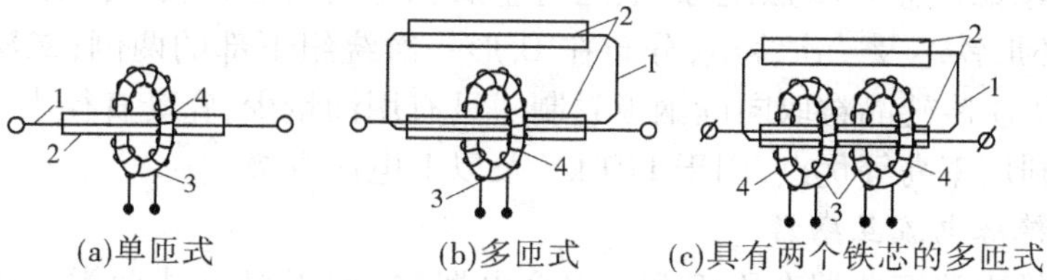

1—一次绕组；2—绝缘；3—铁芯；4—二次绕组

图3-4 电流互感器的结构原理图

单匝式电流互感器是用实心圆柱载流导体或管形截面的载流导体或直接用载流母线

作为一次绕组，并将一次绕组穿过绕有二次绕组的环形铁芯构成，见图 3-4(a)。它的优点是结构简单、尺寸较小、价格便宜、一次额定电流较大，它的缺点是当测量电流比较小时，误差比较大。

多匝式电流互感器的一次绕组穿过绕有二次绕组的环形铁芯，由多匝线圈构成，见图 3-4(b)。在一定变流比的情况下，一次绕组匝数多，二次绕组匝数也多，测量的准确度就比较高。这种电流互感器的缺点是，当大的短路电流通过时，其一次绕组匝间承受的过电压可能很高。

2. 浇注式电流互感器

浇注式电流互感器有单匝式、多匝式两种结构，采用环氧树脂浇注绝缘，用于 10～20 kV 电压等级。

LDZ1－10、LDZJ1－10 型为单匝式结构，其外形如图 3-5 所示。一次导电杆采用铜棒或铜管，两个对称固定在支持件上的环形铁芯采用硅钢带卷制成，二次绕组均匀绕在铁芯上，一次导电杆和二次绕组均用环氧树脂和石英粉的混合胶浇注加热固化成型。

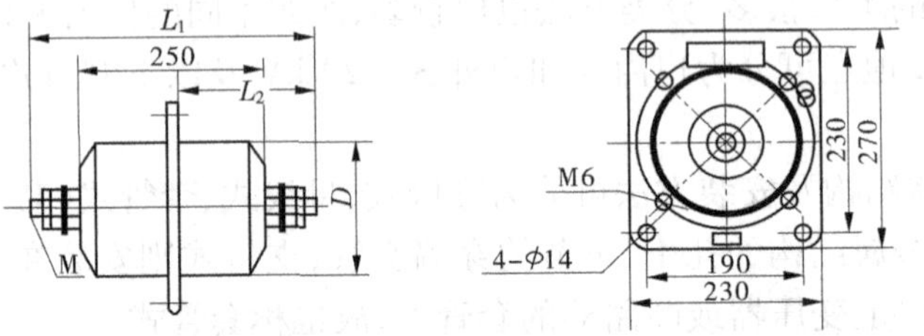

图 3-5　LDZ1－10、LDZJ1－10 型环氧树脂浇注绝缘电流互感器

3. 油浸式电流互感器

35 kV 及以上户外多采用油浸式电流互感器。LCW－110 型油浸式瓷绝缘电流互感器如图 3-6 所示，其部件包括底座、绝缘瓷外壳、膨胀器、环形铁芯及铁芯上的二次绕组、一次绕组、瓷套管等，其瓷外壳起绝缘和容器作用、内装绝缘油并固定在金属小车上，一次绕组与二次绕组相互套住形成“8”字形环，呈链式结构，通过换接器可改变一次绕组各段的连接方式(串联或并联)，膨胀器为铸铁制成，可补偿油温引起的油容积变化，“8”字形环式结构绕组有电场分布不均匀的问题，所以只用于 35～110 kV 电压等级。

油浸式电流互感器的另一种型式为电容型绝缘“U”字形一次绕组，如 LCLWD3－220 型户外瓷箱式电容型电流互感器，图 3-7 为其结构示意图。U 形的一次绕组采用电容均压结构，用高压电缆纸包扎 10 层绝缘，层间有金属箔电容屏，外屏接地，形成圆筒式电容串联结构；4 个环形铁芯及二次绕组，分布在 U 形一次绕组下部的两侧；二次绕组为漆包圆铜线，铁芯为优质冷轧晶粒取向硅钢板卷制。具有用油量少、瓷套直径小、质量轻、电场分布均匀、绝缘利用率高等优点，用于 110 kV 及以上电压等级。

4. SF_6 气体绝缘电流互感器

SF_6 气体绝缘电流互感器有用于 SF_6 组合电器(GIS)及独立式两类结构形式。独立式结构常采用倒置式，如图 3-8所示 LVQB－220 型；倒置式结构的器身固定在躯壳内，置于顶部。器身包括一、二次绕组，二次绕组用绝缘件固定在躯壳上，一、二次绕组间用 SF_6 气体绝缘；躯壳上部有压力释放装置，底座装有 SF_6 气体压力表、密度继电器和充气阀、二次接线盒。

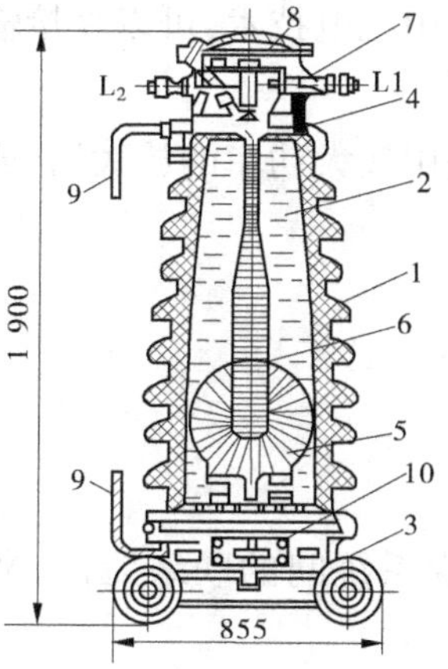

1—瓷外壳;2—变压器油;3—小车;4—扩张器;
5—环形铁芯及二次绕组;6——次绕组;7—瓷套管;
8——次绕组换接器;9—放电间隙;10—二次绕组引出端

图3-6 LCW-110型油浸式瓷绝缘电流互感器

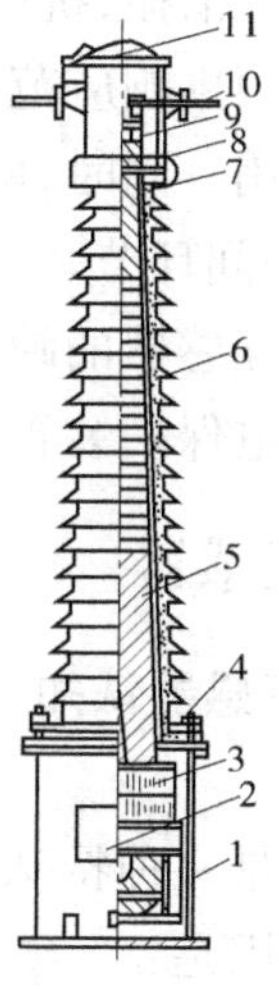

1—油箱;2—二次接线盒;3—环形铁芯及二次绕组;
4—压圈式卡接装置;5—U形一次绕组;6—瓷套;
7—均压护罩;8—贮油柜;9——次绕组切换装置;
10——次出线端子;11—呼吸器

图3-7 LCLWD3-220型瓷箱式电容型电流互感器

SF_6气体压力一般为0.3~0.35 MPa,壳体和瓷套承受较高的压力,壳体采用钢板焊接制造,瓷套采用高强瓷,也有玻璃钢筒与硅橡胶制复合绝缘子作为外绝缘筒。

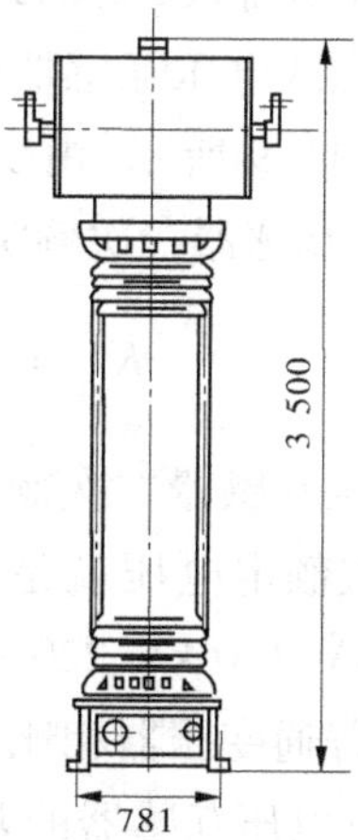

图3-8 LVQB-220型SF_6气体绝缘电流互感器

5. 光电式电流互感器

电磁式电流互感器要求其铁芯与绕组之间及一、二次绕组之间有足够的耐电强度的绝缘,以保障所有低压设备与高压部分之间的隔离。随着电力系统电压等级的提高,电流互感器的绝缘结构愈加复杂、体积和质量增大、造价增大;当电磁式电流互感器发生短路时,互感器的铁芯会饱和,输出的二次电流严重畸变,以致使保护拒动而引起系统发生严重事故。另外,电磁式电流互感器较窄的频带响应,使基于高频暂态分量的快速保护的实现存在困难。

新型的电流互感器根据耦合方式有无线电磁波耦合、电容耦合和光电耦合,效果较好的是光电耦合。

光电式电流互感器的基本原理是利用材料的磁光或光电效应,将电流的变化转换成激光或光波,通过光通道传送,由接收装置将其转变成电信号,经过放大后供仪表及继电器使用。

由于光电式电流互感器的高、低压之间没有直接的电磁联系,绝缘结构简化,同时测量过程中不消耗大量的能量，做到了质量轻、体积小、制造成本低；另外，由于没有铁芯，消除了磁饱和及铁磁谐振，抗电磁干扰性好，没有二次侧开路产生高压的危险；其动态范围大、测量精度高、频率响应范围宽，这些都是电磁式电流互感器难以达到的特性，因此获得了更加广泛的应用。同时，由于光电式电流互感器是采用光电技术，可以直接输出信号给计算机，减少了中间环节。

光电式电流互感器的缺点是输出容量较小，需要采用较大功率的放大器，或采用较小功率的半导体继电保护装置，以减小互感器的负载。

3.1.2　电压互感器

3.1.2.1　电压互感器认知

1. 作用

电压互感器是一种特殊变压器，是一次系统和二次系统间的联络元件，文字符号为TV(PT)，主要作用是：

(1)将一次回路的大电压变为二次回路标准的小电压，以减少测量仪表和继电器的规格品种，使仪表和继电器标准化、小型化，结构轻巧、价格便宜，并便于屏内安装。

(2)使二次设备与高电压部分隔离，且电压互感器二次侧均接地，从而保证了二次设备和人身的安全。所以，在电力系统中，电压互感器是一次电路与二次电路的分界处，二者之间没有直接的电气联络。

2. 工作原理(电磁式)

电磁式电压互感器的基本结构与变压器相似，原理接线如图3-9所示，由变压器基本知识可知：变压比 K_U（即电压互感器一次额定电压与二次额定电压之比）为

$$K_U = \frac{U_{1N}}{U_{2N}} = \frac{N_1}{N_2} \approx \frac{U_1}{U_2}$$

电压互感器二次额定电压通常为100 V(或 $100/\sqrt{3}$ V)，一次额定电压就是电源电压，有0.4 kV、10 kV、35 kV、66 kV、110 kV、220 kV和500 kV等。

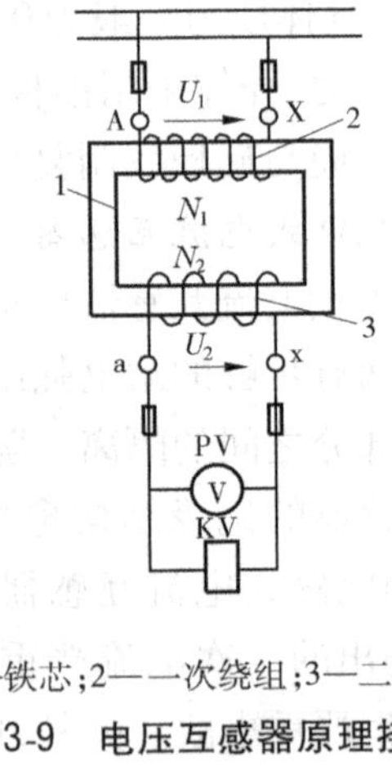

1—铁芯；2——次绕组；3—二次绕组

图3-9　电压互感器原理接线图

与普通变压器相比，电压互感器有如下特点：

(1)电压互感器的基本原理与变压器相同。就其结构而言是一种小容量、大电压比的变压器。但它不输送电能，仅作为测量和保护用的标准电源。

(2)电压互感器的一次(原)绕组匝数较多，使用时一次绕组与被测量电路并联；二次(副)绕组匝数较少，与测量表计或继电保护及自动装置的电压线圈并联连接。由于测量仪表、继电器等电压线圈的阻抗很大，即二次回路阻抗很大，故正常运行时二次绕组中的工作电流和功耗都很小，相当于空载(二次开路)状态。二次电压只取决于一次(系统)电压，故在准确度所允许的负载范围内，能精确地测量一次电压。

(3)电压互感器二次绕组不能短路。否则,影响表计的指示,造成保护误动,甚至烧毁互感器。

(4)电压互感器二次绕组必须一点(保护)接地。一般是以中性点接地,若无中性点,则采用B相接地。

故电压互感器在运行中应注意以下几点:

(1)运行中的电压互感器在任何情况下都不得短路,其一、二次侧都应安装熔断器,并在一次侧装设隔离开关。

(2)电压互感器在接入电路之后,应将二次线圈可靠接地,以防一、二次侧的绝缘击穿时,高压危及人身和设备的安全。

(3)在电源检修期间,应将一次侧的刀闸和一、二次侧的熔断器都断开。

3. 电压互感器的误差和准确度等级

1)误差

电压互感器的误差分为两种:一种是电压误差(变压误差),另一种是相位误差。理想的电压互感器,一次与二次电压之比应完全等于匝数之比,一次与二次电压的相位应正好相差180°。但是在实际电压互感器中,励磁电流的存在和线圈阻抗的影响,均会产生电压数值误差和相位角的误差。

(1)电压误差。

电压互感器的电压误差用二次电压的测量值与额定变压比的乘积减去实际一次电压U_1之后,所占后者的百分数表示,即

$$\Delta U\% = \frac{K_U U_2 - U_1}{U_1} \times 100\%$$

(2)相位误差(角误差)。

角误差是指二次电压相量$\dot{U}_2$旋转180°后与一次电压相量$\dot{U}_1$之间的夹角,用δ表示,单位为度,并规定当$\dot{U}_2$超前$\dot{U}_1$时,δ为正;反之,δ为负。

电压互感器的电压误差和角误差,都与互感器一、二次绕组的漏阻抗Z_1和Z_2有关,还与空载电流I_0、二次负载电流I_2及二次负载功率因数$\cos\varphi_2$有关。当I_0、I_2、Z_1和Z_2增大时,误差增大;反之,误差减小。当$\cos\varphi_2$过大或过小时,不仅电压误差增大,角误差也增大。

2)准确度等级

电压互感器的准确度等级是指在规定的一次电压和二次负载变化的范围内,负载功率因数为额定值时误差的最大限值。测量用电压互感器的准确度等级分为四级,即0.2、0.5、1和3级。0.2级用于实验室的精密测量,0.5级和1级用于发电厂及变电所的盘式仪表,3级用于一般的测量仪表和某些继电保护装置。对于电能计量的电度表,应采用准确度不低于0.5级的电压互感器。保护用电压互感器有3P级和6P级两种。

电压互感器的准确度等级和误差限值如表3-3所示。

表 3-3 电压互感器的准确度等级和误差限值

准确度等级	误差限值		一次电压变化范围	二次电压、功率因数、频率变化范围
	电压误差(±%)	相位误差(±′)		
0.1	0.1	3	$0.8 \sim 1.2U_{N1}$	在额定频率下,二次负载在额定值的 25% ~100% 范围内,功率因数为 0.8
0.2	0.2	10		
0.5	0.5	20		
1	1.0	40		
3	3.0	无规定		
3P	3.0	120	$0.05 \sim 1U_{N1}$	
6P	6.0	240		

4. 电压互感器的额定容量的选择与准确度的关系

电压互感器的额定容量是指对应于最高准确度等级时的容量。电压互感器在这个负载容量下工作时,所产生的误差不会超过这一准确度等级所规定的允许值。由于电压互感器的误差随负载而变化,在使用中,当负载超过该准确度等级所规定的容量时,准确度等级就会下降。与电流互感器相似,同一台电压互感器在不同的准确度等级下工作时,其额定容量是不同的。通常,在电压互感器的铭牌上标有在不同准确度等级下对应的额定容量 S_{2N} ,在选用电压互感器时应根据所要求的准确度等级,确定负载容量 S_2,并应使 $S_2 \leqslant S_{2N}$。

此外,根据在最高工作电压下的长期允许发热条件,对电压互感器还规定了最大容量,但是一般都不会使负载达到此最大容量。JSJW-10 型三相五柱式电压互感器有关参数如表 3-4 所示。

表 3-4 JSJW-10 型三相五柱式电压互感器有关参数

准确度等级	0.5 级	1 级	3 级
额定容量(VA)	120	200	480
最大容量(VA)	960	—	—

5. 电压互感器的接线分析

电压互感器有以下 4 种接线方式。

(1)一台单相电压互感器接线。

如图 3-10(a)所示,在三相电路中,接一台单相电压互感器,这种接线只能测量两相之间的线电压,用来接电压表、频率表、电压继电器等。

电压互感器一次侧 A、X 端接电源并加熔丝保护,二次侧 a、x 端接仪表或继电器,且 x 端应接地,并加装熔丝保护。

(2)两台单相电压互感器 V/V 接线。

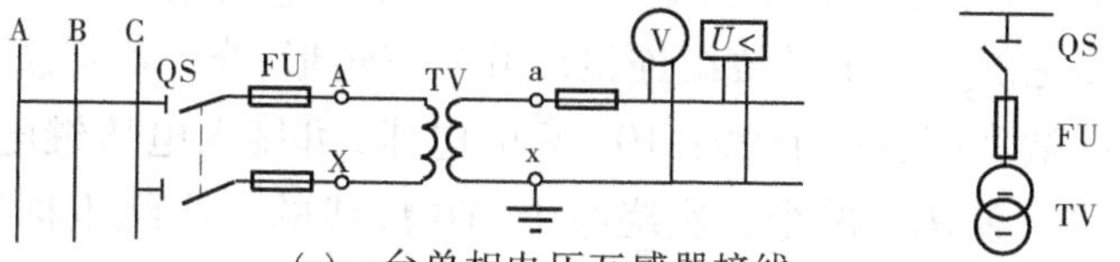

(a)一台单相电压互感器接线

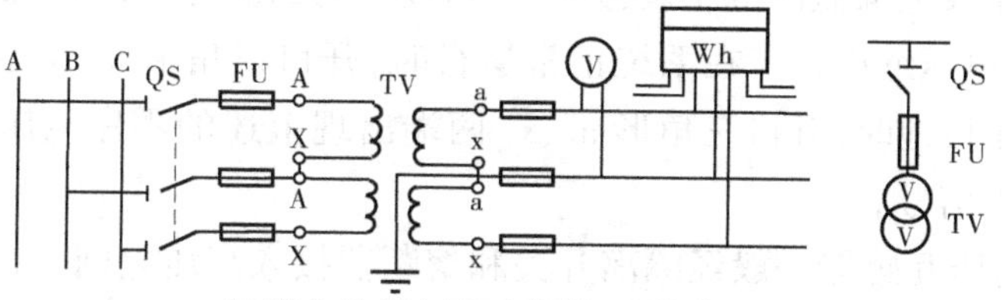

(b)两台单相电压互感器V/V接线

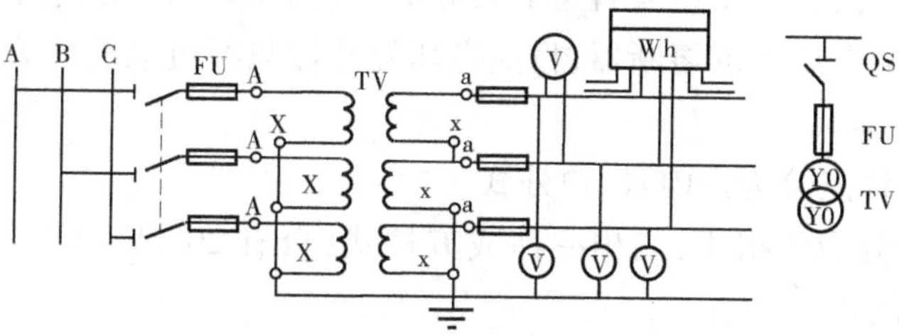

(c)三台单相电压互感器Y0/Y0接线

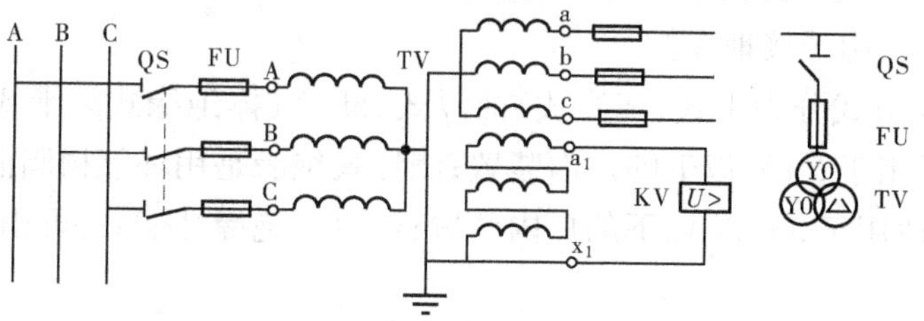

(d)三相五柱式电压互感器或三台单相三绕组电压互感器Y0/Y0/△接线

图3-10　电磁式电压互感器的接线方案

两台单相电压互感器V/V接线又称不完全星形接线，如图3-10(b)所示，该接线方式适用于中性点不接地系统或中性点经消弧电抗接地系统，用来测量三相线电压，供给电压表、三相电度表、功率表、电压继电器等。

这种接线方式的优点是接线简单、经济，因在一次绕组中无接地点，所以减少了系统中的对地励磁电流，也避免了产生内部过电压。用此种接线只能得到线电压，所以它不能测量相线对地的电压，也不能作绝缘监测和接地保护用。

(3)三台单相电压互感器Y0/Y0接线。

如图3-10(c)所示，采用三台单相双绕组电压互感器连接起来，提供给要求线电压的仪表、继电器或提供给接相电压的绝缘监测电压表使用。由于小电流接地的电力系统在发生单相接地时，另外两个完好相的对地电压要升高到线电压($\sqrt{3}$倍的相电压)，所以不能把按相电压选择的电压表当作绝缘监测电压表使用，否则在一次电路发生单相接地时，电压表可能被烧坏。

(4)三相五柱式电压互感器或三台单相三绕组电压互感器Y0/Y0/△接线。

如图 3-10(d)所示，这种接线方式在 10 kV 中性点不接地系统中广泛应用，它能测量线电压、相电压，用它的三个辅助绕组连接成开口三角形，当一次系统中任何一相接地时，其开口三角形的两端将产生一个 95 ~ 105 V 的电压，可接入电压继电器以供一次系统的接地保护（绝缘监测）使用。两个二次绕组中，Y0 接线的二次绕组称为基本二次绕组，用来接仪表、继电器及绝缘监测电压表；开口三角接线的二次绕组，称为二次辅助绕组，用来接绝缘监测用的电压继电器。在系统正常运行时，开口三角形 a_1、x_1 两端的电压接近于零；当系统某一相接地时，开口三角形 a_1、x_1 两端出现上述的零序电压，使电压继电器吸合，发出接地预告信号。

3 ~ 35 kV 电压互感器一般经隔离开关和熔断器接入高压电网。在 110 kV 及以上配电装置中，考虑到互感器及配电装置可靠性较高，且高压熔断器制造比较困难、价格昂贵，厂家不生产 110 kV 及以上的熔断器，目前电压互感器只经过隔离开关与电网连接。

6. 分类

(1)根据安装地点分为户内式、户外式。

(2)根据相数分为单相式、三相三柱或五柱式，只有 20 kV 以下才有三相式。35 kV 及以上均制成单相式。

(3)根据每相绕组数分为双绕组、三绕组式。三线圈电压互感器除基本一次绕组外，多加一个辅助绕组，用于接地保护。

(4)根据绝缘方式分为干式、浇注式、油浸式、SF_6 气体绝缘式。干式结构简单，无着火和爆炸危险，适用于 6 kV 以下的户内装置；浇注式绝缘是用环氧树脂混合材料，结构紧凑，维护方便，多适用于 35 kV 以下的户内装置；油浸式绝缘性能好，可用于 10 kV 以上的户外装置。

(5)110 kV 以上的电压互感器有串级式和电容分压式等。

3.1.2.2　典型电压互感器分析

1. 浇注式电压互感器

图 3-11 所示为广泛应用的单相三绕组、环氧树脂浇注绝缘的户内 JDZJ－10 型电压互感器的外形结构。

2. 油浸式电压互感器

图 3-12(a)所示是 JSJW－10 型三相五柱式油浸式电压互感器的外形图，其内部铁芯结构和线圈接线如图 3-12(b)所示。

110 kV 及以上的电压互感器通常采用串级式，其结构特点是：线圈和铁芯采用分级绝缘，并将铁芯和线圈装在充有变压器油的瓷箱中。瓷箱既代替油箱又兼作高压瓷套管绝缘，结构紧凑，大大节省了材料，减小了体积和重量。

JCC－220(见图 3-13、图 3-14)串级式电压互感器，一次绕组被分成匝数相等的四部分，分别绕在两个铁芯的上、下铁芯柱上并且按磁通方向顺序串连起来，每个铁芯上绕组的中点与铁芯相连；二次绕组绕在末级铁芯的下铁芯柱上。均压绕组的绕向相同，反向对接。平衡绕组绕在同一铁芯的上、下柱上。

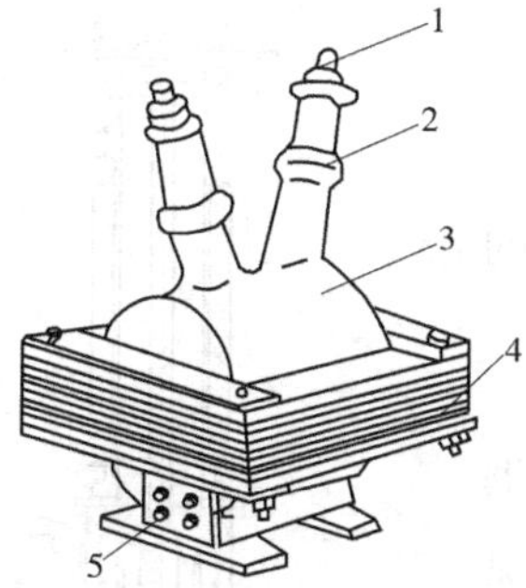

1—一次接线端子;2—高压绝缘套管; 3— 一、二次绕组,环氧树脂浇注;4—铁芯(壳式);5—二次接线端子

图 3-11　JDZJ－10 型电压互感器的外形结构

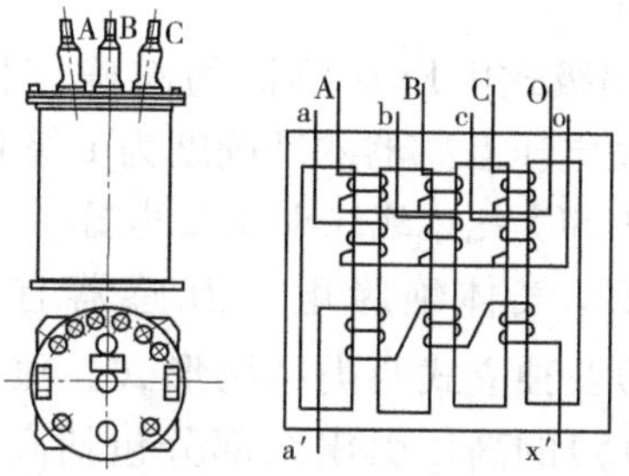

(a)外形　(b)铁芯结构和线圈接线

图 3-12　JSJW－10 型三相五柱式油浸式电压互感器

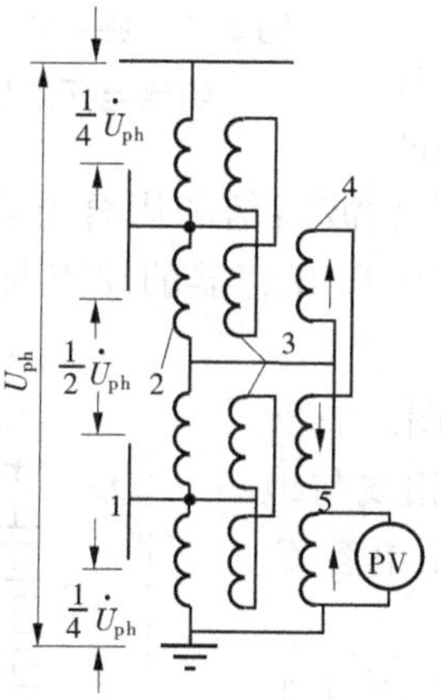

1—铁芯;2—一次绕组;3—平衡绕组;4—均压绕组;5—二次绕组

图 3-13　JCC－220 串级式电压互感器原理接线图

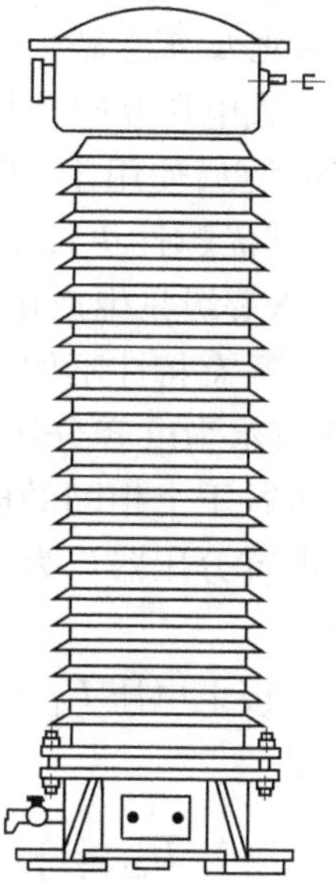

图 3-14　JCC－220 串级式电压互感器外形图

二次绕组开路时,各铁芯的磁通相同,一次绕组电位分布均匀,其对铁芯的电位均为 1/4 相电压;二次绕组接通时,由于负荷电力的去磁作用,末级铁芯的磁通小于前级铁芯磁通,使各元件感抗不等,电压分布不均匀,准确度降低。匝数相等的均压绕组产生的电动势差,使磁通较小的铁芯增磁,使磁通较大的铁芯去磁,达到使各铁芯磁通及绕组电压分布均匀的效果。

平衡绕组也由匝数相等的两部分组成,分别绕在上、下两个铁芯柱上(在最里层),并反串起来,连接点与铁芯相连。这种结构的作用是:在二次接上负载后,因漏磁通不会相同,则上、下铁芯柱里的总磁通就会不同,上、下铁芯柱线圈上的感应电动势也就不同,结果使测量误差增加。加上平衡绕组后,当上、下铁芯柱磁通不等时,平衡绕组中就出现环流,使磁通大的铁芯柱去磁,而磁通小的铁芯柱增磁,从而使上、下铁芯柱磁通接近相等,以达到使匝电压分布均匀、减小测量误差目的。由于一次绕组分成相等的四部分,且中点连接铁芯,所以每柱上的线圈对铁芯的电位差就只有额定电压的1/4,故线圈对铁芯的绝缘电压只需按此设计就行了。

串级式电压互感器的准确度比较低,我国生产的JCC型电压互感器的准确度为1级和3级。

3. SF_6 气体绝缘电压互感器

SF_6 气体绝缘电压互感器有用于 SF_6 组合电器(GIS)及独立式两类结构形式。独立式电压互感器(见图3-15)的高压引出线部分包括高压引线、高压瓷套及夹持件等;高压引线采用短尾电容式套管或光导杆方式。其器身部分由一次绕组、二次绕组、剩余电压绕组和铁芯组成,采用聚酯薄膜作为绕组层间绝缘。

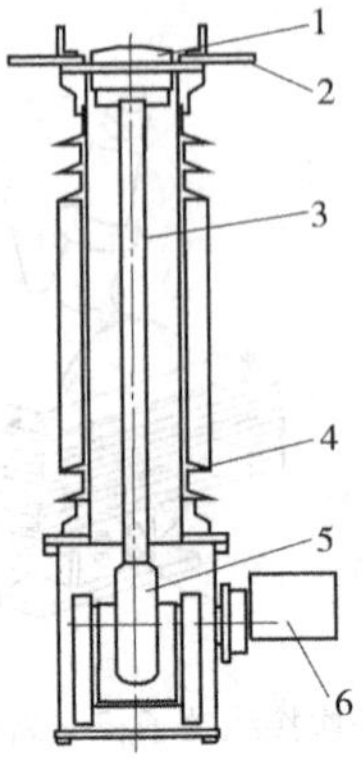

1—防爆片;2—一次出线端子;3—高压引线;4—瓷套;5—器身;6—二次出线端子

图3-15　独立式 SF_6 气体绝缘电压互感器

4. 电容式电压互感器

电容分压式电压互感器具有结构简单、质量轻、体积小、成本低的优点,使用于110 kV及以上中性点接地的电力系统中,其优越性更加显著,其分压电容还可兼作载波通信的耦合电容。我国330 kV及以上电压等级只生产电容式电压互感器,电容式电压互感器的缺点是输出容量较小,误差较大,暂态特性不如电磁式电压互感器。

图3-16所示为电容分压式电压互感器分压原理图。它实际上是一个由若干个相同的电容串联组成,接在高压相线与地之间的单相电容分压器。为分析方便,将电容器分成主电容 C_1 和分压电容 C_2。

当一次侧接上电压 U_1 时,则由静电电压表可测得 C_2 上的电压 U_{C2}。即

$$U_{C2} = \frac{C_1}{C_1 + C_2} U_1 = KU_1$$

式中　K——分压比, $K = \frac{C_1}{C_1 + C_2}$, $K < 1$。

若已知分压比 K 并测得 U_{C2},就可得到 U_1。

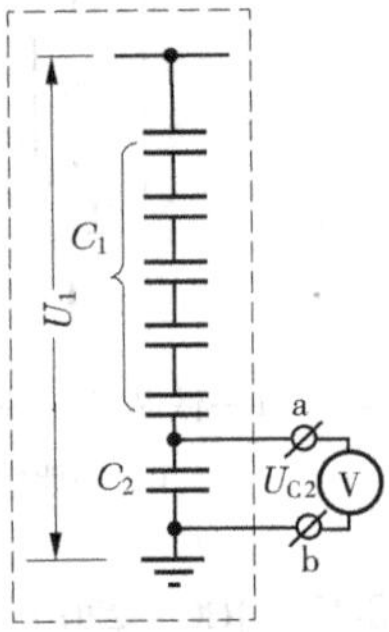

图3-16　电容分压式电压互感器分压原理

3.1.3　互感器的运行

3.1.3.1　互感器运行的有关技术要求

(1)互感器应有标明基本技术参数的铭牌标志,互感器技术参数必须满足装设地点运行工况的要求。互感器的引线安装,应保证运行中一次端子承受的机械负载不超过制造厂规定的允许值,互感器二次绕组所接负载应在准确度等级所规定的负载范围内。

(2)电磁式电压互感器一次绕组接成Y形的中性点必须可靠接地(三相三柱式除外)。电容式电压互感器的电容分压器低压端子必须通过载波回路线圈接地或直接接地。

电压互感器铁芯及二次侧绕组一端必须接地，以防止一、二次绕组绝缘被击穿时，高电压窜入二次侧危及工作人员及二次设备的安全。

电压互感器一、二次侧都应装设熔断器。保护电压互感器的高压熔断器，应按母线额定电压及短路容量选择，如熔断器断流容量不能满足要求时应加装限流电阻。

电压互感器二次回路，是按开路状态设计的，因此电压互感器二次侧严禁短路，并应装设熔断器，以保护互感器低压侧短路。

(3)电流互感器的各个二次绕组(包括备用)均必须有可靠的保护接地，且只允许有一个接地点。互感器应有明显的接地符号标志，接地端子应与设备底座可靠连接，引下线截面应满足安装地点短路电流的要求。

电流互感器二次侧严禁开路，备用的二次绕组也应短接接地。

3.1.3.2 互感器运行检查与安全操作

1. 运行中巡视检查周期

正常巡视：由值班人员进行定期巡视，每值不少于一次。

特殊巡视：新投产设备，应缩短巡视周期，运行72 h后转入正常巡视；夜间闭灯巡视，高、低温季节，高湿度季节，气候异常，高峰负荷，季节性高电压期间，设备异常时，均应适当加强巡视。

2. 运行中巡视检查项目

在运行巡视检查中，如发现设备异常应及时汇报，并做好记录，随时注意其发展。

对于油浸式互感器，应检查以下项目：

(1)设备外观是否完整无损，各部连接是否牢固可靠；

(2)外绝缘表面是否清洁、有无裂纹及放电现象；

(3)油色、油位是否正常，膨胀器是否正常；

(4)吸湿器硅胶是否受潮变色；

(5)有无渗漏油现象，防爆膜有无破裂；

(6)有无异常振动、异常音响及异味；

(7)注意检查电流互感器末屏外壳；端子、二次端子N极接地是否良好，N(x)端子连接情况，电流互感器是否过负荷，引线端子是否过热或出现火花，接头螺栓有无松动现象；

(8)电压互感器端子箱内熔断器及自动开关等二次元件是否正常；

(9)特殊巡视补充的其他项目，视运行工况要求确定。

对于电容式电压互感器，除与油浸式互感器相关项目相同外，还应注意检查如下项目：

(1)330 kV及以上电容式电压互感器的分压电容器各节之间防晕罩连接是否可靠；

(2)分压电容器低压端子是否与载波回路连接或直接可靠接地；

(3)电磁单元各部分是否正常，阻尼器是否接入并正常运行；

(4)分压电容器及电磁单元有无渗漏油。

对于SF_6气体绝缘互感器，除与油浸式互感器相关项目相同外，还应注意检查如下项目：

(1)检查压力表指示是否在规定范围内，有无漏气现象，密度继电器是否正常；

(2)复合绝缘套管表面是否清洁、完整,有无裂纹,有无放电痕迹,有无老化迹象,憎水性是否良好。

对于树脂浇注互感器,应检查以下项目:

(1)互感器有无过热,有无异常振动及声响;

(2)互感器有无受潮,外露铁芯有无锈蚀;

(3)外绝缘表面是否积灰、粉蚀、开裂,有无放电现象。

3. 安全操作原则

电压互感器停用前应注意下列事项:

(1)按继电保护和自动装置有关规定要求变更运行方式,防止继电保护误动;

(2)将二次回路主熔断器或自动开关断开,防止电压反送。

停运一年及以上的互感器,应重新进行有关试验检查,合格后方可投运。

66 kV 及以下中性点非有效接地系统发生单相接地或产生谐振时,严禁就地用隔离开关或高压熔断器拉、合电压互感器。为防止串联谐振过电压烧损电压互感器,倒闸操作时,不宜使用带断口电容器的断路器投切带电磁式电压互感器的空母线。严禁就地用隔离开关或高压熔断器拉开有故障(油位异常升高、喷油、冒烟、内部放电等)的电压互感器。

在带电的电流互感器二次回路上工作,应严格遵守规定。若保护与测量共用一个二次绕组,当在表计回路工作时,应先将表计端子短接,以防止电流互感器开路或误将保护装置退出。

电容式电压互感器投运前,应先检查电磁单元外接阻尼器是否接入,否则严禁投入运行。电容式电压互感器断开电源后,在接触电容分压器之前,应对电容器分压单元逐个接地放电,直至无火花放电声,然后可靠接地。

分别接在两段母线上的电压互感器,二次并列前,应先将一次经母联断路器并列运行。

3.1.3.3　互感器运行的技术监督

按 DL/T 596 对互感器进行定期预防试验,并将试验结果、发现的缺陷及处理情况记入档案。根据系统发展情况,及时对电流互感器进行动、热稳定电流校核。

1. 互感器设备运行分析

定期对互感器设备状况进行运行分析,内容应包括:

(1)异常现象、缺陷产生原因及发展规律;

(2)故障或事故原因分析、处理情况及采取对策;

(3)根据系统变化、环境情况等做出事故预想;

(4)对涉及结算电量的互感器,按要求定期进行误差性能试验。

(5)定期对油浸式互感器密封性能、防雨进潮情况进行检查。对互感器在线监测装置做好运行记录及分析。

2. 绝缘油监督

当油中溶解气体色谱分析异常,含水量、含气量、击穿强度等项目试验不合格时分析原因并及时处理;如互感器油位不足,应及时补充,且应补充试验合格的同油源、同品牌绝缘油。如需混油,必须按规定进行有关试验,合格后方可进行。

3. SF_6 气体监督

当互感器 SF_6 气体含水量超标或气体压力下降,年泄漏率大于1%时,应分析原因并及时处理;补充的气体应按有关规定进行试验,合格后方可补气。

3.1.4 互感器的异常运行与处理

3.1.4.1 互感器异常运行的处理

运行中互感器发生异常现象时,应及时报告并予以消除,若不能消除,应及时报告有关领导及调度值班员,并将情况记入运行记录本和缺陷记录本中。

当发生下列情况之一时,应立即将互感器停用(注意保护的投切):

(1)电压互感器高压熔断器连续熔断2~3次。

(2)高压套管严重裂纹、破损,互感器有严重放电,已威胁安全运行时。

(3)互感器内部有严重异音、异味、冒烟或着火。

(4)油浸式互感器严重漏油,看不到油位;SF_6 气体绝缘互感器严重漏气,压力表指示为零;电容式电压互感器分压电容器出现漏油时。

(5)互感器本体或引线端子有严重过热时。

(6)膨胀器永久性变形或漏油。

(7)压力释放装置(防爆片)已冲破。

(8)电流互感器末屏开路,二次开路;电压互感器接地端子 N(x)开路,二次短路,不能消除。

(9)树脂浇注互感器出现表面严重裂纹、放电现象。

3.1.4.2 电压互感器常见异常的判断与处理

(1)三相电压指示不平衡:一相降低(可为零),另两相正常,线电压不正常,或伴有声、光信号,可能是互感器高压或低压熔断器熔断;

(2)中性点非有效接地系统,三相电压指示不平衡:一相降低(可为零),另两相升高(可达线电压)或指针摆动,可能是单相接地故障或基频谐振,如三相电压同时升高,并超过线电压(指针可摆到头),则可能是分频或高频谐振;

(3)高压熔断器多次熔断,可能是内部绝缘严重损坏,如绕组层间或匝间短路故障;

(4)中性点有效接地系统,母线倒闸操作时,出现相电压升高并以低频摆动,一般为串联谐振现象;若无任何操作,突然出现相电压异常升高或降低,则可能是互感器内部绝缘损坏,如绝缘支架、绕组层间或匝间短路故障;

(5)中性点接地系统,电压互感器投运时出现电压表指示不稳定,可能是高压绕组端接地接触不良。

当电压互感器回路断线时,应做如下处理:

(1)根据继电保护和自动装置有关规定,退出有关保护,防止误动作;

(2)检查高、低压熔断器及自动开关是否正常,如熔断器熔断,应查明原因立即更换,当再次熔断时则应慎重处理;

(3)检查电压回路所有接头有无松动、断头现象,切换回路有无接触不良现象。

电容式电压互感器常见如下异常工况:

(1)二次电压波动。二次连接松动,分压器低压端子未接地或未接载波线圈;如果阻尼器是速饱和电抗器,则有可能是参数配合不当。

(2)二次电压低。二次连接不良,电磁单元故障或电容单元 C_2 损坏。

(3)二次电压高。电容单元 C_1 损坏,分压电容接地端未接地。

(4)电磁单元油位过高。电容单元漏油或电磁单元进水。

(5)投运时有异音。电磁单元中电抗器或中压变压器螺栓松动。

3.1.4.3 电流互感器常见异常的判断及处理

(1)电流互感器过热,可能是内、外接头松动,一次过负荷或二次开路;

(2)互感器产生异音,可能是铁芯或零件松动,电场屏蔽不当,二次开路或电位悬浮,末屏开路及绝缘损坏放电;

(3)绝缘油溶解气体色谱分析异常,应按 GB/T 7252 进行故障判断并追踪分析,若仅氢气含量超标,且无明显增加趋势,其他组成成分正常,可判断为正常。

电流互感器二次回路开路时,应做如下处理:

(1)立即报告调度值班员,按继电保护和自动装置有关规定退出有关保护。

(2)查明故障点,在保证安全前提下,设法在开路处附近端子上将其短路,短路时不得使用熔丝。如不能消除开路,应考虑停电处理。

互感器着火时,应立即切断电源,用专用灭火器材灭火。发生不明原因的保护动作,除核查保护整定值选用是否正确外,还应设法将有关电流、电压互感器退出运行,进行电流复合误差、电压误差试验和二次回路压降测量。

◆任务实施

观看电气现场巡视视频,熟悉设备的结构特点及工作原理。

(1)认识电流、电压互感器的结构特点,能正确叙述其作用、工作原理、结构类型;

(2)对电流、电压互感器进行巡视,巡视项目及工艺标准如表 3-5 所示。

表 3-5 互感器巡视项目及工艺标准

	项目	工艺标准
互感器巡视	1. 互感器瓷套	是否清洁、完整
	2. 充油式互感器	有无断股、散股现象,充油式的有无漏油现象,油色、油位是否正常
	3. 互感器接线	接头有无松动、发热
	4. 互感器外壳接地	是否良好
	5. 听互感器内部	有无电磁声、放电声
	6. 电压互感器的一、二次侧熔断器	是否良好

◆思考问题

(1)电流与电压互感器各有何作用?运行时有何特点?

(2)为什么工作时,电磁式电流互感器二次侧不能开路,而电压互感器不能短路?

(3)电流与电压互感器的误差有哪些?准确度等级如何确定?

(4)电流与电压互感器接线方式有哪些？各种接线方式的特点是什么？

(5)电流与电压互感器在运行中必须注意的事项有哪些？

(6)电流与电压互感器有哪些类型？各自有何特点？

◆任务评价

(1)评价内容。

实际操作：学生拍照记录现场对应的设备，写出设备的名称及作用。教师自行设计考核表格与评分标准，通过考核学生拍照记录、设备名称与作用表述，进而考核学生对断路器巡视的熟知情况和工作原理的掌握程度。

解答思考问题：学生解答思考问题，学生自评、互评，老师审定成绩。

职业素质养成考核：遵守安全规章制度，遵守纪律、吃苦耐劳，一丝不苟地工作，与团队成员、教师和工厂师傅进行有效的沟通，协作共事等。

(2)成绩构成。

实际操作40%，解答思考问题40%，职业素质20%。

任务3.2 母线、电缆及绝缘子运行维护

◆教学目标

1. 知识目标

(1)熟知母线、电缆和绝缘子的作用、类型和结构，知道它们使用过程中的优缺点；

(2)知道运行中母线、电缆和绝缘子的监视、巡视检查及维护内容。

2. 能力目标

(1)能叙述母线、电缆和绝缘子的结构、类型；

(2)能监视母线、电缆和绝缘子的运行情况；

(3)能对母线、电缆和绝缘子进行巡回检查与维护。

◆任务描述

(1)在水电厂监视母线、电缆和绝缘子的运行；

(2)在水电厂对母线、电缆和绝缘子进行巡视检查；

(3)在水电厂对母线、电缆和绝缘子进行维护。

◆任务准备

(1)安全帽、手电筒；

(2)熟悉安全注意事项，注意现场设备勿误触碰，注意高压设备间隔；

(3)熟悉母线、电缆、绝缘子的巡视要求及项目。

◆相关知识

3.2.1 母线运行维护

3.2.1.1 作用

在发电厂和变电站的各级电压配电装置中，将发电机、变压器等大型电气设备与各种电器装置连接的导体称为母线，母线具有汇集、分配和传送电能的作用。

母线是构成电气主接线的主要设备,包括一次设备部分的主母线和设备连接线、站用电部分的交流母线、直流系统的直流母线、二次部分的小母线等。由于母线在运行中,有巨大的电能通过,短路时,承受着很大的发热和电动力效应,因此必须合理地选用母线材料、截面形状和截面面积以符合安全、经济、运行的要求。

3.2.1.2　结构类型

1. 敞露母线

敞露母线包括软母线和硬母线两大类。软母线指多股铜绞线或钢芯铝绞线,应用于电压较高(35 kV 以上)的户外配电装置;硬母线多应用于电压较低(35 kV 及以下)的户内配电装置。

1)按母线的使用材料分类

(1)铜母线。铜具有导电率高、机械强度高、耐腐蚀等优点,但在工业上有很多重要用途,而且产量低,价格高,故主要用在易腐蚀的地区或有强烈振动的地区(如靠近化工厂或海岸等)。

(2)铝母线。铝的导电率仅次于铜,且质轻、价廉、产量高,但耐腐蚀性较差,在屋内和屋外配电装置中广泛采用。

(3)铝合金母线。有铝锰合金和铝镁合金两种,形状均为管形。铝锰合金母线载流量大,但强度较差,采用一定的补强措施后可广泛使用;铝镁合金母线机械强度大,但载流量小,焊接困难,使用范围较小。

(4)钢母线。钢的机械强度大,价格便宜,但导电性差,钢的电阻率很大,为铜的 6 ~ 8 倍,用于交流时产生很强烈的集肤效应,并造成很大的磁滞损耗和涡流损耗,仅用在高压小容量电路(如电压互感器回路以及小容量厂用、站用变压器的高压侧)、工作电流不大于 200 A 的低压电路、直流电路以及接地装置回路中。

2)按母线的截面形状分类

(1)矩形母线。散热面大,冷却条件好,便于施工、安装、运行,另外,集肤效应小,材料利用率高,承受立弯时的抗弯强度好;但周围的电场不均匀,易产生电晕,常用在 35 kV 及以下的屋内配电装置中。

为了改善母线冷却条件和减少集肤效应的影响,宜采用厚度较小的矩形母线,兼顾母线的机械强度,通常矩形铜或铝母线的边长之比应为 1/12 ~ 1/5,最大截面为 10 mm × 125 mm 。当工作电流超过最大截面的单条母线允许电流时,每相可用 2 条或 3 条矩形母线固定在支柱绝缘子上,每条间的距离应等于 1 条的厚度,以保证较好的散热。

如图 3-17 所示,当每相采用多条矩形母线时,由于冷却条件变差和集肤效应的影响,其允许通过电流并不与母线截面的增加成正比例,而且电流在各条母线中分布不均匀。例如每相采用 3 条母线时,左右 2 条母线中通过总电流的 80% ,而中间 1 条仅通过总电流的 20% ,配电装置中若采用多条母线,每相最好不超过 3 条,超过 2 ~ 3 条时宜采用槽形母线。

(2)圆形母线。曲率半径均匀,无电场集中表现,不易产生电晕;但散热面积小,曲率半径不够大,作为硬母线则抗弯性能差,故主要作为软母线的钢芯铝绞线。

(3)槽形母线。如图 3-17(d)所示,电流分布均匀,与同截面的矩形母线相比,具有集

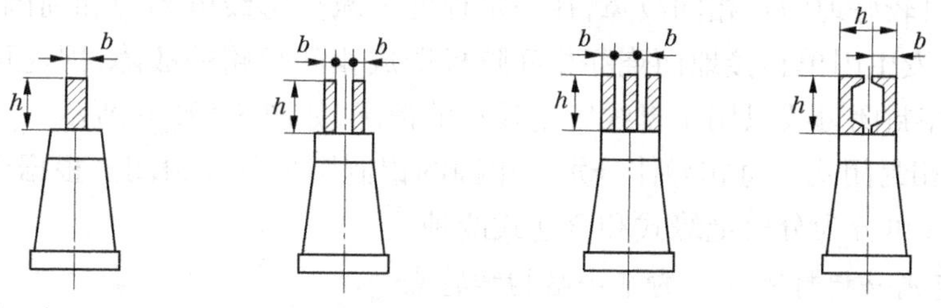

(a)每相1条矩形母线　(b)每相2条矩形母线　(c)每相3条矩形母线　(d)槽形母线

图 3-17　矩形和槽形母线结构示意图

肤效应小、冷却条件好、金属材料的利用率高、机械强度高的优点。当母线的工作电流很大,每相需要 3 条以上的矩形母线才能满足要求时,一般采用槽形母线。

(4)管形母线(见图 3-18)。曲率半径大,材料利用率、散热、抗弯强度和刚度都较圆形母线好,集肤效应小,常用在 220 kV 及以上屋外配电装置上作长跨距硬母线,也用于特种母线,如水内冷母线、封闭母线等。

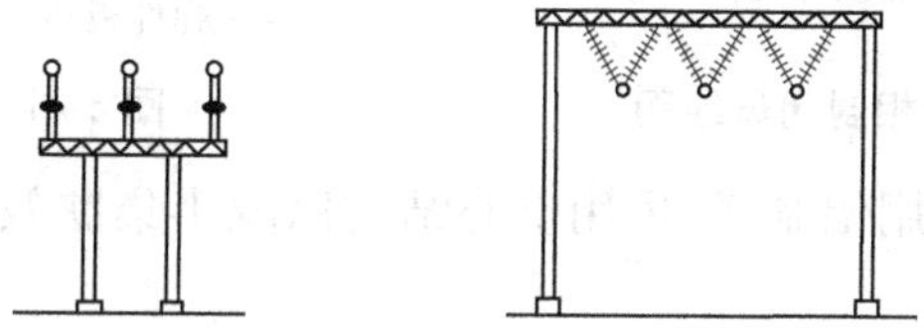

(a)支持式　(b)悬挂式

图 3-18　管形母线结构示意图

2. 封闭母线

用外壳将母线封闭起来,用于单机容量在 200 MW 以上的大型发电机组、发电机与变压器之间的连接线以及厂用电源和电压互感器等分支线。

1)结构类型

按外壳材料分为塑料外壳母线、金属外壳母线。

按外壳与母线间的结构形式分为:

(1)不隔相式。三相母线设在没有相间隔板的公共外壳内,称为共相封闭母线。只能防止绝缘子免受污染和外物所造成的母线短路,而不能消除发生相间短路的可能性,也不能减少相间电动力和钢构的发热,如图 3-19(a)所示。

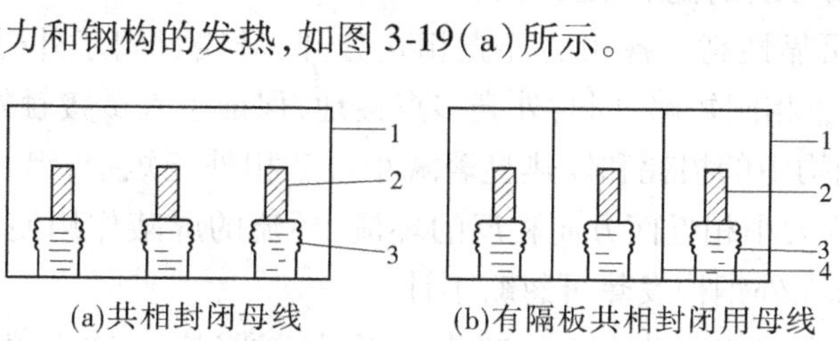

(a)共相封闭母线　(b)有隔板共相封闭用母线

1—外壳;2—母线;3—绝缘子;4—金属隔板

图 3-19　共相封闭母线

(2)隔相式。三相母线设在相间有金属(或绝缘)隔板的金属外壳之内,也属于共相封闭母线,可较好地防止相间故障,在一定程度上减少母线电动力和周围钢构的发热,但是仍然可能发生因单相接地而烧穿相间隔板造成相间短路的故障,因此可靠性还不是很高,一般共相封闭母线只用于母线容量较小的情况,如图 3-19(b)所示。

(3)分相封闭式。每相导体分别用单独的铝制圆形外壳封闭。根据金属外壳各段的连接方法,又可分为分段绝缘式和全连式两种。

2)全连式分相封闭母线的基本结构和特点

全连式分相封闭母线的结构由以下几部分组成,如图 3-20、图 3-21 所示。

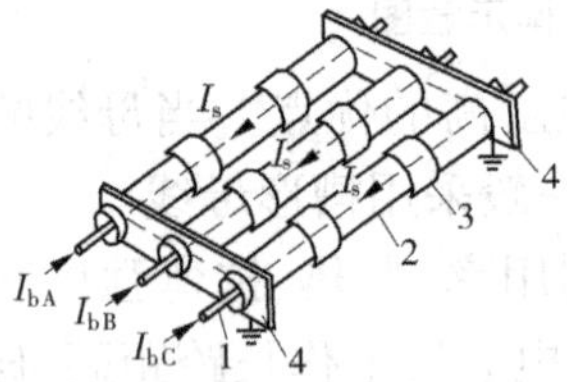

1—母线;2—封闭外壳;3—连接外壳;4—短路板

图 3-20　全连式分相封闭母线图

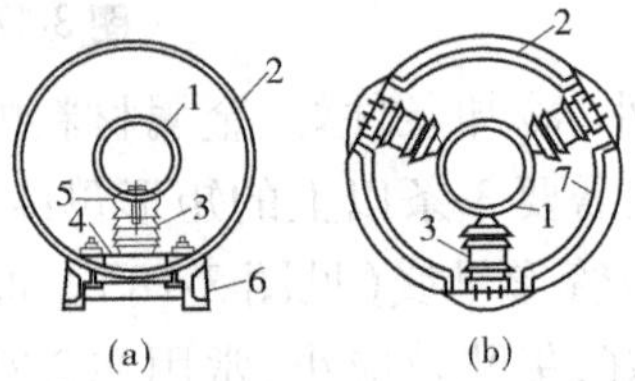

1—载流导体;2—保护外壳;3—支柱绝缘子;4—弹性板;5—垫圈;6—底座;7—加强圈

图 3-21　封闭母线断面图

(1)载流导体。一般用铝制成,采用空心结构以减小集肤效应,当电流很大时可采用水内冷圆管母线。

(2)支柱绝缘子。采用多棱边式结构以加长漏电距离,每个支持点可采用 1 ~ 4 个绝缘子支持。一般采用 3 个绝缘子支持的结构,具有受力好、安装检修方便、可采用轻型绝缘子等优点。

(3)保护外壳。由 5 ~ 8 mm 的铝板制成圆管形,在外壳上设置检修与观察孔。

(4)伸缩补偿装置。在一定长度范围内设置焊接的伸缩补偿装置;在与设备连接处适当部位设置螺接伸缩补偿装置。

(5)密封隔断装置。封闭母线靠近发电机端及主变压器接线端和厂用高压变压器接线端,采用大口径绝缘板作为密封隔断装置,并用橡胶圈密封,以保证区内的密封维持微正压运行的需要。

全连式分相封闭母线的优点主要有:

(1)运行安全、可靠性高。各相的外壳相互分开,母线封闭于外壳中,不受自然环境和外物的影响,能防止相间短路,同时外壳多点接地,保证了人员接触外壳的安全。

(2)母线附近钢构中的损耗和发热显著减小。三相外壳短接,铝壳电阻很小,外壳上感应产生与母线电流大小相近而方向相反的环流,环流的屏蔽作用使壳外磁场减小到敞露母线的 10% 以下,壳外钢构发热可忽略不计。

(3)短路时母线之间的电动力大为减小。当母线通过三相短路电流时,由一相电流产生的磁场,经其外壳环流屏蔽削弱后所剩余的磁场再进入别相外壳时,还将受到该相外壳涡流的屏蔽作用,使进入壳内磁场明显减弱,作用于该相母线电动力一般可减小到敞露母线电动力的 1/4 左右。同时,各壳间电动力也减小很多。

(4)母线的载流量可做到很大。母线和外壳可兼作强迫冷却的管道。

但全连式分相封闭母线存在以下缺点:①有色金属消耗约增加一倍;②外壳产生损耗,母线功率损耗约增加一倍;③相同截面母线载流量减小。

3. 绝缘母线

由导体、环氧树脂渍纸绝缘、地屏、端屏、端部法兰和接线端子构成,最适用于紧凑型变电站、地下变电所及地铁用变电站,占地面积减少,运行可靠。主要有以下优点:

(1)绝缘母线全绝缘,相间距不受电压等级的限制,只取决于安装尺寸,相间距大大减小,且运行可靠。

(2)单根绝缘母线可根据通过的电流的大小设计,可满足任何电流的要求,避免了电流较大时使用多根电缆并用所带来的电流不平衡问题。

(3)绝缘母线绝缘层的无模具浇注使得母线的形状尺寸可根据需要做随意调整,满足各种需要。

(4)绝缘母线连接装置的使用使得绝缘母线的安装非常灵活,可根据不同的空间位置、安装尺寸做随意分段组合,同时还可弥补由于某种原因造成的安装尺寸上的一些偏差。

3.2.1.3 母线的布置、排列与着色

1. 母线布置

(1)水平布置。如图3-22(a)、(b)所示,三相母线固定在支柱绝缘子上,具有同一高度。竖放式水平布置的母线,散热条件好,母线的额定允许电流较其他放置方式要大,但机械强度不是很好。平放式水平布置的母线,载流量不大,但机械强度较高。

(2)垂直布置。如图3-22(c)所示,三相母线分层安装,采用竖放式垂直布置,散热性强,机械强度和绝缘能力较高。但增加了配电装置的高度,需要更大的投资。

(3)槽形母线布置。如图3-22(d)所示,槽形母线均采用竖放式,每相均由两条相同母线之间每隔一段距离用焊接片进行连接,构成一个整体。机械性能强,且节约金属材料。

(4)软母线的布置。一般为三相水平布置,用绝缘子悬挂。

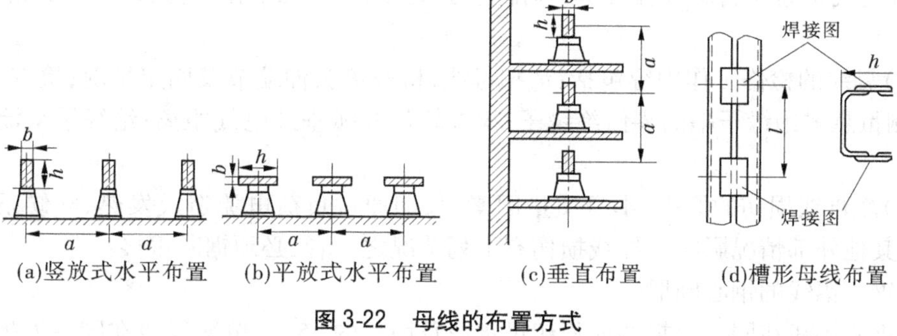

(a)竖放式水平布置 (b)平放式水平布置 (c)垂直布置 (d)槽形母线布置

图3-22 母线的布置方式

2. 母线的相序排列要求

(1)上下布置。交流母线,由上到下为U、V、W相;直流母线正极在上,负极在下。

(2)水平布置。交流母线，由盘后向盘面排列 U、V、W 相；直流母线正极在后，负极在前。

(3)引下线的交流母线，由左到右排列 U、V、W 相；直流母线正极在左，负极在右。

3. 母线在绝缘子上的固结和着色

1)母线在绝缘子上的固结

矩形截面母线和槽形截面母线都是通过衬垫安置在支柱绝缘子上，并利用金具进行固结。圆形截面的母线是利用卡板固结在支柱上，多股绞线则利用专门的线夹固结在悬式绝缘子串上。

2)母线的着色

着色可以增加母线的热辐射能力，便于导线散热，便于区分三相交流母线的相别及直流母线的极性等，还可防止母线的腐蚀，母线着色后允许负荷电流提高 12% ~15% 。

按照我国技术规范，母线按照如下规定着色：

(1)三相交流母线：U 相—黄色、V 相—绿色、W 相—红色；

(2)单相交流母线：三相母线分支来的应与引出的相颜色相同；

(3)直流母线：正极—赭色、负极—蓝色；

(4)直流均衡汇流母线及交流中性汇流母线：不接地者—紫色、接地者—紫色带黑色横条。

另外，在焊缝螺栓连接处、设备引线端等都不宜着相色漆，以便运行监察接头情况，若能在母线接头的显著位置涂刷温度变色漆或粘贴温度变色带则更好。

软母线因受温度影响而伸缩较大以及各股绞线常有相对扭动都会破坏着色层，故不需着色。

3.2.1.4　母线维护的基本要求

(1)母线安装完毕后，应把现场清理干净，特别是开关柜主母线内部等隐蔽的地方。支柱绝缘子擦拭干净后，再检测绝缘电阻和进行耐压试验。

(2)母线在正常运行时，支柱绝缘子和悬式绝缘子应完好无损，无放电现象。软母线弧垂应符合要求，相间距离应符合规程规定，无断股、散股现象。硬母线应平直，不应弯曲，各种电气距离应满足规程要求，母排上的示温蜡片应无熔化；连接处应无发热，伸缩应正常。

(3)母线的检修工作内容包括：清扫母线，检查接头伸缩节及固定情况；检查、清扫绝缘子，测量悬式绝缘子串的零值绝缘子；检查软母线弧垂及电气距离；绝缘子交流耐压试验等。

(4)软母线损伤的原因：本身质量因素、长期通过负荷电流造成发热、气候条件的影响以及其他外部情况影响。导线损伤有下列情况之一者，必须锯断重接：

①钢心铝线的钢心断股。

②钢心铝线在同一处损伤面积超过铝股总面积的 25%，单金属线在同一处损伤面积超过总面积的 17% 。

③钢心铝线断股已形成无法修复的永久变形。

④连续损伤面积在允许范围内,但其损伤长度已超出一根补修管所能补修的长度。

3.2.2 电力电缆运行维护

电缆分为电力电缆(又称一次电缆)及控制电缆(又称二次电缆)。

3.2.2.1 电力电缆的用途与特点

在电能的传输与分配过程中,往往由于空间位置的限制,需要一种既安全可靠又节省空间位置的载流体,这就是常用的电力电缆。

电力电缆作为一种输电设备,具有占地少,供电可靠,有利于提高电力系统功率因数,运行、维护工作简单方便,有利于美化城市,具有保密性等优点。在城市配网及城网改造和新兴的现代化企业中的作用正日益突出。但同时电缆线路具有造价高、敷设麻烦、维护检修不便、难于发现和排除故障等缺点,故使用上受到限制。电力电缆主要用于:发电厂、变电站的进出线;跨越海峡、山谷及江河地区;大城市缺少空中走廊的地区;国防等特殊需要的地区。在电力线路中,电缆所占的比重正逐渐增加。

3.2.2.2 电力电缆的基本结构

各种电力电缆在基本结构上,均由线芯(导体)、绝缘层、屏蔽层和保护层四部分组成,如图3-23所示。

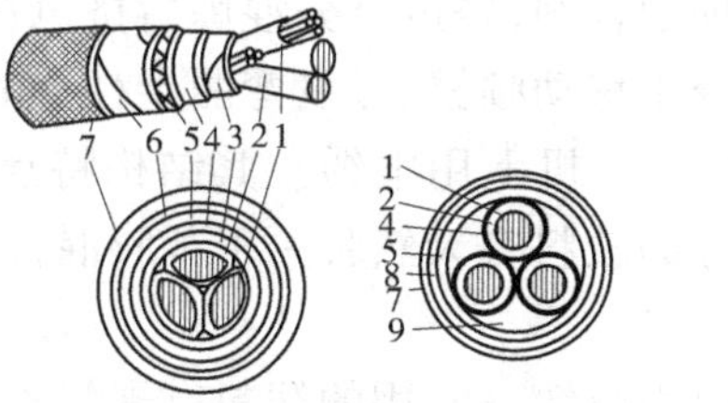

(a)三相统包层 (b)分相铅包层

1—导体;2—相绝缘;3—纸绝缘;4—铅包皮;5—麻衬
6—钢带铠甲;7—麻被;8—钢丝铠甲;9—填充物

图3-23 电力电缆基本结构

(1)线芯。线芯是电力电缆的导电部分,用来输送电能,是电力电缆的主要部分。通常由多股铜绞线或铝绞线制成。根据导体的芯数,可分为单芯、双芯、三芯和四芯电缆。

(2)绝缘层。绝缘层是将线芯与大地以及不同相的线芯在电气上彼此隔离,保证电能输送,是电力电缆结构中不可缺少的组成部分。

(3)屏蔽层。10 kV及以上的电力电缆一般都有导体屏蔽层和绝缘屏蔽层。

(4)保护层。保护层的作用是保护电力电缆免受外界杂质和水分的侵入,以及防止外力直接损坏电力电缆。

3.2.2.3 电力电缆的类型

电力电缆可按多种方法分类。但以绝缘材料对电缆的结构和性能影响最大,故电力电缆主要按绝缘材料分类并命名。

(1)按电压等级分:低压电缆(1 kV及以下);中压电缆(3 kV、6 kV、10 kV、35 kV);高压电缆(60 kV及以上)。

(2)按电缆导电线芯截面分：2.5 mm^2，4 mm^2，6 mm^2，10 mm^2，16 mm^2，25 mm^2，35 mm^2，50 mm^2，70 mm^2，95 mm^2，120 mm^2，150 mm^2，185 mm^2，240 mm^2，300 mm^2，400 mm^2，500 mm^2，630 mm^2，800 mm^2。

(3)按电缆芯数分：单芯、双芯、三芯、四芯。

(4)按传输电能的形式分：直流电缆和交流电缆。

(5)按特殊需求分：输送大容量电能的电缆、阻燃电缆和光纤复合电缆等。

(6)按电缆绝缘材料和结构分：油浸纸绝缘电力电缆、聚氯乙烯电力电缆（简称塑料电缆）、交联聚乙烯电力电缆（简称交联电缆）、橡皮绝缘电力电缆、高压充油电力电缆等。

1. 油浸纸绝缘电力电缆

主绝缘用经过处理的纸浸透电缆油制成，适用于 35 kV 及以下的输配电线路。绝缘性能好、耐热能力强、承受电压高、使用寿命长。包括：

(1)黏性浸渍电缆：将电缆在由松香和矿物油组成的黏性浸渍剂中充分浸渍制造，其额定电压为 1～35 kV。

(2)不滴流电缆：采用与黏性浸渍电缆完全相同的结构尺寸，以不滴流浸渍剂的方法制造，敷设时不受高差限制。

2. 橡皮绝缘电力电缆

绝缘层为橡胶加上各种配合剂，经过充分混炼后挤包在导电线芯上，经过加温硫化而成。它柔软，富有弹性，适合于移动频繁、敷设弯曲半径小的场合。因此，经常作为矿用电缆、船用电缆以及采掘机械、X 光机上用电缆。其结构特点是线芯用多根较细单丝绞合，绞合节距较小。常用作绝缘的胶料有天然胶－丁苯胶混合物、乙丙胶、丁基胶等。

3. 塑料绝缘电力电缆

绝缘层为挤压塑料的电力电缆。常用的塑料有聚氯乙烯、聚乙烯、交联聚乙烯。塑料电缆结构简单，制造加工方便，重量轻，敷设安装方便，不受敷设落差限制。因此，广泛用作中低压电缆，并有取代黏性浸渍油纸电缆的趋势。它的最大缺点是存在树枝化击穿现象，这限制了它在更高电压下的使用。聚氯乙烯电力电缆价格低，使用广泛，但介质损耗大，一般用于工作电压 10 kV 以下的系统。聚乙烯电力电缆电性优良，可用于较高电压系统。但工作温度低（仅为 70 ℃左右），耐电晕性能差。若采用适当配方可使工作温度提高至 80 ℃，并抑制树枝化击穿。目前已制成的聚乙烯电力电缆其工作电压达 285 kV。交联聚乙烯电力电缆是将挤压聚乙烯绝缘层经过交联工艺过程，聚乙烯分子从线型分子变为网状结构分子。交联聚乙烯电缆工作温度可提高到 90～130 ℃，电压已达 400 kV，机械强度也相应提高。我国已能生产 110 kV 交联聚乙烯电缆。110 kV 以下等级交联聚乙烯电力电缆已有取代油浸纸绝缘电力电缆的趋势。

3.2.2.4 电缆三头

电力电缆的两端与其他电气设备连接时，需要有一个能满足一定绝缘与密封要求的连接装置，该装置叫作电缆终端头。电缆终端头按使用场合的不同，可分为户内终端头（简称户内头）和户外终端头（简称户外头）。一般的，户外头要有比较完善的密封、防水结构，以适应周围环境和气候的变化。将若干条电缆连接起来以构成更长电缆线路的装置叫做中间接头（简称中间头）。上述电缆户内头、户外头和中间头总称为电缆三头。

电力电缆三头是电缆线路的薄弱部分，其事故率很高，应在安装与运行中给予高度重视。

对电缆三头的基本要求为：

(1)导体连接良好。对于终端头，要求电缆线芯与接线端子(俗称接手或线鼻子)有良好的连接。对于中间接头，则要求电缆线芯与接续管(俗称接管)之间有良好的连接。

(2)绝缘可靠。电缆三头的绝缘结构，应能满足电缆线路在各种状况下长期安全运行的要求，并有一定的安全裕度。

(3)密封良好。可靠的绝缘要由可靠的密封来保证，主要是防止外界的水分及其他导电介质的侵入。

(4)足够的机械强度。为抵御在电缆线路上可能遇到的机械应力(包括外力损伤和短路的电动应力)，电缆三头必须具有足够的机械应力。

除了上述四项基本要求，电缆三头还应尽可能结构简单、体积小、质量轻、材料省、成本低、工艺简单、维护方便并兼顾造型的美观。

3.2.2.5　电力电缆的维护

(1)挖掘时必须有电缆专业人员在现场监护，交待施工人员有关注意事项，以防止在电缆线路上面挖掘损伤电缆。

(2)清扫户内外电缆、瓷套管和终端头，检查终端头内有无水分，引出线接触是否良好，接触不良者应予以处理。

(3)保证沟内清洁，不积水。

(4)当电缆线路上的局部土壤含有损害电缆铅包的化学物质时，应将该段电缆装于管子中，并用中性土壤作电缆的衬垫及覆盖，在电缆上涂以沥青等，以防止电缆被腐蚀。

(5)电缆线路发生故障后，必须立即进行修理，以免拖延时间太长使水分大量浸入，而扩大损坏的范围。

3.2.3　绝缘子运行维护

3.2.3.1　绝缘子的作用和分类

绝缘子又名瓷瓶，广泛用于屋内外配电装置、变压器、开关电器及输配电线路中，用来支持和固定裸载流导体，并使裸载流导体与地绝缘，或使装置中处于不同电位的载流导体之间绝缘。因此，绝缘子必须具有足够的机械强度和电气强度，并能在恶劣环境(高温、潮湿、多尘埃、污秽等)下安全运行。

为了防止浮尘等污秽在绝缘子表面附着，形成通路被绝缘子两端电压击穿，即爬电，故需增大表面距离，即爬距，沿绝缘表面放电的距离即泄漏距离称爬距，爬距＝表面距离/系统最高电压。根据污秽程度不同，重污秽地区一般采用爬距为31 mm/kV。

绝缘子有以下几种分类方式。

1. 按额定电压分

(1)高压绝缘子(1 000 V以上)。

(2)低压绝缘子(1 000 V 及以下)。

2. 按安装地点分

(1)户内式:绝缘子安装在户内,表面无伞裙,无防污结构。

(2)户外式:绝缘子安装在户外,表面有较多和较大的伞裙,以增长沿面放电距离,并能在雨天阻断水流,使其能在恶劣的气候环境中可靠地工作。在多尘埃、盐雾和化蚀气体的污秽环境中,还需使用防污型户外绝缘子。

3. 按结构形式分

绝缘子按结构形式分为支柱式、套管式、盘形悬式三种。

4. 按用途分

(1)电站绝缘子,主要用来支持和固定户内外配电装置的硬母线,并使母线与地绝缘。电站绝缘子分为支柱绝缘子和套管绝缘子,后者用于母线穿过墙壁和天花板,以及从户内向户外引出之处。

(2)电器绝缘子,用来固定电器的载流部分,分为支柱绝缘子和套管绝缘子两种。支柱绝缘子用于固定没有封闭外壳的电器的载流部分,如隔离开关的动、静触头等。套管绝缘子用来使有封闭外壳的电器,如断路器、变压器等的载流部分引出外壳。

(3)线路绝缘子,用来固定架空输电导线和屋外配电装置的软母线,并使它们与接地部分绝缘,可分为针式、悬式、蝴蝶式和瓷横担四种。

本节主要介绍电站绝缘子。

3.2.3.2 绝缘子的基本结构

1. 主要结构部件

(1)绝缘件。通常用电瓷制成,绝缘瓷件的外表面涂有一层棕色或白色的硬质瓷釉,以提高其绝缘、机械和防水性能。电瓷具有结构紧密均匀、绝缘性能稳定、机械强度高和不吸水等优点。盘形悬式绝缘子的绝缘件也有用钢化玻璃制成的,具有绝缘和机械强度高、尺寸小、质量轻、制造工艺简单及价格低廉等优点。

(2)金属附件。其作用是将绝缘子固定在支架上和将载流导体固定在绝缘子上。金属附件装在绝缘件的两端,两者通常用水泥胶合剂胶合在一起。金属附件皆作镀锌处理,以防止锈蚀;胶合剂的外露表面涂有防潮剂,以防止水分侵入。

2. 金属附件与瓷件的胶装方式

(1)外胶装。将铸铁底座和圆形铸铁帽均用水泥胶合剂胶装在瓷件的外表面,铸铁帽上有螺孔,用来固定母线金具,圆形底座的螺孔用来将绝缘子固定在构架或墙壁上。

(2)内胶装。将绝缘子的上、下金属配件均胶装在瓷件孔内。

(3)联合胶装。绝缘子的上金属配件采用内胶装结构,而下金属配件则采用外胶装结构的一种胶装方式。

内胶装方式可减低绝缘子的高度,从而可缩小电器和配电装置的体积,一般质量比外胶装方式轻,但机械强度不如外胶装方式,通常情况下不能承受扭矩,因此对机械强度要求较高时,应采用外胶装或联合胶装。

3.2.3.3 电站绝缘子的类型和特点

1. 支柱绝缘子

支柱绝缘子适用于发电厂、变电站配电装置及电器设备中，作导电部分的绝缘和支持用。高压支柱绝缘子可分为户内式和户外式。户内式支柱绝缘子分内胶装、外胶装、联合胶装三个系列；户外式支柱绝缘子分针式和棒式两种。

(1)户内式支柱绝缘子：结构如图3-24所示。

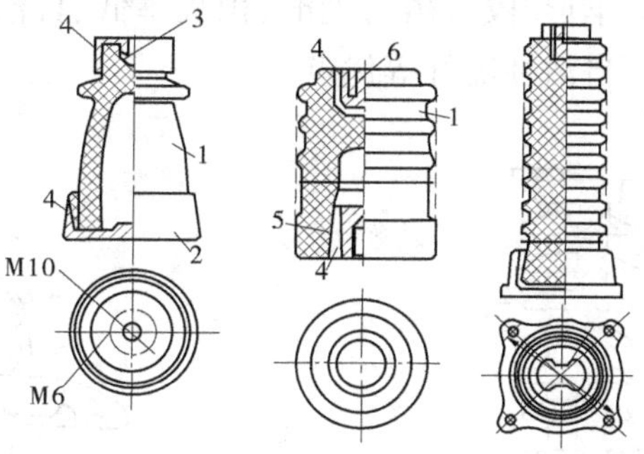

(a)外胶装式　(b)内胶装式　(c)联合胶装式

1—绝缘瓷件；2—铸铁底座；3—铸铁帽；4—水泥胶合剂；5—铸铁配件；6—铸铁配件螺孔

图3-24　户内式支柱绝缘子结构

①外胶装式支柱绝缘子，其结构特点是金属附件胶装在瓷件的外表面，使绝缘子的有效高度减少，电气性能降低，或在一定的有效高度下使绝缘子的总高度增加，尺寸、质量增大，但其机械强度较高，这类产品已逐步被淘汰。

②内胶装式支柱绝缘子，其结构特点是金属附件胶装在瓷件的孔内，相应地增加了绝缘距离，提高了电气性能，在有效高度相同的情况下，其总高度约比外胶装式绝缘子低40%；同时，由于所用的金属配件和胶合剂的质量减少，其总质量约比外胶装式绝缘子减少50%。所以，内胶装式支柱绝缘子具有体积小、质量轻、电气性能好等优点，但机械强度较低。

③联合胶装式支柱绝缘子，其结构特点是上金属附件采用内胶装，下金属附件采用外胶装，而且一般属实心不可击穿结构，为多棱形。它兼有内、外胶装式支柱绝缘子的优点，尺寸小、泄漏距离大、电气性能好、机械强度高，适用于潮湿和湿热带地区。

(2)户外式支柱绝缘子。主要应用在6 kV及以上屋外配电装置中。由于工作环境条件的要求，户外式支柱绝缘子有较大的伞裙，用以增大沿面放电距离，并能阻断水流，保证绝缘子在恶劣的雨、雾气候下可靠地工作。其结构如图3-25所示。

①针式支柱绝缘子。针式支柱绝缘子属空心可击穿结构，较笨重，易老化。

②棒式支柱绝缘子，为实心不可击穿结构，一般不会沿瓷件内部放电，运行中不必担心瓷体被击穿，与同级电压的针式支柱绝缘子相比，具有尺寸小、质量轻、便于制造和维护等优点，将逐步取代针式绝缘子。

防污型支柱绝缘子由于采用了各种防污效果较好的伞棱造型，使其泄漏距离较普通型有较大的增加，不仅自洁效果好，便于维护清扫，而且能充分发挥泄漏距离的有效作用。

2. 盘形悬式绝缘子

悬式绝缘子主要应用在35 kV及以上屋外配电装置和架空线路上。按其帽及脚的连接方式分为球形和槽形两种。它的结构如图3-26所示，由绝缘件（瓷件或钢化玻璃）、铁帽、铁脚组成。钟罩形防污绝缘子的污闪电压比普通型绝缘子高20%～50%；双层伞形防污绝缘子具有泄露距离大、伞形开放、裙内光滑、积灰率低、自洁性能好等优点；草帽形防污绝缘子也具有积污率低、自洁性能好等优点。

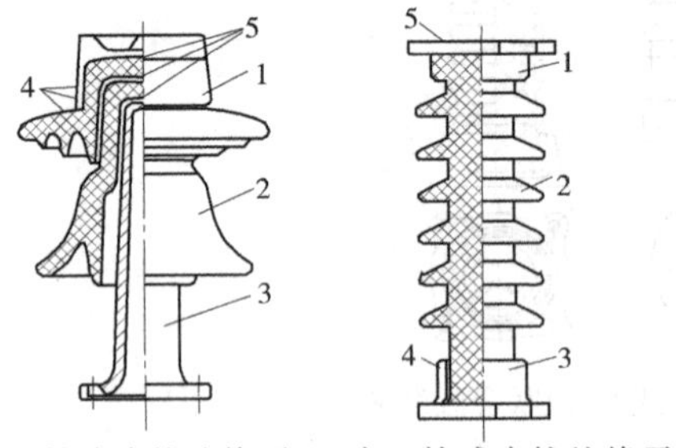

(a)针式支柱绝缘子 (b)实心棒式支柱绝缘子

1—上附件；2—绝缘件；3—下附件；4—胶合剂；5—纸垫

图3-25　户外支柱绝缘子的结构

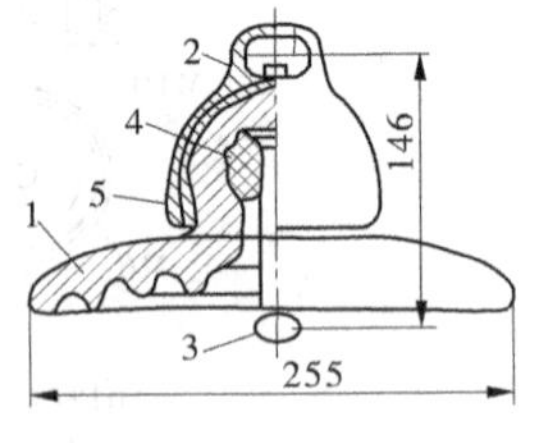

1—绝缘件；2—镀锌铁帽；3—铁脚；4、5—水泥胶合剂

图3-26　悬式绝缘子的结构

在实际应用中，悬式绝缘子根据装置电压的高低组成绝缘子串。每串绝缘子的数目：35 kV不少于3片，110 kV不少于7片，220 kV不少于13片，330 kV不少于19片，500 kV不少于24片。一片绝缘子的铁脚的粗头穿入另一片绝缘子的铁帽内，并用特制的弹簧锁锁住。对于容易受到严重污染的装置，应选用防污悬式绝缘子。

3. 套管绝缘子

套管绝缘子是一种特殊类型的绝缘子，用于母线在屋内穿过墙壁或天花板，以及从屋内向屋外引出，或用于使有封闭外壳的电器（如断路器、变压器等）的载流部分引出壳外，使导电部分与地绝缘，并起到支持作用。套管绝缘子也称穿墙套管，简称套管。

套管绝缘子根据结构形式可分为带导体型和母线型两种。带导体型套管，其载流导体与绝缘部分制成一个整体，导体材料有铜和铝，导体截面有矩形和圆形；母线型套管本身不带载流导体，安装使用时，将载流母线装于套管的窗口内。按安装地点可分为户内式和户外式两种。

1）户内式

户内式套管的额定电压为6～35 kV，采用纯瓷结构，套管由瓷套、接地法兰及载流导体三部分组成。

根据载流导体的特征分为三种形式：采用矩形截面的载流导体、采用圆形截面的载流导体、母线型。前两种套管载流导体与绝缘部分制成一个整体，使用时由载流导体两端与母线直接相连。6 kV户内穿墙套管绝缘子的结构如图3-27所示。

母线型穿墙套管本身不带载流导体,安装使用时,将原载流母线装于该套管的矩形窗口内,结构如图 3-28 所示。

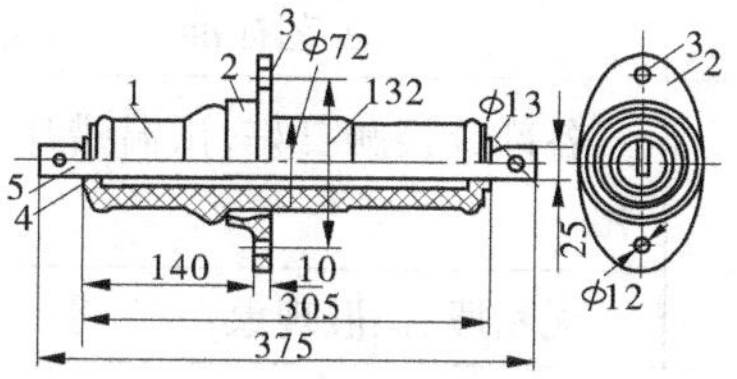

1—空心套管;2—椭圆法兰;3—螺孔;
4—矩形孔金属圈;5—矩形截面导体

图 3-27　6 kV 户内穿墙套管绝缘子的结构

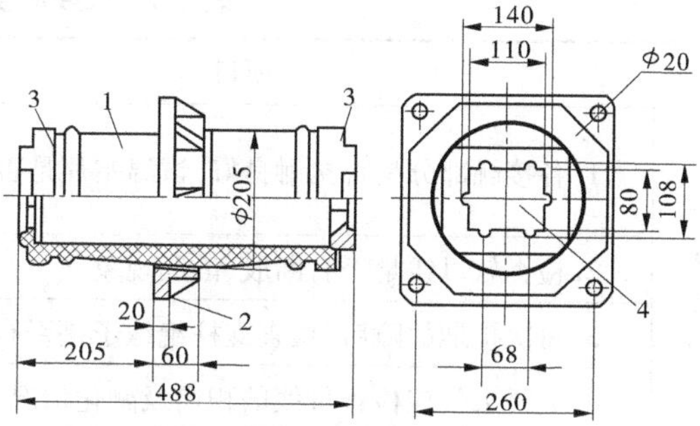

1—套管;2—法兰盘;3—金属帽;4—矩形窗口

图 3-28　户内母线型穿墙套管结构

2)户外式

户外式套管主要用于户内配电装置的载流导体与户外的载流导体进行连接,以及户外电器的载流导体由壳内向壳外引出。因此,户外式套管两端的绝缘分别按户内外两种要求设计,一端为户内式套管安装在户内,一端为多伞裙的户外式套管。户外式套管的额定电压为 6 ~ 500 kV。10 kV 户外穿墙套管结构如图 3-29 所示。

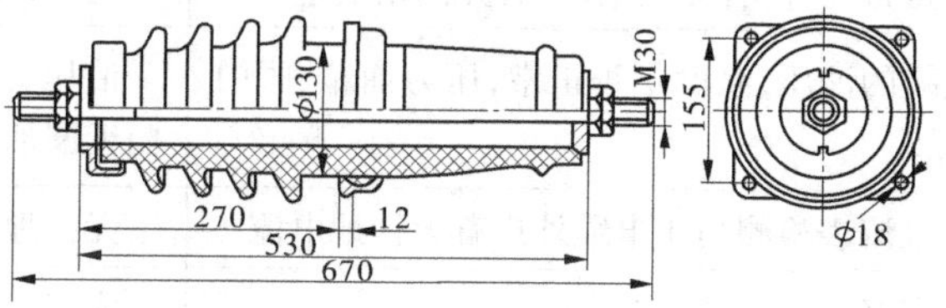

图 3-29　10 kV 户外穿墙套管结构

3.2.3.4　绝缘子的运行维护

运行中的绝缘子应保持清洁无脏污,瓷质部分应无破损和裂纹现象。对绝缘子应定期清扫,并应检查瓷质部分有无闪络痕迹,金具有无生锈、损害、缺少开口销的现象;瓷件与铁件胶合应完好,无松动。

在多灰尘和有害气体的地区,应对绝缘子加强清扫和制订防污措施。绝缘子防污的根本措施是消灭和减少污源。现在一般采用的防污措施有:采用防污性能好的绝缘子;增加绝缘子串或柱的元件数,以增大设备瓷绝缘的爬电距离;在绝缘子表面涂有机硅脂、硅油、地蜡等防污涂料;合理布置绝缘子,并在选择变电所所址及线路路径时,尽量避开污源,减轻污秽的影响;定期进行超声波探伤检测,检测中发现有缺陷的支柱瓷绝缘子必须立即更换。

◆任务实施

观看电气现场巡视视频,熟悉设备的结构特点及工作原理。

(1)认识母线、电缆及绝缘子的结构特点,能正确叙述其结构类型;

(2)对母线、电缆、套管绝缘子进行巡视,巡视项目及工艺标准如表 3-6、表 3-7、表 3-8 所示。

表 3-6　母线巡视项目及标准

	项目	工艺标准
母线巡视	1. 各接触部分是否接触良好,试温蜡片是否熔化;	各部分接触良好,试温蜡片未熔化
	2. 检查软母线是否有断股、散股现象	无断股、散股现象
	3. 每次接地故障后,检查支柱绝缘子是否有放电痕迹	无放电痕迹
	4. 大雪天气应检查母线的积雪及融化情况	无积雪
	5. 雷雨后应检查绝缘子是否有破损、裂纹及放电痕迹	无破损、裂纹及放电痕迹
	6. 大风前应清除杂物	杂物已清除

表 3-7　电缆巡视项目及标准

	项目	工艺标准
电缆巡视	1. 电缆头及电缆有无漏油、腐蚀及机械损伤	无漏油、腐蚀及机械损伤
	2. 电缆附近有无污物、可燃物或积水	无污物、可燃物或积水
	3. 电缆头瓷件是否完好,有无放电声,有无闪络痕迹	完好,无放电声,无闪络痕迹
	4. 高压充油电缆的油压、温度是否正常,压力油箱、阀门有无漏油	油压、温度正常,压力油箱、阀门无漏油
	5. 定期用钳形电流表检测高压电缆外皮有无接地电流	无接地电流
	6. 接地线是否完好	完好
	7. 电缆外壳放电间歇有无放电痕迹	无放电痕迹

表 3-8　套管绝缘子巡视项目及标准

	项目	工艺标准
套管绝缘子巡视	1. 套管有无歪斜、破裂	无歪斜、破裂
	2. 油色、油位是否正常,有无渗漏油	正常,无渗漏油
	3. 有无放电声响	无放电声响
	4. 外壳及末屏接地是否良好	接地良好

◆**思考问题**

(1)母线在配电装置中起什么作用?各种不同材料的母线在技术性能上有何区别?

(2)母线常见的截面形状有哪些？各种截面形状有什么特点？母线有哪些结构类型和安装布置方式？

(3)母线的着色有哪些要求？母线的运行维护有什么要求？

(4)电缆的作用是什么？电力电缆有哪些类型？电缆三头各起什么作用？

(5)绝缘子的作用是什么？绝缘子怎么分类？各使用在哪些场合？

(6)电站绝缘子有哪些类型？

◆任务评价

(1)评价内容。

实际操作:学生拍照记录现场对应的设备,写出设备的名称及作用。教师自行设计考核表格与评分标准,通过考核学生拍照记录、设备名称与作用表述,进而考核学生对断路器巡视的熟知情况和工作原理的掌握程度。

解答思考问题:学生解答思考问题,学生自评、互评,老师审定成绩。

职业素质养成考核:遵守安全规章制度,遵守纪律、吃苦耐劳,一丝不苟地工作,与团队成员、教师和工厂师傅进行有效的沟通,协作共事等。

(2)成绩构成。

实际操作40%,解答思考问题40%,职业素质20%。

◆项目总结

通过本项目的学习,学生能独立完成如下任务:

(1)能分析互感器的工作原理;

(2)能对互感器的接线进行分析,能理解互感器的注意事项;

(3)能对母线、电缆、绝缘子进行巡视检查。

项目4　电气一次系统及运行

◆项目描述

本项目主要培养学生认识水电厂主接线、厂用电接线的基本知识,熟知不同类型发电厂的主接线、厂用电接线及特点,能对主接线、厂用电系统进行分析,并能对主接线、厂用电系统异常和故障情况进行分析处理。同时能按安全规程进行工作,正确填写工作票,在水电厂现场或仿真机上,对主接线及厂用电系统进行倒闸操作。知道高压配电装置的类型、高压配电装置的安全净距、户内配电装置的布置形式与应用范围、户外配电装置的布置形式与应用范围。

◆教学目标

1. 熟知主接线图中主要设备的图形符号和文字符号;

2. 熟知主接线的接线形式,能分析不同主接线方式的运行特点及适用场合;

3. 能在现场进行主接线的巡视、维护和进行简单的事故处理;

4. 熟知厂用电率、厂用电负荷分类、厂用电电压的确定及厂用电接线的基本要求和原则;

5. 熟知不同类型发电厂的厂用电接线特点,并能对各种类型发电厂厂用电系统进行分析;

6. 能进行厂用电系统异常与故障的分析及处理;

7. 熟知倒闸操作的基本原则,能按要求进行规范的倒闸操作。

◆教学环境

相关电厂或仿真实训室、电气相关的实训室、多媒体课件、相关的视频资料。

任务4.1　电气主接线分析

◆教学目标

1. 知识目标

(1)知道电气主接线的作用和对电气主接线的基本要求;

(2)熟知电气主接线的形式,对每一种基本接线形式,要求掌握:

①接线图分析:进出线环节如何与母线连接,开关设备如何连接,可能存在的运行方式和运行特点;

②优缺点分析:可靠性高或可靠性低及其具体体现;

③适用场合分析:适用的电压等级,适用的出线回数等;

④倒闸操作的基本步骤。

(3)知道高压配电装置的类型、高压配电装置的安全净距、户内配电装置的布置形式与应用范围、户外配电装置的布置形式与应用范围。

2. 能力目标

(1)知道倒闸操作的基本要求和原则;

(2)能分析水电厂主接线的事故情况及针对具体的事故情况进行倒闸操作;

(3)能记住高压配电装置的安全净距;

(4)能识读高压户内外配电装置的布置图;

(5)能认识高压配电装置中的设备及相互连接关系。

◆任务描述

(1)在水电厂监视主接线的运行;

(2)在水电厂对主接线进行巡视检查;

(3)在水电厂对主接线进行维护;

(4)给定一个水电厂的高压开关站,4 人左右为一组实地反复观察其布置形式、电压等级、连接方式等,拍照记录,画出其示意图、平面图及断面图,并标注各设备的名称。

◆任务准备

(1)安全帽、手电筒、开关站门的钥匙;

(2)熟悉安全注意事项,注意现场设备勿误触碰,注意高压设备间隔;

(3)熟悉水电厂开关站及对应设备。

◆相关知识

4.1.1 电气接线图认知

电气主接线是指由发电机、变压器、断路器及其他一次设备按一定的功能要求,通过母线、导线有机的连接而成,完成电能的生产、汇集和分配任务的电路。使用规定的电气图形符号和文字符号(见表 1-3),按实际连接绘制的电路图,称为一次接线图或电气主接线图。

4.1.1.1 基本要求

1. 可靠性

供电可靠性是电力生产和分配的首要要求。电气主接线的可靠性用可靠度表示,即主接线无故障工作时间所占的比例。因设备检修或事故引起的供电中断机会越少、影响范围越小、停电时间越短、停电后恢复供电越快,表明主接线的可靠性越高。

主接线的可靠性与设备的可靠程度、运行管理水平、运行值班人员等因素有密切关系;也与发电厂在系统中的地位和作用,接入电力系统的方式以及所供负荷性质相适应,即与其单机容量、总容量、电压等级、负荷大小和类型等因素相关。主接线的可靠性是相对的。

主接线可靠性的要求主要有以下内容:

(1)断路器检修时,不宜影响供电。

(2)断路器、母线故障、母线隔离开关检修时,尽量减少停运出线回路和停运时间,保证一、二类负荷供电。

(3)尽量减少全厂停运的可能性。

(4)对有大型机组的发电厂,应满足可靠性的特殊要求。对单机容量为 300 MW 及以上的发电厂的主接线可靠性的特殊要求如下:

①任何断路器检修时,不影响对系统的连续供电。

②任一台断路器检修和另一台断路器故障或拒动相重合时,以及母线分段断路器或母线联络断路器故障或拒动时,一般不应切除两台以上机组和相应的线路。

2. 灵活性

(1)调度灵活、操作方便。应灵活地投入、切除机组、变压器或线路,灵活调配电源和负荷,满足系统在各种工况和运行方式下的要求。

(2)检修安全。应方便地停运线路、断路器、母线及继电保护设备,既保证安全检修,又不影响系统的正常运行和用户的供电要求。当主接线较简单时,可能无法满足运行方式的要求;而主接线过于复杂,会增大投资,增大操作的难度,还可能增大误操作的概率。

(3)扩建方便。设计主接线时,应根据将来有无发展和扩建的可能或规划,考虑是否留有余地;对可能扩建的发电厂,应使初期接线易过渡到最终接线,使扩建时的设备改造最少。

3. 经济性

(1)节省投资。主接线应简单清晰,节省断路器及隔离开关等设备的投资,限制短路电流以采用较轻型的断路器及其他一次设备。对 6 ~ 10 kV 回路,尽量采用质量可靠的简易电器,如熔断器代替断路器;保护方式不宜过于复杂,以利于运行及节省二次设备和电缆投资。

(2)年运行费用小。年运行费用包括电能损耗、折旧、维护和大修费用。电能损耗主要是变压器的损耗,因此应合理选择主变压器的型式、容量和台数,并避免两次变压增大损耗。

(3)占地面积小。主接线方案要结合配电装置的布置考虑,以节省用地,减少构架、导线、绝缘子的用量和安装费用,尽可能采用三相变压器。

(4)尽可能采取一次设计、分期投资、投产,尽快发挥经济效益。

在主接线的三个要求中,经济性的要求与可靠性、灵活性两个技术性要求往往是矛盾的。可靠性和灵活性的要求都需要增大投资,因而与经济性的要求应进行技术经济的综合考虑,在满足技术要求的前提下,做到经济合理。

4.1.1.2　作用

电气主接线是发电厂电气设备的主体,反映了电路中各种电气设备的作用、连接方式和回路间的相互关系,反映了发电厂的规模、与电力系统的连接关系及在电力系统中的地位和作用,其设计的合理与否,关系到电气设备的选择、配电装置的布置,继电保护装置、自动装置及控制方式的确定,投资建设的经济合理性及工程建设的扩展性。

4.1.1.3　基本类型

电气主接线的基本形式分为有母线接线、无母线接线两大类,这两类接线又有多种不同的接线方式。

1. 有母线接线

进出线较多时,为提高供电可靠性,必须使每一回出线能从任一电源获得供电。因此，最好的方法就是采用母线，即电源并不与各个出线直接相连，而是与母线连接把电能送到母线上，各个出线也连接在母线上来获取电能。这样以母线来汇集和分配电能，使整个主接线环节减少，简单清晰，运行方便可靠，也有利于安装和扩建。因此，有母线接线适用于进出线回数较多，且有可能发展扩建的场合。

有母线接线形式使用的开关电器较多，配电装置占地面积较大，投资较大，且母线故障或检修时影响范围较大。

2. 无母线接线

当进出线回数较少或相同时，可采用无母线的接线方式，由发电机、变压器直接和出线相连。无汇流母线的主接线没有母线的中间环节，使用的开关电器少，配电装置占地面积小，投资较少，没有母线故障和检修问题。但其中部分接线形式只适合于进出线回路少且没有扩建可能的场合。

4.1.2 电气主接线的基本接线形式分析及倒闸操作

所谓电气主接线的基本形式，是指典型的、常用的连接形式，不同的电压等级，主接线的形式会不一样。

主接线的基本环节有三个：电源（或进线）环节（通常指发电机或变压器）、母线环节和出线（或馈线）环节，与母线相连的某一进、出线回路称为接线单元。

基本电气主接线形式如表4-1所示。

表4-1 基本电气主接线形式

有母线的接线形式		无母线的接线形式	
单母线	单母线	单元接线	发电机－变压器单元
	单母线分段		
	单母线带旁路		发电机－变压器－线路单元
	单母线分段带旁路		
双母线	双母线		扩大单元
	双母线分段		
	双母线（分段）带旁路	桥形接线	内桥
	3/2 断路器接线		外桥
	变压器－母线组接线	角形接线	三角形、四角形、五角形

有母线类接线中，电源回路及出线回路的开关电器的配置组合是：一回路（支路）一台断路器，断路器两侧（一侧）配置隔离开关。断路器有完善的灭弧装置，其功能是：①正常情况下接通及断开电路；②事故情况下自动切除故障。隔离开关没有灭弧装置，其功能是对检修的电气设备实施检修隔离及实现倒闸操作。

在有母线类接线中，为了减少母线中功率及电压的损耗，应合理地布置出线和电源的位置，减少功率在母线上的传输。

4.1.2.1 **单母线类接线形式分析**

1. 单母线接线

1)接线分析

如图4-1所示,当进线和出线回路数不止一回时,为了适应负荷变化和设备检修的需要,使每一回路引出线均能从任一电源取得电能,或任一电源被切除时,能保证供电的可靠性和灵活性,在电源回路和出线回路之间,用一组母线WB连接。单母线接线是只有一条汇流母线处于电源进线和出线回路之间的接线形式。

单母线接线的进、出线回路均装有断路器QF和隔离开关QS。断路器主要作为操作电器和保护电器,在正常或故障情况下接通与断开电路。断路器两侧装有隔离开关,主要用于停电检修断路器时作为明显断开点以隔离电压;靠近母线侧的隔离开关称为母线侧隔离开关QS_B,靠近出线侧的称为线路侧隔离开关QS_L。各出线回路输出功率不一定相等,但应尽可能使负荷均衡地分配在母线上,以减少功率在母线上的传输。

电源回路中,断路器发电机侧可不加隔离开关,因其断路器必定在停机状态下检修;对于断路器变压器侧隔离开关的加装,应根据该回路停电后是否须隔离电源来确定。

出线回路中,若线路对侧无电源,则线路侧隔离开关也可省略,如L1回路;因隔离开关的投资不大,也可加装,以防止过电压的侵入,更加安全。在线路侧隔离开关QS_L的线路侧,通常装有接地开关(接地刀闸),当线路停电之后,合上作为接地线使用。

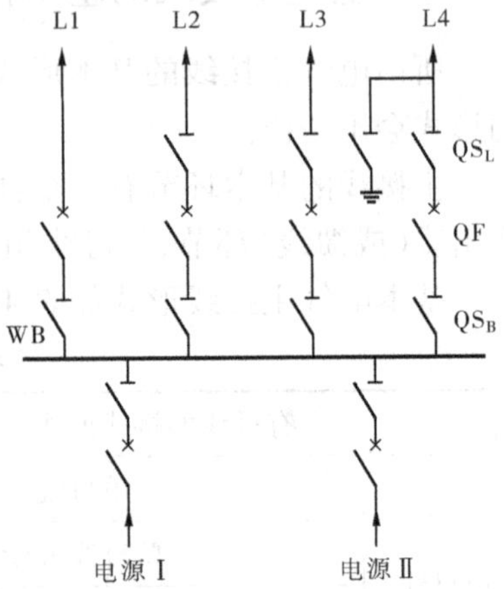

图4-1 不分段的单母线接线

2)运行分析

根据断路器和隔离开关的用途,在运行中其操作顺序如下(如L4回路)。

(1)线路送电操作。

线路送电时,先合隔离开关(先合母线侧隔离开关QS_B,再合线路侧隔离开关QS_L),再合断路器QF。

(2)线路停电操作。

线路停电时则相反,先断开断路器QF,检查QF确实断开,再断开隔离开关(先断开线路侧隔离开关QS_L、再断开母线侧隔离开关QS_B)。

实际运行中必须严格遵守上述操作顺序,否则会出现误操作引起严重的短路事故。为了防止误操作,除了严格执行操作票制度,在断路器和隔离开关之间,应加装防误操作的机械或电气闭锁装置。

出线回路停电操作必须按照断路器、负荷(线路)侧隔离开关、母线侧隔离开关的顺序依次拉开,送电操作与上述相反,按此顺序操作的优点是:

(1)停电时先断开线路断路器后断开隔离开关,是因为断路器有灭弧能力而隔离开关没有灭弧能力,必须用断路器来切断负荷电流,若直接用隔离开关来切断电路,则会产生电弧造成短路。

(2)停电操作时隔离开关的操作顺序是,先断开负荷侧隔离开关 QS_L,后断开母线侧隔离开关 QS_B。这是因为:若 QF 未断开时 QS_L 带负荷拉闸,将发生电弧短路,由于先断开 QS_L,故障点在线路侧,继电保护装置将跳开断路器 QF,切除故障点,这样只影响到本线路,对其他回路设备(特别是母线)运行影响较小。若先断开母线侧隔离开关 QS_B 后断开负荷侧隔离开关 QS_L,则故障点在母线侧,继电保护装置将跳开与母线相连接的所有电源侧开关,导致全部停电,扩大事故影响范围(带负荷拉闸时,若断路器未断开,则最先分闸点为故障点)。

(3)线路送电时,若发生隔离开关带负荷合闸,也可能发生电弧短路,由于 QS_L 后合入,故障点仍在线路侧,同样,继电保护装置可将 QF 自动断开,切除故障点,对其他回路设备运行影响较小(带负荷合闸时,若断路器未断开,则最后合闸点为故障点)。

(4)若线路侧故障,继电保护装置或断路器拒动,不能自动切除故障,会引起电源断路器跳闸,造成母线停电。只要拉开该线路母线隔离开关隔离故障点,即可恢复其他部分的供电。

3)优缺点分析

(1)单母线接线的主要优点是接线简单、设备少、操作方便、投资少,便于扩建。

当电压等级为 110 kV 及以上时,断路器两侧隔离开关(高型布置时)或出线隔离开关(中型布置时,如图 4-1 中 L4 处所示)应装设接地开关;35 kV 及以上母线,每段上也应配置 1 ~ 2 组接地开关,用于在检修时的安全接地。

(2)单母线接线的主要缺点是可靠性及灵活性较差,体现在:

①当母线或母线侧隔离开关发生故障或检修时必须断开全部电源,造成整个配电装置停电。

②母线和母线侧隔离开关短路,断路器母线侧绝缘套管损坏时,所有电源回路断路器均会因继电保护动作而跳闸,使所有出线在修复期间停电。

③某一电源或出线断路器检修时,必须停止该回路的工作。上述缺点的存在,使得单母线接线无法满足对重要用户连续供电的需要。

4)适用情况分析

(1)单母线接线不能满足对不允许停电的重要用户的供电要求,一般用于 6 ~ 220 kV 系统,出线回路较少,对供电可靠性要求不高的中、小型发电厂与变电站中;

(2)如果采用成套配电装置,由于其工作可靠性高,也可以对重要用户供电,如发电厂的厂用电就常采用单母线接线。

2. 单母线分段接线

1)接线分析

当引出线数目较多时,为提高供电可靠性,可用断路器将母线分段,成为单母线分段接线,如图 4-2 所示。

在母线的中间装设一台分段断路器 QF_d 时,即把母线分为两段或两段以上供电,QF_d 两侧的隔离开关用于检修 QF_d 时的隔离电压。母线分段的数目取决于电源的数目和功率、电网的接线和电气主接线的工作形式,一般说来,分段的数目与电源数相同,以 2 ~ 3 段为宜,且尽量将电源与负荷均衡地分配在各段母线上,以减少各段间的功率交换,重要负荷放于不同段上。分段数越多,故障时停电的范围越小,但使用断路器的数量越多,配电装置和运行也越复杂。对于重要用户,为提高供电可靠性,可采用双回供电线路引接于不同的分段上,由两个电源供电;当可靠性要求不高时,为减少一台分段断路器的投资,可用隔离开关 QS_d 进行分段。

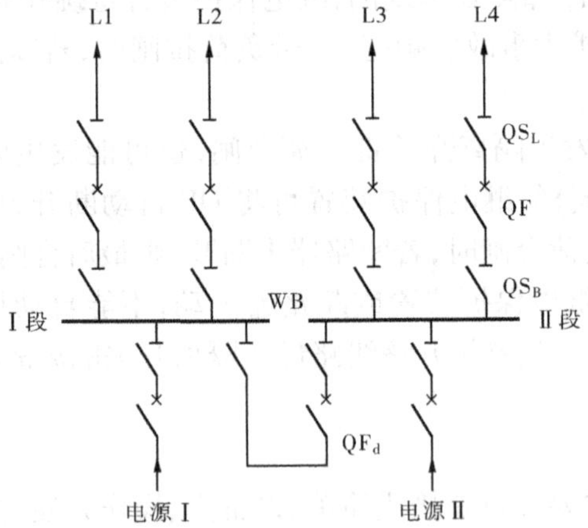

图 4-2 单母线分段接线

2)运行分析

该接线方式的基本操作与单母线相同,主要是保证断路器与隔离开关的操作顺序。正常运行时,用 QF_d 分段的接线有两种运行方式:

(1)分段断路器 QF_d 闭合运行。

正常运行时分段断路器 QF_d 闭合,两个电源分别接在两段母线上,两段母线上的负荷应均匀分配,以使两段母线上的电压均衡。在运行中,当某段母线故障时,母线继电保护动作跳开分段断路器 QF_d 和故障段电源断路器,将故障段隔离,保证非故障段的继续运行,避免了在纯单母线接线中母线故障时全部回路都得停电的情况。两段母线同时故障的概率很小,不到亿分之一,因此全部停电的情况可以不予考虑。

有一个电源故障时,仍可以使两段母线都有电,可靠性比较好,但是线路故障时短路电流较大。

(2)分段断路器 QF_d 断开运行(有特殊要求时)。

正常运行时分段断路器 QF_d 断开,两段母线上的电压可不相同,每个电源只向接至该段母线上的引出线供电。分段断路器除装有继电保护装置外,还应装有备用电源自动投入装置(BZT),或者重要用户可以从两段母线引接采用双回路供电。当某段上的电源回路故障时,该电源回路断路器自动断开,由 BZT 自动接通分段断路器 QF_d,即按单母线不分段方式运行,其他电源向该段送电,保证全部出线不断电。这种运行方式可能引起正常运行时两段母线电压不相等,若由两段母线向一个重要用户供电,会给用户带来一些困难。分段断路器断开运行时,还可以起到限制短路电流的作用。

对于采用分段隔离开关的接线方式,两段母线闭合运行时,当某段母线发生故障,仍将造成短时间全部停电。但故障判别后,拉开母线分段隔离开关后,正常母线段可恢复运行。另外,可在不同的时间内进行检修或清扫,此时只停止一段母线运行,另一段母线和电源可继续运行。

3）优缺点分析

（1）优点。

具有单母线接线简单、经济、方便、易于扩建的特点，可靠性比纯粹单母线有所提高。

①母线或母线隔离开关发生故障时，仅故障段停电，非故障段可继续工作。

②两段母线可看成是两个独立的电源，提高了供电可靠性，可对重要用户供电。

（2）缺点。

每个母线段都相当于一个单母线，所以仍有可靠性低的方面。

①当一段母线或任一段母线侧的隔离开关发生故障或检修时，该段母线上所连接的全部引线都要在检修期间长期停电，限制了母线侧故障时的停电范围。

②任一回路断路器检修时，该回路仍必须停止工作。

4）适用情况分析

单母线分段接线与单母线接线相比提高了供电可靠性和灵活性。但是，当电源容量较大、出线数目较多时，其缺点更加明显。因此，单母线分段接线用于以下方面：

（1）用于发电机电压母线时，每段容量为 12 MW 及以下；

（2）6 ~ 10 kV 配电装置时，出线回路数为 6 回及以上，每段母线容量不超过 25 MW，否则回路数过多，影响供电可靠性；

（3）35 ~ 63 kV 配电装置，出线回路数为 4 ~ 8 回为宜；

（4）110 ~ 220 kV 配电装置，出线回路数为 3 ~ 4 回为宜。

3. 单母线带旁路母线接线

出线断路器故障或检修造成的供电线路停电问题，采用带旁路母线的单母线不分段或分段接线方式可以解决。在线路断路器故障或检修时，可在该断路器的线路侧隔离开关前通过旁路母线接通电源回路，由旁路断路器控制该回路供电。

1）接线分析

采用专用旁路断路器，如图 4-3 所示，在工作母线外侧增设一组旁路母线 WB_a，旁路母线通过旁路断路器 QF_a 与工作母线连接；每一出线回路在线路隔离开关的线路侧与旁路母线通过旁路隔离开关 QS_a 连接。

如果旁路母线同时与引出线和电源回路连接（虚线部分），则电源回路的断路器可以和本回路的其他设备同时检修。但此时接线比较复杂，将使配电装置布置困难和增加建造费用，所以旁路母线一般只与出线回路连接，即不包括图中虚线部分。

2）运行分析

（1）正常运行时，QF_a 及 QS_a 均断开，QF_a 两侧的隔离开关处于分闸位置，WB_a 不带电，以减少故障可能，为单母线运行方式。

（2）当任一出线回路的断路器需要检修时，该回路可经旁路隔离开关 QS_a 绕道旁路母线，再经旁路断路器 QF_a 从工作母线回路取得电源。因此，QF_a 是各出线断路器的备用断路器。

（3）例题分析

例如：图 4-3 中，当线路 L1 断路器 1QF 检修时的操作步骤为：

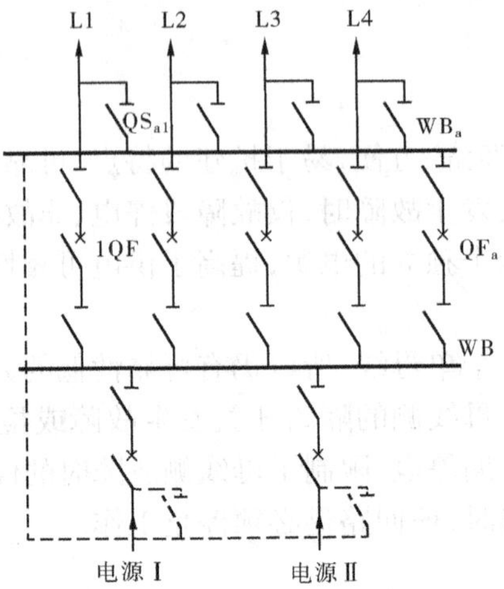

图 4-3　单母线带旁路母线接线

①接通 QF_a 两侧的隔离开关；

②投入 QF_a，向 WB_a 充电，检查 WB_a 是否完好；

③若旁母 WB_a 有故障，断路器 QF_a 立即跳开；

④若 WB_a 完好则 QF_a 合好，投入该回路的旁路隔离开关 QS_{a1}（由于 QS_{a1} 两侧处于等电位，允许合上，其余出线与旁路相连的隔离开关都是断开的），则旁路与工作回路实现并联运行；

⑤断开 1QF，再断开其两侧的隔离开关，这样用旁路断路器代替出线断路器运行，即可检修 1QF。

⑥该线路经母线 WB、旁路断路器 QF_a 回路、旁母 WB_a、旁路隔离开关 QS_{a1} 得到供电。

线路断路器 1QF 检修完毕后，恢复 L1 供电的操作步骤为：

①接通 1QF 两侧的隔离开关；

②接通 1QF，使工作回路与旁路回路并联；

③断开旁路断路器 QF_a，再断开其两侧隔离开关，出线恢复由工作回路供电；

④断开出线 L1 与旁母相连的旁路隔离开关 QS_{a1}，使旁路及旁母退出运行。

3）优缺点分析

单母线带旁路母线接线具有供电可靠性提高，能保证对重要用户的不间断供电及倒闸操作相对简单的优点；但同时增加了设备，从而增大了投资和占地面积。

4. 单母线分段带旁路接线

旁路断路器有专用旁路断路器和兼用旁路断路器两种接线方式。在出线回数不多的场合，专用旁路断路器利用率不高，可采用兼用旁路断路器，即用“分段断路器兼作旁路断路器”或用“旁路断路器兼作分段断路器”。

1）专用旁路断路器接线

（1）接线分析。

如图 4-4 所示，旁路母线 WB_a 通过旁路断路器 QF_a 经两组隔离开关与各段母线连接，各出线回路与旁路母线间分别装有旁路隔离开关 QS_{a1}、QS_{a2}。

(2)运行分析。

正常运行时,旁路断路器及其两侧隔离开关是断开的,旁路母线不带电,回路以及旁路母线处于冷备用状态,为单母线分段运行。

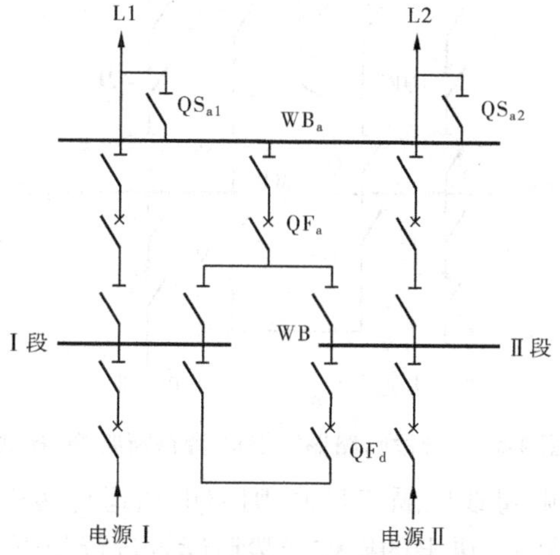

图 4-4 单母线分段带旁路母线接线(专用旁路断路器)

当出线回路 L1 的断路器需要检修时,倒闸操作与单母线带旁母类似。首先合上旁路断路器,当旁路母线有故障时,旁路断路器会跳闸,正常状态使旁路母线充电,出线回路与旁路母线间的旁路隔离开关两侧处于等电位,合上该线路侧隔离开关,然后顺序断开线路断路器及线路侧、母线侧隔离开关,这样使 L1 线路由旁路断路器控制送电,其线路断路器退出运行转检修。

采用分段专用旁路断路器的接线形式使供电可靠性有所提高,因为检修期间仍以单母线分段运行。

2)"分段断路器"兼作"旁路断路器"接线

(1)接线分析。

为了少用断路器,减少投资,通常采用"分段断路器"兼作"旁路断路器",如图 4-5 所示。在分段断路器 QF_d 两侧设与旁路母线连接的隔离开关 QS_5、QS_6,在分段工作母线之间再加两组串联的分段隔离开关 QS_1 和 QS_2,各出线仍设旁路母线隔离开关,这样旁路母线可以通过分段断路器及相关隔离开关与各段母线联络获得电源。

(2)运行分析。

正常运行时,QF_d、QS_3、QS_4 闭合,QS_5、QS_6 断开,母线分段隔离开关 QS_1、QS_2 断开,QS_{a1}、QS_{a2} 断开,为单母线分段运行,旁路母线不带电。

当要检修某一出线断路器时,如检修线路 L1 的断路器 1QF 时,其操作步骤如下:

①在分段断路器 QF_d 及母线两侧隔离开关 QS_3、QS_4 闭合的运行机制的情况下,合上分段隔离开关 QS_1、QS_2,使该回路与分段断路器并联,保持分段母线并列运行;

②断开 QF_d 及 QS_4;

③合上 QS_5,再合上 QF_d(此时作旁路断路器),向旁母 WB_a 充电;

④WB_a 充电成功后,合上 QS_{a1},接通旁路;

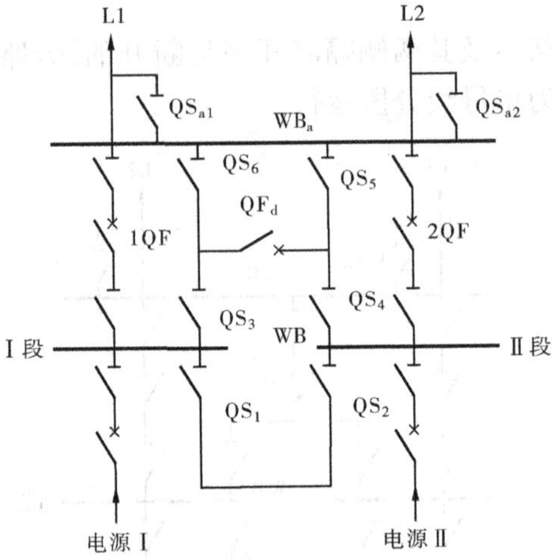

图 4-5 "分段断路器"兼作"旁路断路器"接线

⑤断开 1QF 及线路侧、母线侧隔离开关,则 1QF 由运行转检修。

1QF 检修完毕后,恢复 L1 供电的操作步骤请读者自行分析。

(3)"分段断路器"兼作"旁路断路器"的其他接线形式。

上述接线中,分段隔离开关 QS_1、QS_2 的作用是使上述操作过程中或分段断路器检修时,保持两段母线能并列运行,也可以不设该隔离开关,接线如图 4-6 所示。图 4-6(a)是用分段断路器代替出线断路器,旁路运行时,分段母线是分裂运行,图 4-6(b)、(c)的接线作分段断路器正常运行时,旁路母线都带电,故障概率大,但倒闸操作相对简单,作出线断路器时,获得的电源不同。图 4-6(b)若再装设两分段侧隔离开关,即成为"旁路断路器"兼作"分段断路器"的接线方式。

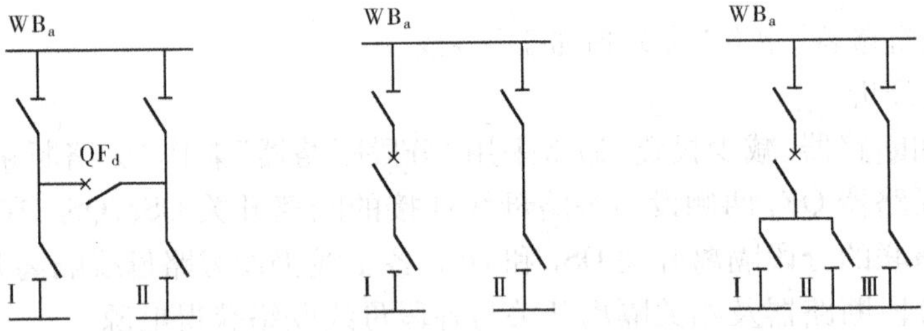

(a)无分段母线隔离开关 (b)旁路母线带电运行

图 4-6 分段断路器兼作旁路断路器(不设分段隔离开关)

3)"旁路断路器"兼作"分段断路器"接线

同样为了少用断路器,减少投资,还可采用"旁路断路器"兼作"分段断路器",如图 4-7 所示。

正常运行时,其分段隔离开关一个闭合、一个断开(或者两个都断开),两段母线通过旁路断路器 QF_d 及相应隔离开关构成并列运行,QF_d 起分段断路器的作用。这种接线相比分段断路器兼作旁路断路器要节省一组隔离开关。

当要检修某一出线断路器时，如检修线路 L1 的断路器 1QF 时，其操作步骤如下：

(1)合上 QS_1、QS_2，使两段母线通过两支路并列；

(2)合上该出线与旁路之间的隔离开关 QS_{a1}；

(3)断开 QS_5；

(4)顺序断开检修线路断路器及线路侧、母线侧隔离开关，旁路断路器作为该出线断路器，即可把 1QF 退出运行进行检修。

1QF 检修完毕后，恢复 L1 供电的操作步骤请读者自行分析。

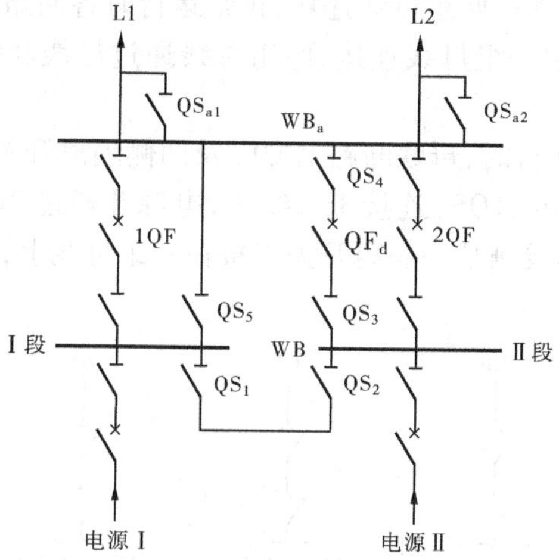

图 4-7 "旁路断路器"兼作"分段断路器"

4)优缺点分析

单母线分段带旁路母线接线，具有简单、清晰，操作方便，易于扩建等优点；当检修出线断路器时可不停电检修。但当母线检修或故障时，该段母线将全部停电。

5)适用情况分析

(1)110～220 kV 配电装置，线路距离远、输送功率大、断路器检修时间长，若停电影响范围大，且出线回路越多，检修机会越多，因此适宜采用带旁路母线接线，并优先选用分段兼旁路断路器的接线。但当出线回数增多，应按一定电压等级和负荷性质的具体情况，采用专用旁路断路器的接线方式。

(2)35～60 kV 可不设旁路母线，因为重要用户多系双回线供电，有可能停电检修断路器。其次，断路器年平均检修时间短，通常为 2～3 d。

(3)6～10 kV 一般不设旁路母线，因为供电负荷小，供电距离短，而且一般可在网络中取得备用电源，同时大多为电缆出线，事故跳闸次数很少。但当地区电网或用户不允许停电时例外。

目前随着断路器制造水平的提高，断路器的可靠性增高，采用带旁路母线的接线方式已逐渐减少。

4.1.2.2 双母线类接线形式分析

单母线接线形式简单，所用设备少，相对而言可靠性较低。不论是否母线分段，当母线(段)故障或母线隔离开关故障时，接在该母线(段)上的所有回路都必须停电，故障排除后方能恢复供电。这个恢复时间可能很长,显然降低了供电可靠性。

上述问题产生的原因,就在于每个回路只通过唯一的回路连接在唯一的一条母线上。因此,为了解决上述问题,不使部分用户的供电受到限制或中断,保证对无备用电源的重要用户的连续供电,可以增加一条母线,形成双母线接线形式。

1. 双母线接线

1)接线分析

双母线接线有两组工作母线(母线Ⅰ和母线Ⅱ),每一电源、出线回路都经两组母线隔离开关和一台断路器分别与两组母线连接,正常运行时各回路一台隔离开关断开,另一台隔离开关闭合,只与其中一组母线连接,两组母线通过母线联络断路器 QF_j(简称母联断路器)连接。

如图 4-8 所示,正常运行时,母联断路器 QF_j 及两侧隔离开关 $QS_{jⅠ}$、$QS_{jⅡ}$ 闭合,两母线并列工作。电源Ⅰ通过 1QF、$1QS_Ⅰ$ 连接于母线Ⅰ,电源Ⅱ通过 2QF、$2QS_Ⅱ$ 连接于母线Ⅱ;各出线回路分别通过其母线侧某一隔离开关连接在一组母线上,两组母线上的电源、负荷应尽量均匀分配。

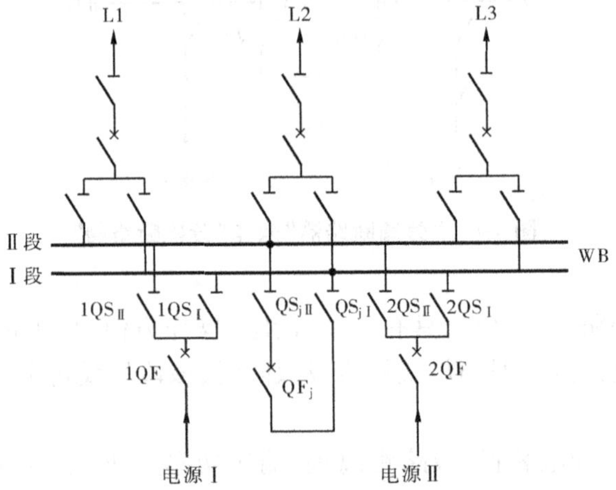

图 4-8 双母线接线

2)运行分析

运行方式主要有以下三种:

(1)一组母线工作、另一组母线备用。

假如母线Ⅰ为工作母线,则母线Ⅱ为备用母线。正常运行时,所有电源和引出线与母线Ⅰ连接的隔离开关接通,与母线Ⅱ连接的隔离开关断开,母联断路器断开,备用母线Ⅱ不带电;需要时Ⅰ、Ⅱ组母线的工作与备用状态可相互转换。这种方式相当于单母线运行,可靠性差,因此仅作为母线或母线侧隔离开关检修(清扫)时采用。

(2)两组母线并列运行。

正常运行时母联断路器闭合连接两组母线,一个电源和一部分引出线与Ⅰ组母线连接,另一个电源和其他引出线与Ⅱ组母线连接,两组母线均是工作母线。由于母线继电保护的要求,一般把电源和出线均匀分布在两组母线上(功率均匀分配),相当于单母线分段运行。若一组母线检修或发生故障,只会引起接至该组母线上的部分电源和引出线停电,可通过倒闸操作将停电部分转移到另一组母线上,使停电部分恢复供电。

(3)两组母线分裂运行,母联断路器断开。

实际运行常采用两组母线并列的方式,当任一母线故障时,可以减小停电范围,并可以迅速处理,恢复供电。正常运行时,可合理调配母线负荷。

对"一组母线工作、另一组母线备用"的运行方式,与工作母线相连的隔离开关相当于"母线侧隔离开关",而与备用母线相连的隔离开关相当于"线路侧隔离开关",进行倒闸操作时,按照隔离开关的操作顺序进行倒闸操作。对"两组母线并列运行"的运行方式,与两母线相连的隔离开关操作时顺序没有要求。

3)优缺点分析

双母线接线方式的优点体现在以下方面:

(1)可轮流检修母线而不影响正常供电。

如果检修某一母线,只需将要检修的那组母线上的全部回路通过倒闸操作转移到另一组母线上即可,这样的倒闸操作称为"倒母线"。

进行"倒母线"操作时,必须严格遵循正确的操作顺序,避免误操作。倒母线操作的基本原则是:

①母联断路器一定要合上,并取下母联断路器的操作保险,使其成为一"死开关",以保证操作中两条母线始终并列为等电位,以实现隔离开关的等电位切换。

②必须先依次合上所有回路与备用母线相连的隔离开关,再依次断开与工作母线相连的隔离开关。这里隔离开关的"先合后断"也是为了保证隔离开关在等电位下进行操作,不会产生电弧。

例如:当采用第一种工作、备用方式运行时,为了检修工作母线Ⅰ,须将母线Ⅱ由备用转工作,母线Ⅰ由工作转备用,则具体的操作步骤如下:

①合上母联隔离开关 $QS_{jⅠ}$、$QS_{jⅡ}$,再合上母联断路器 QF_j,向备用母线Ⅱ充电,检验母线Ⅱ是否完好。若母线Ⅱ存在短路故障,则 QF_j 立即跳闸。

②当母线Ⅱ完好时,合上 QF_j 不跳闸,再断开 QF_j 的控制回路电源,以防止 QF_j 误跳开。

③依次合上各个回路接在母线Ⅱ侧的隔离开关,再依次断开各回路接在母线Ⅰ侧的隔离开关。

④投入 QF_j 的控制电源,断开 QF_j,断开母联隔离开关 $QS_{jⅠ}$、$QS_{jⅡ}$,原工作母线便退出工作,可以进行检修。

(2)检修任一母线侧隔离开关时,只影响该回路供电。

在母线Ⅰ工作、母线Ⅱ备用时,需要检修电源母线Ⅰ侧隔离开关 $1QS_Ⅰ$,只需断开该回路及与此隔离开关相连接的母线Ⅰ,将电源和其余全部出线通过"倒母线"操作转移到母线Ⅱ上工作,再断开 QF_j,该隔离开关就可进行停电检修。具体的操作步骤如下:

①断开1QF、断开 $1QS_Ⅰ$;

②将电源Ⅱ和全部引出线倒换到母线Ⅱ上工作(具体操作参照前面的操作步骤)。母线Ⅰ已转为备用(不带电),$1QS_Ⅱ$ 原来为断开状态,故 $1QS_Ⅰ$ 两侧无电压,做好安全措施

就可进行 $1QS_{I}$ 的检修工作。

(3)工作母线故障后,所有回路能迅速恢复供电。

当工作母线发生短路故障时,所有电源回路断路器自动跳闸。随后应断开各出线断路器和所有故障母线侧的隔离开关,再合上各回路备用母线侧的隔离开关,最后合上电源、出线断路器。这样,所有回路不必等待故障排除即可迅速恢复供电。操作时,应按先断后合的顺序,以避免故障转移到正常母线上。

(4)任一出线运行中的断路器故障、拒动或不允许操作时,可利用母联断路器 QF_{j} 来代替。

如图 4-9 所示,母线Ⅰ为工作母线,母线Ⅱ为备用母线,需要检修 1QF 的具体操作步骤如下:

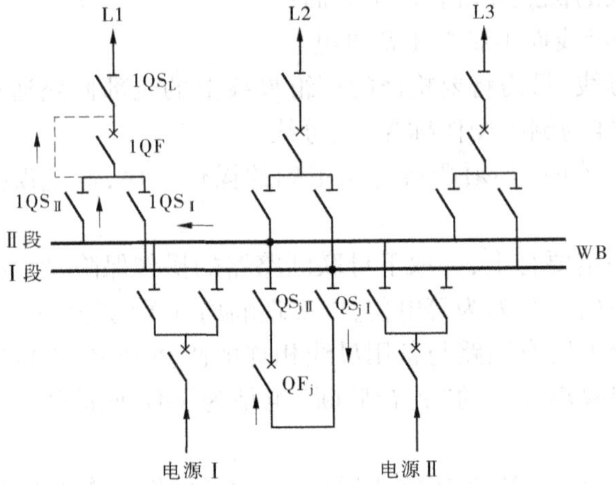

图 4-9 用母联断路器作出线断路器

①断开 1QF,断开 $1QS_{L}$、$1QS_{I}$,将停电的断路器 1QF 两端接线拆开,用"跨条"将 1QF 短接(图中虚线段所示),使 1QF 与引出线分开;

②合上 $1QS_{II}$、$1QS_{L}$;

③合上 QS_{jI}、QS_{jII},合上 QF_{j},恢复送电。图中箭头表示负荷路径,电流由母线Ⅰ经 QF_{j} 送到母线Ⅱ上,再由母线Ⅱ送到线路 L1。线路 L1 仅短时停电,且不影响其他回路工作。

当 1QF 出现拒动或不允许断开时,利用倒闸操作将 QF_{j} 和备用母线Ⅱ与 1QF 串联接入回路,再用 QF_{j} 切断电路。具体操作如下:

①"倒母线"操作,将 L1 回路从母线Ⅰ转到母线Ⅱ上工作;

②$1QS_{II}$ 合上,$1QS_{I}$ 断开,电流经母线Ⅰ→QS_{jI}→QF_{j}→QS_{jII}→母线Ⅱ→$1QS_{II}$→1QF→$1QS_{L}$→L1,形成 QF_{j} 与 1QF 串联供电,QF_{j} 可保证线路 L1 可靠切断。

(5)便于扩建。向双母线的任一方向扩建,均不影响两组母线的电源和负荷的均匀分配,不会引起原有电路的停电。

总之,双母线接线具有运行方式比较灵活,可靠性较高,便于扩建等优点。

双母线接线也存在如下缺点:

(1)增加了母线长度,所用设备多,特别是隔离开关较多,每回路多了一组母线隔离开关,从而使配电装置架构增加,占地面积增大,投资增多。

(2)由于母线故障或检修而进行倒闸操作时,隔离开关作为倒换操作电器,极为容易导致误操作,为此,在隔离开关和断路器之间需加装闭锁装置。

(3)任一母线故障时,有较大范围的短时停电。当工作母线故障时,将造成整个配电装置在倒母线期间停电(可以采取两组母线同时工作的运行方式或某组母线分段来解决)。

(4)检修任一回路断路器时,该回路必须停电,即使可以用母联来代替,也需短时停电,而且这样的检修期为单母线分段运行,可靠性有所降低(可以采取加装旁路母线来解决)。

(5)母联断路器故障或一组母线检修时,另一组母线仍存在故障全停的可能。

4)适用情况分析

(1)由于可靠性高,广泛适用于 6 ~ 220 kV 进出线较多,输送和穿越功率较大,运行可靠性和灵活性要求高的场合。

①6 ~ 10 kV,当发电机电压负荷较大,出线较多,且有重要用户时,有采用双母线的必要。

②35 ~ 60 kV,出线超过 8 回,或连接电源较多,负荷较大时采用。这样检修设备比较方便。

③110 ~ 220 kV,出线回数为 5 回以上时采用。

(2)母线及设备检修时,不允许对用户停电。母线故障且要求迅速恢复供电时可采用。

(3)系统运行调度对接线灵活性有一定要求时可采用。

2. 双母线分段接线

为了消除工作母线故障时造成整个配电装置停电的缺点,可以将双母线接线中的一组母线用断路器分段,称为三分段接线,或将两组母线都分段,称为四分段接线,形成双母线分段接线形式。

1)接线分析

(1)双母线三分段接线。

如图 4-10 所示,Ⅰ组母线用分段断路器分为两段,每段与Ⅱ组母线之间通过母联断路器连接,有时在分段处加电抗器(如图中虚线框表示)以限制短路电流水平。其运行方式有以下两种:

①分段母线作为工作母线,单母线分段运行方式。不分段母线此时作为备用母线,母联断路器 QF_{j1}、QF_{j2} 均断开,分段断路器 QF_d 合上,电源、出线回路均与工作母线连接。

当任一段母线故障时,可以将故障段上的电源和负荷全部倒换到备用母线上,通过该侧母联断路器保持两部分并列运行。如果再有母线故障发生,也只影响该故障母线部分的负荷。

当机组数目较多时,分段数可以多于两段。

②不分段的母线也作为工作母线,电源、负荷均匀分配在三段母线上。某段的母联断路器、分段断路器均闭合运行,构成单母线三分段运行。这样一来当某一段母线故障时,

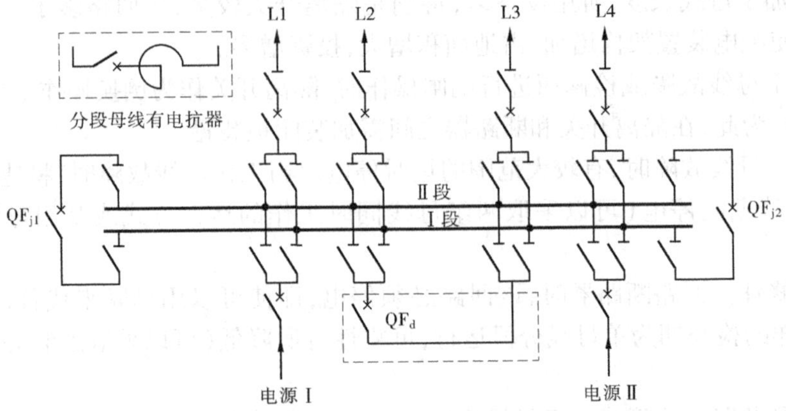

图 4-10　双母线三分段接线

短时停电范围只有三分之一,然后再将这部分负荷倒换到另外的母线段。

(2)双母线四分段接线。

如图 4-11 所示,用两组分段断路器及两母线侧隔离开关将两组母线都分为两段,并设置两台母联断路器及两母线侧隔离开关,正常运行时的电源和负荷均匀分配在四段母线上,合上分段断路器及两母联断路器后,四段母线并列运行。

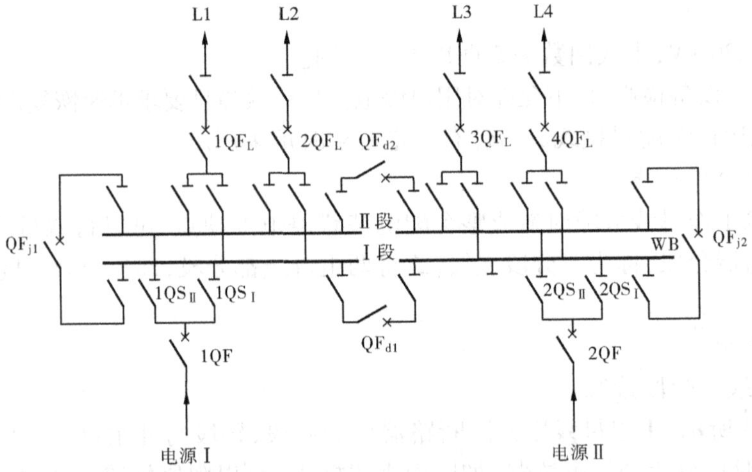

图 4-11　双母线四分段接线

任一母线段故障时,只有四分之一的电源和负荷停运,使可靠性大大提高。但这种接线方式由于断路器的数目增加,使整个配电装置的投资增大,只用于进出线回路数甚多的场合。

(3)双母线三列式分段接线,如图 4-12 所示。

这种接线当任一母线故障时,仍能够保证双母线并列运行,但这种接线仍不能避免检修线路断路器时的短时停电,因此仍可采用双母线带旁路母线

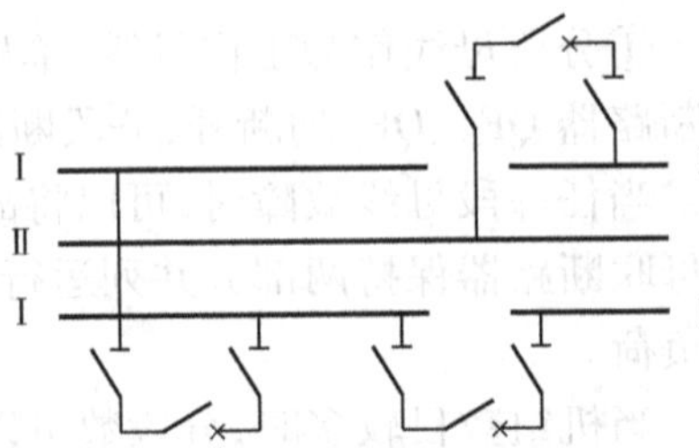

图 4-12　双母线三列式分段接线

接线的方式,用旁路断路器替代线路断路器以避免线路停电。

2)运行分析

双母线分段既具有单母线分段的特点,又具有双母线的特点。任一分段检修或故障时,可将该分段上所有回路转移至备用母线,则备用母线与完好分段通过母联并列运行。

3)优缺点及适用情况分析

双母线分段接线具有很高的可靠性和灵活性,广泛应用于6~10 kV,进出线较多,输送和穿越功率较大时。但同时增加了母联断路器和分段断路器的数量,占地面积增加,配电装置投资较大,35 kV以上很少采用。

3. 双母线带旁路接线

双母线设置旁路母线的作用,同单母线带旁路母线相同,为解决出线断路器检修时的不停电问题。

1)专用旁路断路器的双母线带旁路接线

如图4-13(a)所示,增设一组旁路母线 WB_a 和旁路断路器 QF_a,每一条出线都经过旁路隔离开关连接旁路母线,另外电源回路也同样可以接入旁路。正常运行时多采用固定连接方式,即双母线同时运行,母联断路器处于合闸位置,其中部分电源和负荷固定接在Ⅰ段母线上,其余电源和负荷接在Ⅱ段母线上,并使两段负荷尽量平衡,通过母联断路器的电流最小。按这种方式运行时,母线差动保护在一段母线发生短路,会使该段上的电源、出线及母联断路器跳闸,维持非故障段的正常运行,而后可将故障段的电源和负荷倒换到正常母线上。

用旁路断路器代替某出线断路器时,应将旁路断路器 QF_a 与该出线对应的运行母线侧隔离开关合上,维持固定连接方式。

220 kV出线5回及以上,110 kV出线7回及以上,一般应装设专用的旁路断路器。

2)"旁路兼作母联"或"母联兼作旁路"接线

当出线回路不多,安装专用的旁路断路器利用率不高时,为了节省断路器及配电装置间隔,可以用"旁路兼作母联"或"母联兼作旁路"接线形式。

(1)旁路兼作母联。

如图4-13(b)所示,运行方式以旁路为主。

正常运行时,QF_a 要起到母联的作用,因此 QS_{jI}、QF_a、QS_a、QS_{a1} 是闭合的,QS_{jII} 是断开的,此时,旁路母线 WB_a 带电,旁路断路器 QF_a 作为母联断路器 QF_j 运行。检修时,如需要用 QF_a 代替出线断路器供电,需先合上 QS_{jII},断开 QS_{a1},转为单母线运行,再按操作规程完成用 QF_a 代替出线断路器的操作。

(2)母联兼作旁路。

如图4-13(c)所示,运行方式以母联为主。

正常运行时,QF_j 按母联工作,因此 QS_{jII}、QF_j、QS_{a1} 闭合,QS_a、QS_{jI} 断开,此时,旁路母线 WB_a 不带电。检修时,如需要用 QF_j 代替出线断路器供电,需先将母线Ⅱ倒换为备用母线,母线Ⅰ为工作母线,合上 QS_a,拉开 QS_{a1},转为单母线,再完成用 QF_j 代替出线断路器的操作。

"旁路兼作母联"或"母联兼作旁路"接线的经济性较好,如果旁路断路器的利用率不

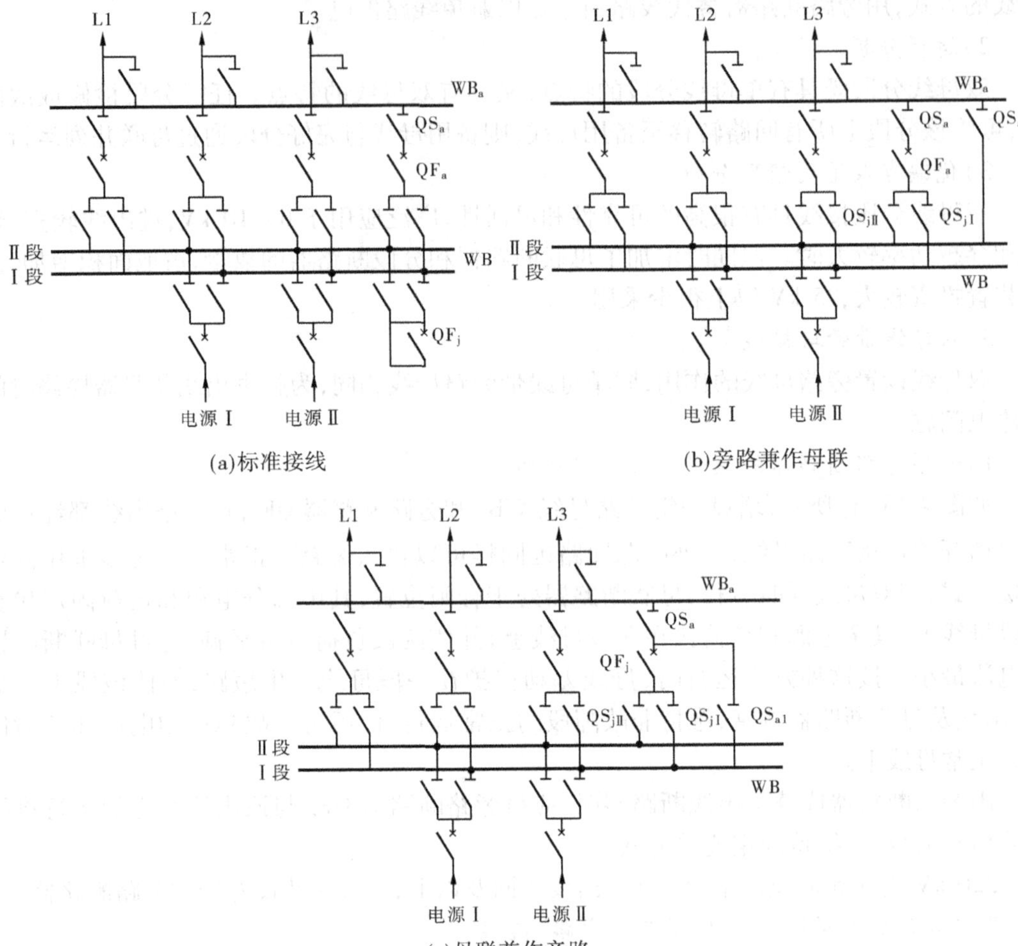

(a)标准接线　　(b)旁路兼作母联

(c)母联兼作旁路

图 4-13　双母线带旁路接线

高，采用这种接线是合理的，但在代替出线断路器的操作过程中，双母线将改为单母线方式运行，使可靠性降低。

3）双母线分段带旁路母线接线

双母线三分段及四分段接线均可带旁路母线接线，这种情况下，断路器和隔离开关等配电装置的数目将增大，同样可以采用母联断路器兼作旁路断路器的接线，节省专用旁路断路器及占地投资。

4. 3/2 断路器（一台半断路器）双母线接线

1）接线分析

一台半断路器的接线方式如图 4-14 所示，这种接线方式有两组工作母线，每一回路经一台断路器与一组母线连接，两回路之间通过一台联络断路器连接，每两回进、出线占用 3 台断路器构成一串，即每一回路用一台半断路器，因而称为“一台半断路器接线”，也称“3/2 断路器接线”。

当有多组断路器串，正常运行时闭合所有断路器，与母线连接构成多个环形网路供电,因此这种接线方式具有很高的可靠性。

为提高运行可靠性,对接线有以下要求:

(1)应将同名回路(两个变压器或两回供电线路)接在不同的串上,以防止同时停电;通常将电源、引出线接在同一串上。

(2)重要的同名回路交替接入不同侧的母线,避免联络断路器检修时,因同名回路串的母线侧断路器故障,使同一侧母线的同名回路同时被断开。

(3)至少应有三个串,形成多环形接线,如只有两串,属于多角形接线,因此进出线回路应在6回及以上。

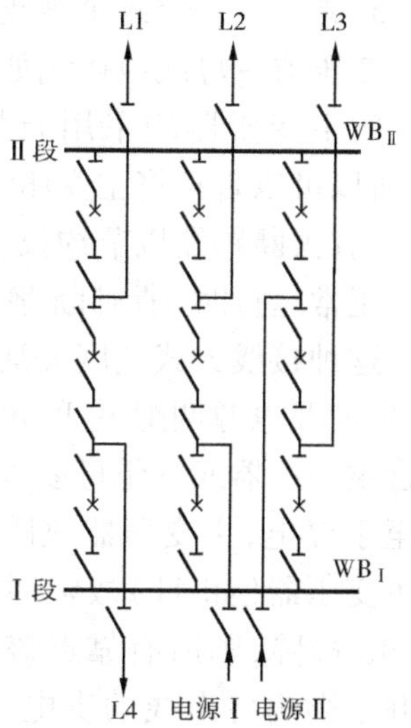

图4-14　一台半断路器接线

2)接线特点分析

(1)一台半接线方式具有以下优点:

①可靠性高。任何一个元件(一回出线、一台主变)故障均不影响其他元件的运行,多台断路器可以同时检修也不致造成回路停运。任一组母线故障或检修时,所有与该母线相连的断路器都会断开,但各回路供电均不受影响;当每一串中均有一电源一负荷时,即使两组母线同时故障,接于同一串的出线仍能通过该串上的联络断路器由接在该串上的电源供电。除联络断路器内部故障使该串上两侧的断路器跳闸,导致该串两回路停运,联络断路器外部故障或其他一台断路器故障,最多只引起一个回路停运。

②调度灵活。正常运行时两组母线和全部断路器都投入运行,形成多环状供电,调度方便灵活。

③操作方便。只需操作断路器,而不必利用隔离开关进行倒闸操作,从而使误操作事故大大减少;隔离开关仅供检修时隔离电压用。

④检修方便。检修断路器时,只需拉开对应的断路器及隔离开关,即可进行检修,各回路仍按原接线方式运行,不需要切换任何回路,避免了利用隔离开关进行大量倒闸操作;检修母线时也不需切换回路,均不影响各回路的供电。

(2)一台半断路器接线的缺点如下:

①由于考虑交替接线的要求,所以电源、出线回路数量最好相同;同时由于配电装置结构特点,每对回路的变压器和出线向不同方向引出,增大了配电装置的间隔,限制了这种接线的应用。

②正常操作时,联络断路器的动作次数是两侧断路器的两倍,一个回路故障要跳两台断路器,断路器动作频繁。

③与双母线带旁路比较,采用的断路器、电流互感器较多,二次接线和继电保护都较复杂,投资增大。

3)适用情况分析

一台半断路器接线,目前在国内广泛地用于大型发电厂和变电所超高压(330 kV、500 kV及以上电压等级)配电装置中,一般进出线数在6回及以上宜于采用。

5. 变压器 - 母线组接线

变压器 - 母线组接线如图 4-15 所示，由于超高压系统的主变压器均采用质量可靠、故障率很低的产品，所以可以直接将主变压器经隔离开关接到两组母线上，省去断路器以节约投资。

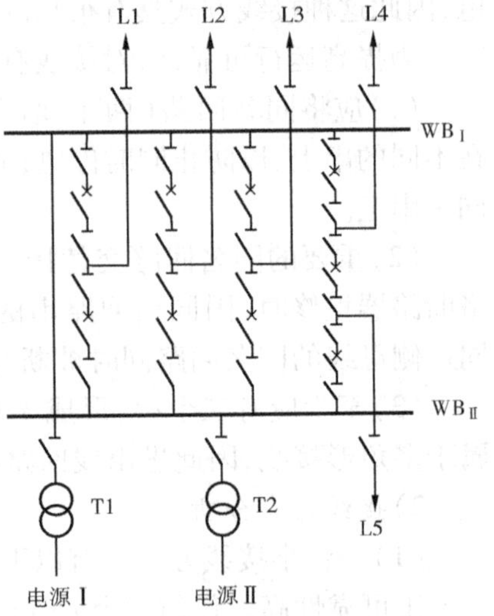

图 4-15　变压器 - 母线组接线

正常运行时，所有断路器均闭合，两组母线均运行。这种接线方式调度灵活，任一断路器检修均不停电，负荷及电源调配灵活，可靠性比双母线带旁路高。一台主变压器或一组母线检修或故障时，只减负荷而不至于停电，主变压器故障与母线故障的影响相同。当主变压器（如 T1）故障时，相当于与之相连的母线（$WB_{Ⅰ}$）故障，则所有靠近该母线的断路器均会跳闸，但并不影响各出线的供电。主变压器用隔离开关断开后，母线即可恢复运行。

因此，这种接线方案要求主变压器可靠性高、故障率低，并要求线路配电装置可靠性高，适用于超高压系统，其出线回路采用双断路器或一台半断路器两种接线。当出线回路数为 3 ~4 回时，各出线均可经双断路器分别接到两组母线上，可靠性很高（如图 4-15 中的 L1、L2、L3）；当出线回路数为 5 ~8 回时，部分出线可以采用一台半接线方式，可靠性也很高（如图 4-15 中的 L4、L5）。

4.1.2.3　无汇流母线的基本接线形式分析

无汇流母线的主接线简称无母线接线，即没有母线中间环节，使用的开关电器少、占用土地面积小、投资较少，断路器数量等于或少于出线回路数且无母线故障和检修的问题。这类接线形式往往局限于进出线回路数较少、且不再扩建的发电厂和变电站。

1. 单元接线

发电机和主变压器直接连接成一个单元，除在发电机出口接厂用分支外，中间没有任何的横向连接，经过断路器直接接入高压系统的形式，称为单元接线。单元接线包括发电机 - 变压器单元接线、发电机 - 变压器 - 线路单元接线、发电机 - 变压器扩大单元接线等形式。

单元接线常用于以下场合：

（1）发电机额定电压超过 10 kV（单机容量在 125 MW 以上）；

（2）不需要接地区负荷的发电机，或无地区负荷的发电厂；

（3）原发电机电压母线容量超过限制（6 kV 配电装置不超过 120 MW，10 kV 配电装置不超过 240 MW）。

1）发电机 - 变压器单元接线

（1）接线分析。

图 4-16（a）所示是发电机与双绕组变压器单元接线。发电机电压等级不设母线，发电机与变压器容量相同、直接连接、共同工作，所有电能经变压器全部送入升高电压等级（35 kV 及以上）进入系统，供给远方用户。由于发电机仅在升高电压侧并联工作，因此在

升高电压侧必须有母线。

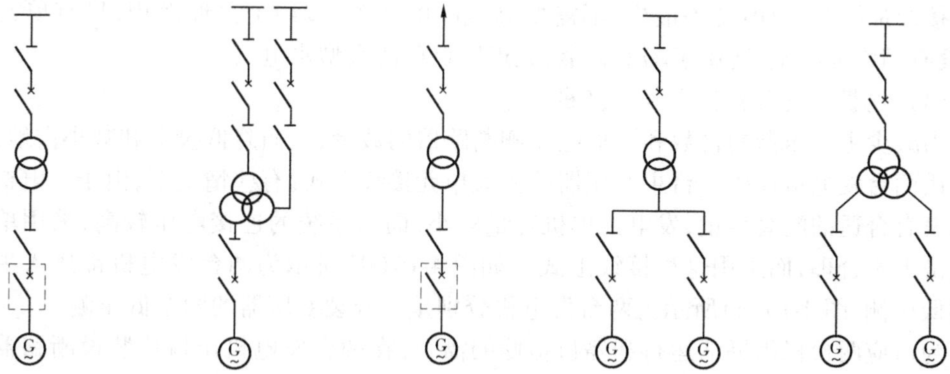

(a)发电机-双绕组变压器单元　(b)发电机-三绕组变压器单元　(c)发电机-变压器-线路单元　(d)发电机-变压器扩大单元　(e)发电机-分裂绕组变压器扩大单元

图4-16　单元接线、扩大单元接线

当发电机停运时,变压器也停运,所以两者之间可不装设断路器;为方便调试发电机及停运时由系统供给厂用电,在两者之间可装一组隔离开关。对于200 MW及以上的机组,由于发电机回路额定电流或短路电流过大,使得选择出口断路器时,受到制造条件或价格甚高等因素的影响,发电机与变压器之间不装设断路器,采用分相封闭母线以减少发电机回路故障的概率。对于采用分相封闭母线的单元,不宜装隔离开关,但为了发电机调试方便,装有可拆的连接点。

图4-16(b)是发电机与三绕组变压器(或自耦变压器)单元接线。若变压器高、中压侧无电源,发电机和变压器之间可不装设断路器;若高、中压侧有电源,且高、中压侧在发电机停止工作时仍需保持与电网的连接,以及考虑在启动前能从系统获得厂用电,则发电机与变压器之间需装设断路器。但这种接线形式一般不用于大容量机组,其原因:首先是没有满足发电机出口额定电流、也不能切断发电机出口短路电流的断路器,其次采用分相封闭母线后安装工艺复杂,另外三绕组变压器中压侧不留分接头,不利于高、中压侧的调压和负荷分配。

(2)优缺点分析。

发电机-变压器单元接线具有如下特点:

①接线简单清晰,电气设备少,配电装置简单,因而节约了投资和占地面积;操作简便,降低了故障的可能性,提高了供电可靠性,使继电保护简化。

②由于没有发电机电压母线,因此在发电机和变压器低压侧之间短路时的短路电流比有母线时要小。

③单元中任一元件检修或故障,整个单元必须完全停止工作,检修时灵活性差。

(3)适用情况分析。

它适用于机组台数不多的大、中型不带近区负荷的区域性发电厂以及分期投产或装机容量不等的无机端负荷的中、小型水电站。

2)发电机-变压器-线路单元接线

当只有一台发电机、一台变压器、一条线路时,可以采用发电机-变压器-线路单元接线，即发电厂内不设升压站，把电能直接送到附近的枢纽变电站，如图 4-16(c)所示。这种接线最简单，使用设备最少，不需要高压配电装置，节约了占地面积，只有单元控制室，没有网络控制室，适用于场地狭窄、无近区负荷的大型水电厂。

3)发电机－变压器扩大单元接线

为减少主变压器的台数和增加电压侧断路器的数量，从而降低投资和减小占地面积，可采用两台发电机连接一台主变压器的扩大单元接线形式；有些情况下，由于发电机与变压器没有合适的配套容量，发电机单机容量较小，而与系统的连接电压较高，采用单元接线经济上不合理，而采用这种接线形式。如图 4-16(d)所示为两台发电机都接入主变压器的低压侧，图 4-16(e)所示为两台发电机分别接入分裂变压器的两个低压侧。

为适应两台机组灵活运行和停机检修的需要，在两台发电机出口均装设断路器及隔离开关，以隔断电压。当一台机组停运或故障时，该断路器可以将其与另一台正常运行的机组隔离。

扩大单元接线有如下特点：

(1)减少主变压器数量、主变压器侧高压断路器的数量和高压侧出线回路数；简化接线、降低投资、减小占地。

(2)一台机组停运不影响厂用电的供电。

(3)采用分裂变压器的扩大单元接线，限制发电机出口或变压器低压侧短路时的短路电流水平的效果较其他形式更明显。

(4)运行灵活性较差。主变压器及其高压侧断路器检修或故障，单元两台机组都要停运，影响较大，因此必须是电力系统允许和技术经济合理时才采用。

扩大单元接线在中、小容量火电厂和水电厂的发电机较多时均可采用。

2. 桥形接线

当仅有两台变压器和两回出线时，采用桥形接线。桥形接线仅用三台断路器，是使用断路器最少的接线形式。两出线间跨接一台联络断路器构成桥回路，根据桥联断路器的位置，可分为内桥接线和外桥接线。

1)内桥接线

若桥联络断路器跨接在出线断路器的内侧(变压器侧)，称为内桥接线。如图 4-17(a)所示，线路经断路器和隔离开关接至桥接点，构成独立单元；而变压器支路只经隔离开关与桥接点相连，是非独立单元。

桥回路位于变压器侧，因此具有以下特点：

(1)线路操作方便。如线路故障，仅故障线路的断路器跳闸，其对应变压器经过桥回路仍可正常工作。

(2)变压器故障或检修操作复杂。如停运 1T 变压器，需断开对应侧线路断路器 1QF、桥联断路器 3QF，使 L1 线路短时停电；然后拉开变压器侧隔离开关 1QS，再合上 1QF、3QF 恢复 L1 线路供电。这一特点概括为“内桥内(单元投切)不便”。

(3)当线路断路器故障或检修时，造成该回路停电；桥回路故障或检修时，全厂分列为两部分，使两个单元之间失去联系。当有穿越功率时，将通过三台断路器，因而断路器故障概率大，系统开环的概率也大，因此可以在两回路之间增设正常时断开的“外跨条”

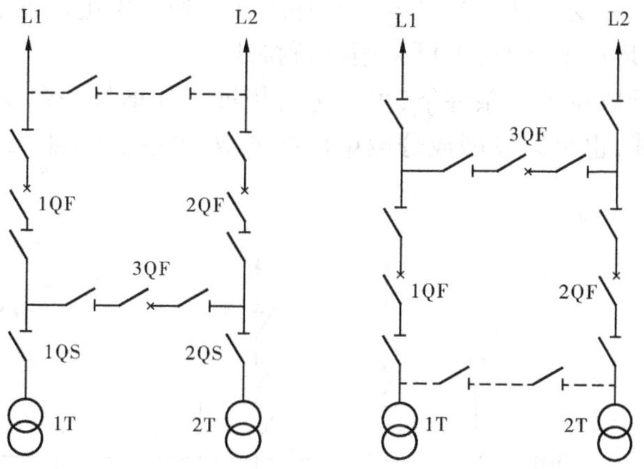

(a)内桥接线　　(b)外桥接线

图4-17　桥形接线

(图4-17(a)中虚线部分),以增加运行灵活性。跨条设两组隔离开关,当其中之一检修时,用另一组隔离电压。

内桥接线适用于35～220 kV、输电线路较长、线路侧检修和故障概率大、雷击率较高、变压器不需要经常切换、穿越功率不大的小容量配电装置。

2)外桥接线

若桥联络断路器跨接在出线断路器的外侧(远离变压器侧),称为外桥接线。如图4-17(b)所示,变压器经断路器和隔离开关接至桥接点,构成独立单元;而线路支路只经隔离开关与桥接点相连,是非独立单元。

桥回路位于线路侧,具有以下特点:

(1)变压器操作方便。如变压器故障,仅故障变压器回路断路器跳闸,该线路可由另一变压器经桥回路送电,也不影响另一回路的正常工作。

(2)线路故障或检修操作复杂。如停运出线L1,须断开线路断路器1QF、桥联断路器3QF,或线路L1故障时,两断路器均跳闸,此时该回路变压器切除,待该线路侧隔离开关断开后,重新合上两断路器,恢复变压器负载运行,两种工况下其倒闸操作过程都较复杂。这一特点概括为"外桥外(单元投切)不便"。

(3)当线路断路器故障或检修时,造成该侧变压器停电;桥回路故障或检修时,全厂分列为两部分,使两个单元之间失去联系。当有穿越功率通过时,特别是在桥形接线的两出线回路接入环形电网时,断路器的故障将使电网开环运行。如果采用外桥接线,此时穿越功率只通过一台桥联断路器,而内桥接线的穿越功率要通过三台断路器,相比之下外桥接线断路器的故障概率要小,其中任一台断路器故障或检修时,将影响系统穿越功率的通过或迫使环形电网开环运行。

当变压器侧断路器检修时,变压器需较长时间停运,桥联断路器检修也会造成开环,因此也可以在两回路之间增设正常时断开的"内跨条"(图4-17(b)中虚线部分),并在变压器侧各增设一组隔离开关,以解决上述问题,使运行方式更加灵活。

外桥接线适用于35～220 kV,线路较短(故障概率小),而变压器按照经济运行要求需经常切换的发电厂和变电站。当系统中有穿越功率通过发电厂或变电站高压配电装置时,或当双回线接入环形电网时,也可采用外桥接线。

桥形接线在有预留位置的条件下,可以进行扩展。如增加一台变压器和一回出线,可以扩展为双桥形接线,也可以发展成分段单母线或双母线接线,如图 4-18 所示,虚线为增加部分设备和接线。

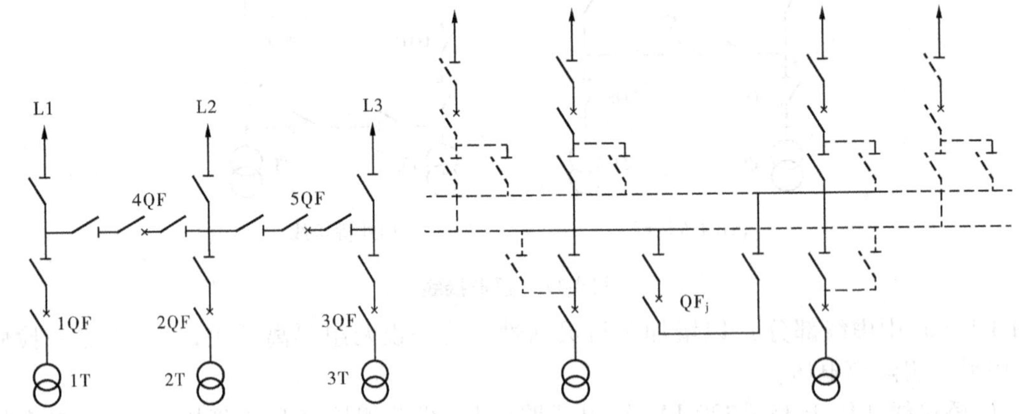

(a)双桥接线　　(b)扩展为双母线接线

图 4-18　桥形接线的扩展

3. 角形接线

角形接线相当于单母线按电源、出线分多段接线,并将端部闭合成环形,在相邻两台断路器之间引出一条电源或出线回路,回路不再装设断路器,引出线处为闭合环路的一个角,角数即为进出线回路数,也等于断路器台数,并在每个引出点的三侧各设置一组隔离开关,图 4-19 所示分别为三、四、五角形接线。

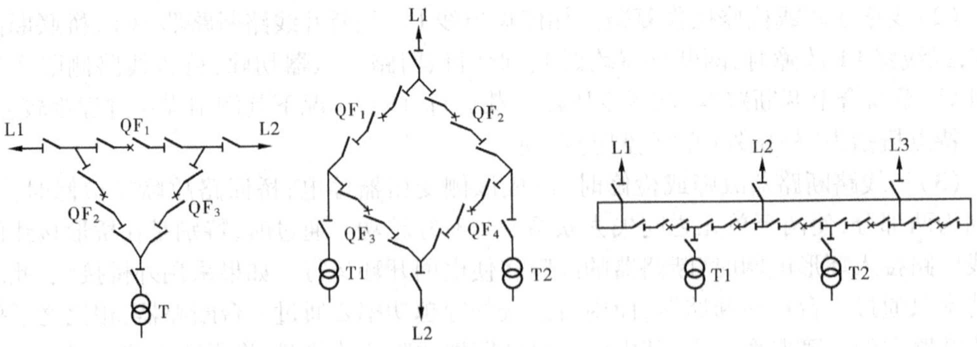

(a)三角形接线　　(b)四角形接线　　(c)五角形接线

图 4-19　角形接线

角形接线有如下特点。

1)角形接线的优点

(1)断路器使用数量少,每一回路仅用一台断路器,所用的断路器数等于进出线回路数总和,比单母线分段和双母线都少用一台断路器,与不分段单母线相同,仅次于桥形接线,投资省,占地少,经济性较好。

(2)正常闭环运行时,可靠性高、运行灵活。每一个回路都可经两台断路器从两个方向获得供电通路,任一台断路器检修时都不会中断供电。

(3)检修任一台断路器时,只需断开该断路器及两侧隔离开关,并不会造成任何回路停运。隔离开关只在检修断路器时用于隔离电压,不作为操作电器,误操作的可能性大大减小,也有利于自动化控制。

2)角形接线的缺点

(1)在开环、闭环两种运行方式下,通过断路器的工作电流相差很大,且每个回路连接两台断路器,每台断路器又连着两个回路,给设备的选择和继电保护整定带来一定的困难。

(2)开环运行工况下,若某条回路故障,会影响其他回路的正常工作,使相邻的完好元件不能发挥作用而被迫停运,降低了可靠性。如四角形接线中,当QF3检修时,若L1故障,使QF1、QF2跳闸,T1将解列,L2可能被限电。若T1与L2交换位置,则T1、T2都不能送电,因此应尽量把电源回路和负荷回路交叉布置,以避免同时失去两个电源或断开两个负荷,提高供电可靠性和运行的灵活性。

(3)检修任一台断路器时,变为开环运行,降低了可靠性。角数增多、断路器增多、开环故障概率增大,因此回路数限制不超过6回,即最多为六角形接线,通常采用三角形、四角形和五角形接线。

(4)建成后扩建比较困难。

角形接线适用于进出线回路数为3~5回的110 kV及以上的配电装置,特别在水电站中应用较多,因为角形接线相对占地面积较小。

4.1.3 水电厂典型电气主接线实例分析

前面介绍的主接线基本形式,从原则上讲适用于各种电厂。但是,由于发电厂的类型、容量、地理位置以及在电力系统中的地位、作用、出线数目、输电距离的远近以及自动化程度等因素,对不同发电厂要求各不相同,所采用的主接线形式也就各异。

4.1.3.1 水电厂电气主接线认知

1.水电厂接入电力系统的方式

水电厂接入电力系统的方式与电站水能特性、装机容量、地理位置及所在电网的发展、网络结构和负荷水平等密切相关。接入方式大致有以下几种。

1)长距离超高压输电线路接入电网

大型水电厂一般多处山区,且远离负荷中心,常采用超高压输电线路,经中间开关站或变电所,将电能送至负荷中心。如二滩电站(3 300 MW)共有四回500 kV出线,其中三回经昭觉、自贡至负荷中心成都市。

2）中、短距离高压输电线路辐射式接入电网

当水电站距负荷中心不远时，一般以辐射式接入电网的枢纽变电所。例如福建水口水电站（1 400 MW），共有七回 220 kV 出线，分别送福州、南平、惠安等地。

3）抽水蓄能电站接入电网

抽水蓄能电站在电网中的功能主要是调峰、填谷，以提高电网运行效率，改善电网运行质量。其发电和抽水两种运行工况随着电网负荷变化和运行需要，每日数次交替出现，电站出线潮流经常正反向变换，开关站母线电压也随着频繁波动。故其开关站和出线线路不宜作为电网网架间交换功率的组成部分。已建成的抽水蓄能电站，特别是纯抽水蓄能电站，大多以高压或超高压输电线路直接接入电网枢纽变电所。如北京十三陵抽水蓄能电站（800 MW），以两回 220 kV 输电线路（约 6 km）直接接入昌平枢纽变电所；浙江天荒坪抽水蓄能电站（1 800 MW），以两回 500 kV 输电线路（约 34 km）直接接入华东电网瓶窑枢纽变电所。

4）梯级水电站接入电网

梯级水电站，常先以较低电压输电线路接入梯级中相对容量较大、位置适中的中心水电站，集中升压后再接入电网（有一些地理位置靠近但非梯级的水电站群也常用这种方式接入电网）。例如福建省古田溪四个梯级水电站，古田一、三、四级水电站以 110 kV 输电线路接入古田二级水电站，集中升压至 220 kV，再以 220 kV 输电线路送至福州及马站变电所。又如鱼子溪一级、二级、映秀湾 3 个水电站，在地理位置适中的二台山设立中心开关站，以 220 kV 接入电网，既减少了山区输电线路走廊，减少了投资，也提高了输电线路的有效利用率。

5）水电站开关站作为电网枢纽点

有些水电站作为地区电网的主力电源，且距负荷中心的距离适中或同时向 2 个以上的负荷中心供电，必要时可以两级或三级电压接入不同电网，成为电网枢纽点。例如浙江富春江水电站（297.2 MW），共有三级出线电压等级：220 kV 共有四回出线，分别接至杭州、金华、奉化与新安江水电站；110 kV 共有三回，分别接至义乌、富阳、诸暨；35 kV 有八回出线供近区负荷，成为该地区的枢纽变电所。

6）作为不同电网间的联络枢纽

只有大型水电站才有这种情况。例如葛洲坝水电站除以 500 kV 和 220 kV 输电线路接入华中电网外，还设有一回 ±500 kV 直流输电线路，送至上海南桥变电所，联络华中与华东两大电网，成为这两大电网的联络点。

2. 水电站电气主接线设计的特点

（1）水电站多处山区，一般距负荷中心较远，且在发电机电压侧很少接有大功率用户（无机端负荷），除厂用电外，电能主要是以高电压、远距离向电网送电，故升压变压器容量是由与之相连的机组容量决定的。

（2）除径流式电站外，水电站大都承担电网的调峰、调频和旋转备用，必要时还可做调相和进相运行，所以电站开、停机频繁，最大负荷利用小时数一般较低。

（3）水电机组开、停机程序较简单，启、停机速度快，容易实现自动化和无人值班（少人值守）。

(4)电站规模确定后,一般不考虑扩建。若规划中明确电站分期建设,其主接线则按最终规模设计,但应考虑分期发电的过渡措施。

(5)水电站电气设备布置及进出线走廊受山区地形等因素的制约较多,故在满足安全、可靠运行的前提下,尽量简化接线,减少出线电压等级和出线回路数。

(6)水电站厂用电负荷较小,主要引自发电机引出线,厂用备用电源一般取自地区配电网。

(7)水电站大型设备如主变压器等的选择,还需考虑交通运输限制条件。

(8)装设可逆式发电机的抽水蓄能电站还需考虑换相方式和不同启动方式对电气接线的影响。

综上所述,水电站电气主接线设计时需紧密结合电站的特性及在电网中的地位,并符合供电可靠性、运行灵活、操作方便和节约投资等原则。一般按以下原则选择:

(1)水力发电厂发电机电压侧的接线:多采用单元接线或扩大单元接线;当有少量地区负荷时,可采用单母线或单母线分段接线。

(2)水力发电厂的升高电压侧的接线:当出线回路数不多时应优先考虑多角形接线等类型的无母线接线;当出线回路数较多时可根据其重要程度采用单母线分段、双母线或一台半断路器接线等。

3. 电气设备选择

1)主变压器选择

减少主变压器的台数,增大单台变压器容量,从而使配电设备数量减少、配电装置结构简化、接线布置简单清晰,同时能减少占地面积和运行维护工作量。但也会使备用减少,可靠性和负载变动大时运行经济性降低。

因此,合理地选择主变压器数量、型式,应根据电站的接入方式、机组数量、容量及基本接线形式进行,保证其可靠性与其他环节的可靠性相一致。

(1)主变压器台数。

两台主变压器联合运行可达到相当高的可靠性。根据在丰水期、枯水期发电量的不同,可以两台同时运行,或一台运行、另一台备用的灵活方式。一般情况下,水电站的变压器可根据投资和工期分期投入。因此,在中、小型水电站,主变压器的台数为1~2台;在大、中型水电站,由于常采用单元接线或扩大单元接线,主变压器台数在2台及以上。

(2)主变压器容量。

由于水电站厂用电负荷不大,地区负荷也不大,故所选择的主变压器容量应不小于所连接的发电机的容量,以保证发电机容量能全部送出。

单台变压器容量按其所连接的发电机容量选择,一般不考虑备用容量,避免有功和无功的损耗。

①发电机-变压器单元接线和扩大单元接线,主变压器容量应与发电机总视在功率相配套。

②接于发电机汇流母线上的主变压器,其总容量应扣除该母线上的直供负荷的最小值。如果在该母线上是两台主变压器并联运行,应尽可能采用相同型号、甚至相同厂家的同批产品。

③接于发电机汇流母线上的主变压器，如果一台接电网，另一台接负荷，则接电网变压器容量应为接于母线上的发电机总容量减去接负荷变压器的最大视在功率及直供最小负荷之和。

④梯级联合开发水电站，其主变压器容量还应考虑其他梯级水电站的转送最大功率。

(3)主变压器型式。

①三绕组变压器。在有两个升高电压等级时，应优先考虑，以满足电网的不同运行状况下的潮流分布，提高可靠性、灵活性，减少损耗、节省投资、简化配电装置的布置和投运后的运行维护工作量。目前我国生产的标准三相三绕组变压器，其三侧容量之比按高、中、低压侧分别有100/100/100、100/100/50、100/50/100三种。

当各电压侧的通过容量为变压器容量的15%以上时，宜采用三绕组变压器，或高、中压侧中性点均直接接地时，采用自耦变压器，变压器台数不宜超过两台。当高、中压间有较大穿越功率，且采用三绕组变压器或升压自耦变压器在技术、经济上都不合理时，可采用联络自耦变压器。但当其中一侧计算负荷小于额定容量的15%时，为避免绕组容量浪费，采用双绕组变压器、加双绕组联络变压器更经济合理。

②双绕组变压器。中、小型水电站只有一个升高电压等级时，宜采用三相普通油浸式双绕组电力变压器。

主变压器应采用三相式。如受运输或布置等条件限制，经过技术经济比较，可采用两台较小容量的三相变压器并联或单相变压器组。也可采用三相组合式变压器，用于扩大单元连接的变压器，可采用低压侧分裂线圈的变压器。

采用单相变压器组的水电厂，年利用小时数在4 000 h及以上，且设有三组及其以上相同容量的单相变压器；或全厂只有一组单相变压器，停止运行会造成大量弃水；以及只有一组联络单相变压器组，两种升高电压间经常有较大穿越功率，且不允许长时间停电检修时，可设置备用相。

由于我国对35 kV及以下电网采用中性点非直接接地、对110 kV及以上电网采用直接接地方式，所以主变压器的接地方式根据电网中性点的接地方式决定。

2)断路器设置

(1)扩大单元回路、三绕组变压器或自耦变压器回路在发电机出口处必须装设断路器。

(2)需要倒送厂用电，且接有公共厂用变压器的单元回路在发电机出口处宜装设断路器。

(3)开机、停机频繁的调峰水电厂，需要减少高压侧断路器操作次数的单元回路，在发电机出口处宜装设断路器。

3)隔离开关设置

(1)断路器两侧均应设置隔离开关，以便断路器检修时隔离电源。

(2)在发电机出口处应装设隔离开关。

(3)接在发电机、变压器高压、低压侧引线或中性点上的避雷器，可不装设隔离开关。

(4)发电机或变压器中性点，或通过消弧线圈接地，应装设隔离开关，自耦变压器中性点则不必装设。

(5)接在母线上的避雷器和电压互感器可合用一组隔离开关。

(6)多角形接线的进出线应装隔离开关,当进出线检修时,以保持闭环运行;桥形接线的跨条用两组隔离开关串联。

4)接地隔离开关设置

(1)每段母线的接地隔离开关一般装在母线电压互感器隔离开关或母联隔离开关上,根据母线长度装设1~2组。

(2)63 kV及以上配电装置断路器两侧隔离开关、出线隔离开关的出线侧宜装接地开关。

(3)旁路回路隔离开关的旁路母线侧装一组接地开关。

(4)63 kV及以上主变压器进线隔离开关的变压器侧宜装一组接地开关。

5)电压互感器设置

(1)各段母线上、桥形接线桥两侧均应装一组电压互感器,旁路母线上必要时也应装设。6~220 kV母线应在三相装设,其中6~10 kV采用电磁式三相五柱式电压互感器,35~220 kV采用三台单相三绕组电压互感器,110~220 kV为避免铁磁谐振,主要采用电容式电压互感器。

(2)330 kV及以上母线,采用电容式电压互感器。用于双母线带旁路时,在每组母线的三相装设;用于一台半接线时,根据测量、保护和自动装置的要求,在每回出线三相以及在每段母线的一相或三相装设。

(3)发电机回路一般装设2~3组电压互感器,用于发电机的测量和各项保护。

(4)主变压器回路低压侧装设一组电压互感器,用于与系统同步,以及主变压器的测量仪表、保护。当发电厂与系统在高压侧同步,或用6~10 kV备用母线同步时,可以不装设。

(5)当对端有电源时,为监测线路有无电压及用于同步、设置重合闸,在出线侧装设一组电压互感器。其中330~550 kV线路在三相装设,220 kV及以下线路在一相装设;330~550 kV配电装置主变压器进线,根据继电保护、自动装置和测量的要求,在一相或三相装设。

6)电流互感器设置

(1)装有断路器的回路均应装设电流互感器。

(2)发电机和变压器的中性点、发电机-双绕组变压器单元的发电机出口、桥形接线的跨条上应装设电流互感器。

(3)由于准确性要求不同,并防止仪表开路引起保护不正确动作,测量仪表、继电保护、自动装置一般应有单独的电流互感器或不同的二次绕组供电。保护用互感器设置应消除保护装置的不保护区,即要考虑交叉保护范围。

(4)110 kV及以上中性点直接接地系统一般按三相设置,非直接接地系统根据需要按两相或三相设置,如发电机、变压器回路采用三相设置。

(5)电流互感器通常布置在线路断路器的出线侧、变压器断路器的变压器侧,以防套管闪络引起母线故障。为减小发电机内部故障时来自系统的电流的影响,自动励磁装置的电流互感器布置在定子绕组的出线侧。当发电机故障使出口断路器跳闸后,没有故障电流从系统流过电流互感器,自励电流不致增加,发电机电势不致过大。用于测量仪表的电流互感器，装于发电机中性点侧，以便于发现并网前的发电机内部故障。

7)避雷器

避雷器是用于过电压保护的装置，其装设要求详见过电压保护相关介绍。

4.电气主接线形式选择

根据上述条件，电气主接线形式的选择需满足供电可靠、运行灵活、接线简单明了、便于分期过渡、操作检修方便和节约投资等要求，经技术经济比较确定。

确定短路电流时，考虑电厂全部机组投产后电力系统 5 ~ 10 年内的发展规划以及电厂的最终容量，包括预留机组容量，但不是水电厂远景的规划容量。采用的接线方式，应为可能发生最大短路电流的正常接线方式。

由于水电机组启动到迅速带负荷，正常情况下只需 4 ~ 5 min，事故情况下不到 1 min，因此除丰水期外的其他时间，常作为系统事故备用或担任系统二次调频负荷。负荷曲线变化大、机组启停运较频繁，昼夜之间可能多次开、停机，设备利用小时数小，所以电气主接线应尽量避免采用烦琐的倒闸操作，减少隔离开关的操作次数，要求容易实现自动化和远程化。

水力发电厂附近地形条件往往较复杂，配电装置场地选择较火电厂和变电站相对困难。为了减小和有效利用占地面积，电气主接线应尽可能简单，使配电装置布置紧凑。

大型水电厂的主接线，往往不设发电机电压母线，广泛采用单元接线、扩大单元接线，除厂用电外，以 1 ~2 种升高电压等级送入系统。由于出线回路较少，中小型水电厂的主接线形式常采用桥形、多角形或单母线接线。机组台数不多的水电厂，在断路器开断电流允许的情况下，发电机电压侧也可采用单母线或单母线分段的接线，因此较火电厂的主接线形式简单、清晰，一般为屋外配电装置。

(1)35 kV 配电装置。一般采用桥形接线、单母线或单母线分段接线。当出线在 6 回及以上，且断路器又无条件停电检修时可设置旁路母线。

(2)110 ~220 kV 配电装置。当进出线回路数不多时，一般采用桥形接线、角形接线、单母线或单母线分段接线。220 kV 出线达到 4 回、110 kV 出线达到 6 回时，也可采用双母线或双母线带旁路母线接线，经技术经济比较，也可采用其他接线方式。

(3)330 ~500 kV 的配电装置。当进出线回路数为 3 ~4 回时，可采用角形接线。当出线回路数较多时，可采用一台半接线、双母线分段接线或双母线带旁路母线接线。接线应满足发生任何故障，包括任一断路器检修时，切断的容量不宜超过全厂容量的 1/2。

对担负调峰任务的水电厂，当采用一台半接线时，应经技术经济比较，论证增设断路器的合理性。

在电力系统中具有重要位置或带有重要负荷的水电厂，在采用单母线或双母线的 110 ~220 kV 配电装置时，除断路器有条件停电检修者外，应有旁路设施。当 220 kV 出线在 5 回及以上、110 kV 出线在 7 回及以上需设旁路母线时，宜采用专用旁路断路器。

4.1.3.2　一次设备编号原则介绍

1.交流 220 kV 及以上设备编号

电力系统交流 220 kV 及以上设备实行双重编号，即由代码编号（以下简称编号）和设备名称两部分组成。

1)线路编号

线路以该线路两端厂(站)名称的简称命名,该线路两端开关,按规定相应编号;同杆架设的线路分别命名为Ⅰ、Ⅱ线。

例如:岩滩电厂－沙塘变500 kV线路命名为500 kV岩沙线,合山电厂到磨东变的双回220 kV线路命名为220 kV合磨Ⅰ线、220 kV合磨Ⅱ线。

2)发电机、变压器等设备编号

发电机、变压器等设备,按顺序分别为×号机,×号变,其主开关按规定相应编号。

例如:来宾B厂1号机、1号变,来宾B厂2号机、2号变。

3)母线编号

母线分别用1、2、3、4、5数字表示。

排列顺序规定为:从发电机、变压器侧向出线线路侧,由固定端向扩建端(平面布置),自上而下(高层布置)排列。

单母线,称1号母线(#1M)。

单母线分段,分别称1号、3号母线(#1M、#3M)。

双母线,分别称1号、2号母线(#1M、#2M)。

双母线分段,分别称1号、2号母线,3号、4号母线(#1M、#2M、#3M、#4M)。旁路母线,称5号母线(#5M)。若旁路母线为两段,则称为#5M1、#5M2。

例如:古顶电厂220 kV母线称为220 kV#1M(单母线),百龙滩电厂220 kV母线称为220 kV#1M、#3M、#5M(单母线分段带旁路母线),右江电厂220 kV母线称为220 kV#1M、#2M(双母线)。

4)开关编号

开关编号用四位数字表示,前两位数码代表电压等级("50"代表500 kV,"20"代表220 kV),后两位数码依接线方式做以下规定:

(1)完全一个半开关接线开关编号。

完全一个半开关接线设备按矩阵排列编号,如500 kV第一串的三个开关,分别为5011(靠#1M)、5012(中间)、5013(靠#2M),第二串为5021(靠#1M)、5022(中间)、5023(靠#2M)(参见图4-28)。220 kV第一串的三个开关,分别为2011(靠#1M)、2012(中间)、2013(靠#2M),第二串为2021(靠#1M)、2022(中间)、2023(靠#2M)。

串序自固定端向扩建端依序排列。

(2)不完全一个半开关接线开关编号。

如图4-20所示为不完全一个半开关接线方式,不完整串当作一个完整串处理,照完全一个半开关接线的编号法编号。

图4-21所示为一个半断路器接线方式,变压器高压侧开关按主变压器开关编号。

(3)母联开关及旁路开关编号。

①母联开关及旁路开关划分为母联开关、旁路开关、母联兼旁路开关(如图4-22所示)、旁路兼母联开关(如图4-23所示)四种。其中,母联兼旁路开关按母联开关编号,旁路兼母联开关按旁路开关编号。

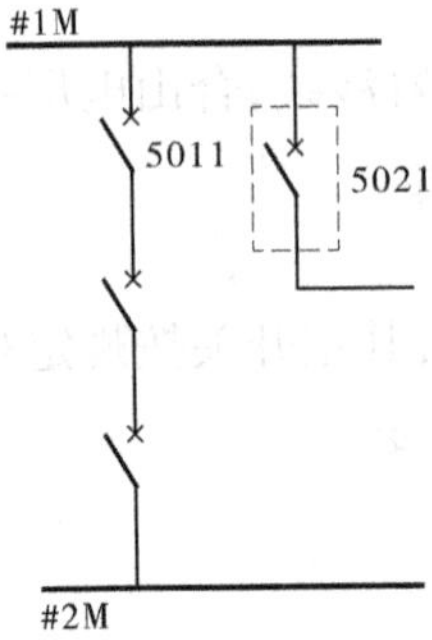

图 4-20　不完全一个半开关接线方式
（不完整串当作一个完整串处理）

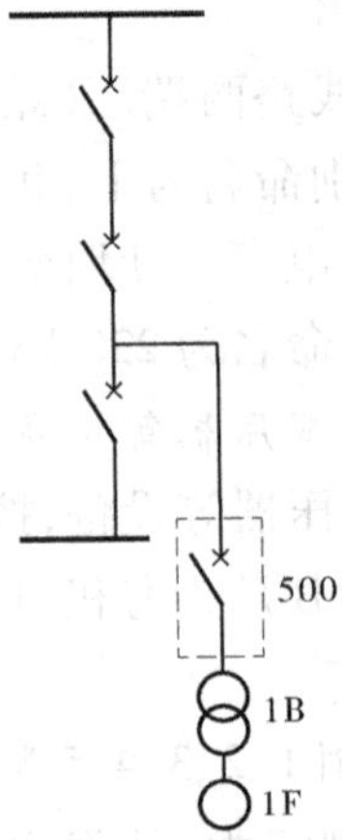

图 4-21　一个半断路器接线方式
（变压器高压侧开关按主变压器开关编号）

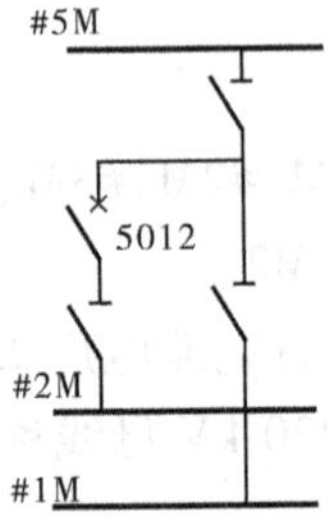

图 4-22　母联兼旁路开关 5012

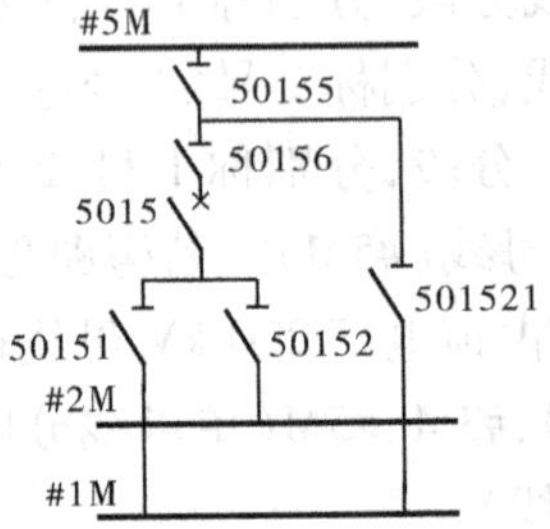

图 4-23　旁路兼母联开关 5015

②母联开关用被连接的二条母线编号组成，小数在前，大数在后。

例如：500 kV 1、2 号母线间的联络开关为 5012。

500 kV 3、4 号母线间的联络开关为 5034。

500 kV 2 号母线与 5 号旁路母线间开关为 5025。

220 kV 1、2 号母线间的联络开关为 2012。

220 kV 3、4 号母线间的联络开关为 2034。

220 kV 单母线分段 1 号、3 号母线间的联络开关为 2013。

例如：田东新厂 220 kV 母联开关编号为 2012，百龙滩电厂 220 kV 母联开关编号为 2013。

③旁路开关用被连接的母线与旁路母线编号组成，小数在前，大数在后。

220 kV 1 号母线与 5 号旁路母线间开关为 2015，2 号母线与 5 号旁路母线间开关为 2025。

（4）出线开关编号。

①500 kV 出线开关从 5051 起，按出线间隔顺序编号。

如：从固定端起第一个出线间隔的开关为 5051，从固定端起第二个出线间隔的开关为 5052，…。

②220 kV 出线开关从 2051 起，按出线间隔顺序编号。如：从固定端起第一个出线间隔的开关为 2051，从固定端起第二个出线间隔的开关为 2052，…。若所编开关编号与对

侧开关编号相同,则该开关编号在原编号的末位上 +1,如原开关编号为 2055,则该开关编号应为 2056,依次类推。

例如:来宾 BOT 站 220 kV 出线开关编号为宾琅线 2051、宾磨Ⅱ线 2052、宾磨Ⅰ线 2053、宾来Ⅰ线 2054、宾来Ⅱ线 2055。

(5)主变压器开关编号。

①500 kV 按主变压器序号,其高压侧开关相应编号为 5001、5002、5003、…、5010。

主变压器中、低压侧开关按规定编号。

②220 kV 按主变压器序号,其高压侧开关相应编号为 2001、2002、2003、…、2010。

例如:乐滩电厂主变压器高压侧开关相应编号为 2001、2002、2003、2004。

(6)500 kV 的高压备用厂用变压器高压侧的开关编号为 5000,220 kV 高压备用厂用变压器高压侧的开关编号为 2000。

例如:北海电厂启动备用变开关编号为 2000。

(7)联络变压器开关编号。

①500 kV 联络变压器开关编号。

对双绕组 500 kV 联络变压器序号确定和开关编号问题可按以下原则之一处理:a. 按全厂、站主变压器序号统一编号,开关编号与主变序号相对应;b. 单独给联络变压器以序号可采用 50,49,其主开关为 5050,5049。

②220 kV 联络变压器开关编号。

对 220 kV 联络变压器序号确定和开关编号问题可按以下原则处理:按全厂、站主变压器序号统一编号。开关编号与主变序号相对应。

例如,柳州电厂开关站(柳北变)#1 主变#2001,#2 主变#2002。#1 联变#2003,#2 联变#2004。

5)刀闸编号

(1)母线刀闸编号。

母线刀闸由所属的开关和母线号五位数字组成。

如:500 kV 母联 5012 号开关的刀闸,1 号母线侧为 50121,2 号母线侧为 50122(见图 4-26)。

来宾 BOT 站 220 kV 母联 2012 号开关的刀闸,1 号母线侧为 20121,2 号母线侧为 20122;来宾 B 厂启动变开关的刀闸,1 号母线侧为 20001,2 号母线侧为 20002;来宾 B 厂#1 主变压器高压侧开关的刀闸,1 号母线侧为 20011,2 号母线侧为 20012;来宾 B 厂#2 主变压器高压侧开关的刀闸,1 号母线侧为 20021,2 号母线侧为 20022。

(2)旁联刀闸编号。

旁联刀闸由所属旁联开关号加相应母线号六位数字组成。

①专用旁联刀闸(如图 4-24 所示)编号末两位分别为所联主母线和旁母线号。

②旁路兼母联开关所属旁联刀闸(如图 4-25 所示)编号,末两位分别为相关联两主母线号,其中,最末一位为刀闸所接主母线号。其编号代表意义如图 4-25 所示。

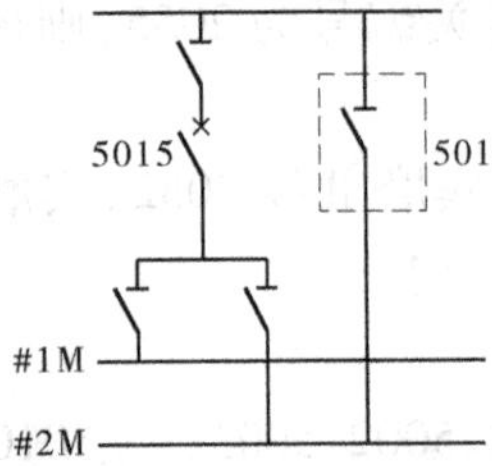

图 4-24　专用旁联刀闸 501551

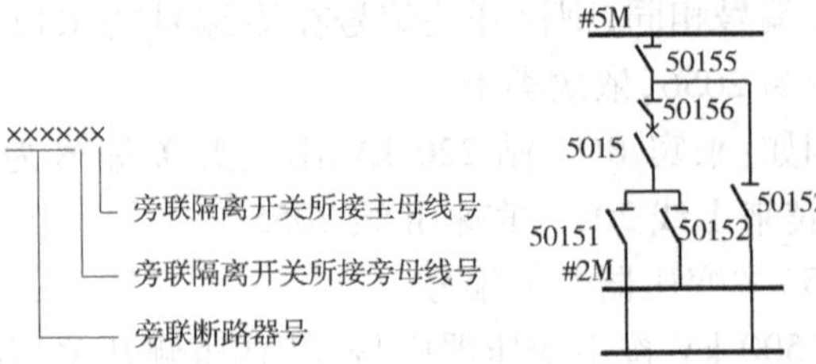

图 4-25　旁路兼母联开关所属旁联刀闸 501521

(3)电压互感器刀闸编号。

①500 kV。

由表示电压等级的“5”、母线号和“9”三位数字组成。

如:1 号母线的电压互感器刀闸为 519(见图 4-26)。

②220 kV。

由表示电压等级的“2”、母线号和“9”三位数字组成。

如:永福电厂 220 kV 1、2 号母线的电压互感器刀闸编号分别为 219、229。

(4)一个半开关接线开关的刀闸编号。

用开关号和所向母线号五位数字组成。

例如:岩滩电厂 500 kV 第三串 5031 开关,靠#1M 侧的刀闸编号为 50311,靠#2M 侧的刀闸编号为 50312。

(5)线路出线刀闸、主变压器的主变刀闸编号:

用开关号和“6”五位数字组成(见图 4-27);一个半开关接线方式的线路出线刀闸,按隶属母线侧刀闸编号(见图 4-28)。

例如:北海电厂 220 kV 北冲线 2053 开关,其线路侧刀闸为 20536;北海电厂 1 号主变压器 2001 开关,其主变侧刀闸为 20016;岩滩电厂 500 kV(一个半)岩平线 5033、5032 开关,其线路侧刀闸为 50336。

(6)避雷器刀闸编号。

以“8”作为避雷器的标志,编号原则同电压互感器刀闸编号。

如:500 kV 1 号母线的避雷器刀闸为 518(见图 4-27)。

6)接地刀闸编号

(1)接地刀闸,除以下各款特殊规定外,均按隶属关系,由“刀闸号 + 7”组成。

如:5051 开关与 50512 刀闸间的接地刀闸编号为 505127。

例如:永福电厂#1 主变 2001 开关#1 号母线侧刀闸为 20011,其接地刀闸编号为 200117;红花电厂 220 kV 母联 2012 开关#1(#2)号母线侧刀闸为 20121(20122),其接地刀闸编号为 201217(201227)。

(2)线路出线上线路侧的接地刀闸由“刀闸号 + 刀闸组别 + 7”组成(见图 4-26)。

例如:乐滩电厂 220 kV 乐永线 2051 开关,出线刀闸为 20516,其线路侧第一组接地刀闸为 2051617,刀闸侧(刀闸与开关之间)接地刀闸则为 205167。

(3)母线上的接地刀闸,由“电压级 + 母线编号 + 组别 + 7”四位数组成。

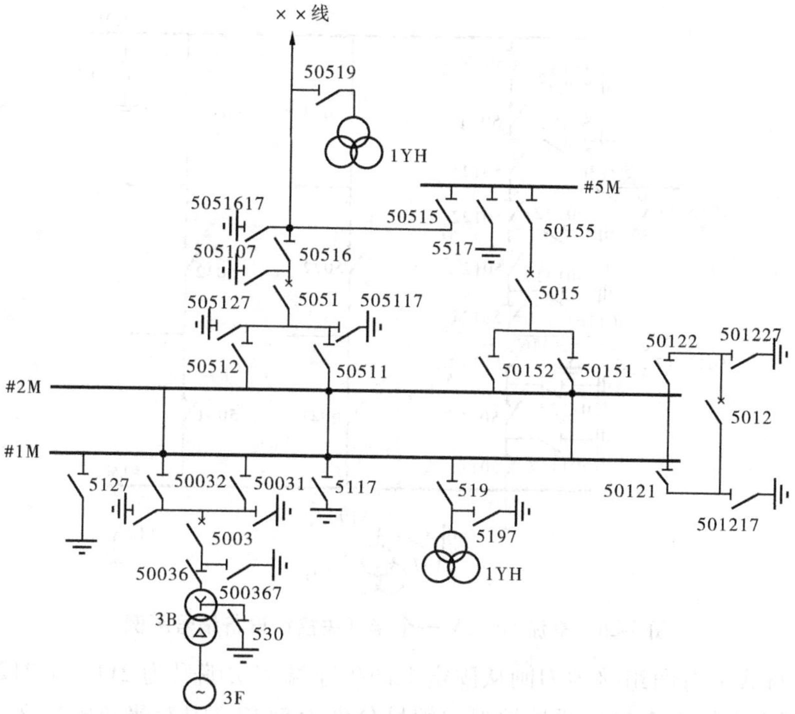

图4-26　交流500 kV双母线带旁路接线设备编号图例

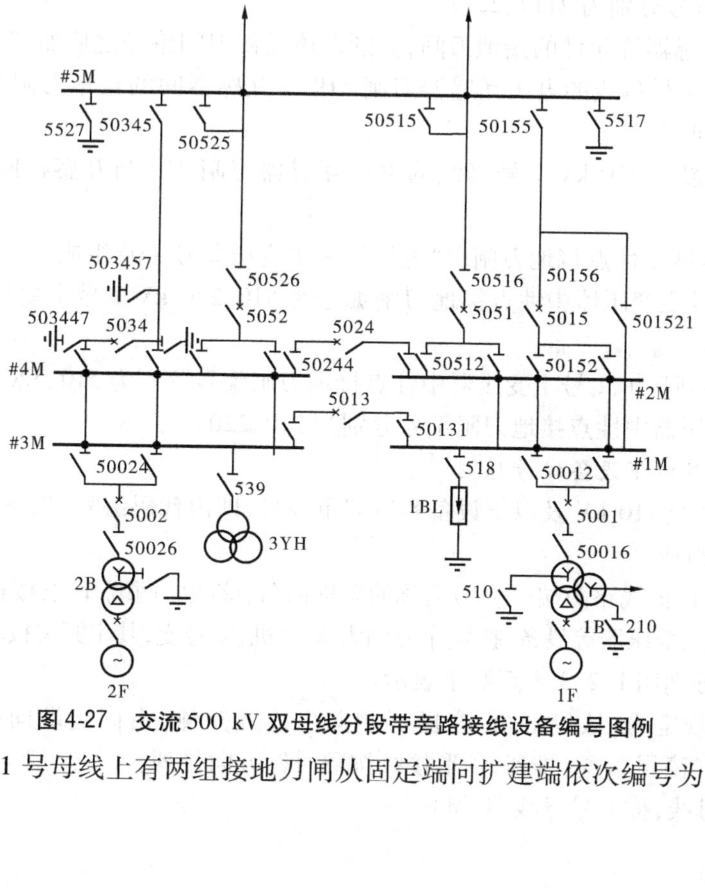

图4-27　交流500 kV双母线分段带旁路接线设备编号图例

如:500 kV 1号母线上有两组接地刀闸从固定端向扩建端依次编号为5117和5127;

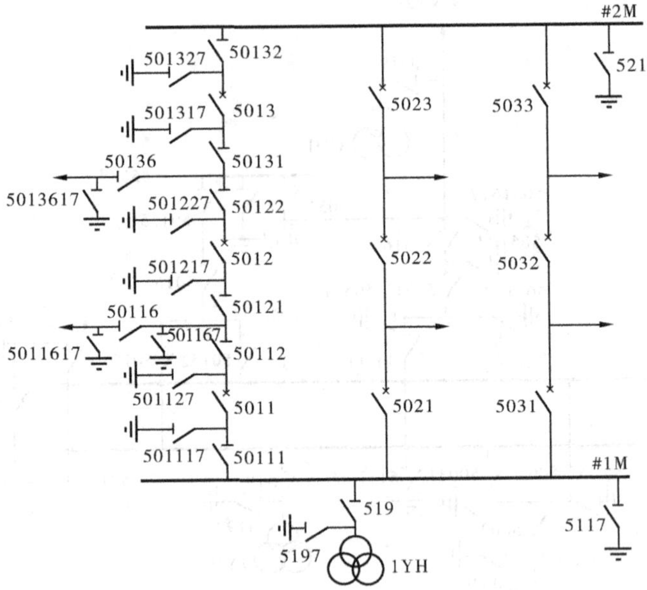

图 4-28　交流 500 kV 一个半开关接线设备编号图例

220 kV 1 号母线上有两组接地刀闸从固定端向扩建端依次编号为 2117 和 2127。

例如：岩滩电厂 1、2 号母线接地刀闸编号分别为 5117、5217；平班电厂 220 kV 1、2 号母线接地刀闸编号分别为 2117、2217。

(4)电压互感器等元件的接地刀闸，分别在该元件刀闸编号之后加"7"表示。

如：500 kV 1 号母线的电压互感器刀闸 519 与互感器间的接地刀闸为 5197，靠母线侧的接地刀闸同(3)。

例如：田东新厂 220 kV 1 号母线的电压互感器刀闸 219 与互感器间的接地刀闸为 2197。

(5)主变压器中性点接地刀闸以"电压级 + 主变压器号 + 0"组成。

500 kV 1 号主变压器中性点接地刀闸编号为 510，220 kV 1 号主变压器中性点接地刀闸编号为 210。

例如：合山新厂 1、2 号主变压器中性点接地刀闸编号分别为 510、520。柳州电厂 220 kV 1、2 号主变压器中性点接地刀闸编号分别为 210、220。

2. 110 kV 及以下设备编号原则

(1)电力系统 110 kV 及以下设备实行双重编号，即由代码编号(以下简称编号)和设备名称两部分组成。

例如线路，以该线路两端厂(站)名称的简称命名，该线路两端开关，按相应规定编号。

(2)发电机、变压器等设备，按顺序分别为 X 号机、X 号变，其主开关按相应规定编号。

(3)母线分别用 1、2、3、4、5 数字表示。

排列顺序规定为：从发电机、变压器侧向出线线路侧，由固定端向扩建端(平面布置)，由上而下(高层布置)排列，角形接线按顺时针方向排列。

例如：单母线，称 1 号母线(#1M)。

单母线分段,分别称 1 号、3 号母线(#1M、#3M)。

双母线,分别称 1 号、2 号母线(#1M、#2M)。

双母线分段,分别称 1 号、2 号母线,3 号、4 号母线(#1M、#2M、#3M、#4M)。

旁路母线,称 5 号母线(#5M)(若旁路母线为两段,则称为#5M1、#5M2)。

(4)开关编号。

开关编号用三位数字表示,前一位数码“1”代表 110 kV 电压等级,“3”代表 35 kV 电压等级,“9”代表 10 kV 电压等级,后两位数码依接线方式做以下规定:

①主变压器开关编号。

主变压器开关按主变压器序号编号,例如 110 kV 电压等级其开关相应编号为 101、102、…。

例如:叶茂电厂主变压器高压侧开关相应编号为 101、102。

②出线开关编号。

出线开关按接着主变压器开关编号,按出线间隔,自固定端向扩建端顺序编号。

如:110 kV 电压等级从固定端起第一个出线间隔的开关为 103,从固定端起第二个出线间隔的开关为 104,…。若所编开关编号与对侧开关编号相同,则该开关编号在原编号的末位上 +1,如原开关编号为 105,则该开关编号应为 106,依次类推。

例如:仙衣滩电厂出线开关编号为仙太Ⅰ线 103、仙太Ⅱ线 104。

③母联开关及旁路开关编号。

母联开关及旁路开关划分为:母联开关、旁路开关、母联兼旁路开关、旁路兼母联开关四种。母联开关用 100 编号,旁路开关用 190 编号,如图 4-29 所示。

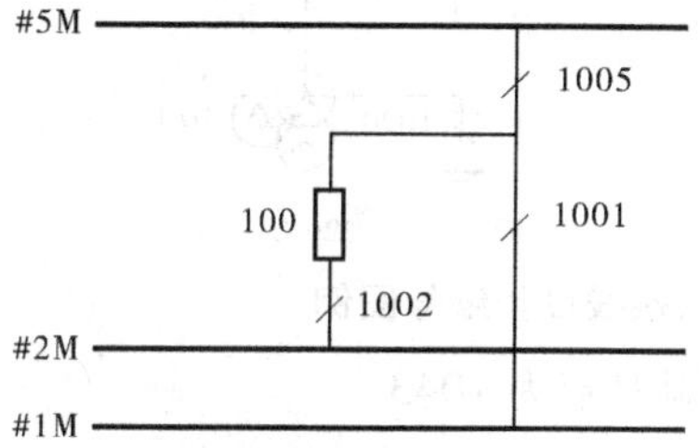

(a)母联兼旁路开关

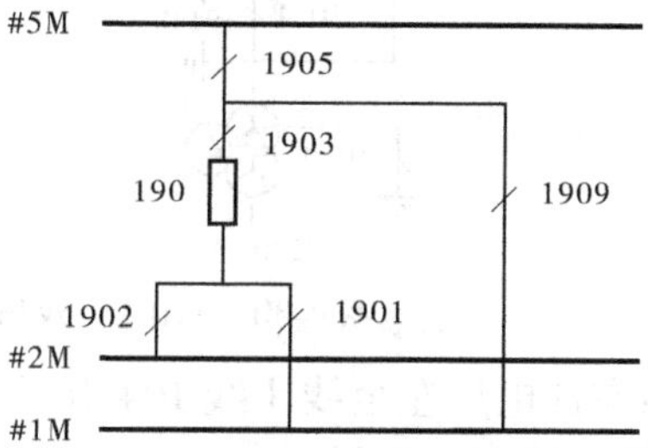

(b)旁路兼母联开关

图 4-29 母联开关及旁路开关编号

例如:仙衣滩电厂 110 kV 母联开关编号 100;麻石电厂 110 kV 旁路母线开关编号为 190。

(5)刀闸编号。

①母线刀闸编号。

母线刀闸由所属的开关和母线号四位数字组成。

如:110 kV 电压等级 100 开关的刀闸,1 号母线侧为 1001,2 号母线侧为 1002,5 号母线侧为 1005(见图 4-30、图 4-31)。

例如:西津电厂 110 kV 母联 100 开关的刀闸,1 号母线侧为 1001,2 号母线侧为 1002。

当一个开关有两个刀闸接入 1 号(或 2 号)母线时,其中接入 1 号(或 2 号)与 5 号母线之间的刀闸编号由开关号和“9”四位数字组成(见图 4-29(b))。

当一个开关有两个刀闸接入 5 号母线时,其编号分别为开关号和“5”及开关号和“6”四位数字组成(见图 4-31)。

②主变压器的主变刀闸编号。

主变压器的主变刀闸编号,用开关号和“4”四位数字组成。若主变压器侧到开关之间有电抗器,则主变侧到电抗器之间刀闸用开关号和“9”四位数字组成,电抗器到开关之间刀闸用开关号和“4”四位数字组成(如图 4-32 所示)。

③线路出线刀闸编号。

线路出线刀闸编号用开关号和“3”四位数字组成。

如:110 kV 电压等级出线开关 103,其线路侧刀闸为 1033(见图 4-30、图 4-31)。

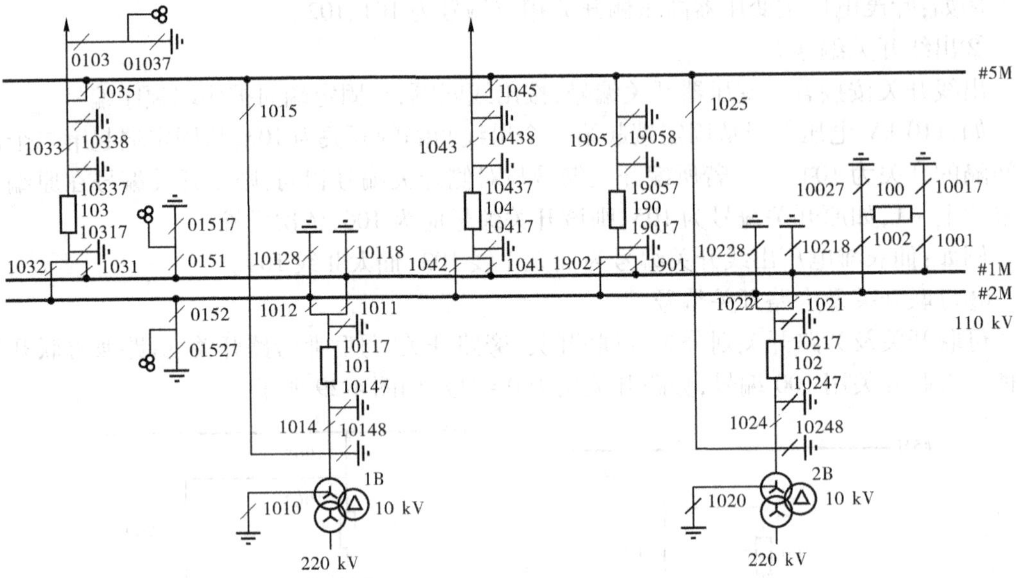

图 4-30　110 kV 双母线带旁路接线设备编号图例

例如:左江电厂左金线Ⅰ线 104 开关其线路侧刀闸为 1043。

④母线分段刀闸编号。

由“母联开关编号 +3”四位数字组成(见图 4-31)。

⑤电压互感器刀闸编号。

母线上的电压互感器刀闸编号由“0”、表示电压等级的数字、表示母线上电压互感器的“5”和母线号四位数字组成,如:#1 母线上的电压互感器刀闸编号为 0151(见图 4-30、图 4-31)。

例如:下桥电厂 110 kV 母线上的电压互感器刀闸编号为 0151。

线路上的电压互感器刀闸编号由“0”、出线开关编号四位数字组成,如:#103 线路上的电压互感器刀闸编号为 0103(见图 4-30)。

(6)接地刀闸编号。

①按隶属关系,接地刀闸编号靠开关或电压互感器侧由“刀闸号 +7”组成,靠线路、母线或主变侧由“刀闸号 +8”组成(见图 4-30、图 4-31)。

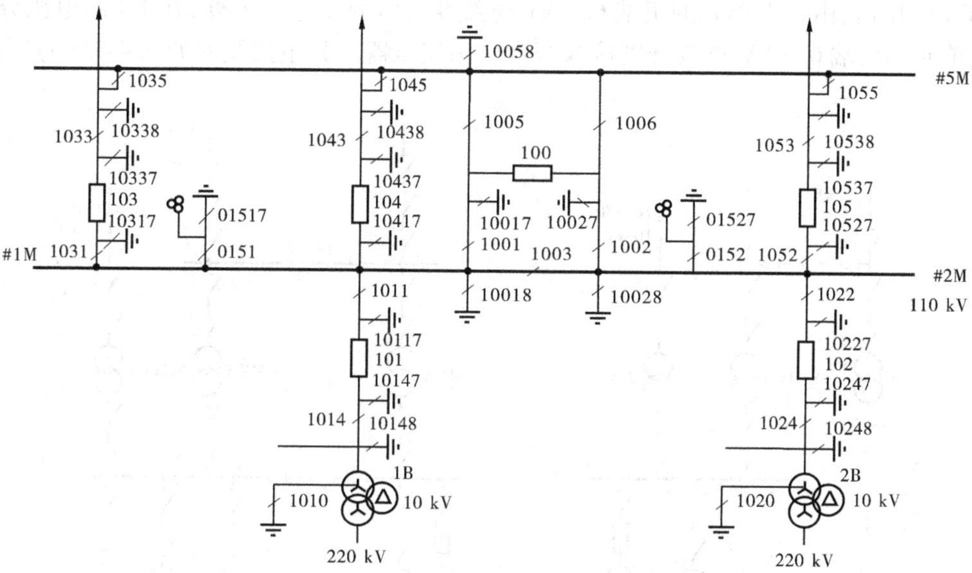

图 4-31　110 kV 单母线带旁路接线设备编号图例

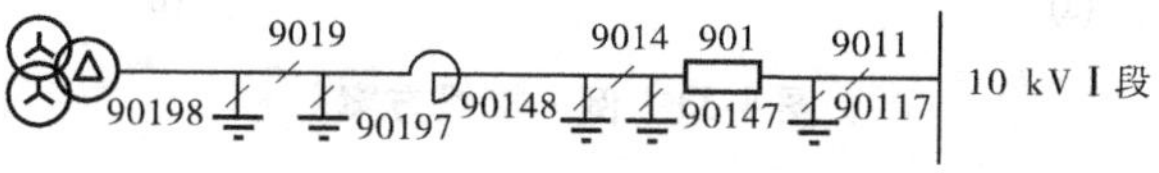

图 4-32　主变压器的主变刀闸编号

母线上的接地刀闸编号的特别规定：主母线上只有一组接地刀闸时由"母联母线侧刀闸 +8"组成，主母线上有二组接地刀闸时由"主变母线侧刀闸 +8"组成，旁路母线上的接地刀闸编号由"专用旁路母线侧刀闸 +8"组成（见图 4-30、图 4-31）。如：110 kV 电压等级#1 主母线上只有一组接地刀闸时，母线上的接地刀闸编号为 10018。#1 主母线上有二组接地刀闸时，母线上的接地刀闸编号依次为 10118 和 10218。

例如：大埔电厂埔古线 103 开关的接地刀闸靠开关侧分别为 10317 和 10337，靠线路侧刀闸为 10338。

②主变压器中性点接地刀闸，分别在主变压器高压侧开关编号之后加"0"表示。

如：110 kV 电压等级#1 主变的中性点接地刀闸 1010（见图 4-30、图 4-31）。

例如：浮石电厂 1 号主变压器中性点接地刀闸编号为 1010。

4.1.3.3　水电厂电气主接线实例分析

1. 小型水电站的电气主接线分析

例 1：某小型水电站装机为 3×3.2 MW，发电机输出电压为 6.3 kV，电站年利用小时数较高，拟设 35 kV 出线两回，分别与系统及另一小型水电站相连，并转送该电站的功率；另带近区最大负荷 2 MVA、最小负荷 1 MVA。

该小型水电站可采用如下两种主接线方案。

(1)方案 1：主变压器两台，其中一台主变压器容量 4 MVA，与 1G 发电机接为单元接线，另一台主变压器容量 8 MVA，与 2G、3G 发电机组成扩大单元接线。因有另一水电站的穿越功率，所以两台主变压器高压侧采用外桥接线。近区负荷采用 10 kV 出线，设一台

2 MVA 变压器,由扩大单元的机端 6. 3 kV 母线获得电源供电。另外,在 1G 的电压分支、扩大单元的机端 6. 3 kV 母线分别接入两台厂用变压器。其主接线图如图 4-33(a)所示。

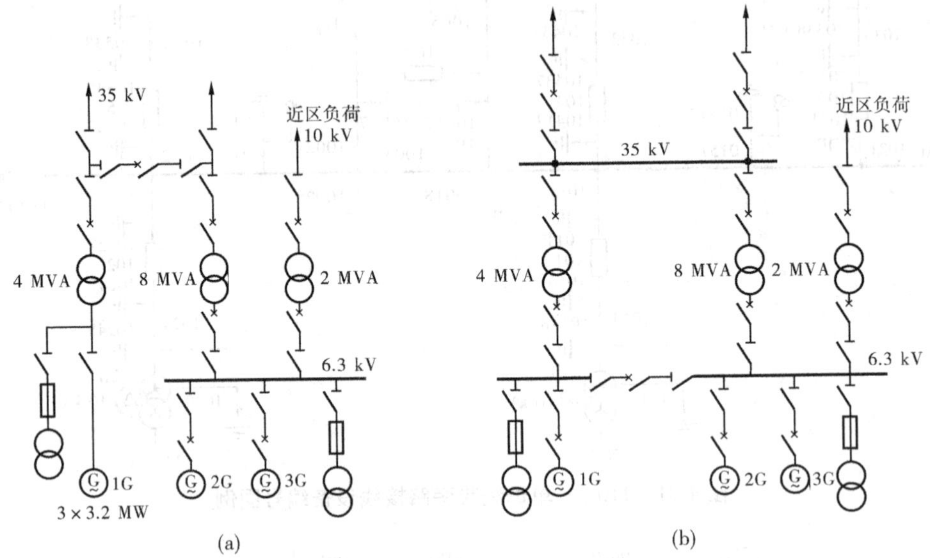

图 4-33 例 1 接线方案

(2)方案 2:主变压器两台,其中一台主变压器容量 4 MVA,另一台主变压器容量 8 MVA,发电机端采用单母线分段接线,35 kV 高压侧采用单母线接线。近区负荷仍采用 10 kV 变压器供电。正常运行时,发电机电压母线采用分段运行方式,如图 4-33(b)所示。

两种方案比较:从可靠性分析,两方案都能满足可靠性要求。近区负荷采用 10 kV 供电,虽然增加了一台变压器,但能提高可靠性和减小线路损耗。方案 1 高压侧少用了 1 台断路器,机端也少用 2 台断路器,所以该方案更经济。

例 2:有两个升高电压等级的小型水电站主接线分析。

该水电站装机为 2×8 MW,一回 110 kV 出线与系统连接,两回 35 kV 出线,其中一回接附近变电站,另一回向工厂供电,无近区负荷。

(1)方案 1:采用两台 10 MVA 的三绕组变压器与发电机组成单元接线,35 kV、110 kV 分别采用单母线接线,采用两台厂用变压器接在发电机电压分支线上,如图 4-34(a)所示。

(2)方案 2:采用一台 20 MVA 的三绕组变压器,与两台发电机组成扩大单元接线;110 kV 侧采用变压器 - 线路单元接线、35 kV 侧采用单母线接线;厂用变压器一台接发电机电压侧、另一台接 35 kV 母线,以便从系统获得电源,如图 4-34(b)所示。

(3)方案 3:发电机电压侧采用单母线分段接线,发电机设出线断路器;变压器低压侧不设断路器,相当于桥形接线。两台主变压器正常运行时,低压侧分段运行,即实际按单元接线方式运行。厂用变压器接在发电机电压侧两段母线上,110 kV 侧采用单母线接线、35 kV 侧采用桥形接线,如图 4-34(c)所示。

三种方案比较:方案 1 的单元接线可靠性较高,但发电机 - 变压器低压侧之间没有联系,当 1G 检修、2T 故障时,或 1T 检修、2G 故障时,全厂将停机不能发电,其运行灵活性、

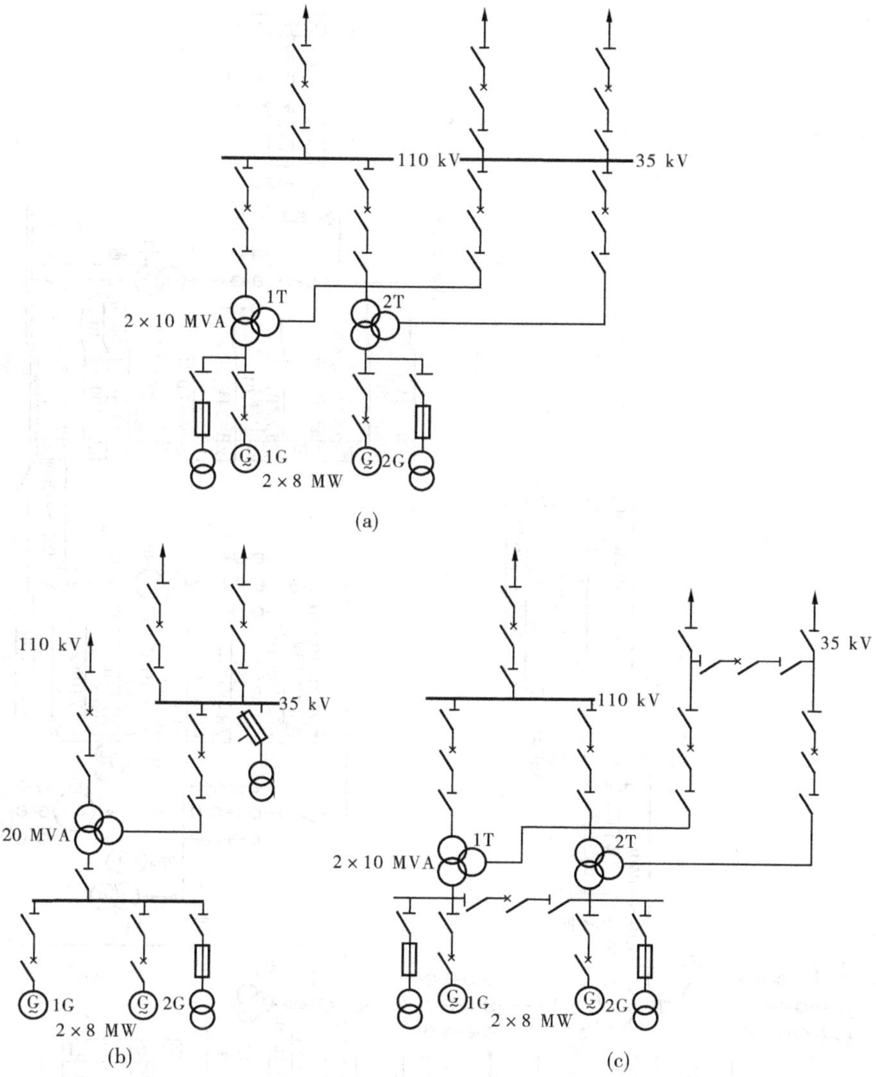

图 4-34 例 2 主接线方案

可靠性存在不足。方案 2:当变压器故障或检修时,两台机组都不能送电,同时水电站由于开、停机频繁,往往不能满负荷运行,变压器利用率不高、损耗增大,经济性不高。方案 3 的运行灵活性较好、可靠性较高,但增加了设备投资,继电保护也较复杂。其 35 kV 侧的桥形接线,虽然比单母线接线节省了一台断路器,但是保护更复杂。具体采用哪一个方案,应根据该电站在电网中的重要性、年利用小时数、用户的供电要求,结合投资预算等各方面情况综合比较确定。

例 3:某水电站电气主接线图如图 4-35 所示。装机容量为 2×8 MW,发电机机端电压为 6.3 kV,低压侧采用扩大单元接线,经一台 20 MVA 主变压器升压、采用一回 110 kV 送电与系统连接,其高压侧为变压器-线路单元接线。厂用电采用两台自用变压器供电并互为备用,分别接在发电机电压母线和附近 10 kV 线路上,电源相对独立。低压侧 380 V 母线分段接线,由于两台自用变压器高压侧电压不同相位,低压侧不允许并列运行。

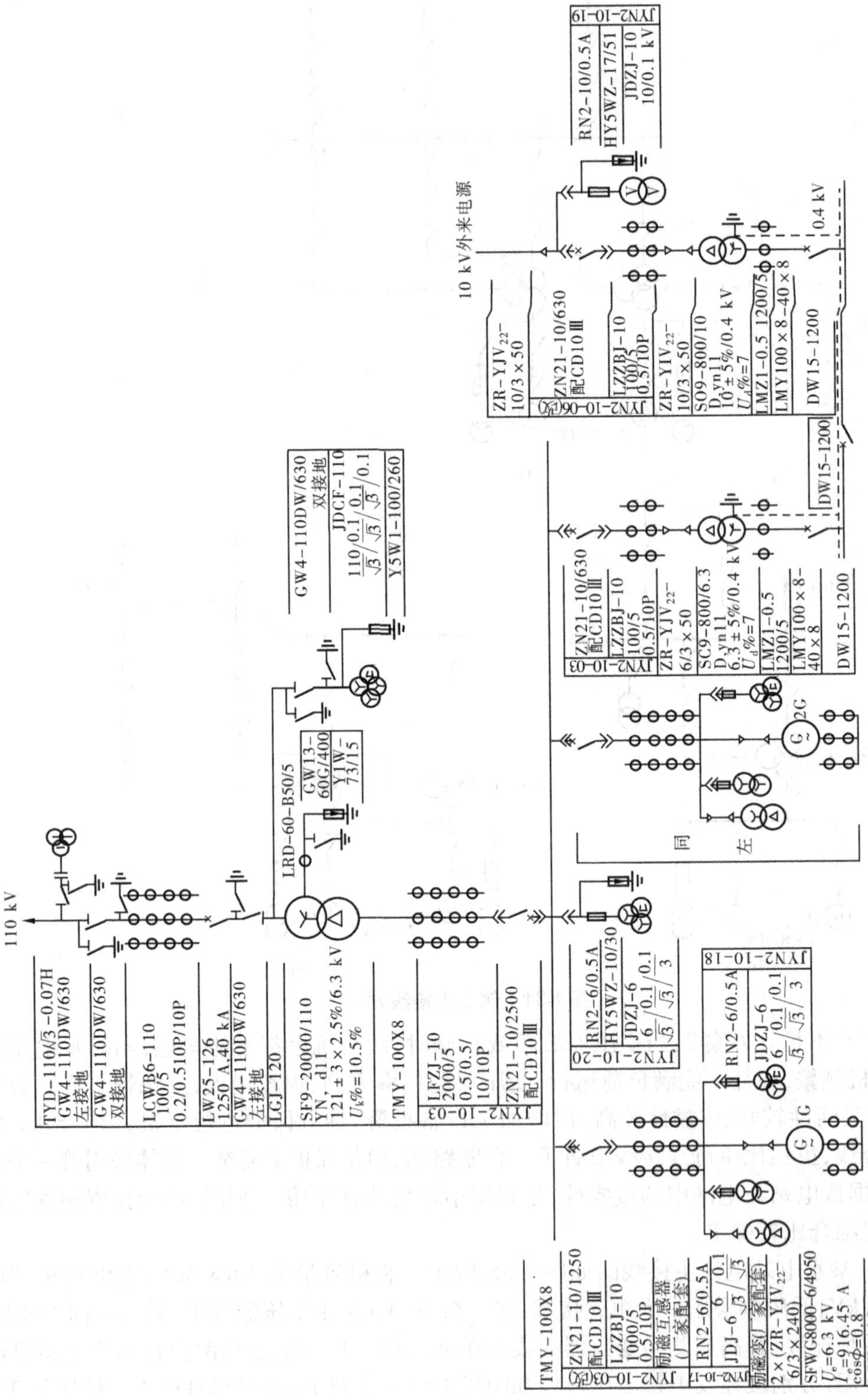

图 4-35　某水电站电气主接线图

2. 中型水电站的电气主接线

例4:某中型水电站装机4台,每两台机组与一台主变压器组成扩大单元接线,因此高压侧有两个电源。由于只有两回110 kV出线,没有近区负荷,因此可组成四角形接线方案。

这种接线方案较简单,适用于上述出线回数不多、电源与出线回数相匹配、不再增加装机的水电站,如图4-36所示。

3. 大型水电站的电气主接线

例5:某大型水电站装有6台发电机,有3回500 kV出线、5回220 kV出线向系统送电,该电站的主接线方案如图4-37所示。

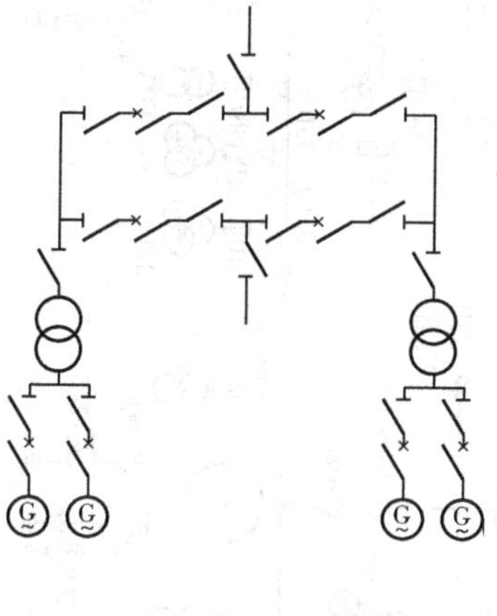

图4-36　中型水电站的电气主接线

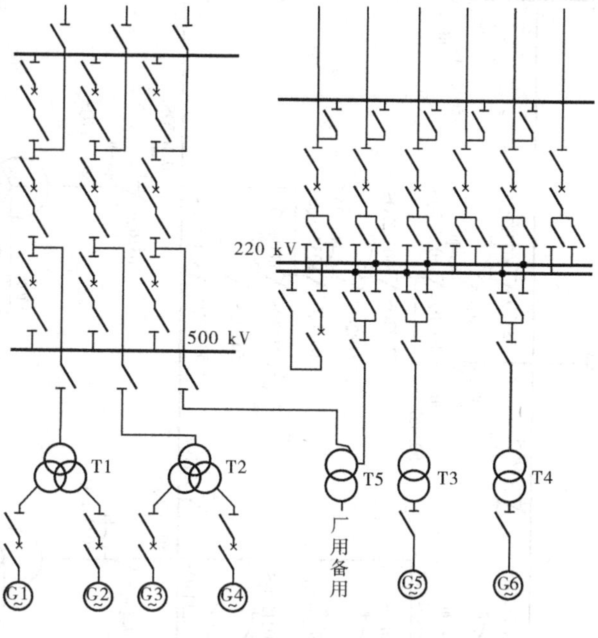

图4-37　某大型水电站的主接线方案

G1、G2、G3、G4机组与两台低压侧分裂变压器组成两个扩大单元接线,可以减少主变压器的台数、降低投资。高压侧出线500 kV侧配电装置采用一台半断路器接线。G5、G6机组与双绕组变压器接为单元接线,高压侧出线220 kV配电装置,其双母线接线,带有专用旁路断路器的旁路母线。高压侧两个电压等级间的联络,采用自耦变压器,自耦变压器的低压侧作为厂用备用电源。

该接线方案考虑了该电厂在系统中的重要地位,因此方案的可靠性很高,这种接线方案对于大型水电、火电及核电厂都是类似的。

例6:图4-38为另一大型水电站的主接线,该水电站只有一个500 kV升高电压等级,三回出线,装机4台。其一台半断路器接线的4个串中的一个串不完整,只有两台断路器,使1G发电机能连接到两组母线间,另外,第二个串与另两个串之间采用交叉接入,使可靠性更高。

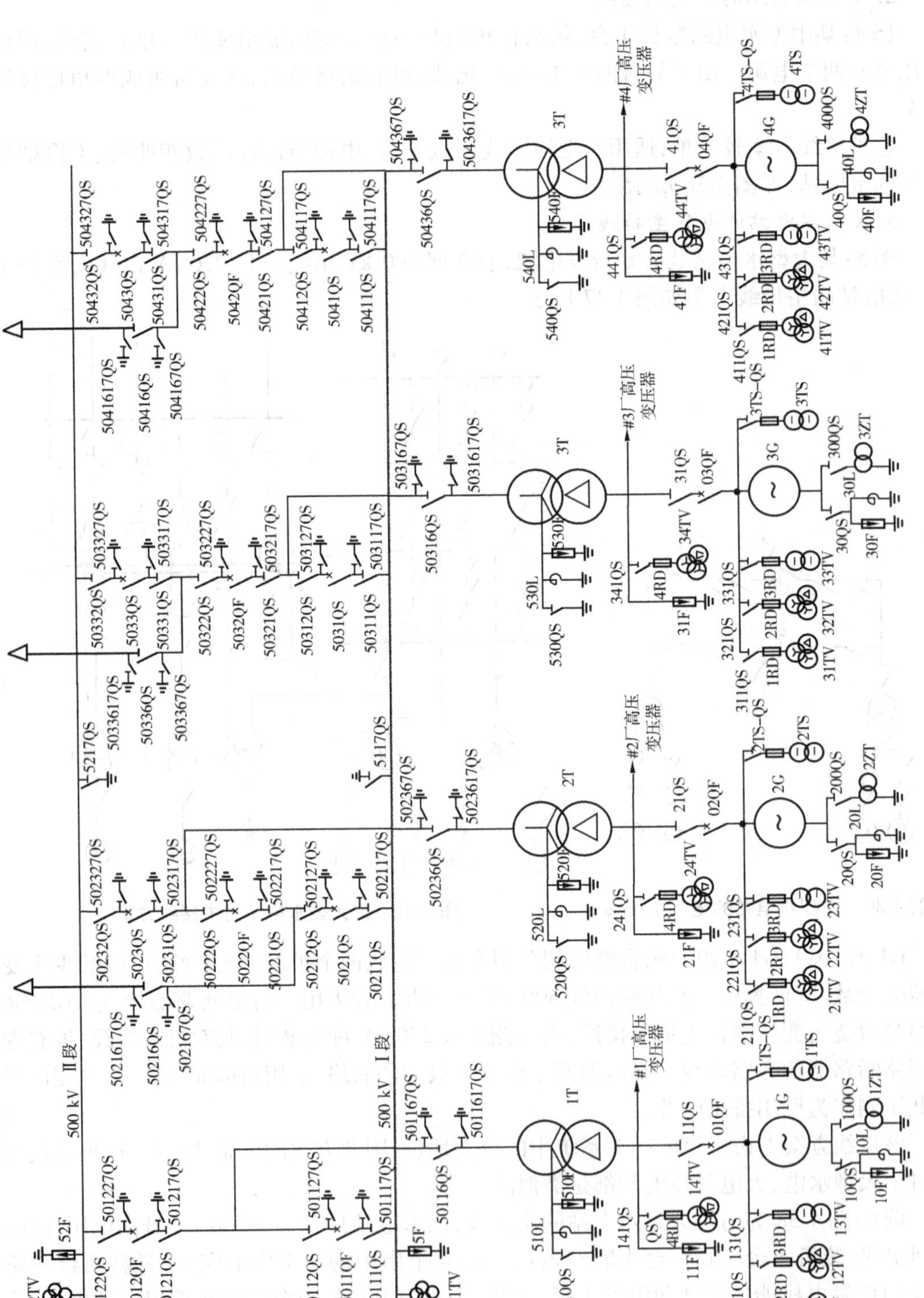

图 4-38 大型水电站主接线例

4.1.4 高压配电装置认知

4.1.4.1 高压配电装置的类型及基本要求

1. 高压配电装置类型及特点

配电装置是电气一次接线的工程实施,是发电厂及变电站的重要组成部分。它是按电气主接线的要求,由开关电器、载流导体和必要的辅助设备所组成的电工建筑物,在正常情况下用来接收和分配电能;发生事故时能迅速切断故障部分,以恢复非故障部分的正常工作。

配电装置按电气设备的安装地点分为屋内配电装置和屋外配电装置。

屋内配电装置的优缺点如下:

(1)由于允许的安全净距小,可分层布置,因而占地面积比屋外布置小。

(2)维修、操作和巡视都在户内进行,不受气候条件的影响。

(3)电气设备不易受外界污秽空气环境的影响,维护工作量小。

(4)电气设备之间的距离小,通风散热条件差,且不便于扩建。

(5)房屋建筑投资大,但可采用价格较低的屋内型设备,能减少一些设备的投资。

屋外配电装置的优缺点如下:

(1)无需配电装置室,节省建筑材料和降低土建费用,一般建设周期短。

(2)相邻设备之间距离大,减少故障蔓延的危险性,且便于带电作业。

(3)巡视设备清楚,且便于扩建。

(4)易受外界气候条件的影响,设备运行条件差,须加强绝缘。

(5)气候变化给设备维修和操作带来困难。

(6)占地面积大,对于水电站可能是投资增大。

配电装置的形式,是根据所在地区的地理情况及环境条件,并考虑节约用地、运行及检修要求等,通过技术经济比较确定的。

一般情况下,35 kV 及以下配电装置宜采用屋内型;2 级及以上污秽地区或市区的 110 kV 配电装置宜采用屋内型;当技术经济合理时,220 kV 配电装置也可采用屋内型;大城市中心地区或其他环境特别恶劣地区,110 kV 和 220 kV 配电装置可采用全封闭或混合式 SF_6 组合电器,地震基本烈度 8 度及以上地区或土壤贫瘠地区,110 kV 和 220 kV 配电装置可采用屋外中型布置;330 kV 及以上超高压配电装置一般采用屋外中型、半高型或高型布置。

2. 高压配电装置的基本要求

(1)保证工作的可靠性。配电装置的可靠性,直接反映着故障的可能性及其影响范围。发生故障的可能性和影响范围越小,配电装置的可靠性越高。而配电装置是按照电气主接线所选定的电气设备和连接方式进行布置的,所以要保证配电装置工作的可靠性,必须正确设计电气主接线和继电保护装置,合理地选择电气设备和其他元件,并在运行中严格执行操作规程。

(2)保证运行安全和操作巡视方便。配电装置布置要整齐清晰,并能在运行中满足对人身和设备的安全要求,如保证各种电气安全净距,装设防误操作的闭锁装置,采取防火、防爆和蓄油、排油措施，考虑设备防冻、防阵风、抗震、耐污等性能，使配电装置一旦发生事故时，能将事故限制在最小范围和最低程度，并使运行人员在正常操作和处理事故的过程中不致发生意外情况，以及在检修维护过程中不致损害设备。

(3)节约用地。我国人口多，耕地少，因此在安全可靠的前提下，配电装置的布置应合理、紧凑，少占地，不占良田和避免大量的土石方开挖。

(4)节约投资和运行费用。配电装置的投资较高，其要求和建造条件往往差别很大，因此应根据电压等级、电器制造水平和自然条件等因素，通过技术经济比较，决定采用配电装置的形式。尽可能节省设备和器材，尤其是节省绝缘材料、有色金属和钢材；尽量选用预制购件和成套设备，采用先进技术和先进的施工方法，尽可能降低投资和运行费用。

(5)便于扩建和分期过渡。配电装置应考虑能够在不影响正常运行和不需要经大规模改建的条件下，进行扩建和完成分期过渡。

4.1.4.2　高压配电装置的最小安全净距

为了安全可靠，高压配电装置规程中规定了户内外配电装置的安全净距。所谓安全净距，是以保证不放电为条件，该级电压允许的在空气中的物体边缘的最小电气距离。它不但保证正常运行的绝缘需要，而且也保证运行人员的安全需要。

《高压配电装置设计规范》(GB 50060—92)规定了各种安全净距，其中最基本的是带电部分之间和不同相带电部分之间的最小安全净距 A_1 和 A_2 值。在这一距离下，无论是正常最高工作电压或者出现内外过电压，都不会使空气间隙击穿。其他电气距离是在 A 值的基础上再考虑一些实际因素决定的。屋内、屋外高压配电装置中各有关部分之间的最小安全净距见表4-2和表4-3。

表4-2　屋内配电装置的最小安全净距　（单位:mm）

符号	适用范围	额定电压(kV)									
		3	6	10	15	20	35	60	110J	110	220J
A_1	1.带电部分至接地部分之间 2.网状和板状遮栏向上延伸线距地2.3 m，与遮栏上方带电部分之间	75	100	125	150	180	300	550	850	950	1 800
A_2	1.不同相的带电部分之间 2.断路器和隔离开关的断口两侧带电部分之间	75	100	125	150	180	300	550	900	1 000	2 000
B_1	1.栅状遮栏至带电部分之间 2.交叉的不同时停电检修的无遮栏带电部分之间	825	850	875	900	930	1 050	1 300	1 600	1 700	2 550

续表 4-2

符号	适用范围	额定电压(kV)									
		3	6	10	15	20	35	60	110J	110	220J
B_2	网状遮栏至带电部分之间	175	200	225	250	280	400	650	950	1 050	1 900
C	无遮栏裸导体至地(楼)面之间	2 375	2 400	2 425	2 450	2 480	2 600	2 850	3 150	3 250	4 100
D	平行的、不同时停电检修的无遮栏裸导体之间	1 875	1 900	1 925	1 950	1 980	2 100	2 350	2 650	2 750	3 600
E	通向屋外的出线套管至屋外通道的路面	4 000	4 000	4 000	4 000	4 000	4 000	4 500	5 000	5 000	5 500

注:J 指中性点直接接地系统。

表 4-3 屋外配电装配的最小安全净距 (单位:mm)

符号	适用范围	额定电压(kV)								
		3~10	15~20	35	60	110J	110	220J	330J	500J
A_1	1. 带电部分至接地部分之间 2. 网状和板状遮栏向上延伸线距地 2.5 m,与遮栏上方带电部分之间	200	300	400	650	900	1 000	1 800	2 500	3 800
A_2	1. 不同相的带电部分之间 2. 断路器和隔离开关的断口两侧带电部分之间	200	300	400	650	1 000	1 100	2 000	2 800	4 300
B_1	1. 设备运输时,其外廓至无遮栏带电部分之间 2. 交叉的不同停电检修的无遮栏带电部分之间 3. 栅状遮栏至绝缘体和带电部分之间 4. 带电作业时的带电部分至接地部分之间	950	1 050	1 150	1 400	1 650	1 750	2 550	3 250	4 550
B_2	网状遮栏至带电部分之间	330	400	500	750	1 000	1 100	1 900	2 600	3 900
C	1. 无遮栏裸导体至地面之间 2. 无遮栏裸导体至建筑物、构筑物顶部之间	2 700	2 800	2 900	3 100	2 400	2 500	4 300	5 000	7 500
D	1. 平行的不同时停电检修的无遮栏带电体之间 2. 带电部分与建筑物、构筑物的边沿部分之间	2 200	2 300	2 400	2 600	2 900	3 000	3 800	4 500	5 800

在实际配电装置中，为了考虑短路电流电动力的影响和施工误差等因素，屋内配电装置各相带电体之间的距离通常为 A 值的 2～3 倍；屋外配电装置的软绞线在短路、电动力、风摆、温度等因素作用下，相间及对地距离减小，通常也比 A 值大。

图 4-39 和图 4-40 所示分别为屋内和屋外配电装置的 A、B、C、D、E 值示意图。

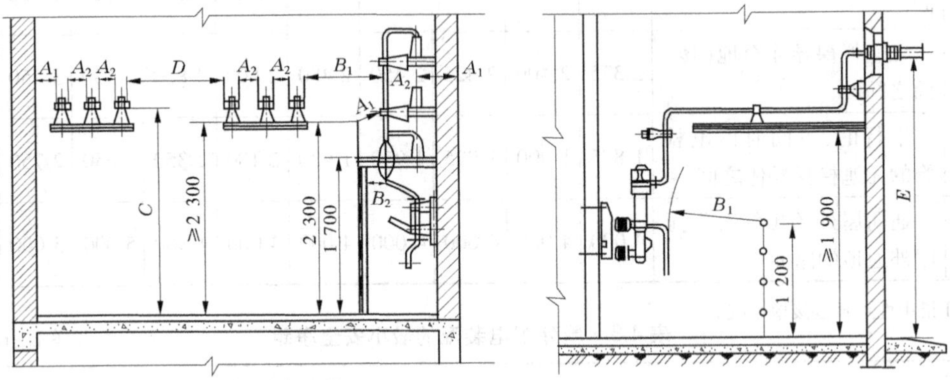

(a)屋内 A_1、A_2、B_1、B_2、C、D 值校验图　　(b)屋内 B_1、E 值校验图

图 4-39　屋内配电装置最小安全净距校验图　(单位：mm)

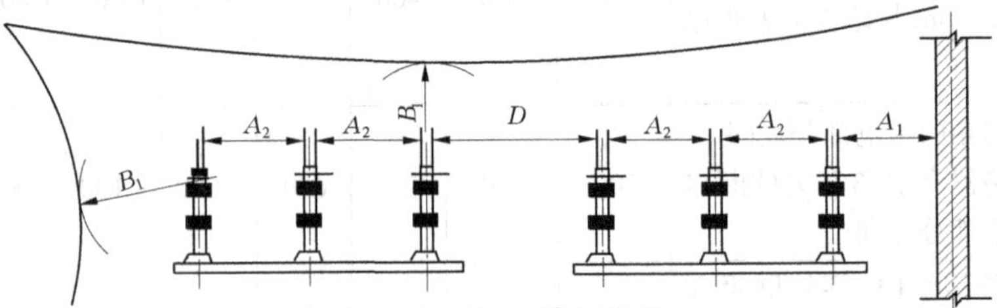

(a)屋外 A_1、A_2、B_1、D 值校验图

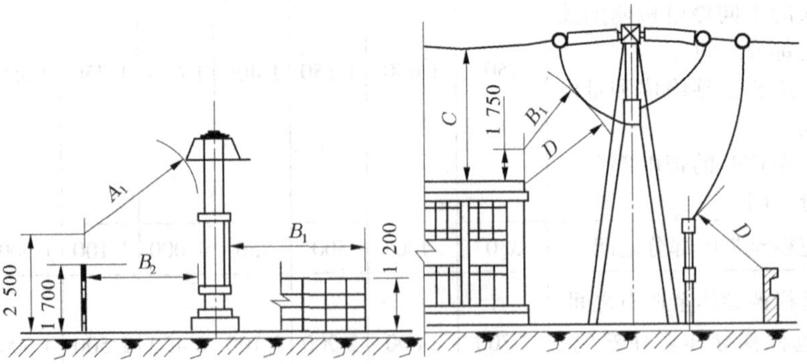

(b)屋外 A_1、B_1、B_2、C、D 值校验图

图 4-40　屋外配电装置最小安全净距校验图　(单位：mm)

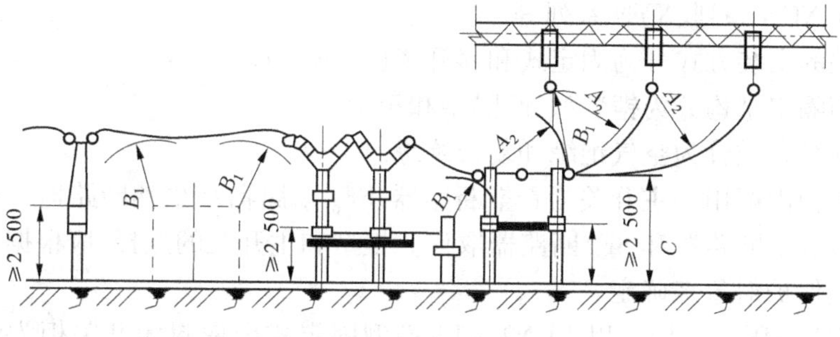

(c)屋外A_2、B_1、C值校验图

续图 4-40

4.1.4.3 高压屋内配电装置

1. 高压屋内配电装置的结构形式

高压屋内配电装置的结构形式与电气主接线、电压等级和采用的电气设备的型式密切相关。且随着新设备、新技术的采用,施工、运行、检修经验的不断丰富,以及人们的习惯和观念的改变,其结构形式不断发展。目前,屋内配电装置的主要形式有装配式和成套式两种。

1)装配式屋内配电装置

为了将设备的故障影响限制在最小范围内,使故障的电路不致影响到相邻的电路;在检修一个电路中的电器时,应避免检修人员与邻近电路的电器接触,在屋内配电装置中将一个电路内的电器和相邻电路的电器,用防火隔墙隔开形成一个间隔。同一个电路中的电器和导体布置在一个间隔内,并在现场组装,这样的结构形式称为装配式屋内配电装置。它适用于6~10 kV出线带电抗器的配电装置,布置方式采用三层装配式布置、两层装配式布置以及两层装配与成套式混合布置。三层、两层装配式配电装置通过设计、施工及运行的长期实践,所暴露的问题和缺点较多,如土建结构复杂,留孔及埋件很多,建筑安装的施工工作量大,工期长,运行巡视费时,操作不便,不利于事故处理等。近几年一般采用两层装配与成套式混合布置,使配电装置的结构大为简化,大大减少了建筑安装工作量,缩短了建设周期,便于运行操作。

2)成套式屋内配电装置

成套式配电装置分为低压成套配电装置、高压成套配电装置和SF_6全封闭组合电器。低压成套配电装置通常置于户内,在水电厂中常用作厂用电配电柜;高压成套配电装置也常置于户内,常用作主电路开关柜;SF_6全封闭组合电器可置于户内也可置于户外,常用作主电路的输出设备。

成套式配电装置是由制造厂成套供应的设备。同一回路的开关电器、测量仪表、保护电器和辅助设备都由制造厂家配在一个或两个全封闭或半封闭的金属柜中,构成一个回路。一个柜就是一个间隔。按照电气主接线的要求,选择制造厂家生产的各种电路的开关柜组成整个配电装置。从制造厂将成套设备运到现场进行组装即成。

2. 高压屋内成套配电装置

1)高压屋内成套配电装置的类型

目前,国内生产的3~35 kV的高压开关柜系列较多,如JYN系列、KYN系列、GBC系列、KGN 系列、XGN 系列、XYN 系列等。

按主开关的安装方式分为固定式和移开式(手车式)。

按开关柜隔室结构分为铠装型、间隔型和箱型。

按柜内绝缘介质分为空气绝缘和复合绝缘。

高压开关柜内配用的主开关为真空断路器、SF_6 断路器和少油断路器。目前,少油断路器已逐渐被真空断路器和 SF_6 断路器取代。柜型和主开关的选择,应根据工程设计、造价、使用场所、保护对象来确定。

(1)固定式高压开关柜。以 XGN2-12 箱型固定式金属封闭开关柜为例进行介绍。XGN2-12 型高压开关柜为角钢或弯板焊接骨架结构,柜内分为母线室、断路器室、继电器室,室与室之间用钢板隔开。该型开关柜为双面维护,从前面可监视仪表,操作主开关和隔离开关,监视真空断路器及开门检修主开关;从后面可寻找电缆故障,检修、维护电缆头等。断路器室高 1 800 mm,电缆头高度 780 mm,维护人员可方便地站在地面上检修。隔离开关采用旋转式隔离开关,当隔离开关打开至分断位置时,动触头接地,在主母线和主开关之间形成两个对地断口,带电只可能发生在相间、相对地放电,而不致使其波及被隔离的导体,从而保证了检修人员的安全。母线室母线呈品形排列,顶部为可拆卸结构,贯通若干台开关柜的长条主母线可方便地安装固定。柜中部有贯穿整个排列的接地母线,保证可靠地接地连接。

XGN2-12 箱式柜式主开关、隔离开关、接地开关、柜门之间均采用强制性闭锁方式,具有完善的“五防”功能。主开关传动操作设计与机械联锁装置统筹考虑,结构简单,动作可靠。

根据 GB 3906 和 IEC 298 等标准要求,高压开关柜的闭锁装置应具有“五防”功能,即:防止误分、误合断路器,防止带负荷分、合隔离开关或带负荷推入、拉出金属封闭(铠装)式开关柜的手车隔离插头,防止带电挂接地线或合接地开关,防止带电接地线或接线开关合闸,防止误入带电间隔,以保证可靠的运行和操作人员的安全。

XGN2-12 型高压开关柜的结构见图 4-41。

XGN2-12 箱式开关柜系列双面维护,离墙安装,柜前为操作通道,柜后为维护通道;该柜宽为 1 100 mm(Ⅲ类开关为 1 200 mm)、深为 1 200 mm(带旁路开关为 1 800 mm)、高为 2 650 mm。其布置如图 4-42 所示。

(2)手车式高压开关柜。以 JYN1-40.5(Z)型高压开关柜为例进行介绍。JYN1-40.5(Z)型间隔移开式交流金属封闭开体由型钢及钢板弯焊而成;手车按其用途可分为断路器手车、避雷器手车、隔离手车、Y 形接法电压互感器手车、V 形接法电压互感器手车、单相电压互感器手车和站用变压器手车等。其中,断路器手车有 ZN85-40.5 真空断路器手车、ZN23-40.5 真空断路器手车、SF_6 断路器手车、少油断路器手车。

开关设备按用途分隔成若干功能单元。

①外壳:由型钢和钢板焊接而成,在开关柜的正面和北面的外壳均设有视察窗,以观察开关设备的运行情况。

②手车室:开关柜正面下部两扇大门打开,里面便是手车室。该室与上、下触头室之间有绝缘隔板相隔,与柜顶主母线之间设有金属隔板,手车室底部设有手车轨道,手车接

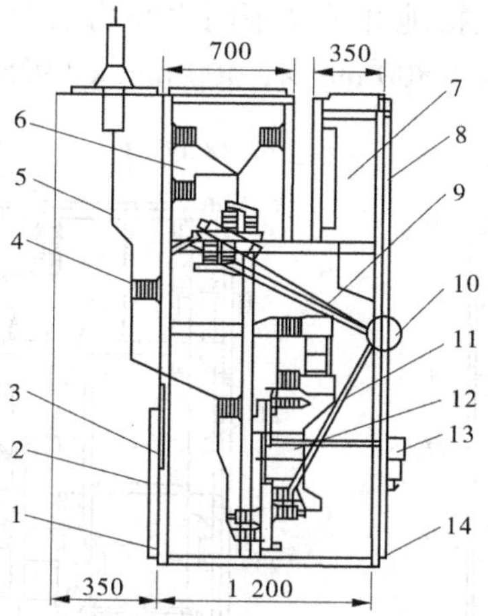

1—本体结构;2—后门联锁装配;3—照明灯;4—支柱绝缘子;5—架空出线装配;
6—母线室装配;7—继电室装配;8—前门元件装配;9—带接地刀上隔离开关传动装配;
10—操作联锁机构;11—下隔离开关传动装配;12—电流互感器装配;
13—真空断路器传动装配(电操);14—接地母线装配

图4-41 XGN2-12型高压开关柜结构外形图 (单位:mm)

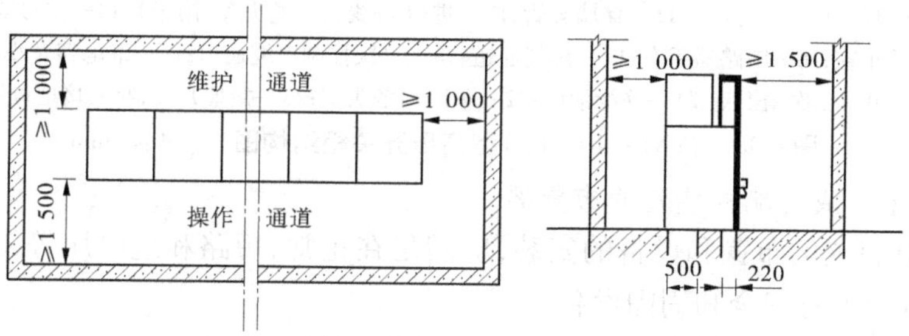

图4-42 采用XGN2-12型高压开关柜的配电装置布置图 (单位:mm)

地装置在两轨道的中央。

③主母线和上隔离触头室:主母线及上隔离触头室在开关柜上部。主母线呈三角形排列布置在上部倒装的支柱绝缘子上。紧挨主母线下方为上隔离触头座。它可以是电流互感器带触头,也可以是支柱绝缘或穿墙套管带触头,视主接线方案而定。

④下隔离触头室:下隔离触头室在上隔离触头室的下部,两者之间有隔板相隔,它除供装设电流互感器或支柱绝缘子触头座外,接地开关或联络母线亦设在该室。手车室、隔离触头室和电缆室之间装有绝缘隔板并在其上装有绝缘活门。

接地导体:贯穿于开关柜的整个宽度方向上的铜质接地体装设在开关柜的后下方。两台之间的连接,用制造厂预制并配备于设备内的连接头装上即可。

⑤仪表和继电器室:仪表和继电器室在开关柜正面上部,该室两侧设有小母线穿越孔和固定控制电缆用的线夹板,左侧设有小母线端子组,上方和下方均装有走线槽。仪表及继电器室与高压间隔有隔板相隔。

⑥端子室:端子室设在开关柜的正面右侧,辅助回路接线端子组安装在该室的中央。上方为柜内照明灯及其开关,下方设有接地螺栓供辅助回路接地使用。

该型开关柜主开关、手车、接地开关及柜门之间均采用了联锁装置，满足“五防”功能要求。柜体尺寸宽×深×高为1 800 mm×2 400 mm×2 925 mm。其结构如图4-43所示。

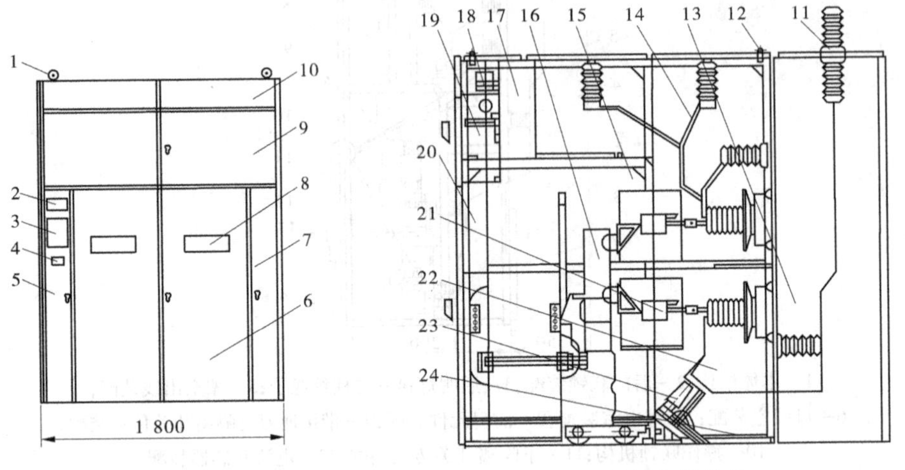

(a)正视图　　(b)结构示意图

1、12—吊攀；2—铭牌；3—主接线标志；4—带电显示；5—左小门；6—手车室门；7—端子门；8—观察窗；9—仪表门；10—盖板；11—穿墙套管；13—进(出)线及电缆头等(附柜)；14—主母线室；15—手车室；16—断路器手车；17—排气通道；18—二次控制电缆通道；19—继电器及小母线室；20—二次端子室；21—绝缘活门；22—下隔离触头室；23—接地开关；24—接地母线

图4-43　JYN1-40.5(Z)型高压开关柜结构图　(单位：mm)

2)高压屋内成套配电装置的布置要求

(1)配电装置的布置和设备的安装，应满足在正常、短路和过电压等工作条件时的要求，并不致危及人身安全和周围设备。

(2)配电装置的绝缘等级应和电力系统的额定电压相配合。

(3)屋内配电装置的安全净距不应小于表4-3所列数值；电气设备外绝缘体最低部位距地小于2.3 m时，应装设固定遮栏。配电装置中相邻带电部分的额定电压不同时，应按较高的额定电压确定其安全净距。

(4)配电装置的布置应考虑便于设备的操作、搬运、检修和试验。配电装置室内的各种通道应畅通无阻，不得设立门槛，并不应有与配电装置无关的通道通过。通道的宽度应不小于表4-4中的数值。

表4-4　配电装置室内各种通道的最小宽度　(单位：mm)

布置方式	通道分类			
	维护通道	操作通道		通往防爆间隔的通道
		固定式	成套手车式	
一面有开关设备时	800	150	单车长+1 200	1 200
两面有开关设备时	1 000	2 000	双车长+900	1 200

(5)长度大于7 m的高压配电装置室，应有两个出口，并宜布置在配电装置的两端；

长度大于60 m时,宜增添一个出口;当配电装置有楼层时,一个出口可设在通往屋外楼梯的平台处。配电装置室的门应为向外开启的防火门,应装弹簧锁,严禁用门闩,相邻配电装置室之间如有门应能双向开启;配电装置是可开窗,但应采取防止雨、雪、小动物、风沙及污秽、尘埃进入的措施。

(6)屋内配电装置或引至屋外母线桥上硬母线为消除因温度变化而可能产生的危险应力,应按下列长度装设母线伸缩补偿器:铜母线30~50 m;铝母线20~30 m;钢母线35~60 m。

(7)便于扩建和分期过渡。

3. SF_6 全封闭组合电器

SF_6 全封闭组合电器是将电气一次接线中的高压电器元件断路器、隔离开关、母线、接地开关、电流互感器、电压互感器、避雷器、出线套管、电缆终端头等设备按照具体接线的要求,组合在一个封闭的接地的钢制壳体内,充以一定压力的 SF_6 气体,形成以 SF_6 气体为绝缘和灭弧介质的金属封闭式开关设备,并通过电缆终端、进出线套管或封闭母线与电力系统连接,构成封闭式组合电器的各电器元件,制成独立标准结构,另有各种过渡元件(二通、三通、波纹管等)可以适合各种电气主接线的要求进行组合和布置,图4-44所示为ZF-220型进出线回路断面图。

为了支持和检修,母线布置在下部,双断口断路器水平布置在上部,出线用电缆,整个装置按回路顺序布置,结构紧凑。母线采用三相共箱式,母线呈等腰三角形布置,其余元件均采用分箱式,支持带电体的盆式绝缘子将装置按功能与需求分隔成不漏气的隔离室,并分别监控。隔离室可起限制故障范围,在检修、扩建时减小停电范围的作用。在两组母线结合处设有伸缩节,以减小由于温度或安装误差引起的附加应力。外壳上还装有检查孔、窥视孔和防爆盘等设备。

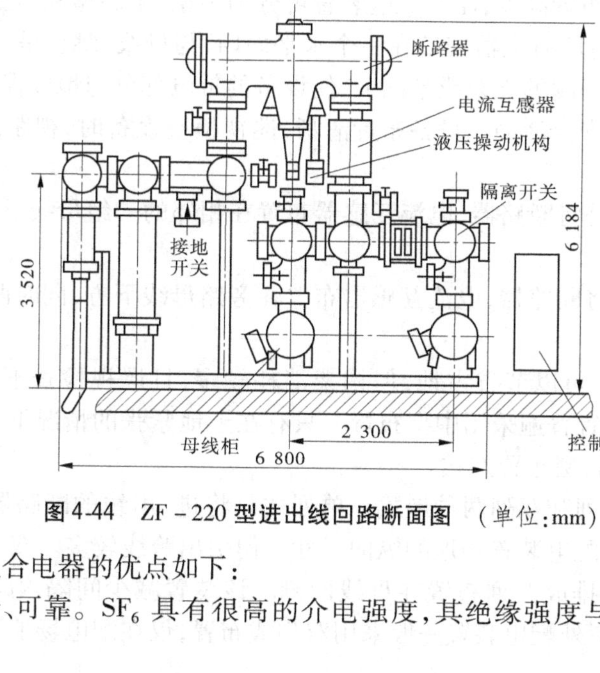

图4-44 ZF-220型进出线回路断面图 (单位:mm)

SF_6 全封闭组合电器的优点如下:

(1)运行安全、可靠。SF_6 具有很高的介电强度,其绝缘强度与其压力(密度)成正比，因而可通过改变 SF_6 的充气压力，达到不同的绝缘耐受等级，且绝缘性能十分稳定。由于带电体封闭在钢制壳体中，不受大气和尘埃污染而造成事故。SF_6 是不燃的惰性气体，不发生火灾，一般不会发生爆炸事故。

(2)检修周期长、维护工作量小。全封闭电器由于触头很少氧化，触头开断时烧损也甚微，一般可运行 10 年或切断额定开断电流 15～30 次或正常开断 1 500 次。漏气量不大于 1%～3%，且用吸附器保持干燥，补气和换过滤器工作量也很小。

(3)大量节省配电装置所占面积和空间。全封闭电器与敞开式的比率可近似估算为 $\frac{10}{U_N}$，电压越高，效果越显著。

(4)土建和安装工作量小，建设速度快；且配置灵活，环境适应性好。

(5)减小电动力。由于金属外壳的屏蔽作用，消除了无线电的干扰、静电感应和噪声；减小了短路时作用至导体上的电动力。另外，也使工作人员不会偶然触及带电导体。

(6)抗震性能好。

SF_6 全封闭组合电路的缺点如下：

(1)SF_6 全封闭电器对材料性能、加工精度和装配工艺要求极高，工件上的任何毛刺、油污、铁屑、纤维都会造成电场不均，使 SF_6 全封闭电器抗电强度大大下降。

(2)需要专门的 SF_6 气体系统和压力监视装置，且对 SF_6 的纯度和水分都有严格的要求。

(3)金属消耗量大。

(4)造价较高。

4.1.4.4　高压屋外配电装置

1. 高压屋外配电装置的布置型式

根据电器和母线布置高度，屋外配电装置可分为中型、半高型和高型三种：

(1)中型布置是将所有电器安装在一个水平面内，与母线、跳线呈三种不同高层的布置方式。设备在一定高度的支架或基础上，使设备的带电部分与地面保持必要的高度，以便于工作人员在地面安全活动。设备布置清晰，巡视检查设备时，视距短而清楚，不易误操作。

(2)半高型布置是将断路器、电流互感器布置在相邻的一组母线下方，该组母线布置升高的布置方式。

(3)高型布置是将断路器、电流互感器布置在旁路母线下方，同时两组工作母线重叠布置的方式。

半高型、高型布置可以节省占地，但构架消耗较多，且巡视检查不便。因此，220 kV 及以下的屋外配电装置普遍采用中型布置。只有在土地紧张的情况下，110 kV 可采用半高型，220 kV 可采用高型布置方式。

中型布置分为单列和双列两种形式。单列式是将进、出线的断路器都排成一列布置在母线一侧。它节省配电装置场地的纵向尺寸。但引出跨线较多。双列式是将进线断路器和出线断路器分别排成两列布置在母线两侧。该装置减少间隔内跨线和跨线门型架构，使电装置简化。屋外配电装置一般采用双列式布置，仅在配电场地受到纵向地形限制时才采用单列式布置。

屋外配电装置按照电气主接线要求,一般由下列间隔组成:电力变压器间隔(进线间隔)、出线间隔、电压互感器和避雷器间隔、母线分断间隔。每一个间隔应包括该部分电路的全部设备。间隔的横向和纵向尺寸主要由配电装置的电压等级决定。

2. 高压屋外配电装置的布置

(1)高压屋外配电装置的安全净距和基本尺寸。

①屋外配电装置的最小安全净距应符合表4-3 的规定,并应按图4-40 校验。

②当电气设备外绝缘体最低部位距地面小于2.5 m 时,应装设固定遮栏。

③配电装置中相邻带电部分的额定电压不同时,应按较高的额定电压确定其安全净距。

④屋外配电装置带电部分的上面或下面,不应有照明、通信和信号线路架空跨越或穿过。

⑤各级电压配电装置的回路排列和向序排列应尽量一致。一般为面对电源自左向右,由远到近,从上到下按 A、B、C 相序排列。

(2)高压屋外配电装置的布置。

①母线和架构。屋外配电装置的母线有软母线和硬母线两种。220 kV 以下软母线主要采用钢芯铝绞线,三相呈水平布置,用悬式绝缘子串悬挂在母线架构上。软母线可选较大的档距,但档距越大,导线的弧垂越大,因而导线相间及对地距离就要增加,母线及跨越线架构的宽度均须增大。故一般采用表4-5 所推荐的数值。硬母线常用的有矩形、管形。矩形母线用于35 kV 及以下的配电装置中;管形母线则用于60 kV 及以上的配电装置中,用户外支柱绝缘子安装在支架上。

表4-5 中型配电装置有关尺寸推荐值 (单位:m)

名称		电压等级(kV)			
		35	63	110	220
弧垂	母线	1.0	1.1	0.9~1.1	2.0
	进出线	0.7	0.8	0.9~1.1	2.0
线间距离	Ⅱ型母线架	1.6	2.6	3.0	5.5
	门型母线架	—	1.6	2.2	4.0
	进出线架	1.3	1.6	2.2	4.0
架构高度	母线架	5.5	7.0	7.3	10.0~10.5
	进出线架	7.3	9.0	10.0	14.0~14.5
	双层架	—	12.5	13.0	21.0~21.5
架构宽度	Ⅱ型母线架	3.2	5.2	6.0	11.0
	门型母线架	—	6.0	8.0	14.0~15.0
	进出线架	5.0	6.0	8.0	14.0~15.0

屋外配电装置的架构可由型钢或钢筋混凝土制成。钢构架经久耐用,便于固定设备,

抗震性好,但金属消耗量大,需经常维护。钢筋混凝土构架可以节省钢材,维护简单,坚固耐用,但不便固定设备。用钢筋混凝土环形杆和镀锌钢梁组成的架构,兼顾二者的优点,目前在我国220 kV及以下的各类配电装置中广泛应用。

②电力变压器。电力变压器布置在混凝土或钢筋混凝土基础上,基础高度应保证变压器出线绝缘套管底部对地距离在2.5 m以上。基础一般做成双梁并辅以铁轨,轨距等于变压器的滚轮中心距。为了防止变压器发生事故时,燃油流失使事故范围扩大,单个油箱的油量在1 000 kg以上的变压器,应设置能容纳100%或20%油量的储油池或挡油墙;设有容纳20%油量的储油池或挡油墙时,应有油排到安全储所的外场地0.1 m。储油池内敷设厚度不小于0.25 m的卵石层,卵石直径为0.05～0.08 m。

主变压器与建筑物的距离不应小于1.25 m,且距变压器5 m以内的建筑物,在变压器总高度以下及外廓两侧各3 m的范围内,不应有门、窗和通风口。

当变压器的油量超过2 600 kg时,两台变压器之间的防火净距应满足要求,如布置困难,应设防火墙。

③电器的布置。真空断路器、SF_6断路器和少油断路器有低式和高式布置。低式布置的断路器安装在0.5～1 m的混凝土基础上,其优点是检修比较方便、抗震性好,但低式布置必须设置围栏,因而影响通道的畅通。一般在中型配电装置中,断路器和互感器多采用高式布置,即将它们安装在较高的混凝土基础上。基础高度应满足:a.电器支柱绝缘子最低裙边的对地距离为2.5 m;b.电器间的连线对地面距离应符合C值要求。

隔离开关和互感器均采用高式布置,一般安装在专门的钢筋混凝土支架上,其要求与断路器相同。隔离开关的操作架构装在其靠边一相的基础上,安装高度一般为1.1～1.3 m。

避雷器也有高式和低式布置。110 kV及以上阀型避雷器由于器身细长,多落地安装在0.4 m的基础上。氧化锌避雷器、磁吹避雷器及35 kV阀型避雷器形体矮小,稳定性能好,一般采用高式布置。

④电缆沟。屋外配电装置中电缆沟的布置,应使电缆所走的路径最短。一般横向电缆沟布置在断路器和隔离开关之间。电缆沟应有可揭开的盖板,屋外电缆沟的盖板应稍高于屋外场地标高。电缆沟应有不小于0.5%的排水坡度且不应排向厂房侧。

⑤通道与围栏。为了运输设备和消防的需要,应在主要设备近旁敷设行车通路。主行车道宽度不小于3.5 m,主厂房前应设回车场。

屋外配电装置场地内应设置0.8～1.0 m宽的环形小道。可利用屋外电缆沟兼作运行巡视通道。

配电装置的外围一般设2～3 m高的围墙。

配电装置中的电气设备的遮栏高度不应低于1.7 m,遮栏网孔不应大于40 mm×40 mm;配电装置中的栅栏高度不应低于1.2 m,栅栏最低栏杆至地面的净距不应大于200 mm。

围栏应上锁。

⑥场地。屋外配电装置的场地必须整平、夯实,以确保地基承载力能满足设备的动、静荷载要求,不应出现塌陷或不均匀沉陷现象。屋外配电装置场地的地面,可用混凝土铺

面以防杂草生长，场地坡度应不小于0.5%。

⑦辅助设施。屋外配电装置场地四周应设运行巡视和检修照明。当环境温度低于电气设备、仪表和继电器的最低允许温度时，应装设加热装置或其他保温措施。

3. 高压屋外配电装置实例

1)35 kV 屋外配电装置

图4-45和图4-46所示为某小型水电站35 kV屋外配电装置的平、断面图。该电站装机容量为2×1 600 kW，发电机型号为SFW1600－10/1730，发电机电压为6.3 kV，升压至35 kV，35 kV出线两回，为单母线接线。该电站发电机电压配电装置采用户内成套配电装置，主变压器和35 kV电气设备采用屋外中型双列布置。主变压器两台，油重均超过1 000 kg，按规定设置容纳20%油量的储油池及排油设施。35 kV母线采用LGJ－95钢芯铝绞线，架设在距地面5.5 m高的钢筋混凝土预制构架上，相间距离为1.6 m，母线绝缘子串采用四片XP－6型悬式绝缘子，母线跨距为15 m。35 kV SF_6断路器放置在1.7 m高的混凝土基础上。母线侧隔离开关均采用GW_4－35D/600型带接地刀闸的隔离开关。所有隔离开关均安装在距地面3 m高的钢筋混凝土支架上，其操作机构安装在同一钢筋混凝土支架的支柱上，距地面高1.1 m。氧化锌避雷器、电压互感器和限流型熔断器安装在同一钢筋混凝土支架上，避雷器、电压互感器距地面高2.5 m，熔断器距地面高3.5 m。35 kV各间隔宽度为5 m。出线门型架构距地面高度为7.3 m，进、出线的相间距离为1.3 m。进、出线断路器分别布置在母线两侧，整个配电装置共5个间隔但只占3个间隔的横向场地。整个配电装置的总面积为32 m×21 m。

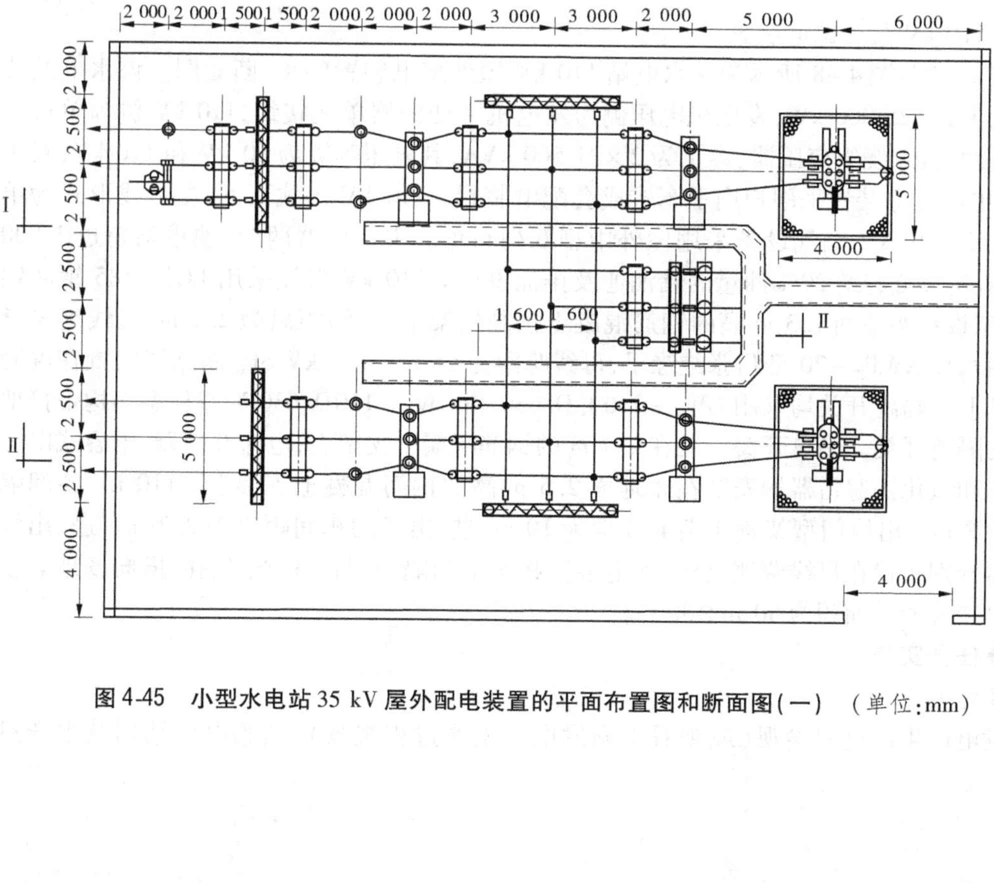

图4-45 小型水电站35 kV屋外配电装置的平面布置图和断面图(一) (单位:mm)

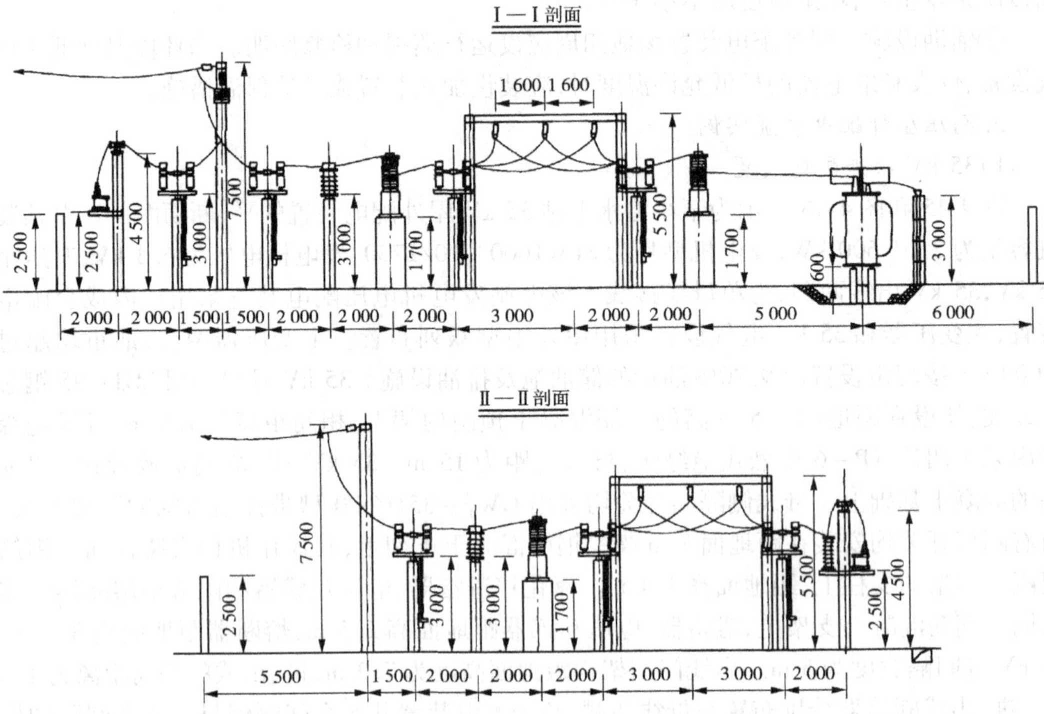

图 4-46　小型水电站 35 kV 屋外配电装置的平面布置图和断面图(二)　(单位:mm)

2)110 kV 屋外配电装置

图 4-47 与图 4-48 所示为某水电站 110 kV 屋外配电装置的平、断面图。该水电站装机容量为 2×25 000 kW,发电机电压侧为发电机-变压器单元接线,110 kV 侧为单母线接线,设两台双绕组变压器,容量为 2×31 500 kVA,其电压等级为 10 kV 和 110 kV,其中 10 kV 电压配电装置采用户内手车式成套配电装置。110 kV 出线两回,主接线形式为单母线接线,110 kV 电气设备采用屋外中型双列布置。主变压器两台,油重均超过 1 000 kg,按规定设置容纳 20% 油量的储油池及排油设施。110 kV 母线采用 LGJ-185 钢芯铝绞线,架设在距地面 7.3 m 高的钢筋混凝土预制构架上,相间距离为 2.2 m,母线绝缘子串采用八片 XWP_2-70 型耐张绝缘子,母线跨距为 24 m。110 kV SF_6 断路器安置在混凝土基础上。隔离开关均采用 GW_4-110ⅡD/630 和 GW_4-110D/630 型双柱型结构带接地刀闸的隔离开关。隔离开关安装在 2.7 m 的钢筋混凝土支架上;电流互感器、电容式电压互感器和氧化锌避雷器均安装在距地面 2.5 m 高的钢筋混凝土支架上。110 kV 各间隔宽度为 8 m。出线门型架构距地面高度为 10 m,进、出线的相间距离为 2.2 m。进、出线断路器分别布置在母线两侧,整个配电装置共 5 个间隔但只占 3 个间隔的横向场地。整个配电装置的总面积为 50 m×30 m。

◆任务实施

实施 1:

发电厂生产过程参观(或观看不同发电厂生产过程视频),熟悉电厂结构及生产过程。

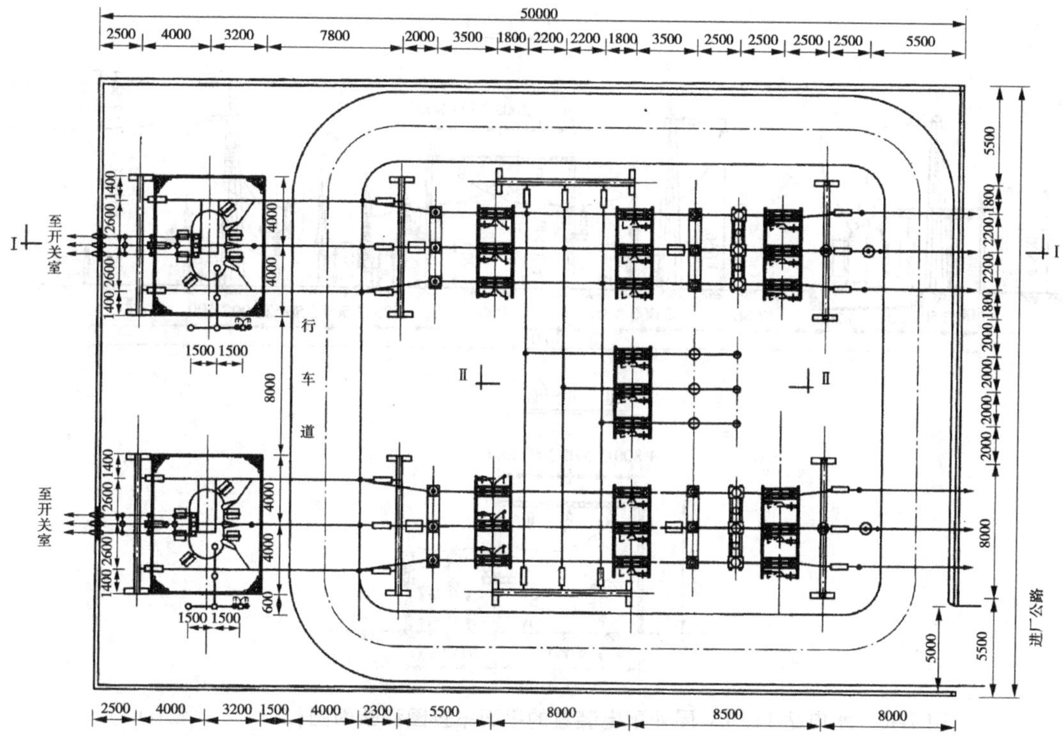

图 4-47　水电站 110 kV 屋外配电装置的平面布置图和断面图(一)　(单位:mm)

(1)实习联系:实习地点联系、时间确定、车辆联系。

(2)实习动员:安全教育、纪律教育、实习任务布置。

(3)入厂安全教育:安全规程学习与考试。

(4)熟悉本厂电气岗位主要日常工作和定期工作,了解各项工作流程。

(5)掌握发电厂主接线方式及运行特点,断路器、隔离开关编号原则和规律,主接线图的绘制方法和原则,对各设备具有感性认识,掌握五防模拟系统作用和使用方法。

(6)主变(站用变)各部件原理及作用(有载分接开关、冷却器、瓦斯继电器、油枕、呼吸器、各阀门、风冷控制系统);运行监视、日常巡视项目及方法;停、送电规定。

(7)断路器:①作用及设备特点;②SF_6 及真空断路器的原理、特点及巡视检查重点;③SF_6 压力及变化规律,SF_6 断路器及液压操作机构闭锁及信号;④35 kV 手车式断路器。

(8)①互感器、耦合电容器、阻波器:设备原理、作用及日常巡视检查项目和方法。②隔离开关:a. 日常巡视检查项目及方法;b. 防误闭锁条件、柜门闭锁条件;c. 本厂隔离开关运行操作中《电力安全工作规程》、《电气操作导则》相关内容;d. 操作要领。③接地开关(接地线):a. 日常巡视检查项目及方法;b. 防误闭锁条件及带电闭锁装置原理和作用;c. 本厂接地开关(接地线)运行操作中《电力安全工作规程》、《电气操作导则》相关内容;d. 操作要领。

(9)①避雷器:a. 检查项目、方法及雷雨天气巡视注意事项;b. 在线监测装置正常指

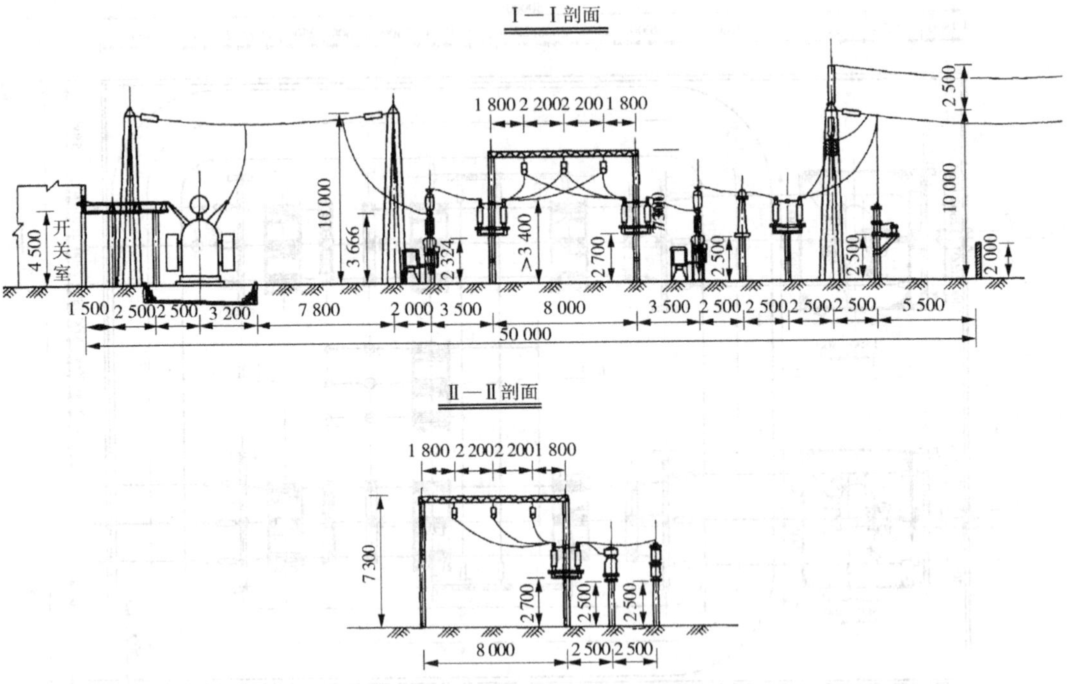

图 4-48 水电站 110 kV 屋外配电装置的平面布置图和断面图(二) (单位:mm)

示范围、异常原因及处理。②穿墙套管:检查项目及方法。③电力电缆:a. 型号及规格;b. 检查项目及方法;④夜间巡视和测温原则及方法。

(10)发电厂电气运行日常维护、管理及监盘工作实践。

(11)复习和阶段测验、考试。

实施 2:

(1)实习联系:实习地点联系、实习时间确定、车辆联系;

(2)实习动员:安全教育、纪律教育、实习任务布置;

(3)入厂安全教育:安全规程学习与考试;

(4)观察开关站布置形式、电压等级、接线方式,电气设备等;

(5)绘制平面图、断面图。

◆思考问题

(1)什么是电气主接线?对主接线有哪些基本要求?电气主接线有哪些基本类型?

(2)隔离开关和断路器的主要区别是什么?它们的操作顺序应如何配合?

(3)主母线和旁路母线的作用是什么?母线分断有何作用?

(4)给用户送电和停电时线路的操作步骤是什么?为什么必须这样操作?不这样操作会发生什么问题?

(5)在图 4-5 所示"分段断路器"兼作"旁路断路器"接线中,当需要检修出线断路器时如何操作?

(6)在图 4-8 所示双母线接线中,检修母线 WB 的操作步骤是什么?

(7)一台半断路器接线方案的特点是什么？有什么优缺点？

(8)在图4-17所示桥形接线中，当变压器需停电检修时，内桥和外桥接线各如何操作？内桥和外桥接线的应用条件是什么？

(9)角形接线适用于什么场合？

(10)单元接线常使用于哪些场合？有哪几种接线形式？

(11)发电机－双绕组变压器单元接线中，为什么发电机与变压器之间可不装断路器，而发电机－三绕组变压器单元接线却要装断路器？

(12)热电厂和大型火电厂的电气主接线各有什么特点？

(13)某220 kV系统的变电站，拟装设两台容量为50 MVA的主变压器，220 kV有两回出线，同时有穿越功率通过，中压为110 kV，出线为4回，低压为10 kV，有12回出线，试拟定技术较为合理的主接线方案，并画出主接线图加以说明。

(14)请分析图4-49中主接线的接线特点。

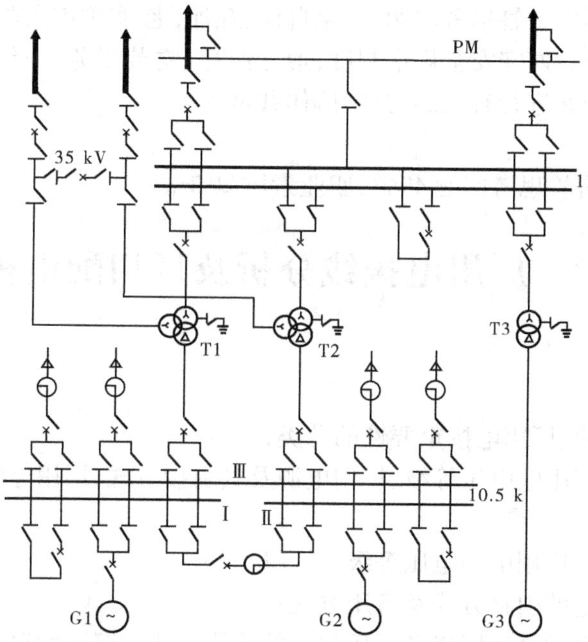

图4-49

(15)高压配电装置有哪些类型？各有何特点？应用在哪些地方？

(16)什么是配电装置的最小安全净距？为何要熟悉最小安全净距？

(17)叙述户内高压成套配电装置的基本设备、布置形式及基本要求。

(18)叙述户外配电装置的布置形式、单列布置和双列布置的特点、户外高压配电装置的布置要求。

◆任务评价

评价1：

(1)评价内容。

实际操作：学生拍照记录现场对应的全部设备，写出各设备的名称及作用。教师自行设计考核表格与评分标准，通过考核学生拍照记录、设备名称与作用表述，进而考核学生对水电厂的设备的熟知情况和工作原理的掌握程度。

解答思考问题：学生解答思考问题，学生自评、互评，老师审定成绩。

职业素质养成考核：遵守安全规章制度，遵守纪律、吃苦耐劳，一丝不苟地工作，与团队成员、教师和工厂师傅进行有效的沟通，协作共事等。

(2)成绩构成。

实际操作40%，解答思考问题40%，职业素质20%。

评价2：

(1)评价内容。

实际操作：学生绘制配电装置示意图、平面图及断面图，教师自行设计考核表格与评分标准，通过考核学生绘图的正确程度，进而考核学生对配电装置布置形式、电压等级、设备连接等的理解程度。

解答思考问题：学生解答思考问题，学生自评、互评，老师审定成绩。

职业素质养成考核：遵守安全规章制度，遵守纪律、吃苦耐劳，一丝不苟地工作，与团队成员、教师和工厂师傅进行有效的沟通，协作共事等。

(2)成绩构成。

实际操作40%，解答思考问题40%，职业素质20%。

任务4.2 厂用电接线分析及厂用配电柜认知

◆教学目标

1.知识目标

(1)知道厂用负荷、厂用电按重要性的分类；

(2)熟知水电厂厂用电电压等级、厂用电源及其引接方式、厂用电的备用方式。

2.能力目标

(1)能确定水电厂厂用电的电压等级；

(2)能分析厂用电的引接方式及备用方式；

(3)能分析厂用电的高压网络和低压网络的接线方式，并熟悉其厂用配电柜。

◆任务描述

给定一个水电厂的厂用电接线图，以小组为单位分析该厂用电的电压等级、引接方式、备用方式、高低压供电网络的接线形式，将分析结果填在表格中，并将图纸中的设备与现场设备一一对应，说明其名称、作用及工作原理。

◆任务准备

(1)安全帽；

(2)手电筒；

(3)开配电装置室的钥匙；

(4)水电厂厂用电图纸一张；

(5)安全措施：身体各部位不得触及配电柜。

◆**相关知识**

4.2.1 水电厂自用负荷

水电厂在电力生产过程中,用电动机拖动大量的机械设备,以及全厂的运行操作、试验、修配、照明、电焊等用电设备的总耗电量,统称为厂用电。厂用电的电量大都由发电厂本身供给,且为重要负荷,其耗电量与电厂类型、机械化和自动化程度等因素有关。水电厂的厂用电相对较小,占总发电量的0.3%~2%。厂用电耗电量占同一时期发电厂全部发电量的百分数,称为厂用电率。额定工况下,厂用电率可用下式估算:

$$K_p = \frac{S_C \cos\varphi_{av}}{P_N} \times 100\%$$

式中 K_p——厂用电率(%);

S_C——厂用计算负荷,kVA;

$\cos\varphi_{av}$——平均功率因数,一般取0.8;

P_N——发电机的额定功率,kW。

降低厂用电率,可以降低电能成本,同时相应地增大了对系统的供电量,因此有重要的经济意义。

厂用电供电的安全与否,直接影响全厂的安全、经济运行,因此厂用电源的引接、电气设备的选择和接线,应充分考虑运行、检修和施工的需要。

4.2.1.1 厂用电负荷按用途分类

水电厂的厂用电负荷,按用途通常分为以下三类。

1. 水轮发电机组的自用电

机组自用电是指机组及其配套的调速器、主阀等的辅助机械用电,通常有:机组轴承的润滑油(水)泵、机组技术供水泵、排水泵,调速器压油装置的压油泵、漏油泵,主阀压油装置的压油泵、漏油泵,输水管道的电动阀门,进水闸门启闭机,可控硅励磁装置的冷却风扇和起励电源等。这些负荷直接关系到机组的正常运行,大多数为重要负荷。

2. 站内公用电

站内公用电是指直接服务于电厂的运行、维护和检修等生产过程,并分布在主、副厂房、开关站、进水平台和尾水平台等处的附属用电,通常包括:

(1)油、气、水系统的用电。其中油系统如滤油机、油泵等,气系统如高、低压空压机等,水系统如联合技术供水泵、消防水泵、厂房渗漏排水泵、机组检修排水泵等。

(2)直流操作电源与载波通信电源。

(3)厂房桥机、进水口阀门、尾水闸门启闭机等。

(4)厂房和升压站照明和电热。

(5)全厂通风、采暖、空调、降温系统。

(6)主变压器冷却系统的风扇、油泵、冷却水泵等。

(7)其他如检修电源、试验室电源等。

这些负荷中也有不少为重要负荷。

3. 站外公用电

站外公用电主要是坝区、水利枢纽等用电，主要有溢洪闸门启闭机、船闸或筏道电动机械、机修车间电源、生活水泵、坝区及道路照明等。这类负荷布置比较分散。根据水电站的型式不同，其位置和布置也不同。

4.2.1.2　厂用电负荷按重要性分类

厂用电负荷，按重要性通常分为以下五类：

(1) Ⅰ类负荷。它指短时(一般指手动切换恢复供电所需的时间)停电将影响人身或设备安全，使机组运转停顿或发电量大幅度下降的负荷，接有Ⅰ类负荷的高、低压厂用母线，应设置备用电源。当一个电源断电后，另一个电源能立即自动投入。

(2) Ⅱ类负荷。它指允许短时(几秒至几分钟)停电，但较长时间停电有可能损坏设备或影响机组正常运转的负荷，对接有Ⅱ类负荷的厂用母线，应由两个独立电源供电，一般采用手动切换。

(3) Ⅲ类负荷。它指长时间停电不会直接影响生产的负荷。对于Ⅲ类负荷，一般由一个电源供电。

(4)事故保安负荷。停机过程中及停机后一段时间内应保证供电的负荷。这类负荷停电将引起主要设备损坏，重要的自动控制失灵或推迟恢复供电。根据对电源的不同要求，事故保安负荷分为两种：①直流保安负荷，由蓄电池组供电。②交流保安负荷，平时由交流厂用电供电，失去厂用电源时，交流保安电源(一般采用快速自启动的柴油发电机组)应自动投入供电。

(5)不间断供电负荷。不间断供电装置一般采用蓄电池组供电的电动发电机组或配备静态开关的静态逆变装置，发电厂的类型及容量不同，厂用电的重要程度也有所差异。水电厂一般都设厂用低压变压器，大型水电厂设厂用高压变压器，以满足对各种厂用负荷供电的要求。

4.2.1.3　厂用电负荷按运行方式分类

厂用电负荷按运行方式分为以下几类：

(1)经常连续运转负荷。如技术供水泵、浮充电电源、轴承润滑油泵或水泵、主变冷却风扇以及照明、通风、取暖和空调等。

(2)经常短时断续运转负荷。如油压装置油泵、厂房渗漏排水泵、高低压空压机、水轮机顶盖排水泵等。

(3)不经常连续运转负荷。如机组检修排水泵、蓄电池充电电源、油处理室设备和某些检修用电。

(4)不经常短时断续运转负荷。如闸门启闭机、蝶阀压油装置压油泵、消防水泵、各种短时工作的备用泵等。

这里所指的“经常”与“不经常”是指该负荷的使用机会。“经常”是指负荷与正常生产过程密切相关，一般每天都要使用的电动机；“不经常”是指正常时不用，只在检修、事故或开、停机时使用的电动机。“连续”、“短时”“断续”是指每次使用时间的长短。“连续”是指每次带负荷运转 2 h 以上；“短时”是指每次连续带负荷运转 10 ~ 120 min；“断续”是指每次使用时从负荷运行到停止，反复周期性地工作，而每个工作周期均不超过 10

min。

(5)自启动电动机。一般Ⅰ类和部分Ⅱ类自用负荷能自启动。

(6)不能自启动电动机。一般Ⅲ类和部分Ⅱ类自用负荷不能自启动。

自启动是指当自用电源短时消失后又恢复(如切换电源和故障后恢复)时,原来运转的自用电动机在电源消失时停止运行后无需运行人员启动操作即可自动启动,迅速恢复运转。自启动能大大缩短电动机重新启动的时间,对一些不允许长时间停电的Ⅰ、Ⅱ类负荷来说是很重要的。由于自用变压器的容量有限,不可能所有的电动机都参与自启动,另外有部分电动机短时停电对发电厂正常运行不会造成直接影响。所以,自用电动机可分为具有自启动和不具有自启动两类。

4.2.1.4 厂用电负荷的特点

中小型水电站的自用电特点是:

(1)自用电容量占电站总容量的比例很小,一般只占总容量的0.5%~3%。

(2)自用电的主要负荷是电动机,一般单项容量不超过40 kW,额定电压采用380 V,因此中小型水电站的自用电供电电压一般采用380/220 V中性点接地的三相四线制系统。

(3)大部分的自用电负荷都是不经常运行的,只有少部分负荷是处于经常运行状态,且其中大部分是属于短时、断续运行的,因此整个自用电的负荷率和同时率很低。

(4)各种自用电设备的重要性是不相同的。少部分负荷如机组润滑系统、主变冷却装置以及可控硅励磁系统的冷却装置用电等维系着整个电站的正常生产和安全,对供电的可靠性要求很高,而大部分自用负荷短时停止工作并不影响电站的正常运行。

因此,在设计自用电系统时,要考虑在电站处于各种运行状态下保证自用电的供电可靠性。

4.2.2 水电厂自用电接线

自用电接线是指从自用变压器高压侧的引接点到厂用负荷的整个网络,包括电源引接点、高低压母线接线和供电回路接线等部分。厂用电接线的总体要求是要保证对厂用负荷的供电可靠性和连续性,力求接线简单、清晰,运行维护方便,同时整个网络供电线路要尽可能短,达到节省电缆和导线、减小损耗、方便管理的目的。

4.2.2.1 厂用电的电源引接点

厂用电的引接点是指自用变压器的高压侧与电厂或电网连接点。显然,引接点的供电可靠性很大程度上取决于自用电的可靠性。由于引接点本身并非供电电源,为了满足对自用电的要求,要求引接点必须与一个或几个电源相连,实现多电源的供电。

厂用电源是由一个引接点与厂用变压器串联组成的单元。尽管引接点连接多个电源,但由一个引接点连接的厂用变压器所构成的厂用电源总是会出现故障而停止供电的情况,如引接点的母线电压消失或厂用变压器故障。为满足供电可靠性,自用负荷一般采用双厂用电源供电,即既有工作电源又有备用电源,当工作电源故障或消失时,由备用电源继续供电。因此,备用电源必须与工作电源相对独立。当厂用电采用两台或两台以上厂用变供电时,作为工作电源和备用电源的两台厂用变压器就必须相对独立,一般不宜接在同一母线上。

备用电源的运行方式简称电源备用方式,通常有明备用和暗备用两种。若备用电源在正常情况下不运行,处于停电备用状态,只有在工作电源发生故障时才投入运行的备用方式,称为明备用。而暗备用是指两个电源平时都作为工作电源各带一部分自用负荷且均保留有一定的备用容量,当一个电源发生故障时,另一个电源承担全部负担的运行方式。两个电源之间是互为备用的关系,在中小型水电站中广泛应用,其特点是可靠性高,无明备用变压器的投入和冲击升压过程,但正常运行时自用变的负荷率低,效率差。

中小型水电站的自用电源尽可能从电压较低的高压母线上引接,常用的引接方式有以下几种:

(1)两台厂用变压器以分别接在单元接线的发电机电压母线或分段母线作为引接点,采用暗备用方式,这种备用方式厂用变压器高压侧一般采用高压熔断器引入,如图4-50(a)、(b)所示。当采用明备用方式时,宜采用断路器作为保护和操作电器。

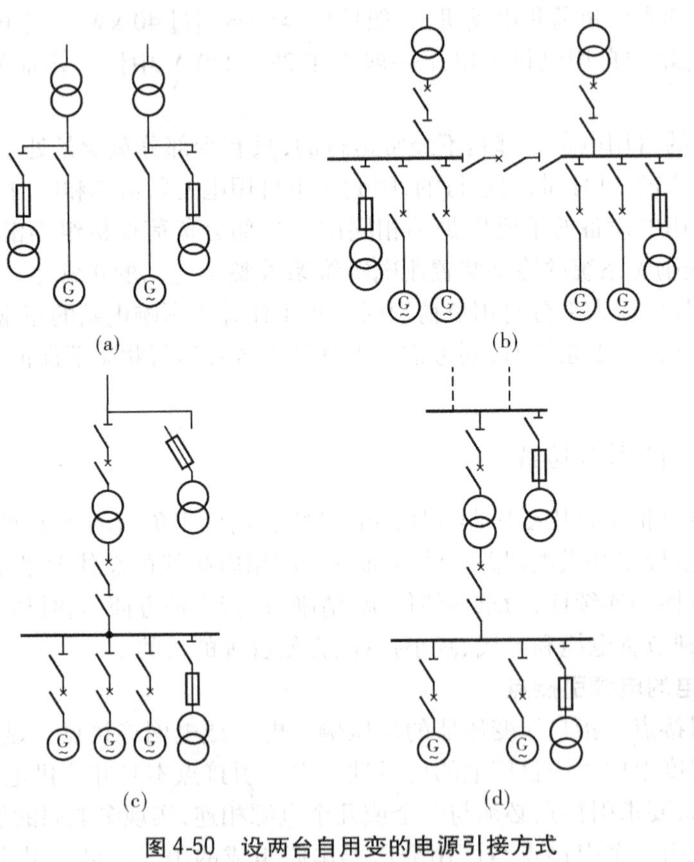

图4-50　设两台自用变的电源引接方式

在正常情况下,暗备用运行方式两台自用变压器均在工作,各带一半自用负荷,相互独立,不会因任一种电气故障同时停电。这种引接方式是较为理想的两个独立引接线点,当一段母线上的机组停机或故障时,该段母线可以由主变倒送电来供给自用负荷;当全部机组停运时,两段母线可分别对主变倒送电供电。

(2)两台厂用变压器以发电机电压母线为内侧自用电源引接点,以对侧有可靠电源

(如对侧是电网或发电厂)的输电线路或升压侧母线为外侧自用电源引接点。厂用变压器的高压侧一般熔断器作为保护电器,采用暗备用的运行方式,如图4-49(c)、(d)所示。这两个引接点也是两个独立的供电电源。当全厂停止运行或主变退出运行时,仍保持有外侧供电电源,由系统倒送电供给厂用负荷,而且无需经过主变,节省了主变的损耗。

(3)设一台厂用变压器作为水电站厂用电源内侧引接点,作为厂用电工作电源,供给全部厂用负荷。其明备用电源来自附近独立的低压配电网络或附近变电站的高压母线通过另设一台变压器供电。若采用低压配电网作为备用,要求其必须是独立于本站的电源,可靠性高,使之能真正作为可靠的备用电源使用。

4.2.2.2 厂用电的高低压母线接线

由于厂用负荷的正常工作直接影响了整个发电厂运行,为了保证对厂用负荷的供电可靠性,除保证厂用电引接点的供电可靠性外,还应保证厂用电母线供电的可靠性。为此,厂用电母线常采用单母线分段的运行方式。

1. 低压厂用母线接线

中、小型水电厂一般没有厂用高压负荷,根据厂用低压负荷的大小和重要程序,厂用母线可只分为二段或三段供电,如图4-51所示为某小型水电厂的低压(400 V)厂用母线接线,低压Ⅰ段和Ⅱ段之间互为暗备用,低压Ⅲ段为Ⅰ段和Ⅱ段的明备用电源。厂用负荷分别接到两段低压母线上,并多用成套配电装置接受和分配电能。

对于两台厂用变压器以发电机电压母线为内侧厂用电源引接点,以对侧有可靠电源(如对侧是电网或发电厂)的输电线路或升压侧母线为外侧厂用电源引接点的引接方式,由于两个厂用电源的高压侧电压相位不同,低压侧的电压相位也不同。故厂用电低压母线不能并列运行,分段开关处于断开位置,如图4-51中的404ZKK、405ZKK。当失去一个厂用电源时,分段开关投入另一段母线。为了使切换时间满足重要负荷的供电要求,一般分段开关应装设备用电源自动投入装置。

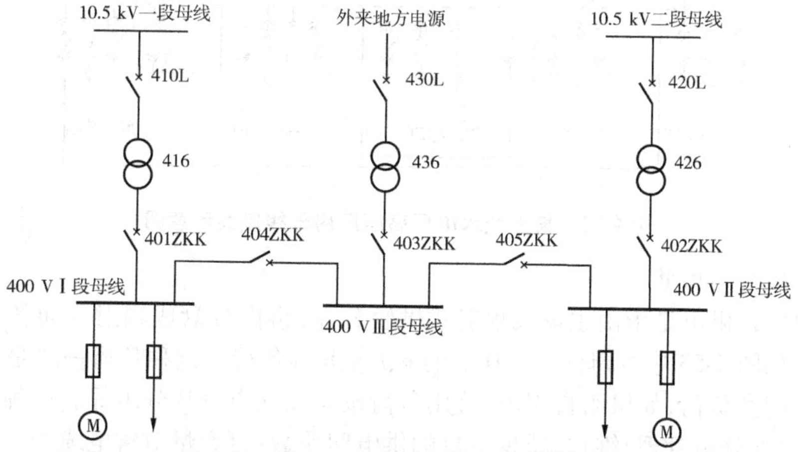

图4-51 某小型水电厂低压厂用母线接线

2. 高压厂用电接线

大型水电厂有一部分高压负荷,厂用母线接线通常都采用单母线按机组分段接线形式。图4-52所示为某大型水电厂的高压厂用母线接线。该厂装有四台水轮发电机组，设有五段10 kV级厂用母线，其中四段分别从各自机组的主变压器低压侧(6.3 kV)引接电源，通过各厂用变压器升压为10 kV电源送至相应的厂用高压母线段。Ⅰ段、Ⅱ段、Ⅲ段、Ⅳ段母线之间互为暗备用；另外一段10 kV备用段作为全厂厂用备用电源，由与电厂相连接的附近变电站降压供电；第Ⅴ段作为Ⅰ段、Ⅱ段、Ⅲ段、Ⅳ段的明备用电源，从而保证了厂用电的可靠性。

各段高压厂用电由10 kV母线通过电缆，一部分接高压负荷；另一部分接到低压厂用变压器降为380/220 V电压等级供电给低压负荷。

4.2.2.3 厂用电的供电回路接线

厂用电的供电回路，常采用以下几种接线方式。

1. 单层辐射式供电

单层辐射式供电是指负荷由厂用母线直接供电的接线。如图4-53中接在母线Ⅰ、Ⅱ上的a、b、c、d等负荷。每个负荷都有单独引接，配有隔离、操作和保护电器，互不影响，供电可靠性高。一般适用于距主盘较近或容量较大或某些重要的公用负荷，如自用吊车、直流整流电源、检修排水泵等。

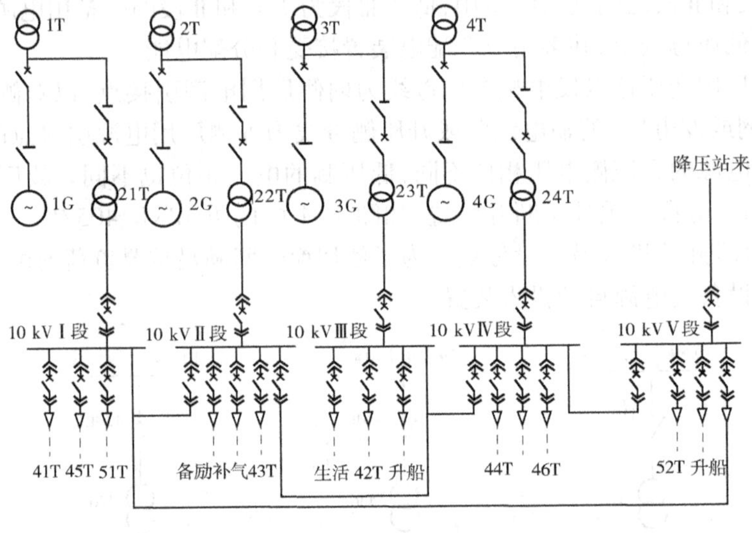

图4-52 某大型水电厂高压厂用母线接线示意图

2. 双层辐射式供电

双层辐射式供电是指由主盘成辐射式供给分盘，再由分盘成辐射式向各负荷供电的接线方式。如图4-53中的母线A～D上的e、f、g、h等负荷。这种负荷一般是远离主盘而比较集中的同类负荷，如机组自用电；公用负荷按装设地点分片分组等。这种供电的优点是：便于供电的分组管理、维护；减少主盘的供电回路数；可大量节省电缆等。但供电可靠性略差。

有的分盘内负荷回路不设引接隔离开关而只设进线的总电源隔离开关，这类分盘称为动力配电箱分盘，如图4-53中的A、D分盘。根据动力配电箱的结构不同可分为落地式和壁挂式(或嵌入式)。其特点是结构简单,布置紧凑,供电回路数多,体积小,可适用于不重要的小容量集中负荷。

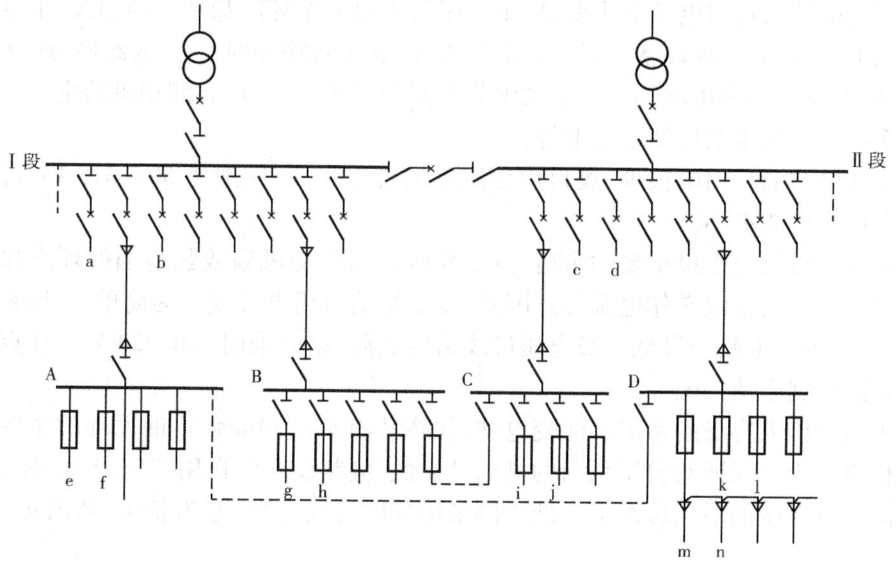

图 4-53　厂用电低压母线接线及供电回路接线

3. 干线式供电

对于一些相邻近的小容量Ⅲ类负荷或同一用电设备的不同负荷,可共用一组供电回路或电源电缆,直接在各负荷的操作电器的电源侧并接电源,如图 4-53 中的 m、n 回路中各负荷的供电。这种供电方式可以节省配电盘(箱),缺点是任意回路故障将直接影响到后面回路的供电,故可靠性差。

4. 互为备用式供电

互为备用式供电是指在双层辐射式供电的基础上,为了提高分盘的供电可靠性,分盘之间用电缆连接起来互为备用,或分盘直接从另一主盘上再引接一个备用回路,以提高可靠性的供电方式。如图 4-53 所示。这种接线的供电可靠性高,可用于Ⅰ、Ⅱ类负荷,如机组动力盘等。特别是在机组台数较多时,可采用此接线方式。分盘之间一般采用隔离开关手动切换的备用方式。

另外,照明也是重要的厂用负荷之一。由于照明相当分散,故常分片设置照明分电箱(照明箱),再由分电箱(照明箱)拉出单相电源供给单向照明器具。容量较大的发电厂各照明分电箱(照明箱)一般直接从主盘引接,或在主盘上设置一块专用照明配电盘统一向各照明分电箱辐射供电,以保证对照明的供电可靠性。同时,还应把直流电源引入照明配电盘内。当因故失去厂用电时,可在照明配电上采用手动或自动的方式进行电源切换,使厂内部分重要的照明转为直流电源供电。这部分重要的照明称为事故照明。而不需进行切换的为常用照明。它与事故照明各有一套独立的供电线路。

4.2.3　变电站自用电接线

变电站的自用负荷一般比发电厂的厂用负荷小得多。在有人值班的中小型变电站中,自用电负荷主要是:变压器的冷却风扇、蓄电池的充电设备硅整流操作电源、采暖通风、加热设备、照明和检修用电等。

大型变电站的自用电负荷主要是:主变压器强迫油循环冷却装置的油泵、水泵、风扇、蓄电池充电设备、油处理设备、空气压缩机(带有空气断路器时)、变压器检修间电源、采暖通风、照明及供水泵用电等。变电站中装有同期调相机时,还有调相机的空气冷却器和润滑油系统的冷却水泵机油泵用电等。

由于变电站的自用电很少,故自用变压器的容量不大,一般为 50 ~ 315 kVA,中小型变电站自用变可能更小。

变电站的自用电中最重要的负荷是:主变压器的冷却风扇或强迫油循环冷却装置的油泵、水泵、风扇及整流操作电源等。因此,变电站的自用电接线较为简单,一般采用一台自用变压器,由变电站中最低一级电压母线引接电源,副边采用 380/220 V 中性点直接接地的三相四线制系统供电。

对于高电压大容量的系统枢纽变电站,往往装有水冷却或强迫油循环的主变压器及同步调相机。为了保证对自用负荷的供电可靠性,应装设两台自用变压器,分别接在变电站中最低一级电压的不同母线上。低压侧采用分段母线运行,互为备用,如图 4-54(a)所示。

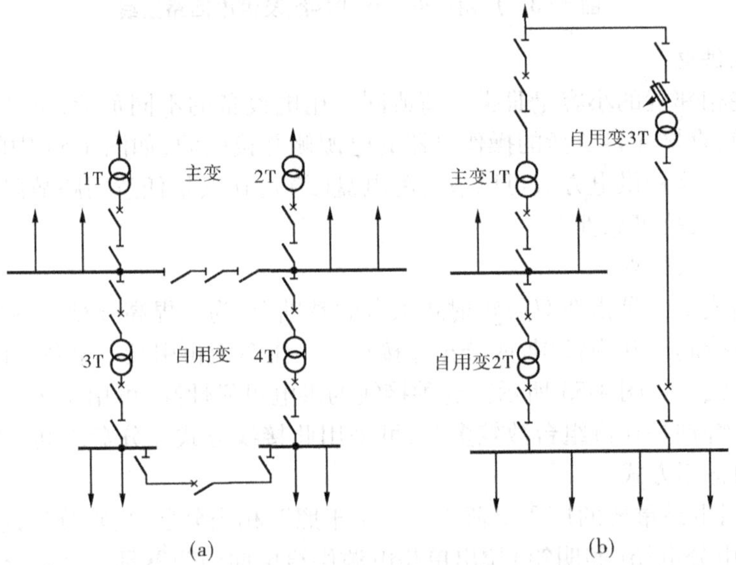

图 4-54 变电站自用电接线

当变压器不采用蓄电池组而采用复式整流、电容储能等整流操作电源时,变电站正常运行时的控制、信号、保护以及断路器的操作电源都是由交流整流取得的。为了提高自用电的可靠性,对于采用整流操作或无人值守的变电站,除应装设两台自用变压器外,还须将其分别连在不同电压等级的电源或独立电源上,以保证在变电站内停电时,仍能使自用电得到不间断供电。如一台自用变压器接在 10 kV 母线上,另一台自用变压器接在有高压侧电源汇流断路器的外侧供电,如图 4-54(b)所示。两台自用变压器采用明备用方式,并装设备用电源自动投入装置。

4.2.4 厂用电接线方案实例分析

4.2.4.1 小型水电厂

某小型水电站厂用电网络接线如图4-55所示。自用变压器设置两台,低压侧为380 V,母线分段。正常时都在运行,各带一半的自用负荷,两台自用变压器互为备用。采用暗备用方式。由于本例中两台自用变压器电源取自不同相位,低压380 V母线不能并联运行。但两段主母线之间装设了备用电源自动投入装置。整个低压配电网路除了配置有主盘,还对较为集中的远方自用负荷设了分盘,如机组动力盘、油处理室、高低压空压机室、检修电源、照明分电箱等。为了满足对重要负荷的供电,提高供电可靠性,重要分盘也采用双电源供电,如机组动力盘等,正常时备用回路断开运行,工作电源消失或发生故障时,采用手动切换的方式投入备用电源,继续向负荷供电,保证重要的负荷不停电。整个配电装置网络形成环形回路。

有些负荷可以直接由主盘供电。它们通常是离主盘较近的或Ⅰ、Ⅱ类负荷或容量较大的负荷。

4.2.4.2 大中型水电厂

图4-56为某大型水电厂厂用电接线方案。该厂装机4台,其发电机－变压器单元采用单元接线,变压器均为双绕组型式,其中G1、G4机出口装设断路器。厂外坝区的大功率设施(如坝区闸门、船闸或升船机等)用电,由两台互为暗备用的专用变压器T9、T10,从主变压器T1、T4低压侧引接,采用6 kV高压母线段供电。公用低压系统由6 kV高压母线引接,并作为机组低压厂用电的备用。

机组厂用电采用380/220 V低压厂用系统。按机组台数分段,由发电机出口引接至厂用变压器T5、T6、T7、T8,并由公用厂用低压母线提供备用电源。

4.2.5 厂用电系统构成及厂用配电装置

4.2.5.1 厂用电系统的构成

厂用电系统由电源引接点、引接设备(如开关、高压熔断器)、厂用变压器、厂用配电柜、厂用配电箱等构成,内引电源的厂用变压器一般置于户内,外引电源的厂用变压器一般置于户外。厂用配电柜及厂用配电箱均置于户内。厂用变压器采用6 kV、10 kV的降压变压器,低压侧额定电压为400 V,厂用配电柜使用屋内低压成套配电装置,用于交流50 Hz、额定电压在500 V以下、额定电流在3 150 A以下的三相厂用配电系统中,作动力、照明、供暖及配电设备的电能转换、分配与控制用。每个柜中分别装有闸刀开关、自动空气开关、接触器、熔断器、仪用互感器、母线以及测量装置、信号装置等设备。由制造厂组成多种一次线路方案并进行编号,供给用户选用。

4.2.5.2 厂用配电柜的类型

厂用配电柜是成套式配电装置的一种。目前,成套式配电装置的型式较多,就结构而言,主要有固定式和抽出式两种,根据电压不同,可分为高压柜和低压柜。

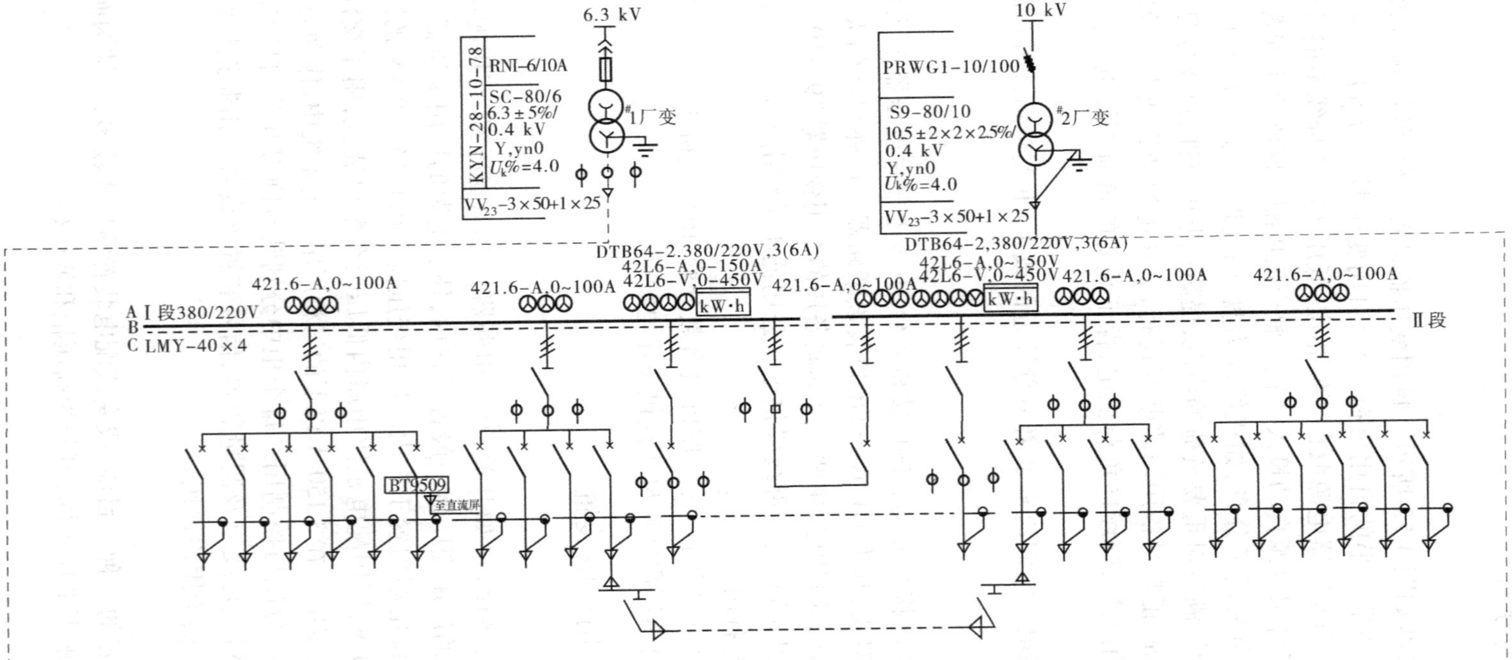

配电屏型号	-36						-36(改)				
配电屏编号	1						2				
名称	集水井水动力	吊车		安装器明力箱	备用	事故分电箱	主厂房明分电箱	生活区	备用	1#机动力盘	1#厂变进线
回路电流(A)	23.6	44	11	28		13	31.7	57		25	115
刀开关	HD13BX-200/31						HD13BX-200/31				HD13BX-200/31
断路器	DZ20J-1 100/32A	DZ20J-1 100/40A	DZ20J-1 100/20A	DZ20J-1 100/32A	DZ20J-1 100/20A	DZ20J-1 100/20A	DZ20J-1 100/32A	DZ20J-1 100/63A	DZ20J-1 100/20A	DZ20J-1 100/32A	DW15-200/120A
电流互感器	LMZ1-0.66,100/5						LMZ1-0.66,100/5				LMZ1-0.66,150/5
引出电缆型号	VV22-1 3×6+1×4	VV22-1 3×10+1×4	VV22-1 3×4+1×25	VV22-1 3×6+1×4		VV22-1 -2×4	VV22-1 -4×6	VV22-1 3×25+1×20		VV22-1 3×6+1×4	VV22-1 3×50+1×25
穿管管径	G25	G25	G25	G25		G15	G32	G32		G25	

配电屏型号	-10	-36(改)					-36					
配电屏编号	3	4					5					
名称	母线分段	2#厂变进线	2#机动力盘	备用	备用		厂内	动力箱	气系统	备用	副厂房用明分电箱	备用
回路电流(A)		115	25			11	10.8	27	10		28	
刀开关	HD13HX-200/31	HD13BX-200/31	HD13BX-200/31				HD13BX-200/31					
断路器	DW15-200/120A	TJW15-100/120A	DZ20J-1 100/32A	DZ20J-1 100/32A	DZ20J-1 100/20A	DZ20J-1 100/20A	DZ20J-1 100/20A	DZ20J-1 100/32A	DZ20J-1 100/20A	DZ20J-1 100/20A	DZ20J-1 100/32A	DZ20J-1 100/20A
电流互感器	LMZ1-0.66,100/5	LMZ1-066,150/5	LMZ1-0.66,100/5				LMZ1-0.66,100/5					
引出电缆型号		CC22-1 3×50+1×25	CC22-1 3×6+1×4			VV22-1 3×4+1×25	VV22-1 3×4+1×25	VV22-1 3×4+1×25	VV22-1 3×4		VV22-1 4×6	
穿管管径			G25			G25	G25	G25	G25		G32	

说明：BT9509 为事故照明切换板，其直流电源用 VV22－1－2×4 电缆引至直流屏。

图 4-55　某小型水电站厂用电网络接线图

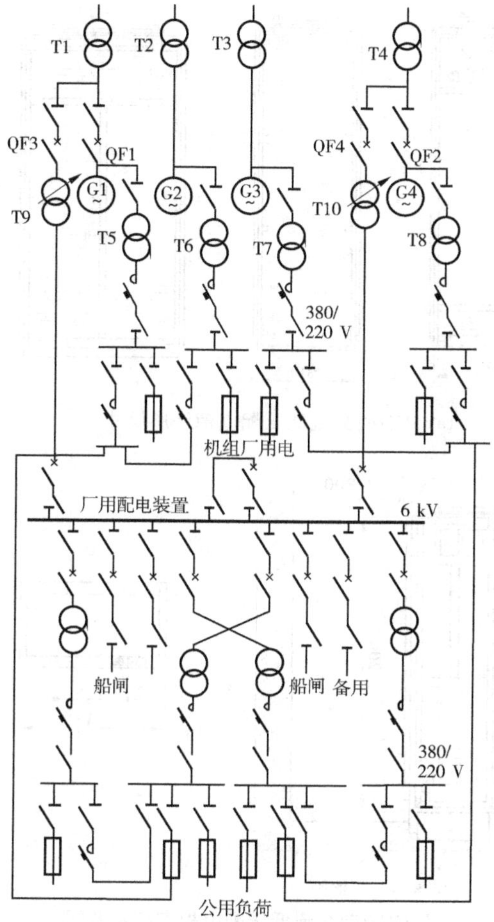

图 4-56　某大型水电厂厂用电接线方案

1. 固定式

固定式低压配电柜的屏面上不安装测量仪表，中部装闸刀开关的操作手柄，柜下部为外开的金属门。柜内上部有继电器、二次端子和电能表。母线装在柜顶，自动空气开关和电流互感器都装在柜后。

固定式厂用配电柜一般离墙安装，单面（正面）操作，双面维护。如 GGD 型的低压配电柜（见图 4-57），它是本着安全、经济、合理、可靠的原则设计的新型低压配电柜，其分断能力高，动热稳定性好，电器方案灵活，组合方便，实用性强，结构新颖，防护等级高。

GGD 型厂用配电柜的基本结构采用冷弯型钢和钢板焊接而成。屏面上方为仪表门，宽为 1 000 mm 和 1 200 mm 的柜正面采用不对称的双门结构，600 mm 和 800 mm 宽的柜采用整门结构，柜体后面采用对称双门结构，既安全，又便于检修，同时也提高了整体的美观性。为加强通风和散热，柜体的下部、后上部和顶部均有通风散热孔；主母线排列在柜的后上方，柜体的顶盖在需要时可以拆下，便于现场主母线的装配和调整。柜的外形及安装尺寸如图 4-57 所示。

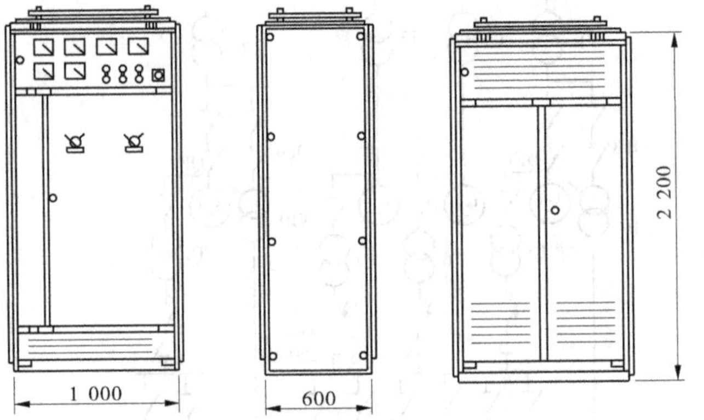

(a)GGD型交流低压配电柜外形尺寸

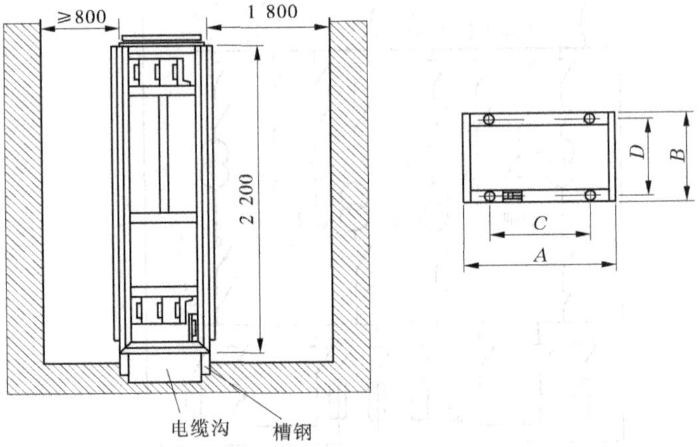

(b)GGD型交流低压配电柜安装示意图

图 4-57　GGD 型交流低压配电柜外形及安装示意图

2. 抽出式

抽出式厂用配电柜为封闭式结构，主要设备均放在抽屉内或手车上。回路故障时，可换上备用手车或抽屉，迅速恢复供电，以提高供电的可靠性和便于检修。目前常用的有 MNS 型低压成套开关柜，GCS、GCK 型抽出式开关柜，DOMINO、CUBIC 型组合式低压开关柜等。

4.2.5.3　厂用配电柜布置要求

(1) 屋内低压配电装置的电器距离应满足规范要求。无遮栏裸导体布置在屏前通道上方，其高度应不小于 2.5 m，否则应加装不低于 2.2 m 高的遮栏。若布置在屏后通道上方，其高度不应低于 2.3 m，否则应加装不低于 1.9 m 高的遮栏。成排布置的配电屏，其屏前和屏后的通道最小宽度应符合表 4-6 的规定。

(2) 厂用配电柜的维护通道的出口数目按配电装置的长度确定：长度不足 6 m 时允许一个出口；长度超过 6 m 时，应设两个出口，并布置在通道的两端；当两出口之间的距离超过 15 m 时，其间应增设出口。

表 4-6　配电屏前后的通道最小宽度　（单位：mm）

配电屏类型		单排布置			双排面对面布置			双排背对背布置			多排同向布置		
		屏前	屏后		屏前	屏后		屏前	屏后		屏前	屏后	
			维护	操作		维护	操作		维护	操作		前排	后排
固定式	不受限制时	1 500	100	1 200	2 000	1 000	1 200	1 500	1 500	2 000	2 000	1 500	1 000
	受限制时	1 300	800	1 200	1 800	800	1 200	1 300	1 300	2 000	2 000	1 300	800
抽屉式	不受限制时	1 800	1 000	1 200	2 300	1 000	1 200	1 000	1 000	2 000	2 300	1 800	1 000
	受限制时	1 600	800	1 200	2 000	800	1 200	800	800	2 000	2 000	1 600	800

注：1.“受限制时”是指受到建筑平面的限制、通道内有柱等局部突出物的限制。

2. 屏后操作通道是指需在屏后操作运行中的开关设备的通道。

（3）厂用配电室长度超过 7 m 时，应设两个出口，并宜装置在配电室的两端。当低压配电室为楼上和楼下两部分布置时，楼上部分的出口应至少有一个为通向该层走廊或室外的安全出口。

配电室的门均应向外开启，但通过高压配电装置室的门应能双向开启。

◆任务实施

（1）实习联系：实习地点落实、时间确定、车辆联系；

（2）实习动员：安全教育、纪律教育、实习任务布置；

（3）入厂安全教育：安全规程学习与考试；

（4）识读厂用电接线图并填写下表；

	电压等级	引接方式	备用方式
厂用高压电源			
厂用低压电源			
母线接线方式			
供电回路接线方式			

（5）根据厂用电源接线图，找出图中设备与现场对应的全部设备并拍照记录；

（6）写出各设备的名称、作用、工作原理及结构。

◆思考问题

（1）水电厂厂用电负荷是如何分类的？具体由哪些负荷组成？按重要性分为哪几类？

（2）厂用电源引接时如何保证两个电源的独立性？

(3)低压开关柜和低压配电箱常用于哪些地方？其中的设备各有哪些？

◆任务评价

(1)评价内容。

实际操作:学生拍照记录厂用电接线图中与现场对应的全部设备,写出各设备的名称及作用。教师自行设计考核表格与评分标准,通过考核学生拍照记录、设备名称与作用表述,进而考核学生对图形与实物的联系情况,及对厂用电接线的理解。

解答思考问题:学生解答思考问题,学生自评、互评,老师审定成绩。

职业素质:遵守安全规章制度,遵守纪律、吃苦耐劳,一丝不苟地工作,与团队成员、教师和工厂师傅进行有效的沟通,协作共事等。

(2)成绩构成。

实际操作40%,解答思考问题40%,职业素质20%。

任务4.3　电气设备倒闸操作

◆教学目标

1. 知识目标

(1)知道保证电气作业工作的安全措施;

(2)对倒闸操作有一定的认知;

(3)能按要求填写倒闸操作票。

2. 能力目标

(1)能叙述保证电气作业安全的组织措施及技术措施;

(2)能叙述倒闸操作的任务、要求、步骤和一些注意事项;

(3)能按要求填写倒闸操作票。

◆任务描述

(1)按要求正确填写操作票;

(2)在水电厂按要求进行倒闸操作。

◆任务准备

(1)主接线图一张,选取典型倒闸操作实例;

(2)倒闸操作空白票。

◆相关知识

4.3.1　电气作业安全措施

为了确保在高压设备上工作时的人身安全,在高压设备上工作必须遵守下列各项:

(1)填写工作票或口头命令;

(2)至少应有两人在一起工作;

(3)完成保证人员安全的组织措施和技术措施。

4.3.1.1　保证安全的组织措施

组织措施是指在进行电气检修、试验、施工工作时,将检修、试验、运行等有关部门组织起来,统一指挥、明确分工、密切配合,共同保证施工安全所制定的各项制度。包括:①工作票制度;②工作许可制度;③工作监护制度;④工作间断、转移和终结制度。

1. 工作票制度

1)定义

电气、线路工作票是允许在电气设备、电力线路上进行工作的书面命令,也是明确安全职责,向工作人员进行安全交底,实施安全措施,履行工作许可与监护,工作间断、转移和终结手续的书面依据。在电气设备上或电力线路上进行工作,必须执行工作票制度。工作票制度是保证安全工作的一项组织措施。

2)分类

根据工作性质和范围不同,有第一种工作票和第二种工作票之分。

(1)第一种工作票用于需停电或装设安全措施。

①高压设备上工作需要全部停电或部分停电者。

②二次系统和照明等回路上的工作,需要将高压设备停电者或做安全措施者。

③凡是在高压设备上或其他电气回路上工作,需要将高压设备停电或装设工作范围遮栏的。

(2)第二种工作票用于不需停电或装设安全设施。

①带电作业和在带电设备外壳上的工作。

②控制盘、低压配电盘、配电箱、电源干线上的工作。

③二次接线回路上的工作,无需将高压设备停电者。

④非当值值班人员用绝缘棒对电压互感器定相或用钳形电流表测量高压回路的电流等。

⑤在同期调相机的励磁回路或高压电动机转子电阻回路上的工作。

3)工作票的签发

工作票由工作票签发人填写,一式两份,应正确清楚,不得涂改。两份工作票中的一份必须保存在工作地点,由工作负责人收执,按值移交。值班员应将工作任务、工作票编号、许可开始时间及完工时间记入操作记录簿中。在无人值班的设备上工作时,第二份工作票由工作许可人收执。

2. 工作许可制度

工作许可人(值班员)在完成施工现场的安全措施后,应会同工作负责人到现场再次检查所作的安全措施,以手触试,证明检修设备上确无电压,并对工作负责人指明带电设备的位置和注意事项。工作负责人对安全措施无异议,双方在工作票上分别签名。完成上述工作许可手续后,工作组方可开始工作。

3. 工作监护制度

完成工作许可手续后,工作负责人(监护人)应向工作人员交待现场安全措施、带电部位和其他注意事项。工作负责人必须始终在工作现场,对工作班成员的安全认真监护,除在全部停电工作时可参加班组工作外,专责监护人不得兼做其他工作。工作期间工作负责人因故需离开工作地点时,应指定能胜任的人员代替,并告知工作人员。如工作负责人需长时间离开现场,应由原工作票签发人变更工作负责人,在工作票7项中填写清楚并签名。

4. 工作间断、转移和终结制度

工作间断时,工作班人员应从工作现场撤出,所有安全措施保持不动,工作票仍由工作负责人执存,间断后继续工作,无需通过工作许可人。每日收工,应清扫工作地点,开放已封闭的通路,并将工作票交回运行人员。次日复工时,应得到工作许可人的许可,取回工作票,工作负责人应重新认真检查安全措施是否符合工作票的要求,并召开现场站班会后,方可工作。若无工作负责人或专责监护人带领,工作人员不得进入工作地点。

全部工作完毕后,工作班应清扫、整理现场。工作负责人应先周密地检查,待全体工作人员撤离工作地点后,再向运行人员交待所修项目、发现的问题、试验结果和存在问题等,并与运行人员共同检查设备状况、状态,有无遗留物件,是否清洁等,然后在工作票上填明工作结束时间。经双方签名后,表示工作终结。

在未办理工作票终结手续以前,任何人员不准将停电设备合闸送电,严禁约时送电。待工作票上的临时遮栏已拆除,标示牌已取下,已恢复常设遮栏,未拉开的接地线、接地刀闸已汇报调度后,工作票方告终结。

已终结的工作票、事故应急抢修单应保存一年。

4.3.1.2 保证安全的技术措施

在电气设备上工作,保证安全的技术措施为:①停电;②验电;③装设接地线;④悬挂标示牌和装设遮栏(围栏)。

1. 停电

应停电的范围除检修施工设备外,与工作人员正常活动的距离小于表4-7中所列值的带电设备、与检修设备的距离小于表4-8中所列值的无遮栏带电设备均应停电。

表4-7 工作人员工作中正常活动范围与带电设备的安全距离

电压等级(kV)	10及以下	20~35	63~110	220	330	500
安全距离(m)	0.35	0.60	1.50	3.00	4.00	5.00

表4-8 人体与无遮栏带电体间的最小距离

电压等级(kV)	10及以下	20~35	63~110	220	330	500
安全距离(m)	0.70	1.00	1.50	3.00	4.00	5.00

检修设备停电,应把各方面的电源完全断开(任何运行中的星形接线设备的中性点,应视为带电设备);禁止在只经断路器(开关)断开电源的设备上工作;应拉开隔离开关(刀闸),手车开关应拉至试验或检修位置,应使各方面有一个明显的断开点(对于有些设备无法观察到明显断开点的除外);与停电设备有关的变压器和电压互感器,应将设备各侧断开,防止向停电、检修设备反送电。

2. 验电

停电后,必须检验已停电设备有无电压,以防出现带电装设接地线或带电合接地刀闸等恶性事故的发生。

3. 装设接地线

将检修或施工设备用携带式接地线(或接地刀闸)三相短路接地,是防止工作地点突然来电造成触电事故的主要安全技术措施。

(1)泄放检修设备停电后的残余电荷和可能产生的感应电荷。

(2)将工作设备三相短路接地,当因意外原因造成对检修设备误送电时,迫使电源的继电保护装置迅速动作,切断供电。

(3)将施工设备与大地良好连接,保持工作点"地"电位。

4. 悬挂标示牌和装设遮栏(围栏)

高压设备检修和施工,完成停电、验电、装设接地线的安全措施后,还应在开关把手上、工作设备上及附近带电设备上悬挂标示牌,按工作环境条件设置相应遮栏。

4.3.2 倒闸操作

4.3.2.1 倒闸操作概述

1. 电气设备状态认知

(1)运行状态:是指设备的隔离开关及断路器都在合闸位置。

(2)热备用状态:是指设备隔离开关在合闸位置,只断开断路器。

(3)冷备用状态:是指设备断路器、隔离开关均在断开位置,未做安全措施。

(4)检修状态:是指电气设备的断路器和隔离开关均处于断开位置,并按《国家电网公司电力安全工作规程》和检修要求做好安全措施。

2. 倒闸操作认知

电力系统中运行的电气设备,常常遇到检修、调试及消除缺陷的工作,这就需要改变电气设备的运行状态或改变电力系统的运行方式。电气设备分为运行、备用(冷备用及热备用)、检修三种状态。将设备由一种状态转变为另一种状态的过程叫倒闸,所进行的一系列的操作叫倒闸操作,主要涉及拉合断路器和隔离开关、拉合断路器的操作熔断器和合闸熔断器、拉合某些直流操作回路、投切继电保护或自动装置、改变继电保护或自动装置的整定值、拆装临时接地线、改变中性点接地方式和电网的合环与解列操作、检查设备的绝缘等。通过操作隔离开关、断路器以及挂、拆接地线将电气设备从一种状态转换为另一种状态或使系统改变了运行方式,这种操作就叫倒闸操作。

倒闸操作是电气运行人员的一项重要工作,不但关系到电气设备、电力系统的安全运行,也关系到在电气设备上工作的人员、运行操作人员的自身安全。由于误操作造成的事故,不仅会造成全厂(站)停电,还可能扩大到整个电力系统,使系统瓦解。

3. 倒闸操作任务

倒闸操作是一项严肃的、责任重大的工作,在整个过程中,不但有一次回路的操作,也有二次回路的操作,项目繁多,稍有疏忽大意,将会造成事故,因此必须牢固树立"安全第一"的思想,认真、负责地进行倒闸操作。

倒闸操作主要包括以下项目:

(1)电气设备改变运行状态的操作。如设备停送电、备用转检修、新设备的投运等操作。

(2)改变一次回路的运行方式。如线路的解列、并列及开环、合环、倒母线操作、改变中性点接地状态、调整变压器分接头等操作,因安全性、经济性原因对主接线运行方式的调整。

(3)接地线的装设、拆除,接地刀闸的拉、合。

(4)事故或异常的处理。

(5)其他操作,如蓄电池的充放电等。

4. 倒闸操作要求

在决定倒闸操作前,应考虑运行方式改变对系统的影响,如有功效率、无功效率、系统稳定、短路容量、继电保护及自动装置等因素。对已经检修完毕的电气设备,必须收回并检查工作票,拆除安全设施,检查断路器、隔离开关是否确在断开位置。进行倒闸操作时还应掌握以下基本原则:

(1)保证操作程序安全可靠,不会造成事故。

(2)尽量不影响发电、变电、送电的出力。

(3)不影响系统的正常运行。

(4)发生意外事故,尽量减小影响范围。

(5)防止恶性误操作。要防止误拉合开关、带负荷拉合隔离开关、带电挂接地线(包括接地刀闸)、带地线合闸、误入带电间隔等恶性事故。

(6)执行倒闸操作票制度。包括根据划定的调度范围,实行分级管理、下达指令、接受指令。执行正常操作任务时,必须填用操作票,执行操作监护、复诵制,操作过程中,严格执行有关操作票制度规定。

5. 电气操作票操作术语

在操作票的填写和执行口诵中,相关的技术术语必须按规定准确、规范化。

(1)拉开(合上)××开关,拉开(合上)××刀闸;

(2)取下(合上)××保险器;

(3)装设(拆除)××接地线,合上(拉开)××接地刀闸,装设(拆除)××短路线,装设(拆除)××临时遮栏;

(4)打开(合上)××保护压板,切换××电流试验部件;

(5)悬挂(拆除)××标示牌。

4.3.2.2 设备现场操作要领

1. 断路器的操作要领

(1)使用控制开关操作断路器:

①拉合断路器时,不要用力过猛,以免损坏控制开关。

②合闸操作时,操作人员应先将断路器控制开关打至“预备合闸”位置,待绿灯闪光2~3次后,将断路器控制开关打至“合闸位置”,停顿1 s,待红灯亮后松手,控制开关自动复位至合闸后位置。分闸操作与此相同。操作时不要返回太快,以免断路器合不上或拉不开。老式操作回路的断路器,操作过程应平稳,手不能抖动,防止断路器跳跃。

③电磁机构断路器合闸时注意观察直流电流表情况。合闸后发现断路器未动作或不到位,应立即取下控制电源保险,防止烧毁合闸线圈。

(2)使用控制开关就地操作断路器,操作人员应选好有利位置,防止操作过程中断路器爆炸伤人。

(3)断路器操作后,应检查与其相关的信号,如红绿灯、光字牌的变化,测量仪表(对装有三相电流表的设备,应检查三相表计)的指示,并到现场检查断路器的机械位置以判断断路器分合的正确性,至少应有两个及以上独立指示(注意区分同源信号)已同时发生对应变化时,才能确认该设备已操作到位。避免由于断路器假分、假合造成误操作事故。

(4)设备停役,拉开断路器前,对终端线路应检查负荷是否为零,对并列运行的线路,在一条线路停役前应考虑有关定值的调整,并注意在该线路拉开后另一线路是否过负荷。如有疑问,应问清调度后再操作。断路器合闸前必须检查有关继电保护是否已按规定投入。

(5)断路器出现非全相合闸时,首先要恢复其全相运行(一般两相合上一相合不上时,应再合一次,如该相仍合不上则将合上的两相拉开;如一相合上两相合不上,则将合上的一相拉开),然后再作其他处理。

(6)断路器出现非全相分闸时,应立即设法将未分闸相拉开,如仍拉不开,应利用母联或旁路进行倒换操作,之后将故障断路器隔离。

(7)对于储能机构的断路器,检修前必须将能量释放,以免检修时引起人员伤亡。检修后的断路器必须放在分开位置上,以免送电时造成带负荷合隔离开关的误操作事故。

(8)断路器累计分闸或切断故障电流次数(或规定切断故障电流累计值)达到规定时,应停役检修,还要特别注意,当断路器跳闸次数只剩有一次时,应停用重合闸,以免故障重合时造成跳闸引起断路器损坏。

(9)断路器操作时,若远方操作失灵,按规定允许进行就地操作时,必须进行三相同时操作,不得进行分相操作;操作人员应采取必要的人身防护措施。

2. 隔离开关的操作要领

(1)拉合隔离开关前,必须检查有关断路器和隔离开关的实际位置,隔离开关操作后应检查实际分、合位置(合闸后检查三相同期且接触良好;分闸后检查断口张开角度或闸刀拉开距离应符合要求)。

(2)手动合上隔离开关时,必须迅速果断。在隔离开关快合到底时,不能用力过猛,以免损坏支柱绝缘子。当合到底时,发现有弧光或误合,不准再将隔离开关拉开,以免由于误操作而发生带负荷拉隔离开关,扩大事故。

(3)手动拉开隔离开关时,应先慢后快,分闸终了应防止用力过猛损坏瓷瓶。触头刚分离时,如发生弧光,应迅速合上并停止操作,立即检查是否为误操作而引起电弧。值班人员在操作隔离开关前,应先判断拉开该隔离开关是否会产生弧光(切断环流、电容电流时也会产生弧光),在确保不发生差错的前提下,对于会产生弧光的操作则应快而果断,尽快使电弧熄灭,以免烧坏触头。

(4)当装有微机闭锁、电磁闭锁的隔离开关闭锁失灵时,应严格遵守防误装置解锁规定，认真检查设备的实际位置，在得到相关领导同意后，方可解除闭锁进行操作。

(5)电动操作的隔离开关闭锁失灵时，应查明原因和与该隔离开关有闭锁关系的所有断路器、隔离开关、接地开关的实际位置，正确无误才可拉开隔离开关操作电源而进行手动操作。

(6)隔离开关操作机构的定位销操作后一定要销牢，以免滑脱发生事故，电动操作的隔离开关操作后应拉开其操作电源。

(7)手动操作隔离开关时，操作人员应穿绝缘鞋，戴绝缘手套，穿长袖棉质工作服，戴安全帽，尽量减少操作失误时可能发生的人身伤害。

(8)系统内有接地信号，未找到接地点时，禁止随意拉隔离开关，防止用隔离开关拉断系统接地电容电流。

(9)电动操作过程中，操作人员应蹲在机构箱处，手放在操作电源“停止”按钮上，听候监护人的指令，当隔离开关发生异常时要能立即断开操作电源。监护人应观察隔离开关的整个操作过程，当发现操作异常时，应立即向操作人发出“停止”的指令。如操作电源突然消失，应使用隔离开关操作工具将隔离开关摇开，不得使隔离开关断口长期放电拉弧。

4.3.2.3　倒闸操作的基本规律

倒闸操作的基本规律见表4-9。

4.3.3　倒闸操作票制度

4.3.3.1　操作票的作用

凡影响机组生产(包括无功)或改变电力系统运行方式的倒闸操作及机炉开、停等较复杂的操作项目，均必须填用操作票的制度，称为操作票制度。

填写操作票是安全、正确进行倒闸操作的根据，它把经过深思熟虑制订的操作项目记录下来，从而根据操作票面上填写的内容依次进行有条不紊的操作。电气设备改变运行状态，必须使用操作票进行倒闸操作，这是防止误操作的主要措施之一。

4.3.3.2　操作票的使用范围

下列项目应填进操作票：

(1)应拉合的设备(开关、刀闸、接地刀闸等)；

(2)拉合设备(开关、刀闸、接地刀闸等)后检查设备的位置；

(3)验电、装拆接地线后检查实际位置；

(4)合上(安装)或断开(拆除)控制回路或电压互感器回路的空气开关、熔断器；

(5)切换保护回路和自动化装置及检验是否确无电压、更改整定值等；

(6)进行停、送电操作时，在拉开刀闸、手车式开关拉出、推入前，检查开关确在分闸位置；

(7)在进行倒负荷或解、并列操作前后，检查相关电源运行及负荷分配情况；

(8)设备检修后合闸送电前，检查送电范围内接地刀闸已拉开，接地线已拆除。

表4-9 倒闸操作的基本规律

设备倒闸前状态	设备倒闸后状态			
	运行	热备用	冷备用	检修
运行		1. 拉开必须切断的断路器； 2. 检查所切断的断路器是否处在断开位置	1. 拉开必须切断的断路器； 2. 检查所切断的断路器是否处在断开位置； 3. 拉开必须断开的隔离开关； 4. 检查所拉开的隔离开关是否处在断开位置	1. 拉开必须切断的断路器； 2. 检查所切断的断路器是否处在断开位置； 3. 拉开必须断开的隔离开关； 4. 检查所拉开的隔离开关是否处在断开位置； 5. 挂上保护用临时接地线或合上接地隔离开关； 6. 检查合上的接地隔离开关是否处在接通位置
热备用	1. 合上必须合上的断路器； 2. 检查所合上的断路器是否处在接通位置		1. 拉开必须切断的断路器； 2. 检查所切断的断路器是否处在断开位置； 3. 拉开必须断开的隔离开关； 4. 检查所拉开的隔离开关是否处在断开位置	1. 断开必须切断的断路器； 2. 检查所切断的断路器是否处在断开位置； 3. 拉开必须断开的隔离开关； 4. 检查所拉开的隔离开关是否处在断开位置； 5. 挂上保护用临时接地线或合上接地隔离开关； 6. 检查合上的接地隔离开关是否处在接通位置
冷备用	1. 检查全部接线； 2. 检查断路器是否处在断开位置； 3. 合上必须合上的隔离开关； 4. 检查合上的隔离开关是否处在接通位置； 5. 合上必须合上的断路器； 6. 检查合上的断路器是否处在接通位置	1. 检查全部接线； 2. 检查断路器是否处在断开位置； 3. 合上必须合上的隔离开关； 4. 检查合上的隔离开关是否处在接通位置		1. 检查所切断的断路器是否处在断开位置； 2. 检查所拉开的隔离开关是否处在断开位置； 3. 挂上保护用临时接地线或合上接地隔离开关； 4. 检查合上的接地隔离开关是否处在接通位置
检修	1. 拆除全部保护用临时接地线或拉开接地隔离开关； 2. 检查所拉开的接地隔离开关是否处在断开位置； 3. 检查断路器是否处在断开位置； 4. 合上必须合上的隔离开关； 5. 检查合上的隔离开关是否处在接通位置； 6. 合上必须合上的断路器； 7. 检查合上的断路器是否处在接通位置	1. 拆除全部保护用临时接地线或拉开接地隔离开关； 2. 检查所拉开的接地隔离开关是否处在断开位置； 3. 检查断路器是否处在断开位置； 4. 合上必须合上的隔离开关； 5. 检查合上的隔离开关是否处在接通位置	1. 拆除全部保护用临时接地线或拉开接地隔离开关； 2. 检查所拉开的接地隔离开关是否处在断开位置； 3. 检查断路器是否处在断开位置； 4. 检查所拉开的隔离开关是否处在断开位置	

注：设备转入“检修状态”时挂上标志牌、装设临时遮栏、断开操作能源及退出二次压板等安全措施虽未列在表内，但仍须按照《电力安全工作规程》及现场规程的规定执行，拆除时同。

4.3.3.3 操作票填写规定

1. 一般规定

(1) 电气倒闸操作票应严格按照《电业安全工作规程》和有关规定填写。

(2) 每份操作票只能填写一个操作任务。

(3) 操作票应统一编号，一律用蓝、黑墨水的钢笔填写。

(4) 作废的操作票应加盖“作废”印章，调度作废票应加盖“调度作废”章，已执行的操作票应加盖“已执行”章。

(5) 填写倒闸操作票必须使用统一的调度术语和操作术语。

(6) 操作票填写完毕，经审核正确无误后，对最后一项后的空白处盖“以下空白”章。

2. 操作票各栏填写的具体规定

(1) 第一栏。

第一栏的“发令人”为第一次正式发布操作指令的值班调度员或值班负责人，“受令人”为有资格接受操作指令的当值值班员，“发令时间”为接受操作指令的时间，在受令人接受第一次正式发布的操作指令并核对无误后填写。

(2) 第二栏。

第二栏的第一项“操作开始时间”在监护人向操作人下达第一项正式操作指令时填写，操作开始时间应在值班调度员发布正式命令以后（非调度管辖的设备由值班负责人下令）；第二项“操作结束时间”在本操作票所列操作项目全部执行完并经操作质量检查合格后填写；在操作任务未全部执行完但因故不再执行其余项目时，最后一项操作完毕并经操作质量检查合格的时间为操作结束时间。操作开始时间和操作结束时间只需在一个操作任务的第一页填写。

(3) 第三栏。

第三栏为操作类型，在对应操作类型栏打“√”。倒闸操作的类型：监护下操作、单人操作、检修人员操作。

(4) 第四栏。

第四栏为操作任务栏，按统一的调度术语简明扼要说明要执行的操作任务，即操作前后设备状态变化清楚，并有符合现场实际的设备名称和编号；设备均应在其设备名称和编号前面加上相应的电压等级（主变和全站仅有一个电压等级的站用变除外）。

一份操作票只能填写一个操作任务，一个操作任务是根据一个调度命令或值班负责人的命令，且为了相同的操作目的而进行的一系列相互关联并依次进行的操作过程。

(5) 第五栏。

第一列“顺序”为分项顺序编号栏，同一分项的文字可占用数行，分项顺序编号不变并仅在第一行对应位置填写；整张操作票所有分项顺序编号必须连续。

第二列“操作项目”为分项内容填写栏，根据操作任务，按操作顺序及操作票的要求、规定，依次填写分项内容，可占用数页。

第三列“操作确认（√）”为分项确认栏，当某一项具体操作执行后，监护人在操作人操作、复诵完毕、并认真核对操作效果无误后打“√”；一项步骤占用多行时，在最末一行打“√”。

(6)第六栏。

第六栏为备注栏,操作票票面正确,但因故未执行或操作进行到某一项时,因天气或设备故障等原因无法继续操作,造成操作任务无法完成时,在操作票未执行的各页(或未执行操作票的各页)任务栏左侧盖“作废”章,其原因应在作废的各页及第一个未执行项所在页备注栏注明。

备注栏内写“接下页”,在后一页的操作任务栏内写“接上页”。操作票填写完毕,在最后一项下面左边平行盖“以下空白”章。若最后一项刚好是票面的最后一行,微机打印的操作票可不用盖“以下空白”章,手工填写的操作票必须在翻页第一行对应位置盖“以下空白”章。手工填写的操作票,若最后一项刚好是该本操作票最后一页的最后一行,则应在下一本操作票的第一页第一行对应位置盖“以下空白”章。

(7)第七栏。

第七栏为签字栏,操作人填写操作票完毕后,会同监护人根据模拟图板,核对所填的操作任务和项目,确认无误后签名;监护人根据模拟图板,核对所填的操作任务和项目,确认无误后签名;监护人核对无误后交值班负责人审核签名。

除按相关规定可以代签名的项目外,其余方式填写的操作票,均应由本人亲笔签名,不得代签。

(8)第八栏。

操作执行完毕,在操作票最后一项下面右边加盖“已执行”章。

3. 下面几种情况为不合格操作票

(1)操作起止时间未填;

(2)操作票张页编号不连续;

(3)操作任务栏内,任务目的不清;

(4)分项填写不全;

(5)操作任务栏不使用双重编号;

(6)操作票填写的设备名称与现场实标不符;

(7)操作票用铅笔填写;

(8)填写时用“同上”或用“×××”填写者;

(9)操作项目顺序颠倒(以《电力安全工作规程》为准),书写漏项、执行中漏项及执行后未注有“√”符号;

(10)操作票中重要文字有涂改者(如“拉”、“合”刀闸、开关的调度编号),错字、漏字、涂改每页3处以上者;

(11)操作票上操作人、监护人、值班负责人不签字或由一人代签或由一人担任;

(12)不加盖或不正确加盖“已执行”、“以下空白”、“作废”章。

4. 操作票填写的注意事项

(1)根据《电业安全工作规程》规定,操作票应填写设备的双重编号即设备的名称和编号,一般有下列两种形式。实际使用中,可按各级调度规定使用。

①编号在前,名称在后。

②名称在前,编号在后。

(2)操作票中下列四项不得涂改:①设备名称、编号;②有关参数和时间;③设备状态;④操作动词。

(3)操作票中的签名规定如下:填票人、审核人由填写操作票的运行班依次分别签名,并对所填操作票的正确性负责;操作人、监护人在执行操作任务前,应对操作票审核无误,在调度员正式发布命令后依次分别签名。

(4)检查项目的填写规定。

①接地线的装拆不需要填检查内容,但拉合接地开关应填写检查内容。

②断路器由热备用转运行,不需要检查断路器确在热备用状态。

③断路器分、合闸后,操作票中只填写"检查断路器分、合闸位置"。

④母线电压互感器由运行转冷备用时,可不填写检查电压表指示情况,而由冷备用转运行时,应检查电压表指示情况。

⑤对二次回路操作,如连接片、熔断器、二次电源开关、空气断路器、切换开关等,操作后不要求填写检查内容,因为这些操作本身比较直观、明了。

⑥检查送电范围内确无遗留接地线,送电范围的含义是:变电站可见范围,不包括线路及对侧情况。送电指由电源侧向检修后的设备送电(充电),并非指仅仅对用户送电。

4.3.3.4 操作票执行程序

1. 接受预发调度命令(接受操作任务)

(1)受令人应检查录音设备,并保持录音设备正常运行,将接受调度命令全过程录音;

(2)发令人、受令人应互报单位、姓名、本人岗位;

(3)受令人在调度命令票上记录调度命令的全文内容,记录发令时间,明确操作目的和意图,询问清楚注意事项;如有疑问,应及时询问清楚。

(4)受令完毕,应逐字逐句复诵,经双方核对无误后,立即记入运行记录簿内;受令人立即汇报值班负责人。

(5)发布及接受调度命令均应由具备相应资格的人员(正值值班员、副值调度员)进行,并使用标准调度术语。有权发布、接受调度命令人员名单应事先书面公布。

2. 分析操作任务

(1)值班负责人召集当班人员,通报调度命令内容、要求,听调度命令录音,讨论调度命令的正确性(如设备运行方式等)。

(2)明确操作任务和停电范围,并做好人员分工(分派操作人、监护人等)。

(3)拟订操作顺序,确定挂地线部位、组数及应设的遮栏、标示牌。明确工作现场临近带电部位,并订出相应措施。

(4)考虑保护和自动装置相应变化及应断开的交、直流电源和防止电压互感器、所用变二次反充高压的措施。

(5)分析操作过程中可能出现的问题和应采取的措施。

3. 填写操作票

(1)根据调度命令、现场实际运行情况及操作分析讨论的结果,参考典型操作票,由当班操作人员对照一次模拟图板及二次图纸逐项填写操作项目。

(2)倒闸操作票应充分考虑系统变动前后一、二次系统的运行方式、继电保护自动装置的运行及整定配合情况。

(3)填写操作票的顺序不可颠倒,不能漏项,字迹应清楚,不得涂改,不得使用铅笔填写。

(4)禁止直接提取"典型倒闸操作票"和"预存倒闸操作票"。

(5)填票过程中出现的错票、废票,应立即盖"作废"章。某项填写错误时可在该项上盖"此项作废"章。

4. 审核操作票

(1)三级审核:操作填写人填写完毕后进行自行核对;监护人再次进行审核;值班负责人进行最后审核。对审核中发现的错误应由操作人重新填写倒闸操作票;特别重要和复杂的操作还应由站长或上级技术人员进行审核。

(2)审核的要求:逐项审核操作票的正确性,是否存在错、漏项,颠倒顺序等问题;特别注意一、二次设备的衔接。

(3)审核结束,操作人、监护人、值班负责人应分别在操作票上签名。在操作票最后一行下方盖"以下空白"印章。

(4)进行必要的操作准备。

5. 接受正式操作命令

(1)当调度正式发布操作命令时,必须由当值值班负责人(正班)接受,在复诵无误后,立即将发布时间、人员记录在相关记录簿中,操作开始并记录操作开始时间。

(2)其余要求同预发调度命令。

预发调度命令与正式调度命令一起发布时,本步骤省略。

6. 操作前准备

(1)准备好所需的安全用具并进行检查(如安全帽、绝缘靴、绝缘手套,验电器等,应检查外观正常、功能试验良好、试验日期合格等)。

(2)准备好所需的操作工器具并检查完好,如高压室钥匙、电脑钥匙、操作把手、录音笔、操作包、钢笔、万用表、兆欧表、夜间照明工具等。

(3)戴好安全帽,穿好操作服和操作鞋,严禁穿着不符合要求的服装进行倒闸操作。

(4)根据操作的类型、设备现存的问题、现场操作条件等,对可能会出现的危险进行预测、预控。要求要尽可能地将倒闸操作中的危险性列举出来,并制订相应的预防措施。

(5)操作票、钥匙(包括电脑钥匙)、录音笔、操作票夹板由监护人掌管;操作用具、安全工具由操作人携带。

7. 模拟预演

(1)在操作实际设备前,监护人和操作人必须先在一次接线模拟图板上进行预演(无模拟图板的可在五防微机上进行预演)。模拟预演重点是检查操作票有无错误。

(2)预演时,仍应采用"唱票复诵"制,监护人唱票,操作人以手在模拟图板上进行演习并复诵,监护人确定无误后,操作人在模拟图板上转动模型开关、刀闸的位置。

(3)操作票中每一项都必须进行唱票、复诵,二次操作也必须进行唱票,复诵。

(4)预演到设备状态转换间隙,要有停顿、思考、查验的过程,如保护投退是否完全、一二次设备状态是否对应等,使模拟预演真正起到检验作用。

(5)微机五防系统预演正确后可以传操作票到电脑钥匙。

8. 正式操作

(1)进入操作现场,操作人在前,监护人在后,操作人应按操作项目有顺序地走到应操作设备的位置,等候监护人唱票。

(2)操作人应站在操作设备的正面,不得超过0.5 m距离,操作中要求监护人站在操作人的左后侧或右后侧,其位置以能看清被操作设备的双重编号及操作人的动作为宜,便于纠正操作人的错误动作。

(3)操作过程中应集中精力、严肃认真,不谈与操作内容无关的话;每操作完一项,监护人应告诉操作人下一步操作的内容。

(4)操作中发生疑问时应停止操作并向值班调度员或值班负责人询问,弄清问题后,再进行操作,不准擅自更改其操作内容,不准随意解除防误闭锁装置。

(5)每一项操作均应严格执行以下几个步骤:

①现场三项核对:核对设备名称、调度编号、设备位置状态,严防走错间隔。

②唱票复诵:三项核对正确后,监护人对照操作票高声唱票;操作人应手指设备铭牌复诵,并做出操作演示;监护人确认正确,发出“对! ……执行”的动作指令。

③执行操作:操作人在得到“执行”动令后,立即按照复诵时演示的动作对设备进行操作。

④复核设备是否操作到位:操作人与监护人到现场检查操作的正确性,如设备的机构指示,信号指示灯、表计变化、二次切换等,确定设备实际分、合位置。注意,《电力安全工作规程》规定,只有当设备的两个及以上的指示均已发生对应变化,才能确认设备操作到位。特别要注意指示信号的同源性可能带来误判,如刀闸的辅助触点。

⑤确认设备操作到位,监护人在操作票对应项上打“√”。本项操作结束。

9. 完成操作,复核运行方式

(1)全部操作完毕后,由监护人和操作人共同进行复查。

(2)设备无异常,未发现任何不正常现象和声光信号;核对运行方式是否满足调度要求。

(3)仔细核对操作票上的项目是否已全部执行,每个项目序号前都打了“√”。

(4)复查无误后,由监护人填写操作终了时间。

10. 汇报完成

(1)操作完毕后,监护人和操作人向值班负责人通报操作情况;

(2)由值班负责人及时向发令人汇报操作情况及终了时间,并录音,经发令人认可后,在操作票上盖“已执行”章;

(3)由操作人或值班负责人将汇报情况记入运行记录簿中。

11. 操作评价

由值班负责人组织对操作情况进行评价,内容应包括操作中发现的问题、整改措施和要求。复杂及重要的操作由站长和跟踪操作的上级领导组织评价。

12. 完善记录

主要有值班日志、调度指令票记录、倒闸操作记录、接地线装拆记录。具体由各单位自行规定。

在进行倒闸操作时应注意以下几点：

(1)倒闸操作必须由两人进行，其中一人对设备较为熟悉的作为监护人，另一人进行操作票的填写和操作。

(2)雷电时，严禁进行倒闸操作。操作过程中不得进行与操作无关的交谈或工作。

(3)执行倒闸操作的过程中，严禁擅自颠倒顺序、增减步骤、更改票面及跳项操作；如确实发现操作票有问题，应停止操作，重新填写操作票。

(4)操作中应注意设备的动作、指示、声音情况正确，方可继续操作；如发现疑问应立即停止操作，弄清后方可继续。不准擅自更改操作票，不准随意解除闭锁装置。

(5)除事故处理、拉合断路器（开关）的单一操作外的倒闸操作，均应使用操作票。事故处理的善后操作应使用操作票。

(6)装有电气闭锁或机构闭锁的隔离开关，应按闭锁装置要求进行操作，不得擅自解除闭锁。

(7)正确执行唱票复诵制度。由监护人根据操作票的顺序，手指向所要操作的设备逐项高声唱票，发出操作命令；操作人在接到指令后核对设备名称、编号和位置无误后，将命令复诵一遍并做出操作的手势，监护人看到正确的操作手势后，发出执行的指令。

(8)在操作隔离开关前，应先检查断路器在分闸位置，防止在操作隔离开关时断路器在合闸位置而带负荷拉、合隔离开关。

(9)操作中应使用相应电压等级合格的安全工具，防止因安全工具不合格，在操作时造成人身和设备事故。

(10)用绝缘棒拉、合隔离开关或经传动机构拉、合隔离开关和断路器，均应戴绝缘手套，雨天操作绝缘棒应加装防雨罩，还应穿绝缘靴，雷电时，禁止进行倒闸操作。

4.3.3.5 防止误操作的措施

1. 防止误操作的组织措施

(1)倒闸操作根据值班调度员命令，受令人复诵无误后执行。

(2)每张操作票只能填写一个操作任务，明确操作目的，写出操作具体步骤、设备名称、编号等，从根本上防止差错。

(3)实行操作监护制。倒闸操作必须由两人执行，对设备较熟悉者作为监护。操作时都应严肃、认真，以防止走错设备位置、走错间隔，特别重要和复杂的倒闸操作，应由熟练的值班员操作，值班负责人或值班长监护。

2. 防止误操作的技术措施

(1)高压电气设备都应加装防误操作的闭锁装置，达到"五防"的要求，即防止误分、合断路器，防止带负荷分、合隔离开关，防止带电挂（合）接地线（接地开关），防止带地线送电，防止误入带电间隔，这是重要的技术措施。闭锁装置的解锁用具应由监护人妥善保管，按规定使用，不许乱用，以避免造成误操作。

(2)操作票内按操作任务应填写有关装、拆接地线（或合、拉接地开关），切换保护回路和检验是否确无电压等。

4.3.3.6 操作票示例

操作票示例如下。

××省电力公司××供电公司变电倒闸操作票

No. 000001 -1

××变电站

<table>
<tr><td>发令人</td><td></td><td>受令人</td><td></td><td colspan="2">发令时间：　年　月　日　时　分</td></tr>
<tr><td colspan="4">操作开始时间：　年　月　日　时　分</td><td colspan="2">操作结束时间：　年　月　日　时　分</td></tr>
<tr><td colspan="6">(　)监护下操作　　(　)单人操作　　(　)检修人员操作</td></tr>
<tr><td colspan="6">操作任务　1号主变由运行转检修(淮滨线719运行)</td></tr>
</table>

顺序	操作项目	执行时间	√
1	听电话		
2	检查1号、2号主变有载分接开关位置指示在并列挡位		
3	将1、2号主变有载调压AVC电源停用		
4	合上100开关		
5	检查100开关电流显示为 A		
6	检查100开关机械分合闸指示为“合位”		
7	检查1号、2号主变负荷分配指示正确		
8	拉开101开关		
9	检查101开关电流显示为零		
10	检查101开关机械分合闸指示为“分位”		
11	合上7010中性点接地刀闸		
12	检查7010中性点接地刀闸确已合上		
13	检查1号主变带电显示指示灯三相发红光		
14	拉开700开关		
15	检查700开关电流显示为零		
16	检查700开关机械分合闸指示为“分位”		
17	拉开7010中性点接地刀闸		
18	检查7010中性点接地刀闸确已拉开		
19	将101开关手车由“工作位置”摇至“试验位置”		
20	检查101开关手车已在“试验位置”		

备注：　　　　　　　　　　接下页

填票人：　　　　审票人：　　　　值班负责人(值长)：

操作人：　　　　监护人：　　　　填票时间：

4.3.3.7 倒闸操作的误操作及防止措施浅析

恶性误操作影响巨大，国家安全生产法、消防法、道路交通管理法、突发事件应对法等法律法规的颁布施行，对较大及以上事故由政府安监部门介入调查，有可能成为刑事案件（渎职罪）。

1. 恶性误操作的主要原因

(1)管理行为不规范，有盲点。如接地线管理，典型操作票的管理等。

(2)员工操作行为不规范。如位置检查不到位，操作中设备名称核对不到位，操作动作不规范（某站测保护压板脉冲使用电流挡导致保护跳闸，接地线装设动作不规范导致摆动，对带电部位放电等）。

(3)疲劳作业，导致精力不集中，跳项、并项操作，图省事代操作等。

(4)操作专注度极高，忽视了外部环境，导致误入带电间隔、强制解锁等。

2. 提高倒闸操作安全性的几项措施

1)硬件配置方面

(1)装置性违章的防范。装置本身具有缺陷，不具有本质安全属性，常见的有以下几种：

①与带电部位距离不够。如断路器与线路刀闸同间隔等。

②防误操作装置配置不完善，特别是开关柜。“五防”功能不完善，开关柜除误拉、合开关可通过提示完成外，其余均需强制闭锁。电动操作的隔离开关，其主刀闸与辅助接地刀闸之间除要有机械强制闭锁外，还要有操作回路的电气联锁。

③断路器、刀闸等设备实际位置直接查看困难。间接判断位置找不到两个独立的条件，位置指示器、带电显示器（往往只有线路侧）、泄漏电流指示器至少要有两个发生对应的变化。

④带电显示装置配置不完善。每个设备均需监视位置，较好的办法是设置观察孔。

(2)防误操作装置的配置完善及管理。

①防误操作装置对防止恶性误操作具有重要而明显的作用。国家电网公司《防误操作装置运行管理规程》规定，挂网运行的设备必须要配置完善的防误操作设备。新装设备无防误操作装置不准投运，现有在运设备“五防”不完善的应尽快完善。

②明确各类防误装置的优缺点。电气联锁，功能可以较完善，但二次接线复杂，可靠性不高；机械联锁应用范围有限，需增加许多附加的机械装置，灵活性、可靠性也不高；机械“五防”闭锁较可靠，但运行方式不灵活；微机“五防”可靠性、灵活性均较好，但存在走空行程、不能防护线路有电、传票后方式变化不适应等问题。

③明确各类防误操作装置管理重点。

电气联锁：联锁逻辑是否正确，二次线缆、辅助开关的维护，设备扩建后更新相应逻辑库。

机械联锁：联锁逻辑正确，联锁装置维护。

机械五防：操作逻辑正确，锁具装置维护，防生锈、卡涩。

微机五防：五防逻辑规则库编制及审批，规则库的更新，锁具维护。

④加强解锁管理。确定解锁批准权限，明确解锁专责人员，解锁密封，启用登记，防误

操作专责现场确认解锁。

(3)操作工器具、安全用具的规范配置。《电力安全工作规程》要求的工频高压发生器的配置应尽快到位。

2)软件方面

(1)管理盲点的完善。

①工作接地线管理:a. 谁装设谁拆除原则;b. 统一借用原则;c. 工作票备注登记;d. 送电前清查。

②第二操作人(位置核对)、第二监护人的管理:唱票复诵原则;人数尽量少,并在操作票上签字;管理制度明确责任;第一操作人、第二操作人之间操作项目分工及相互的衔接要规定清楚。

(2)跟踪操作的管理。

跟踪操作对提高倒闸操作安全性具有重要作用,要点如下:

①明确分级操作跟踪责任人。

②重点跟踪:调度操作目的及任务,操作票的正确性,执行顺序先后是否正确,是否走错间隔,纠正操作中的其他危险事项。

(3)典型操作票及现场运行规程的管理。

①典型操作及现场运行规程是现场培训的教材,一定要保证正确。典型操作票应分级审批,并明确相应人员的责任。

②关于间接验电、间接判断开关、刀闸实际位置的事项应明确规定清楚,应有两个独立来源的信号发生对应变化。

③典型操作票应注明应用的运行方式。

④禁止直接使用典型操作票进行操作。

(4)操作习惯的培养及标准化作业的完善。

①提高员工对误操作危害的认识,误操作首先危及自身安全。

②层层推进,强化训练。

③根据实际情况制定倒闸操作标准工序工艺卡,并严格执行。

◆任务实施

根据给出的典型倒闸操作要求,完成倒闸操作票的填写。

(1)《电力安全工作规程》中的电气操作有关规定、电气操作票实施细则、电气操作导则;

(2)典型电气操作票练习(包括倒母线、旁路代供等)。

◆任务评价

(1)评价内容。

实际操作:《电力安全工作规程》有关电气操作有关规定考试,典型电气操作票练习(包括倒母线、旁路代供)结果,电子化开票练习结果。

解答思考问题:学生解答思考问题,学生自评、互评,老师审定成绩。

职业素质养成考核:遵守安全规章制度,遵守纪律、吃苦耐劳,一丝不苟地工作,与团队成员、教师和工厂师傅进行有效的沟通,协作共事等。

(2)成绩构成。

实际操作40%,解答思考问题40%,职业素质20%。

◆思考问题

(1)什么是电气倒闸操作?电气设备有哪些运行方式?

(2)保证安全的技术措施有哪些?

(3)对倒闸操作有什么要求?为什么要严格执行倒闸操作制度?

(4)倒闸操作制度包括哪些基本内容?

(5)什么是倒闸操作票?包含哪些内容?

(6)验电和装设接地线有什么实际意义和作用?

◆项目总结

通过本项目的学习,学生能独立完成如下任务:

(1)根据电厂的实际主接线情况,能默画主接线图,对其进行具体的分析;

(2)熟知发电厂厂用电和厂用电率概念、厂用负荷及对供电要求、厂用电压的确定原则、厂用电源的设置原则;

(3)熟知厂用电系统的接线原则及要求和接线特点及运行方式,能对各种类型发电厂厂用电及变电站站用电系统的接线进行分析;

(4)能对厂用电系统的异常及故障进行分析和处理;

(5)分析该厂的厂用电情况;

(6)能正确填写倒闸操作票。

项目5　电力系统过电压保护

◆项目描述

本项目主要培养学生认识电力系统过电压的类型，同时能叙述过电压的保护方法，能说明各种保护设备的工作原理。

◆教学目标

1. 知道电力系统过电压的类型；

2. 知道电力系统避雷针、避雷线的作用、特点；

3. 能分析各类避雷器的工作原理、特点。

◆教学环境

相关电厂、10 kV 开关站、多媒体课件、相关的视频资料。

任务5.1　外部过电压及保护措施

◆教学目标

1. 知识目标

(1)熟知外部过电压的类型；

(2)熟知外部过电压的防护方法；

(3)熟知外部过电压的防护设备、各设备的工作原理及特点。

2. 能力目标

能在电厂识别各种外部过电压保护设备，并能说明工作原理。

◆任务描述

对水电厂外部过电压设备进行巡视、维护。

◆任务准备

(1)安全帽、手电筒、开关站门的钥匙；

(2)熟悉安全注意事项，注意现场设备勿误触碰，注意高压设备间隔；

(3)熟悉水电厂开关站的对应设备。

◆相关知识

5.1.1　电力系统过电压的含义和分类

电力系统中，出现超过设备最高持续允许运行的电压，称为过电压。这种现象会造成电气设备的绝缘破坏及损坏设备、危及人身安全。过电压分为外部过电压、内部过电压两类。

5.1.2 外部过电压及保护措施

5.1.2.1 类型

外部过电压指由雷电造成的过电压,包括直接雷过电压、感应雷过电压和雷电波入侵。

1. 直接雷过电压

直接雷过电压指雷电直接击中电气设备、线路或建筑物,强大的雷电流通过击中物体泄入大地,在物体上产生较高的电压降,并对物体产生破坏性很强的热效应、机械效应和电磁效应,以及对附近物体的闪络放电(称为二次雷击或雷电反击)。

2. 感应雷过电压

感应雷过电压是一种由雷电的静电感应或电磁感应引起的过电压,这种雷害对 60 kV 以下的送电线路的危害很大。

当雷云在架空线路或其他物体上方时,由于雷云的先导作用,线路或设备上感应产生大量的和雷云极性相反的束缚电荷。雷云放电时,先导通道中的电荷迅速中和,架空线路上的电荷失去束缚被释放,形成自由电荷流向线路两端,可产生高达数十万伏的过电压。如图 5-1 所示。

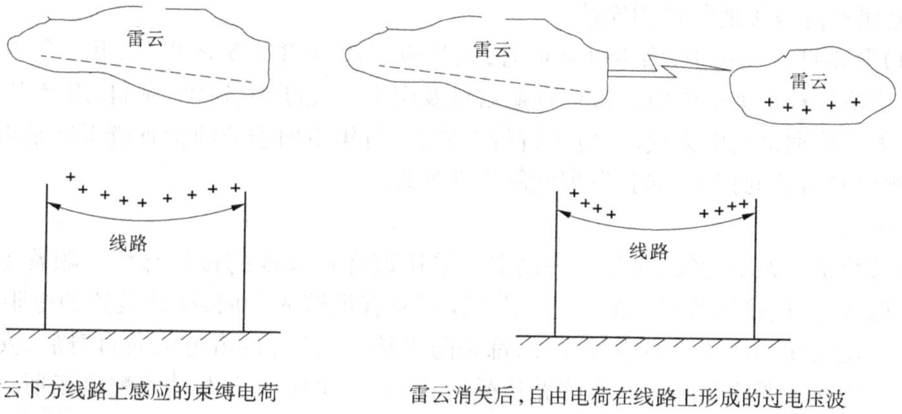

图 5-1 感应雷现象

3. 雷电波入侵

雷电波入侵指直接雷或感应雷产生的高电位雷电波,沿架空线路、金属管道、构架侵入配电装置或电气设备。根据统计资料,由于雷电波入侵造成的事故,占所有雷害事故的一半以上,对其防护问题必须予以足够的重视。

5.1.2.2 保护措施

1. 避雷针

避雷针以其突出的高度,使雷云下的电场强度发生畸变,将雷电引导入自身而泄入大地,其实质是引雷针。各种型式的避雷针,都由闪接器、引下线和接地装置三个基本部分组成。闪接器是避雷针的尖端最高部分,其作用是接受雷电放电。一般用长 1.5~2 m 的镀锌铁棍或铁管将顶端制成尖状物;引下线用 35 mm^2 的镀锌钢绞线或直径大于等于 8 mm 的圆钢或截面面积≥48 mm^2 的扁钢制成,作用是将闪接器上的雷电流安全引入接地装置,并尽快泄入大地,也可利用避雷针的支架本身是铁管或铁塔型式作引下线而无须另设。接地装置用数根长 2 ~ 3 m,50 mm × 5 mm 角钢、ϕ 50 钢管打入地下 0.6 ~ 0.8 m,用圆钢或扁钢焊牢,一端连接引下线,使雷电很好地泄入大地,其接地电阻不大于 10 Ω。

避雷针能有效地防范直接雷。发电厂及变电站的露天变、配电设备、母线构架、建筑物等处应安装防直接雷的避雷针保护装置。户外变压器应独立装设避雷针,在装设时应注意以下问题:

(1)独立避雷针及接地装置不应装设在人员经常出入的地点,与通道等的距离不小于 3 m,否则应采取均压措施。接地可以利用变电站的主接地网,但应在保护装置附近设置集中接地装置。

(2)35 kV 及以下的变、配电所的避雷针不宜装设在变压器的门型架构、配电装置架构或房顶上。110 kV 及以上的配电装置,可将避雷针装设在配电装置的架构或房顶,但不能装在主变压器门型架构上。因为主变压器的绝缘较弱,而重要性又很高,为避免与主变压器间发生反击事故,其他架构避雷针的引下线入地点必须远离主变压器接地线入地点。当土壤电阻率大于 1 000 Ω · m 时,只能装设独立避雷针。

(3)严禁在装有避雷针的架构上装设如通信线、电视天线、低压线及无线电设施等。如要利用避雷针架构装照明灯,其导线应采用铠装或铅皮电缆,并直接埋入地中 10 m 以上,将金属外皮与接地装置相连接。

(4)避雷针在使用中,当雷电临近时,人员应远离避雷针 5 m 以外,并不得在户外配电场所逗留。日常维护中应经常检查避雷针及引下线无断裂、锈蚀、倾斜,连接应牢固,基础应牢固。特别是雷雨天气后,应进行特巡检查,每年雷雨季节前检查避雷针是否完好无损,并测量避雷针的接地电阻,发现问题立即处理。

2. 避雷线

避雷线也叫架空地线,是悬挂在高空的采用镀锌钢绞线的接地导线。顺着每根支柱引下接地线,连接接地装置。架空线、引下线都应有足够的截面,接地装置的电阻应在 10 Ω 以下。避雷线的作用和避雷针一样,都是防直接雷侵害,将雷电引向自身后,安全泄入大地。避雷线主要用于防止送电线路遭受直接雷,也可用于变电站等配电场所。用于架空送电线路的防雷保护时,一般对于 330 kV 及以上线路、220 kV 多雷山区线路,应全线架设两根避雷线,110 kV 线路宜全线架设避雷线,雷电活动轻微地区可不架设,但应对进出线段进行保护,35 kV 及以下的线路,则必须考虑在进出线段进行保护架设。

同样是防直接雷击的装置,避雷线的一些使用要求与避雷针基本相同。对位于峡谷地带的变电站,宜用避雷线保护;对于 SF_6 全封闭组合电器变电所,不需要专门设置避雷针、避雷线,而是利用组合电器的金属筒作为闪接器并接地,但对其引出线敞露部分等则应设避雷针保护。另外,防直接雷的保护还可采用如屋顶避雷带等方式。

除上述设备外,用于直接雷防护的还有各种消雷器,如伞型导体、半导体消雷器等。

3. 避雷器

采用避雷器预防雷电波入侵保护原理如图 5-2 所示。雷电波入侵时,先经过避雷器间隙放电削幅至被保护电气设备绝缘水平以下,保护设备不至被雷电击穿损坏。

常用避雷器有阀型避雷器(SCA)、管型避雷器及氧化锌避雷器(MOA)和保护间隙。

1)阀型避雷器的结构原理

(1)阀型避雷器结构组成。

阀型避雷器主要由铜片冲制的火花间隙、阀型电阻盘串联组成。

火花间隙由多个间隙为0.5~1 mm黄铜电极组成,中间用云母片隔开,多个间隙串联后组成标准元件,如图5-3所示。火花间隙上并联的分路电阻的作用是改善在工频电压作用下各个间隙上的电压分布,使避雷器的保护特性得以改善。

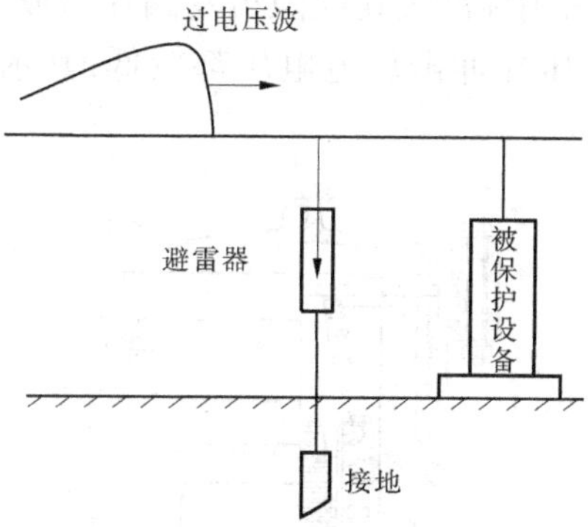

图5-2 避雷器预防雷电波入侵保护原理图

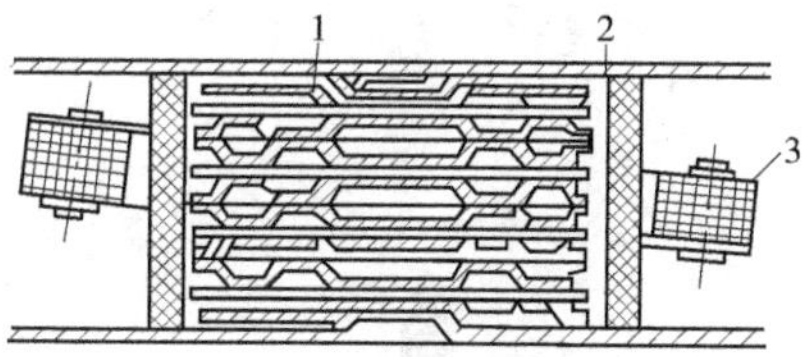

1—单位火花间隙;2—黄铜片;3—并联分路电阻

图5-3 火花间隙标准元件

阀型电阻盘(阀片)是由金刚砂(碳化硅 SiC)、水玻璃混合模压成饼形后,低温烧结的非线性电阻,阻值随电流的大小而变化,正常情况下电阻很大,视为绝缘状态。当雷电的外加电压超过某值时,击穿金刚砂颗粒间的气隙,电阻陡然下降,使雷电流容易通过。电压恢复正常时,电阻也恢复为很大,限制工频续流,保证火花间隙可靠灭弧。

整个火花间隙、阀性电阻盘装在密封瓷套内,以防止电阻盘受潮,保证火花间隙的稳定性。火花间隙和电阻盘的多少,由工作电压决定。在正常的电压下,火花间隙具有足够的对地绝缘强度。

(2)阀型避雷器的工作原理。

在雷电入侵出现过电压时,火花间隙迅速被击穿,使雷电流很容易通过阀型电阻盘而引入大地,作用在被保护设备上的电压只是避雷器的残压,从而使电气设备得到保护。

当过电压消失后,间隙中由工作电压产生的工频电弧电流(称为工频续流)仍将继续流过避雷器。由于受阀片电阻非线性特性限制,这个电流值较小,使间隙能在工频续流第一次过零时切断电弧而不会重燃。避雷器从间隙击穿到工频续流的切断不超过半个周波,继电保护来不及动作,系统已经恢复正常。除阀片电阻非线性特性的限流外,也串联了多个单元火花间隙,使长电弧切短,达到迅速熄弧的作用。

(3)阀型避雷器的型号种类。

阀型避雷器主要分为普通阀型避雷器、磁吹阀型避雷器两类。普通阀型避雷器有FS、FZ两种系列,磁吹阀型避雷器有FCD、FCZ两种系列。

普通阀型避雷器的灭弧完全靠间隙的自然灭弧能力,没有采取强迫熄弧的措施,其阀片的热容量有限,不能承受较长时间的内部过电压冲击电流的作用,通常不允许在内部过电压下动作，只使用在 220 kV 及以下系统，限制大气过电压。

FS 系列阀型避雷器，额定电压等级为 2 ~ 10 kV，用于 10 kV 及以下配电系统保护小容量配电装置，如配电变压器、柱上开关、电缆头等场合。FS 系列阀型避雷器采用平板型间隙、低温阀片组成，阀片直径较小，火花间隙无分路电阻，通流能力较低，其示意图见图 5-4。

FZ 系列阀型避雷器，额定电压等级为 2 ~ 220 kV，通常用于 35 kV 及以上的发电厂、变电站的配电装置的保护。FZ 系列阀型避雷器采用标准火花间隙组及阀片组成，阀片直径较大，火花间隙有分路电阻，通流能力较高，残压和冲击放电电压都较低，其示意图见图 5-5。

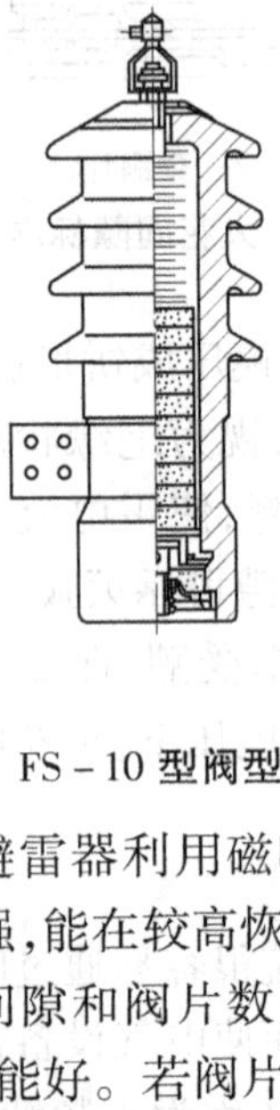

图 5-4　FS－10 型阀型避雷器

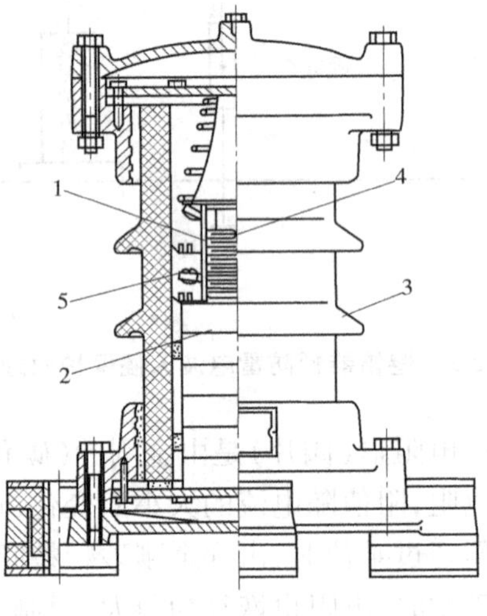

1—火花间隙；2—阀片；3—瓷套；4—云母片；5—分路电阻

图 5-5　FZ－10 型阀型避雷器

磁吹型避雷器利用磁吹电弧来强迫熄弧，单个间隙的熄弧能力较强，能在较高恢复电压下切断较大的工频续流，因此串联的间隙和阀片数目较少，其冲击放电电压的残压较低，保护性能好。若阀片的热容量较大，能允许通过内部过电压作用下的冲击电流，可以作为限制内部过电压的备用。

FCD 系列磁吹阀型避雷器。额定电压为 2 ~ 15 kV，采用拉长电弧型磁吹间隙高温阀片组成。

磁吹阀型避雷器的间隙结构如图 5-6 所示，采用角型间隙上串联两个线圈，当间隙被雷电击穿，工频续流通过线圈时产生磁场，电弧在电磁力的作用下被拉长，提高了间隙的灭弧能力，同时电弧电阻也分担了一部分电阻阀片的限流作用，可以减少阀片数。阀片采用高温焙烧，提高了通流能

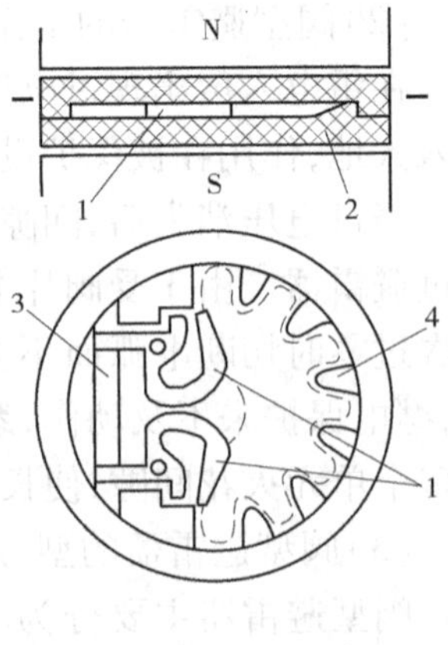

1—电极；2—灭弧盒；
3—分路电阻；4—灭弧栅

图 5-6　拉长电弧型磁吹间隙

力。这样使磁吹阀型避雷器雷电时能通过更大的雷电流，冲击放电电压及残压较低，防护过电压性能较好，常用来保护旋转电机如发电机、调相机等绝缘比较薄弱的电气设备。

FCZ系列磁吹阀型避雷器，用于330 kV及以上配电装置、220 kV及以下需要限制操作过电压的配电装置、一些变压器中性点等场合。由于采用较大直径的瓷套，可以并列放置三组限流间隙和直径更大的阀片组，每组之间用绝缘件隔开，在电气上相互串联。

阀型避雷器还装有动作计数器，串联于避雷器的接地端，用于记录放电动作次数。放电时对计数器电容充电后，再在计数器电感线圈上放电，电感线圈产生磁通，吸引计数器衔铁动作计数。

另外，还有用于330 kV及以上配电装置出线上的FCX系列线路磁吹阀型避雷器。

(4)阀型避雷器的运行维护。

正常运行时，应检查阀型避雷器内部无异常响声；瓷套、端盖、橡胶衬垫完整，无裂纹、破损、污秽、闪络痕迹；引线和接地线无锈蚀、烧伤、散股、断股等，保证接地良好；套管与法兰连接处、上端引线处密封良好；放电计数器完好，连接可靠。雷雨天气后特别应检查引下线是否松动，本体是否有摆动，均压环是否倾斜，瓷套有无闪络、损伤；检查放电计数器动作情况。当发现上述异常时，应申请调度断开处理，发现有接地现象及避雷器瓷套破裂或爆炸，造成永久性接地时，则不能用隔离开关断开，而应变换接线方式，由断路器断开，同时避免人员靠近。

2)管型避雷器的结构原理

为了限制冲击波陡变、不超过允许值，即使通过阀型避雷器的电流不超过规定值，发电厂及变电站的进线段上除装设避雷线外，还应装设管型避雷器作进线段保护。另外，在经常开断的断路器、线路绝缘薄弱点也可采用。

管型避雷器的构造如图5-7所示，由产气管、内部间隙、外部间隙三部分组成。产气管用纤维、有机玻璃或塑料制成；外部间隙装在管型避雷器与线路之间，正常情况下将管型避雷器与线路之间绝缘；内部间隙装在产气管内部，一个电极为棒形，另一个电极为环形。

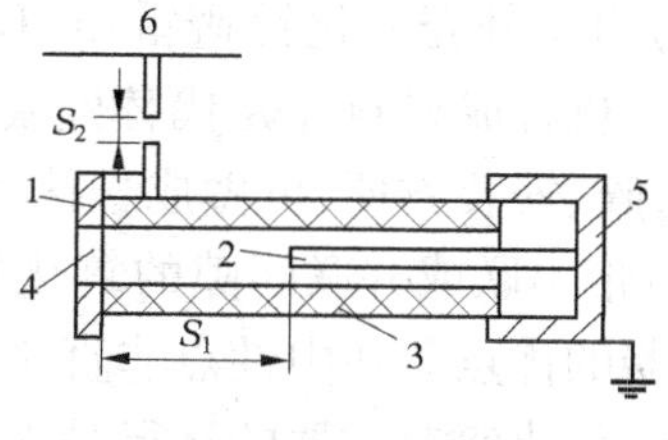

S_1—内部间隙；S_2—外部间隙；
1—外部(环形)电极；2—内部(棒形)电极；
3—产气管；4—喷气口；5—金属端盖；6—工作母线

图5-7 管型避雷器的构造

当大气过电压将外部间隙和内部间隙击穿后，雷电流泄入大地，而工频续流在内部间隙处产生强烈电弧，使管子内壁材料燃烧，产生大量灭弧气体，由于管子容积很小，气体形成高压从管口喷出，强烈吹弧，电弧在电流过零值时熄灭。这时外部间隙空气恢复绝缘，使管型避雷器与系统隔离，恢复系统的正常运行，所以管型避雷器又称为排气式避雷器。

由于管型避雷器靠短路电流在管内产气灭弧，如果短路电流很大，产气量会很大，气体压力很高，有可能使管型避雷器的管子爆炸；如果短路电流小，产气不足，可能难以灭弧，并可能使管型避雷器长时期通过短路电流而烧毁。因此，选择管型避雷器安装时，为了保证其可靠工作，开断续流的上下限应在短路电流的最大和可能最小值的范围内。

管型避雷器排气孔应经常检查，保持通畅，避免排气受阻碍。在巡视工作中，切勿靠近管型避雷器。

3)氧化锌避雷器的结构原理

氧化锌避雷器的压敏电阻阀片是由氧化锌(ZnO)为主要原料,附加少量其他金属氧化物,经高温烧制而成的多晶半导体陶瓷元件,具有较好的非线性伏安特性。氧化锌压敏电阻阀片在正常工作电压下具有很高的电阻而呈绝缘状态,在雷击过电压下则呈现低电阻状态,泄放雷电流,使并联的电气设备的残压被抑制在绝缘安全范围内。雷击过电压消失后,又恢复高电阻状态。

由于一般氧化锌避雷器没有间隙并长期并联在带电线路上,有泄漏电流长期流过,产生热量,甚至发生爆炸事故,尤其在小电流接地系统发生单相短路接地时更为严重,在运行中应定期测量泄漏电流。配电型的氧化锌避雷器带有间隙,可以有效消除泄漏电流。

氧化锌避雷器与金刚砂阀片避雷器比较,还具有以下优点:

(1)无间隙。ZnO 阀片相当于一绝缘体,工作电压下不会烧坏,所以不用串联间隙来隔离工作电压,也没有串联间隙带来的如污秽、间隙放电、电压不稳等问题。

(2)无续流。当作用在阀片上的电压超过起始动作值时,发生导通现象,阀片上的残压受非线性特性控制;当系统电压降到起始动作电压以下时,阀片不再导通,又成为绝缘体。其吸收的只是过电压能量,因而对热量的要求低于金刚砂阀片。

(3)能降低电气设备上的过电压。在相同的雷电残压下,氧化锌避雷器在整个过电压过程中都有电流通过,而阀型避雷器只有在串联间隙放电后才泄放电流。

(4)通流容量大,可用于降低内部过电压。

(5)结构简单、体积小、重量轻、可靠性高、使用寿命长、维护方便。

氧化锌避雷器还有以下其他类型的产品:

(1)有机外壳氧化锌避雷器(CMOA)。它用有机合成材料将阀片包封,采用热成型工艺的有机合成材料外壳代替瓷套,防污性好,耐老化,密封性、防爆性好,体积小、重量轻,不易碎、安装方便,可做成悬挂式。但价格较高。

(2)带串联或并联间隙的氧化锌避雷器(MOA-SG)。它集成了氧化锌避雷器和阀型避雷器的优点。在中性点非直接接地系统中,如发生谐振过电压、弧光接地过电压,对无间隙的氧化锌避雷器的运行是很不利的,因此出现带串联或并联间隙的氧化锌避雷器,其间隙并不承担切除工频续流的任务,单间隙的放电电压比阀型避雷器的更高。Y5CZ 型带串联间隙氧化锌避雷器,主要用于电站电气设备的过电压保护,采用了带并联非线性电阻环的单间隙,放电特性稳定,保护特性好。

避雷器的运行特性参数主要有:

(1)最高容许工作电压。当电网接地时,不应高过此电压,以利于熄弧。例如 35 kV 不接地系统为 41 kV。

(2)动作电压。它指使放电间隙击穿的电压,分交流、直流或冲击电压。

(3)残压。它指有电流流通期间,避雷器上的电压最高值。

(4)泄漏电流。它指直流试验电压作用下的电流,随温度升高而增大。

4.保护间隙工作原理

保护间隙是一种较简单的防雷设备,由两个金属电极构成。其中一个电极固定在绝缘子上,并与带电部分相连接,另一个电极则经绝缘子与固定在绝缘子上的电极相隔开,并通过辅助间隙连接接地装置。两个间隙之间保持一定的空气间隙距离,构成主间隙。辅助间隙的作用主要是防止主间隙因鸟巢、树枝等造成短路时,构成接地回路,不致产生线路故障。

主间隙作为雷击时的放电间隙,在正常运行时是对地绝缘的,当架空线路遭雷击时,间隙的空气被击穿,将雷电流泄入大地,起到保护作用。

主间隙按结构形式分为棒型、球型和角型,角型间隙采用直径为 9 ~ 12 mm 的圆钢弯制成羊角形状。当电极放电时,在电极最相近处产生电弧,因电动力和热作用,电弧被拉长而熄灭。如果电弧不易熄灭,也会因电弧上拉,电极烧伤部分为羊角间隙的顶端部分,在间隙最小处不会严重烧蚀,而保证下一次正确动作。角型间隙及辅助间隙的接线如图 5-8 所示。

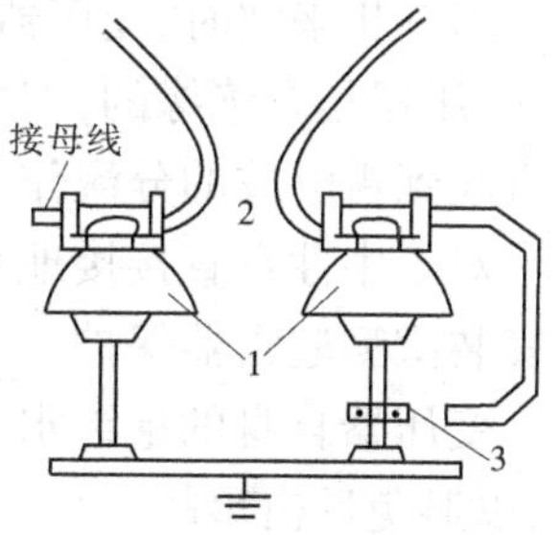

1—瓷瓶;2—主间隙;3—辅助间隙

图 5-8 保护间隙

保护间隙的结构简单、成本低、维护方便,但灭弧能力弱,保护能力较差。一般在缺少阀型避雷器,或管型避雷器的参数不满足要求时,作为避雷器的替代设备。对于线路,一般要求装设自动重合闸装置配合,以提高可靠性。

在使用中,应注意检查间隙有无因鸟巢、树枝、冰雪覆盖而存在短路的可能,检查间隙、绝缘子有无烧蚀、放电闪络痕迹、导线和接地引下线有无断股或接触不良,特别在雷雨后应进行检查。

5.1.2.3 避雷装置的配置和运行维护

1. 避雷装置的配置

在发电机、变压器、母线及线路、配电装置的相关位置,应按要求配置避雷器。

(1)发电厂、变电站配电装置,应装设避雷针,使所有设备都处于其保护范围内。

110 kV 及以上的配电装置,由于自身绝缘水平较高,可将避雷针装在配电装置的构架上,构架应装设辅助接地装置。雷击时,构架上的高电位不会造成反击事故。辅助接地装置与接地网的连接点要远离主变压器与接地网的连接点 15 m 以上,以免构架上的高电位对主变造成反击事故。

(2)厂内发电、配电装置对入侵雷的防护。由于线路容易遭受雷击,沿线路入侵配电装置的绝缘水平低于线路,应装设阀型避雷器。

单元接线的发电机出口、与发电机电压母线连接的容量为 25 MW 及以上的发电机出线处应装设一组避雷器;对 25 MW 以下的发电机,其电压母线上的避雷器应尽量靠近发电机,或装在发电机出线上。连接在母线上的发电机的中性点能引出但未直接接地,应在中性点装一台避雷器,另连接在变压器低压侧的调相机出线处也应装一组避雷器。

配电装置的每组母线上都应各装一组避雷器,但进出线都装有避雷器时除外。

(3)变压器装设避雷器的要求。根据变压器电压等级、主变压器与母线避雷器的电气距离的实际情况以及低压绕组可能的运行方式,在有关位置装设避雷器。低压绕组由于绝缘水平较低,当高压侧来雷时,低压侧将出现过电压,尤其是当只有高、中压绕组运行，低压绕组开路时，高、中压侧来雷，由于低压绕组对地电容较小，静电感应的过电压将达到很高数值。因此，要在低压绕组的任一相直接出口处加装阀型避雷器。中压绕组虽然也可能开路运行，但由于绝缘水平较高一般不装避雷器。

自耦变压器的两个自耦合绕组出线与变压器侧隔离开关之间各装设一组避雷器。

变压器的中性点处的避雷器，根据中性点运行方式、绝缘分级、变压器台数、进线回路数，以及中性点非直接接地系统是否在多雷区，按要求选择是否装设。

当三相来波时，变压器中性点电位会达到绕组首端电压的两倍，对于小接地电流系统，变压器是全绝缘的，即中性点绝缘水平与相线端相同，加之三相来波概率小，其他进线也可起到雷电波的分流作用，中性点一般不需要保护。

对于中性点直接接地系统，由于变压器分级绝缘，中性点绝缘水平较低，需要在中性点安装阀型避雷器保护。

变压器自身的绝缘水平较弱，又是最重要的主设备之一，其门型构架上不应装设避雷针，以避免反击事故。

(4)线路保护的避雷器或保护间隙，应按线路对应的配电装置的电压等级、接线方式、进线方式、常年运行情况选择在有关位置装设。GIS 的架空线路也必须装设避雷器。

(5)进线段保护。对于无避雷线的线路，在靠近厂、站配电装置的一段进线上必须架设避雷线，用以保证雷电波不在此进线段内出现。这段进线称为进线保护段，一般长度为 1 ~ 2 km。

(6)各型避雷器的应用范围如表 5-1 所示。

表 5-1　各型避雷器的应用范围

型号	型式	应用范围
FS	配电用普通阀型	10 kV 及以下的配电系统、电缆终端盒
FZ	电站用普通阀型	3 ~ 220 kV 发电厂、变电站的配电装置
FCZ	电站用磁吹阀型	①330 kV 及以上配电装置；②220 kV 以下需要限制操作过电压的配电装置；③降低绝缘的配电装置；④布置场所特别狭窄或高烈度地震区；⑤某些变压器中性点
FCX	线路用磁吹阀型	330 kV 及以上配电装置的出线上
FCD	旋转电机用磁吹阀型	发电机、调相机、电动机等户内安装
Y 系列	金属氧化物（氧化锌）阀型	①同 FCZ、FCX、FCD 的应用范围；②电容器组；③高压电缆；④变压器、电抗器的中性点；⑤全封闭组合电器；⑥频繁切换的电动机

2. 避雷装置的运行维护

1）避雷针的检查

(1)检查避雷针、避雷线及引下线部分及按一定周期检查埋入地下 50 cm 深度部分以上是否锈蚀。

(2)检查导体的连接部分如焊接点、螺栓接点是否紧密牢固，如有接触不良或松动，应立即修复。

(3)检查避雷针是否有裂纹、歪斜、基础下沉等现象,大风天气应重点检查摆动情况。

2)避雷器的检查

(1)瓷套、法兰表面是否严重污秽、裂纹、破损及有无放电、烧灼现象。

(2)避雷器内部有无放电响声。

(3)连接导线和引下线有否烧伤、烧断或断股,接地端子是否牢固。

(4)动作记录指示数是否改变,判断其动作与否。其连接线是否牢固,记录器内部有无积水。

(5)每年雷雨季前测量阀型避雷器绝缘电阻。

(6)基础有无下沉、裂纹等现象,大风天气应重点检查摆动情况。

3. 安全防范措施

(1)雷雨天气需要巡视或进入发生接地故障点的范围,室外8 m、室内4 m之内时必须穿绝缘靴,戴绝缘手套。

(2)雷雨时,人员严禁接近防雷装置,以防止雷击放电电流产生跨步电压伤害、防止避雷针上产生较高的反击电压、防止有缺陷的避雷器发生爆炸伤害。

(3)发现避雷器有以下现象时,应将避雷器与电源断开:

①瓷瓶、套管破裂或爆炸。

②连接引线严重烧伤或烧断。但断开前应检查有无接地现象,如有接地现象,不得用隔离开关断开避雷器,应汇报上级处理。

③避雷器内部如有异常声响,可认为阀片间隙破坏,失去保护作用,且可能引起单相接地故障,应立即退出运行。

4. 避雷器的预防性试验

(1)测量绝缘电阻。阀型避雷器用2 500 V兆欧表,无并联电阻的避雷器,根据测量阻值判别内部是否受潮,有并联电阻的阀型避雷器,判断其内部通导情况。根据避雷器的型式不同,绝缘电阻要求的数值不同。

(2)测量并联电阻的电导电流。仅对有并联电阻的阀型避雷器,检查并联电阻性能有无变化,有无脱焊、断裂,内部元件是否严重受潮。一般在雷雨季前、解体大修后进行。

(3)测量工频放电电压。符合规定要求的避雷器方能正常使用。将测量数据与标准值比较,掌握避雷器的灭弧能力及检查装配、绝缘情况是否正常。其试验标准数值、周期按有关规定。

(4)密封检查。避雷器要在干燥的情况下才能保证正常工作,检修后必须密封完好,避免潮气侵入。因此,应用抽真空法进行密封检查,在真空值为380～400 mmHg时,观察真空值的下降速度,5 min内不超过1 mmHg为正常。

◆任务实施

观看避雷针、避雷线、避雷器的巡视视频,熟悉设备的结构特点及工作原理。

(1)认识避雷针、避雷线、避雷器的结构特点,能正确叙述其作用、工作原理、结构类型;

(2)对避雷针、避雷线、避雷器进行巡视,巡视项目及工艺标准如表5-2所示。

表5-2　避雷针、避雷线、避雷器巡视

	项目	工艺标准
避雷针、避雷线、避雷器巡视	1. 瓷套有无歪斜,表面有无裂纹	瓷套无歪斜,表面无裂纹
	2. 放电记录器密封是否完好	放电记录器密封完好
	3. 有无放电声响	无放电声响
	4. 接地是否良好	接地良好
	5. 引线是否正常	引线正常

◆**思考问题**

(1)叙述电力系统过电压的含义及分类。

(2)什么是外部过电压?外部过电压的分类有哪些?

(3)避雷针的原理是什么?特点有哪些?

(4)避雷线的原理是什么?特点有哪些?

(5)避雷针的安放方式有哪两种?各用在什么情况下?

(6)避雷器的原理是什么?分类有哪些?

(7)阀型避雷器用在什么场合?

(8)氧化锌避雷器有什么特点?

◆**任务评价**

(1)评价内容。

实际操作:学生拍照记录现场对应的设备,写出设备的名称及作用。教师自行设计考核表格与评分标准,通过考核学生拍照记录、设备名称与作用表述,进而考核学生对断路器巡视的熟知情况和工作原理的掌握程度。

解答思考问题:学生解答思考问题,学生自评、互评,老师审定成绩。

职业素质养成考核:遵守安全规章制度,遵守纪律、吃苦耐劳,一丝不苟地工作,与团队成员、教师和工厂师傅进行有效的沟通,协作共事等。

(2)成绩构成。

实际操作40%,解答思考问题40%,职业素质20%。

任务5.2　内部过电压及保护措施

◆**教学目标**

1. 知识目标

(1)熟知内部过电压的类型;

(2)熟知内部过电压的防护方法;

(3)熟知内部过电压的防护设备、各设备的工作原理及特点。

2. 能力目标

能在电厂识别各种内部过电压保护设备,并能说明工作原理。

◆**任务描述**

对水电厂内部过电压设备巡视、维护。

◆**任务准备**

(1)安全帽、手电筒;

(2)熟悉安全注意事项,注意现场设备勿误触碰,注意高压设备间隔;

(3)熟悉水电厂防止内部过电压的对应设备。

◆**相关知识**

内部过电压包括工频过电压、操作过电压和谐振过电压。

5.2.1 工频过电压

工频过电压的频率为工频或接近工频,包括稳态、暂态两种类型。稳态工频过电压是由于空载线路的对地电容、电流和电感造成的线路末端电压升高及单相接地时(如小电流接地系统未接地的两相)对地电压的升高。

稳态工频过电压与线路长度、电源容量等有关,例如长度为400 km的220 kV线路空载时,末端电压可能升高达(1.1 ~1.15)U_e。电源容量越小,情况越严重,这是因为电容电流会在电源电感上产生电压升高,相当于增加了线路长度。因此,在两端电源的线路中,为避免严重的工频电压升高,在大容量电源端,应先合闸后分闸,小容量电源端,应先分闸后合闸。

暂态工频过电压是由于线路突然从满负荷状态甩掉全部负荷,使发电机的电枢反应消失而引起的发电机输出电压升高,瞬间加速引起电压、频率升高,同时线路变为空载引起的电压升高。

一般情况下,对于220 kV及以下的电网,不需要采取特殊措施来限制工频过电压,因为上述各种情况同时发生的概率很小,电压升高有限。在超高压线路上,加装并联电抗器补偿线路电容电流,减小容性电流在线路电感上引起的电压升高。另外,采取其他降低不对称短路后果的措施,如变压器、并联电抗器采用三角形副线圈,增进系统中变压器中性点接地点等。改善发电机调速、调压装置的特性,调整升压变压器变比,控制发电机无功输出等措施,对限制工频过电压也有一定作用。

5.2.2 操作过电压

操作过电压是由于电网中的电抗、电容等元件,在正常操作(如空载线路,空载变压器的分、合,开断电容器组等),或单相弧光接地等故障时,由于运行状态发生改变,引起电网中电容、电感元件之间电磁能量的转换,从而造成的电压在过渡过程中的短暂升高,作用时间为几毫秒到几十毫秒,其幅值一般不超过4倍相电压。

操作过电压的限制,根据中性点接地运行方式、电压等级不同,应分别限制相对地电压不超过2.75 ~4倍正常相电压,相间电压不超过相对地电压的1.3 ~1.45倍。

操作过电压主要有以下种类。

5.2.2.1 间隙电弧过电压

中性点非直接接地系统发生单相接地时,电弧重燃过程中,过电压一般不超过3倍相电压,在直接接地系统中,一般不超过1.5~2倍相电压。

间隙电弧过电压的限制:对于3~10 kV接地电流大于30 A,或35 kV及以上接地电流大于10 A,采用消弧线圈补偿,以利熄弧,但不能限制电弧电压的最大值,甚至可能使其更大。中性点经高电阻接地,可限制电压幅值不超过2.6倍相电压,便于零序保护动作。

5.2.2.2 关合、开断空载变压器

中性点不接地变压器空载合闸时,因断路器三相的非同期性,会在母线电容、变压器对地电容、纵向电容与电压电感间产生振荡,产生较高的过电压。实测显示后合相和中性点过电压分别达2.95倍和1.84倍相电压,中、低压侧感应过电压分别达3.1倍和6.2倍相电压。中性点接地变压器空合过电压不超过2倍相电压,中、低压侧感应过电压分别达1.85倍和2.17倍相电压。

开断空载变压器时,由于电感性励磁电流突变,在电感、电容回路形成振荡引起过电压,对热轧硅钢片连续绕组变压器,过电压一般不超过4倍相电压,对冷轧硅钢片连续绕组变压器,过电压一般不超过3倍相电压。

对于此类过电压的限制,设置普通阀型避雷器保护。大电流接地系统,对变压器关合或开断时,先合中性点接地开关。6~10 kV干式变压器可用真空断路器,在一次侧装氧化锌避雷器。

5.2.2.3 关合及断开空载长线路

空载长线路合闸时,电压波传播到线路末端,反射形成2倍末端电压,当线路存有残压,尤其是残压与电源电压反相时,过电压可达3倍相电压。另外,断路器三相不同期合闸,因相间耦合也会增加后合闸相的电压。

开断空载长线路电容电流,过零熄弧后,线路残存相电压波,经半周后,断路器断口间为2倍相电压,如击穿断口,电弧重燃,引起振荡反射产生过电压。

对于空载长线路的操作过电压的限制,应选用灭弧性能好、不重燃或重燃率低的断路器、断路器加装分、合闸并联电阻、线路加装电磁式互感器或并联电抗器等。用磁吹阀型避雷器或氧化锌避雷器作后备保护。

5.2.2.4 开断电容器组

过电压性质与开断空载长线路类似,由断路器开断后的电弧重燃引起,会在电容器端部、相间和中性点上出现较高过电压。

无功调节将电容器分组安装,对抑制过电压有好处,所以开断数兆法的电容器,用灭弧能力较好的断路器及并联分闸电阻,并在电容器组上并联氧化锌避雷器。

5.2.3 谐振过电压

电力系统的电感、电容等元件,由于操作或故障会形成一个串联谐振路,即 $X_L = X_C$,或 $\omega L = \dfrac{1}{\omega C}$。因此,有谐振频率为 $f_0 = \dfrac{1}{2\pi\sqrt{LC}}$,称为固有自振频率。

复杂电路可以组合成一系列具有不同自振频率的振荡回路。进行开关操作时,由于瞬变过程电源波形会引起某种变化,非正弦的电源波形含有一系列的谐波,当电路中的某

一个自振频率与电源谐波频率正好相等时，就发生该频率的谐振过电压。

谐振现象是一种稳态，谐振过电压的持续时间可能很长，因此这种过电压的危害性是很严重的。

谐振过电压一般分为三种类型，分述如下：

(1)线性谐振过电压。其特点是电感、电容为恒定常数。当发生这种谐振时，如果电阻为零，则串联谐振电流为无穷大，但这是不符合实际情况的。

(2)铁磁(非线性)谐振过电压。正常运行时，一般电感、电容串联回路中感抗大于容抗，当由于某种原因使电感两端电压有所升高，使电感铁芯饱和时，感抗减小，出现感抗、容抗相等，甚至容抗大于感抗，造成相位反转，引起铁磁谐振。当上述谐振频率为工频时，称为基波谐振过电压；当谐振频率为工频的整倍数时，称为高次谐波谐振过电压；当谐振频率为工频的分倍数时，称为分次谐波谐振过电压。

(3)参数谐振过电压。当凸极式发电机的同步电抗在直轴、交轴电抗之间周期性地流动，或凸极式、隐极式发电机定子磁通发生变动时，引起电抗周期性变化，这时如果外电抗与发电机同步电抗相等，会出现电流电压谐振，使发电机的端电压和电流幅值急剧上升，不但威胁电气设备的绝缘，也影响发电机并网。

对于谐振过电压，主要应改善系统容抗、感抗，如增加母线对地电容、减少系统中电压互感器中性点接地数目，即增大母线对地感抗，减小自振固有频率，避免因系统扰动造成母线铁磁谐振过电压等。这些措施均在设计环节予以考虑，因此在系统的绝缘配合中不再考虑谐振过电压。

内部过电压类型及限制措施见表5-3。

表5-3 内部过电压类型及限制措施

过电压名称	过电压现象	限制措施
工频过电压	空载长线路、单相接地突然甩负荷	330 kV及以上装设并联电抗器、长线分段、改变运行方式、降低零序电抗等措施
操作过电压	中性点不接地系统间隙电弧	中性点装消弧线圈
	切、合空载变压器	330 kV及以上电压等级变压器装阀型避雷器
	切、合空载长线路	选用灭弧性能好、不重燃或重燃率低的断路器，断路器加装分、合闸并联电阻，线路侧装电磁式互感器或并联电抗器等。用磁吹避雷器或氧化锌避雷器作后备保护
	切、合电容器组	选用灭弧性能好、不重燃或重燃率低的断路器
	切、合并联电抗器	选用带分闸并联电阻的断路器或装阀型避雷器
线性谐振	空载线路不对称运行	
	消弧线圈全补偿	采用过补偿运行方式
	变压器传递过电压	高压侧不用熔断器、断路器三相同期动作；低压侧每相装对地电容器

续表 5-3

过电压名称	过电压现象	限制措施
铁磁谐振	非全相运行：电网断线、断路器非全相动作、熔断器一相或两相熔断	线路上不用熔断器；采取措施使断路器不发生非全相拒动；中性点接地系统中的不接地的负载变压器操作时，将中性点临时接地
	变压器带有电磁式电压互感器的空载母线或短线；配电变压器高压线圈对地短路；线路一相断线后一端接地，断路器、隔离开关非同期动作等	选用励磁特性较好的电磁式或电容式电压互感器；增大对地电容，在 10 kV 及以下母线上，装中性点接地的 Y 形接线电容器组；在电压互感器一次绕组中性点装消谐器；改变运行方式
参数谐振	自励磁过电压	采用快速自动调节励磁装置、增大投入发电机容量，使其大于空载线路充电功率；在超高压线路装并联电抗器；避免在空载线路的变压器低压侧合闸

◆**任务实施**

观看内部过电压设备的巡视视频，熟悉设备的结构特点及工作原理。

(1)认识内部过电压设备的结构特点，能正确叙述其作用、工作原理、结构类型；

(2)对内部过电压设备进行巡视，巡视项目及工艺标准如表 5-4 所示。

表 5-4　内部过电压设备巡视

	部件名称	作用	相对位置	草图(另附纸)
内部过电压设备巡视				

◆**思考问题**

(1)电力系统内部过电压的分类有哪些？

(2)什么是工频过电压？防止工频过电压的方法有哪些？

(3)什么是操作过电压？防止操作过电压的方法有哪些？

(4)什么是谐振过电压？防止谐振过电压的方法有哪些？

◆**任务评价**

(1)评价内容。

实际操作：学生拍照记录现场对应的设备，写出设备的名称及作用。教师自行设计考核表格与评分标准,通过考核学生拍照记录、设备名称与作用表述,进而考核学生对断路器巡视的熟知情况和工作原理的掌握程度。

解答思考问题:学生解答思考问题,学生自评、互评,老师审定成绩。

职业素质养成考核:遵守安全规章制度,遵守纪律、吃苦耐劳,一丝不苟地工作,与团队成员、教师和工厂师傅进行有效的沟通,协作共事等。

(2)成绩构成。

实际操作40%,解答思考问题40%,职业素质20%。

◆项目总结

通过本项目的学习,学生能独立完成如下任务:

(1)能认识电力系统中外部过电压保护元件;

(2)能说明电力系统中外部过电压保护元件工作原理;

(3)能说明电力系统中外部过电压保护元件特点;

(4)能认识电力系统中内部过电压保护元件;

(5)能说明电力系统中内部过电压保护元件工作原理;

(6)能说明电力系统中内部过电压保护元件特点。

项目6　电力系统频率与电压调节

◆**项目描述**

本项目主要培养学生认识为保证电能质量系统的调频、调压方式。

◆**教学目标**

1. 能叙述有功功率平衡与频率的关系;
2. 能叙述电力系统频率调整方法;
3. 能叙述无功功率与电压的关系;
4. 能叙述电力系统电压调整方法。

◆**教学环境**

相关电厂、电气相关的实训室、多媒体课件、相关的视频资料。

任务6.1　有功功率和频率的调节

◆**教学目标**

1. 知识目标

(1)知道有功平衡的概念;

(2)熟知电力系统负荷的频率静特性;

(3)熟知发电机组的功率—频率静特性;

(4)熟知电力系统频率调整方法。

2. 能力目标

(1)能叙述电力系统负荷的频率静特性及发电机组的功率—频率静特性;

(2)能叙述电力系统频率调整的方法。

◆**任务描述**

在水电厂进行一次频率、二次频率的调整。

◆**任务准备**

(1)安全帽、手电筒;

(2)熟悉安全注意事项,注意现场设备勿误触碰,注意高压设备间隔。

◆**相关知识**

6.1.1　频率稳定的重要性

频率是衡量电力系统电能质量的标准之一,如频率偏离正常值,除了对用户产生严重的影响、损害产品的质量等,还有可能会使整个电力系统崩溃。

6.1.1.1 频率对电力用户的影响

(1)频率的变化会引起异步电动机转速的变化,有些产品对加工机械的转速要求很高,转速不稳定会影响产品质量,出现不合格产品。

(2)频率的变化会影响某些测量和控制用的电子设备的准确性,从而引起电子设备误动作、信号误传等,频率过低时有些设备甚至无法正常工作。

6.1.1.2 频率对电力系统的影响

(1)频率下降会使火力发电厂中许多重要厂用设备如给水泵、循环水泵、送风机和吸风机等出力降低,造成水压、风力不足,使火电厂锅炉和汽轮机的出力也随之降低,从而使发电机的有功出力下降。如果不能及时控制,将会在短时间内使电力系统频率急剧下降,称为频率崩溃,造成大面积停电,甚至使整个系统瓦解。

(2)频率的变化可能使汽轮机的叶片进入共振转速,产生共振,轻则影响使用寿命,重则可能产生裂纹甚至断片,造成重大事故。

(3)在核电厂中,反应堆冷却介质泵对供电频率有严格要求。当频率降到一定数值时,冷却介质泵即会自动跳闸,使反应堆停止运行。

(4)电力系统频率下降时,异步电动机和变压器的励磁电流增大,使异步电动机和变压器的无功功率消耗增加,从而引起系统电压下降。

6.1.2 有功与频率的关系

电力系统频率的大小是由电力系统内并联运行的所有发电机组发出的有功功率总和与系统内所有负荷消耗(包括网损)的有功功率总和之间的平衡来维持的。当系统内并联运行的发电机组发出的有功功率总和等于系统内所有负荷在额定频率下所消耗的有功功率总和时,系统就运行在额定频率。这是一个动态的平衡过程,随着负荷大小的变化,这种平衡关系就会遭到破坏,系统的频率就会偏离额定值。若发出的有功功率大于消耗的有功功率,频率就会上升;若发出的有功功率小于消耗的有功功率,频率就会下降。

6.1.3 频率调整的方法

频率是一个全系统统一的参数,对频率的要求比电压的要求要严格。在正常的运行情况下,频率对额定值的偏离程度一般不超过0.05 ~0.15 Hz(频率误差仅相当于0.3% ~1%)。电力系统内任何两点间的电压可以不完全相等,而频率则是完全相同的;如果不同,就会使系统失去同步,出现振荡。这是正常运行所不允许的。所以,当系统机组输入功率与负荷功率失去平衡而使频率偏离额定值时,控制系统必须自动调节发电机组的出力,以保证电力系统频率的偏移在允许范围之内。

电力系统的功率—频率静特性,包括发电机、系统负荷两个最基本的单元特性。所以,频率调整方可以分为负荷调整和电源调整。

6.1.3.1 负荷调整:利用系统负荷的功率—频率静特性

当系统频率变化时,整个系统的有功负荷也要随着改变,即

$$P_L = F(f)$$

称为负荷的功率—频率静特性,又称为负荷的静态频率特性。

负荷的功率—频率特性一般可表示为

$$P_{\mathrm{L}} = a_0P_{\mathrm{LN}} + a_1P_{\mathrm{LN}}\left(\frac{f}{f_{\mathrm{N}}}\right) + a_2P_{\mathrm{LN}}\left(\frac{f}{f_{\mathrm{N}}}\right)^2 + a_3P_{\mathrm{LN}}\left(\frac{f}{f_{\mathrm{N}}}\right)^3 + \cdots + a_nP_{\mathrm{LN}}\left(\frac{f}{f_{\mathrm{N}}}\right)^n \qquad (6\text{-}1)$$

称为电力系统有功负荷的静态频率特性方程。当系统负荷的组成及性质确定后，负荷的静态频率特性方程也就确定了。式中，f_{N} 为额定频率；P_{L} 为系统频率为 f 时整个系统的有功负荷；P_{LN}为系统频率为额定值 f_{N} 时整个系统的有功负荷；$a_0, a_1, \cdots, a_n$ 为各类负荷占 P_{LN}的比例系数。

用曲线来表示式(6-1)中功率—频率特性，应为一条曲线，如图 6-1(a)所示

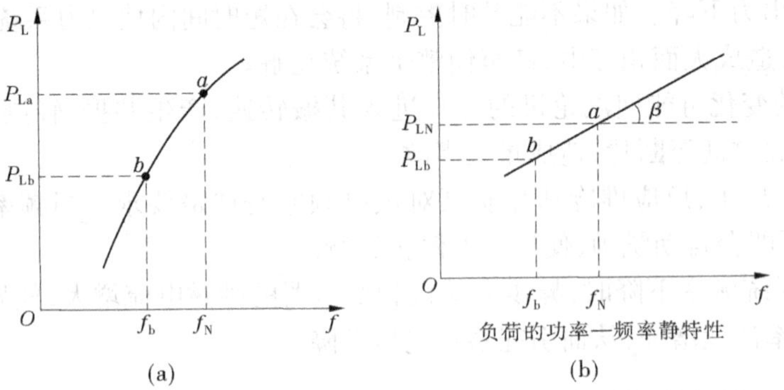

图 6-1　有功负荷与频率的静态特性曲线

但在电力系统运行中，频率允许变化的范围是很小的，在此频率允许变化的较小范围内，例如在 48 ~ 51 Hz，有功负荷与频率的关系曲线接近于一条直线，如图 6-1(b)所示。不同性质的负荷频率特性曲线不同。

图 6-1(b)所示频率为额定值 f_{N} 时，对应功率为 P_{LN}，当频率降低为 f_{b} 时，对应负荷的功率降低；反之，频率升高，负荷的功率增大。

功率—频率静特性说明，当系统内机组的输入功率和负荷功率间失去平衡时，系统负荷自动参与了调节作用，频率低，负荷消耗有功功率小，反之大。这种特性使系统有功功率在另一频率下重新平衡，这种现象称为负荷的频率调节效应。直线的斜率是负荷的单位调节功率，反映不同性质负荷频率调节的能力。斜率越大，负荷的单位调节有功功率能力越强。

6.1.3.2　电源调整：利用发电机组的功率—频率静特性

发电机组转速的调整是由原动机的调速系统来实现的，因此发电机组的功率—频率静特性取决于调速系统的特性。

当系统的负荷变化引起频率改变时，发电机转速也改变，为维持系统频率在一定范围内，发电机组调速系统工作，改变水轮机的进水量，调节发电机组的轴端输入功率以适应负荷的需要。通常把由于负荷的变动引起频率的变化，而导致发电机组输出功率变化的关系称为发电机组的功率—频率静特性或调节特性。例如，有功缺额导致频率下降，发电机转速就降低，调速器自动调节水轮机导叶开度加大进水量，多发有功功率弥补有功缺额，企图将频率恢复到额定值。这种调节称为机组的一次调频。一次调频可以稳定频率但无法恢复到额定值，所以称为有差调节。由于电力系统一次调频并不能使频率恢复到

额定值，因此必须通过外部干预，使系统频率恢复到额定值，这一过程称为二次调频。

下面利用图6-2所示发电机组的功率—频率静特性曲线，分析一次调频、二次调频过程，解释一次调频为什么是有差调节；而二次调频为什么能让频率恢复额定值。

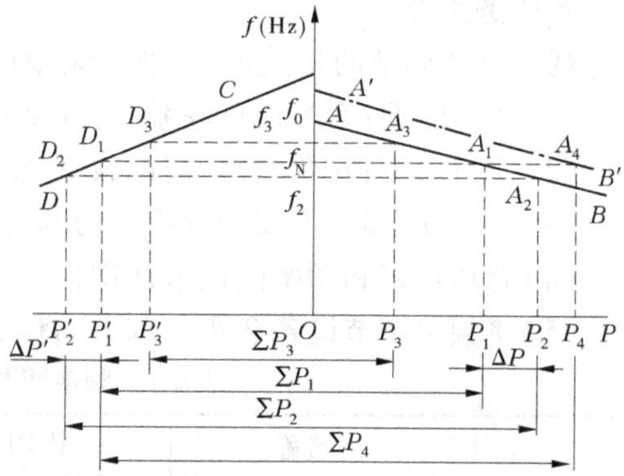

图6-2 发电机组的功率—频率静特性曲线

直线AB表示调频电厂的综合调差特性曲线(可以参与二次调频的机组)，CD表示电力系统中所有非调频机组综合调差特性曲线。在一般情况下，AB的调差系数(斜率倒数)σ_A要比CD的σ_C小，而在额定频率f_N时，调频电厂输出的功率P_1要比非调频机组总输出功率P_1'小很多。假定原电力系统所有发电设备总输出功率$\sum P_1 = P_1 + P_1'$，等于所有负荷吸收功率的总和，而且频率保持在额定值f_N。这时，系统中如果新增加一个较大的负荷量，那么由于发电总功率小于总负荷(即有功缺额)，系统频率就要下降。所有发电机组的频率特性将因系统频率下降而使发电总功率增加，调频电厂的输出功率由P_1增加至P_2，非调频机组总输出功率由P_1'增至P_2'。系统中原有各负荷的频率特性将因频率下降而使吸收的总功率减少。一个增加，一个减少，就会出现新的负荷平衡状态，这时系统频率将稳定运行在f_2，f_2稍低于f_N，系统的总输出功率为

$$\sum P_2 = P_2 + P_2' = P_1 + \Delta P + P_1' + \Delta P' > \sum P_1$$

上述过程为一次调频过程。如果系统负荷减少，同理一次调频可使系统达到另一新的平衡状态，这时稳定运行的频率f_3却要稍高于额定频率f_N。

电力系统虽经一次调频可达到新的平衡，但是频率却偏离了额定值，而使电能的质量降低，因此必须经过二次调频，使系统频率恢复到额定值。

当系统频率经一次调整而低于额定值稳定运行时，需要通过外部干预调频机组的调速器，使调频机组的调差特性曲线AB往上平行移至$A'B'$，也就是使调频机组有功功率的输出增加至P_4。由于电力系统发电总功率大于总负荷所需总功率，因此系统频率上升至额定值后，非调频电厂将根据调差特性曲线CD自动减少一次调频中增加的功率输出而恢复到按原计划输出的功率，这样一次调整前的负荷增量就全部由调频机组来承担了。即

$$\sum P_4 = P_1' + P_4 \approx \sum P_1 + \Delta P + \Delta P'$$

同理，当系统负荷减少时，也会经历一次调频和二次调频的过程。调频电厂将减少功率输出，而非调频电厂仍按原计划输出功率，并且系统频率仍保持额定值。

上述通过外部干预是调速器使调频机组的调差特性上下移动，就是通过人工或自动调频装置来操作调速器，增大或减小导叶开度，达到调节调频机组输出功率的目的(即不是调速器自主完成，一次调频是调速器自主完成)。

由于水轮发电机组适应负荷变化的能力较强，因此一般选用水轮发电机组作为调频机组。

◆**任务实施**

观看频率调节的相关视频,熟悉频率调节的方法。

(1)实习联系:实习地点联系、时间确定、车辆联系;

(2)实习动员:安全教育、纪律教育、实习任务布置;

(3)入厂安全教育:安全规程学习与考试;

(4)有功功率和频率的调节认识;

(5)将频率调节设备各主要部件名称、作用,部件之间的相对位置描述填入表6-1。

表6-1 频率调节设备各主要部件记录

	名称	作用	相对位置	草图(另附纸)
频率调节设备各主要部件				

◆**思考问题**

(1)什么是电力系统有功功率-频率静特性?什么是有功功率负荷的频率调节效应?

(2)什么是发电机组的有功功率-频率静特性?发电机的单位调节功率是什么?

(3)电力系统频率的一次调整指的是什么?能否做到频率的无差调节?

(4)电力系统频率的二次调整指的是什么?如何才能做到频率的无差调节?

◆**任务评价**

(1)评价内容。

实际操作:学生拍照记录现场对应的设备,写出设备的名称及作用。教师自行设计考核表格与评分标准,通过考核学生拍照记录、设备名称与作用表述,进而考核学生对断路器巡视的熟知情况和工作原理的掌握程度。

解答思考问题:学生解答思考问题,学生自评、互评,老师审定成绩。

职业素质养成考核:遵守安全规章制度,遵守纪律、吃苦耐劳,一丝不苟地工作,与团队成员、教师和工厂师傅进行有效的沟通,协作共事等。

(2)成绩构成。

实际操作40%,解答思考问题40%,职业素质20%。

任务6.2 无功功率和电压的调节

◆**教学目标**

1.知识目标

(1)知道无功平衡的概念;

(2)熟知无功电源有哪些;

(3)熟知无功调节的方法。

2. 能力目标

(1)能认识电力系统无功电源;

(2)能叙述电力系统电压调整的方法。

◆**任务描述**

在水电厂进行电压的调整。

◆**任务准备**

(1)安全帽、手电筒;

(2)熟悉安全注意事项,注意现场设备勿误触碰,注意高压设备间隔。

◆**相关知识**

6.2.1 电压稳定的重要性

电压是衡量电力系统电能质量的标准之一。电压过高或过低,都将对人身及其用电设备产生重大的影响。保证用户的电压接近额定值是电力系统运行调度的基本任务之一。当系统的电压偏离允许值时,电力系统必须应用电压调节技术调节系统电压的大小,使其维持在允许值范围内。

6.2.1.1 电压对电力用户的影响

电压偏离额定值,使用电设备不能正常工作。以照明用的白炽灯为例,当加于灯泡的实际电压高于其额定电压时,其发光效率虽有提高,但使用寿命会缩短;如果电压低于额定电压时,则灯泡的发光效率降低。

当电压降低时,异步电动机的转矩随电压的平方成比例下降,例如,当电压降低20%时,转矩会降低到额定转矩的64%,电流增加20%~35%,温度升高,造成电动机转速降低,导致生产的产品报废,电动机绕组过热,绝缘加速老化,甚至烧毁电动机。当电压过高时,电动机、变压器等设备铁芯会出现饱和、铁耗增大、激磁电流增大,也会导致电机过热,效率降低,波形变坏。对其他电气设备,电压变化也将使其运行性能变坏,甚至发生人身伤亡、设备损坏等事故。

6.2.1.2 电压对电力系统的影响

电压偏离额定值,不仅影响电力用户的正常工作,同时也会影响电力系统本身。

电压降低,电网中的功率损耗和能量损耗加大,还可能危及电力系统运行的稳定性。在系统中无功功率不足,电压水平低下,某些枢纽变电所在母线电压发生微小扰动的情况下,顷刻之间会造成电压大幅度下降的"电压崩溃"现象,后果相当严重,可能导致发电厂之间失去同步,造成整个系统瓦解的重大停电事故。

在电力系统的正常运行中,随着用电负荷的变化和系统运行方式的改变,网络中的电压损耗也随之发生变化。要保证用户在任何时刻都能在其额定电压下工作是不现实的。但其电压偏移必须限制在允许的范围内。

综上所述,电力系统电压控制是非常必要的。采取各种措施,保证各类用户的电压偏移在允许范围内,这就是电力系统电压控制的目标。

6.2.2　无功与电压的关系

正常情况下系统发出感性无功功率供系统感性负荷使用。若发出的感性无功功率不够(即无功功率缺额),系统电压下降;若系统发出的感性无功功率过多(无功功率过剩),系统电压上升。所以,为保证系统电压恒定,当无功功率缺额时补偿无功;当无功功率过剩时,要消耗多余无功功率。保证无功功率供求平衡,就能保证电压恒定。

6.2.3　电压调整的方法

利用电力系统的电器元件可以调整电压,下面一一介绍。

6.2.3.1　发电机

利用励磁调节器可以调节发电机发出的无功功率但调节能力有限。因为

$$Q_N = S_N \sin\varphi_N = P_N \tan\varphi_N$$

当改变功率因数时,发电机产生的有功功率 P 和无功功率 Q 要受到定子电流(额定视在功率)、转子电流额定值(空载电势)、原动机出力(额定有功功率)的限制,发电机只有在额定电压、电流和功率因数下运行时,视在功率才能达到额定值,使其容量得到充分利用。

发电机以低于额定功率因数运行时,其无功功率输出将受到转子电流的限制。发电机正常运行时以滞后功率因数运行为主,必要时也可以减小励磁电流在超前功率因数下运行,即所谓的进相运行,以吸收系统中多余的无功功率。当系统在低负荷运行时,输电线路电抗中的无功功率损耗明显减少,线路电容产生的无功功率将有大量剩余,这将引起系统电压升高。在这种情况下选择部分发电机进相运行将有利于缓解电压调整的困难。在发电机进相运行时,发电机的 δ 角增大,为保证静态稳定,发电机的有功功率输出应随着电势的下降逐渐减小。进相运行时,定子端部漏磁增加,定子端部温升是限制发电机功率输出的又一个重要因素。由以上分析可知,发电机供给的无功功率不是无限可调的,当发电厂距用户较远时,无功功率所引起的线损较大,在这种情况下,则应在用户中心设置补偿装置。

6.2.3.2　静电电容器

简单原理:电容吸收容性无功功率,发出感性无功功率,可以作为一个感性无功功率电源,补偿无功功率缺额,但无法消耗无功功率过剩。

6.2.3.3　静止无功功率补偿器

静止无功功率补偿器(简称静止补偿器)由电力电容器、电抗器并联组成。电容器可发出无功功率,电抗器可吸收无功功率,两者结合起来,再配以适当的调节装置,就成为能够平滑地改变输出(或吸收)无功功率的静止补偿器。

静止补偿器有很多类型,其部件主要有饱和电抗器、固定电容器、晶闸管控制电抗器和晶闸管投切电容器。

由饱和电抗器和固定电容器并联组成的静止补偿器,在补偿范围内,电压的稍许变化将引起电流大幅度变化。采用自饱和电抗器和电容器并联组成的静止补偿器,几乎可以完全消除电压波动,可维持母线电压在额定值附近。饱和电抗器型静止补偿器原理见图 6-3。饱和电抗器的特性是当电压大于某一定值时,随着电压的升高,铁芯急剧饱和,相

当于空心电抗器。选择串联电容,使在额定频率下容抗的绝对值与电抗器空心绕组漏抗的绝对值相等,以补偿漏抗值。正常运行时,当电压低于额定电压时,电抗器 L 铁芯不饱和,电抗器与串联电容器组合回路的总感抗大,故基本上不消耗无功功率,并联电容器发出的无功功率使母线电压升高。当电压高于额定电压时,由于此时的电抗器因饱和感抗小,所吸收的无功功率增加,从而使母线电压降低。图 6-4 所示为由晶闸管控制电抗器和固定电容器并联组成的静止补偿器(TCR + FC)。

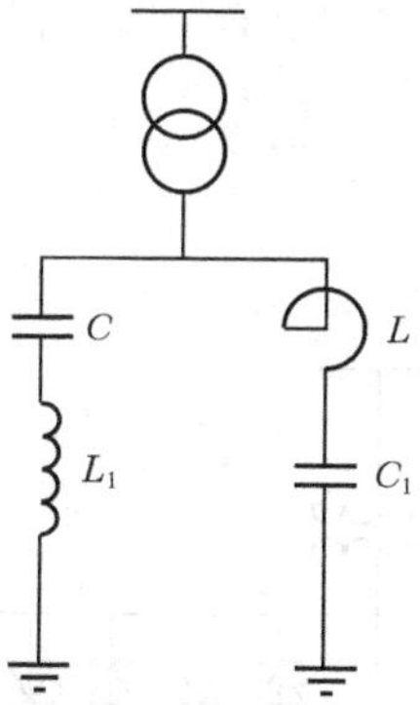

图 6-3 饱和电抗器型静止补偿器原理图

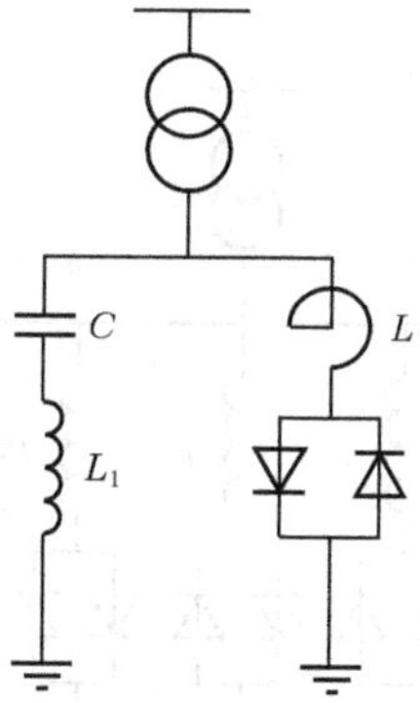

图 6-4 静止补偿器(TCR + FC)

电抗器与反向并联连接的晶闸管串联,依靠控制晶闸管的触发角来改变电抗器的电流大小,即可平滑地调整电抗器吸收的无功功率的大小。当触发角由 90°变到 180°时,可使电抗器的无功功率由额定值变到零。

图 6-5 所示为由晶闸管控制电抗器和晶闸管投切电容器并联组成的静止补偿器(TCR + TSC)。采用一组固定电容器和三组晶闸管投切电容器与电抗器并联。每组晶闸管投切电容器回路串有小电感,其作用是降低晶闸管开通时可能产生的电流冲击。晶闸管投切电容器作为无功功率电源,虽然不能平滑调节输出功率,但晶闸管对控制信号响应迅速、通断次数不受限制,性能优于机械开关投、切电容器。

上述三种静止补偿器的共同点是其中的电容器支路作为无功功率的电源,且电容器与电感串联构成谐振回路,起到高次谐波滤波器的作用,滤去补偿器中各电磁元件产生的 5、7、11、13、…等奇次谐波电流,防止高次谐波分量注入系统,这类支路是不可控的。它们的不同点在电抗器支路,其中后两种静止补偿器都是可控电抗器。静止补偿器向系统供应感性无功功率的容量取决于它的电容器支路,从系统吸取感性无功功率的容量则取决于它的电抗器支路。

静止补偿器能快速平滑地调节无功功率,以满足无功功率的要求,这样就克服了静电电容器作为无功补偿装置只能作为无功电源而不能作为无功负荷、调节不连续的缺点。与同步调相机相比较,静止补偿器运行维护简单、功率损耗较小、响应时间较短,能做到分相补偿以适应不平衡的负荷变化,对于冲击性负荷也有较强的适应性,在电力系统中应用越来越广泛。

6.2.3.4 静止无功发生器

由于电力电子技术的飞速发展,使用大功率可关断晶闸管(GTO)器件代替普通的晶闸管构成的无功补偿器已开始进入实用阶段。这种装置称为静止无功发生器,其原理见图 6-6。它的主体部分是一个电压源型逆变器,逆变器中有六只大功率可关断晶闸管分别与六只二极管反向并联,适当控制晶闸管的通断,可以把电容上的直流电压转换成与电力系统电压同步的三相交流电压,逆变器的交流侧通过电抗器或变压器并联接入系统。适当控制逆变器的输出电压,就可以灵活地改变静止无功发生器的运行工况,使其处于容性负荷、感性负荷或零负荷状态。由于其特性与调相机相似,故也称为静止调相机。具有以下一些特点:

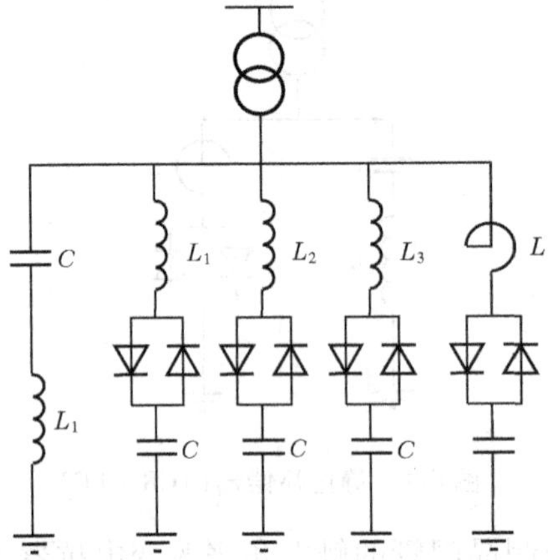

图 6-5　静止补偿器(TCR + TSC)

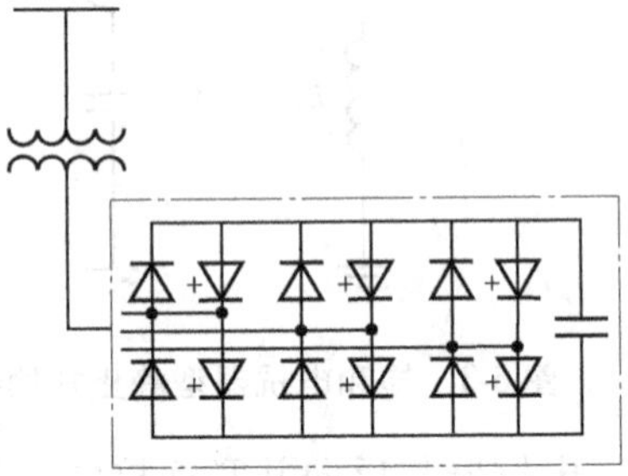

图 6-6　静止无功发生器原理图

(1)当电压降低时,静止补偿器输出的无功电流(补偿容量)减小,而静止无功发生器仍然可以产生较大的电容性电流,即静止无功发生器输出的无功电流与电压无关。

(2)静止无功发生器有较大的过负荷能力,GTO 的开断容量可以达 120% ~180% 稳态额定容量。

(3)可控性能好,其电压幅值和相位可快速调节。它的端电压对外部系统的运行条件和结构变化不敏感。因此,可得到较好的静态稳定性能和故障下的暂态稳定性能。由于静止无功发生器中电容器容量较小,在电网内普遍使用也不会产生低频谐振。

(4)静止无功发生器的谐波含量可以比同容量静止补偿器的低,因为静止无功发生器可由多逆变桥串并联连接,并通过曲折绕组变压器进行叠加后,得到较理想的正弦电压和电流波形。

6.2.3.5　变压器

适当选择变压器的变比 K,通过改变变压器的分接头或采用专门的调压变压器实现,在负荷变化较大的变电站调节变压器分接头。

普通双绕组变压器的高压绕组和三绕组变压器的高、中压绕组上有若干分接头供调压选择使用。升压变压器分接头选择方法与降压变压器基本相同,不同点是升压变压器中功率方向是从低压侧送往高压侧。

容量为 6 300 kVA 及以下的变压器有三个分接头,各分接头电压分别为 $1.05U_N$、U_N、$0.95U_N$,调压范围为 $\pm 5\% U_N$,其中 U_N 为高压侧额定电压,在 U_N 处引出的抽头被称为主抽头。容量为 8 000 kVA 及以上的变压器有五个分接头,各分接头电压分别为 $1.05U_N$、

$1.025U_N$、U_N、$0.975U_N$、$0.95U_N$，调压范围为 $\pm 2\times 2.5\% U_N$。

6.2.4 电力系统电压调整与频率调整的比较

电力系统频率的调整主要是通过调节有功功率来实现的，而电压的调整主要是通过无功功率的调节来实现的。从实际的系统运行来看，这两种调节有着较大的差别，主要表现在下列几个方面：

(1)对连成一体的电力系统，不管在系统的任何地点，系统的频率都是相同的，因而无论在系统的任何地点调节有功功率，均可以达到调频的目的。但是，系统中各处的电压都是不相同的，在某一地点调节其无功功率，将只对附近的电压造成影响。这就是所谓"统一性"(指频率)与"局部性"(指电压)的关系。

(2)无功电源基本上不消耗能源，无论投资与运行费用都较有功电源低得多。所以，在考虑有功电源的配置与有功负荷的分配时，经济性因素就比无功电源要更为突出。

(3)从频率和电压质量的要求来看，允许的频率偏差较允许的电压偏差要小得多。

(4)就无功功率平衡而言，白天和晚上所遇到的问题是大不相同的。例如，在白天无功负荷最大时，最关心的问题是采用哪种无功分配方式可以把线路损耗减到最小；当深夜无功负荷最小时，如何吸收过剩的无功就成了最关心的事。因此，最优的无功分配的实现比最优的有功分配的实现还要复杂。

电力系统的电压问题应从整个系统的范围来统一解决。首先系统内无功功率电源必须充足，要根据无功功率就地平衡的原则，合理布置无功补偿设备。在无功功率比较充裕的条件下，综合运用各种调压手段，才能取得良好的效果。

为了保证电压质量，多年来，经过不断探讨和研究，在对电压与无功功率控制的方案研究、系统设计、软件开发和工程实施等方面，取得了长足的进展。自动电压控制(Automatic Voltage Control，AVC)系统和电压无功控制装置(VQC)，都能实时根据系统运行状态，进行无功功率和电压的自动控制。在提高电压质量和电网运行水平方面取得了较好的效果。

现代电网一般采取各地区分散自动电压控制和集中自动控制相结合的方法。以某个发电厂(或变电所)为中心的地区网络，可以根据无功功率就地平衡的原则，在调度中心统一协调下，自动地维持本地区的中枢点的电压在规定的范围内变动，而对全电力系统有重要影响的枢纽点的电压、重要输电线路的无功功率、各重要无功功率电源和重要调压设备的运行状态，则应由调度中心进行集中的监视和控制。在进行自动电压控制时，应当保证如下目标：

(1)电力系统内各重要枢纽点的电压偏移均在给定的允许范围内。

(2)所控制的系统内网损最小。

(3)调整设备的运行状态没有超限。

这些目标与经济调度所要达到的目标是一致的。在经济调度中电压控制被作为一个约束条件予以考虑。调度中心的计算机系统可以快速计算出这种既保证各中枢点电压质量，又满足电力系统运行经济性要求的无功功率电源和调压设备的调节控制方案。

◆**任务实施**

观看频率调节的相关视频,熟悉频率调节的方法。

(1)实习联系:实习地点落实、时间确定、车辆联系;

(2)实习动员:安全教育、纪律教育、实习任务布置;

(3)入厂安全教育:安全规程学习与考试;

(4)无功功率和电压的调节认识;

(5)电压调节设备各主要部件名称、作用,部件之间的相对位置描述(见表6-2)。

表6-2　电压调节设备各主要部件记录

	名称	作用	相对位置	草图(另附纸)
电压调节设备各主要部件				

◆**思考问题**

(1)电力系统中的无功电源有哪些? 各有何特点?

(2)为什么通过调节发电机的励磁可以调节端电压?

(3)变压器的分接头一般设在哪个绕组? 为什么选择不同的分接头可以调压?

(4)为什么无功功率需要就地平衡,不宜远距离传输?

(5)调节系统电压的方法有哪些?

◆**任务评价**

(1)评价内容。

实际操作:学生拍照记录现场对应的设备,写出设备的名称及作用。教师自行设计考核表格与评分标准,通过考核学生拍照记录、设备名称与作用表述,进而考核学生对断路器巡视的熟知情况和工作原理的掌握程度。

解答思考问题:学生解答思考问题,学生自评、互评,老师审定成绩。

职业素质养成考核:遵守安全规章制度,遵守纪律、吃苦耐劳,一丝不苟地工作,与团队成员、教师和工厂师傅进行有效的沟通,协作共事等。

(2)成绩构成。

实际操作40%,解答思考问题40%,职业素质20%。

◆**项目总结**

通过本项目的学习,学生能掌握如下内容:

(1)电力系统有功功率与频率的关系;

(2)频率调节的方法;

(3)电力系统无功功率与电压的关系;

(4)电压调节的方法。

项目7 电气安全用具与触电急救

◆**项目描述**

本项目主要介绍如何正确地使用各种安全用具，如何使用心肺复苏法进行急救。

◆**教学目标**

1. 会使用各类安全用具，会使用各类辅助安全用具，能使用各类防护安全用具，能识别各类安全色、安全标志和语言警示牌；

2. 能正确脱离电源，能熟练使用心肺复苏法，能对各类伤害进行紧急救护。

◆**教学环境**

相关电厂、电气相关的实训室、多媒体课件、相关的视频资料。

任务7.1 电气安全工器具

◆**教学目标**

1. 知识目标

(1)知道安全用具的作用和分类；

(2)熟知绝缘棒、绝缘夹钳、高低压验电器等的使用方法；

(3)熟知绝缘手套、绝缘靴、绝缘垫、绝缘台等辅助安全用具的使用方法；

(4)熟悉安全带、安全帽、接地线、标识牌、临时遮栏等安全防护用具的使用方法；

(5)熟悉各类安全色、安全标志和语言警示牌。

2. 能力目标

(1)会使用各类安全用具；

(2)会使用各类辅助安全用具；

(3)能使用各类防护安全用具；

(4)能识别各类安全色、安全标志和语言警示牌。

◆**任务描述**

在水电厂工作中会使用各类安全用具，在水电厂中会使用各类辅助安全用具。

◆**任务准备**

(1)资料准备，熟悉安全注意事项，熟悉绝缘安全用具的使用；

(2)工具材料准备：绝缘棒、绝缘夹钳、高低压验电器，绝缘手套、绝缘靴、绝缘垫、绝缘台；

(3)安全措施：安全带、安全帽、接地线、标识牌、临时遮栏等安全防护用具，安全色、安全标志和语言警示牌。

◆**相关知识**

电气安全用具是保证电气工作人员及在生产现场的其他工作人员完成生产任务、保障人身安全的绝缘安全工具、防护安全用具。其中,绝缘安全用具又分为基本安全用具、辅助安全用具两类。

7.1.1　绝缘安全用具

7.1.1.1　基本安全用具

在电气倒闸操作等工作中,工作人员会直接操作带电体,或检查设备是否带电,因此必须保持和带电设备或可能带电的设备有一定的电气绝缘。

用以直接操作或测量、检查这些带电设备的安全用具,必须长时间承受电气设备的工作电压,并保证与操作人员之间有可靠的电气绝缘,这一类安全用具包括高压绝缘棒、高压验电器、绝缘夹钳等。所以,基本安全用具又可称为绝缘操作用具。

基本安全用具能承受电气设备的运行电压,即具有一定的绝缘性能,因此只能用于相应工作电压下的场合。如将 35 kV 的绝缘棒,用于 110 kV 的电气设备上,就不能承受该运行电压,会引发严重的触电后果。

另外,基本安全用具还必须具有完成操作相适应的机械强度。

这些用具均由绝缘材料制成,一般都有以下组成部分:

(1)工作部分。完成特定的操作功能,大多数由金属材料、玻璃钢制作。其式样根据功能而异,安装在绝缘部分的上面。

(2)绝缘部分。它起到绝缘隔离作用,可用电木、硬塑料、环氧玻璃管等绝缘材料制作。其绝缘部分与握手部分之间有绝缘的罩护环,使两者之间形成明显的隔离。绝缘部分的有效长度,必须不小于一定电压等级下的有效长度规定。

(3)握手部分。制作材料与绝缘部分相同,为操作人员手握的部分。为保证操作时人体与带电体之间有一定的绝缘距离,操作人员握手部位不能超越罩护环以上部分。

(4)雨天使用的绝缘操作杆等,为阻止水流、保证表面干燥,应在绝缘部分的中部加装适量的喇叭形防雨罩,并紧密结合无渗漏。装设数量和位置应符合规定。

1. 绝缘棒

绝缘棒又称为绝缘杆、操作杆,型式如图 7-1 所示。

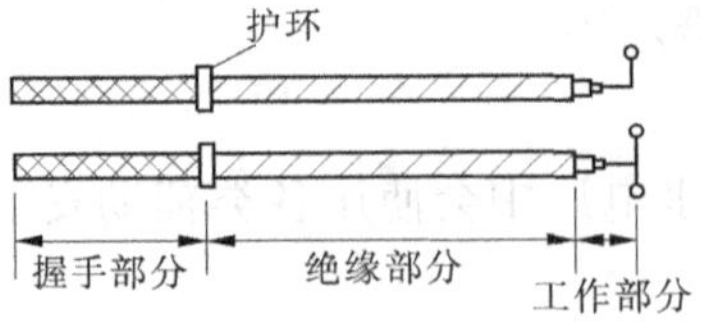

(a)高压绝缘棒示意图

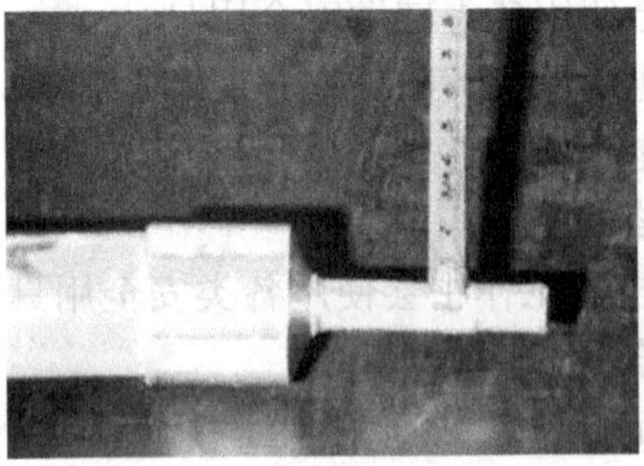

(b)高压绝缘棒工作部分

图 7-1　高压绝缘棒

绝缘棒用于操作高压隔离开关、跌落开关,安装和拆除临时接地线,带电测量和试验工作,其组成部分如前所述。

在满足工作要求的前提下,绝缘棒的长度不能超过 5 ~ 8 m,以免操作时发生相间短路或接地短路。

为便于保管和携带，往往将绝缘棒分段制作，端部用金属螺丝或其他方式连接，使用时将各段接上或拉开。

工作人员在使用绝缘棒操作时，必须戴上绝缘手套、穿绝缘靴或绝缘鞋，以加强防护。使用时要防止碰撞，避免损坏表面绝缘层。

绝缘棒应按要求妥善保管，存放在干燥的地方，防止受潮。一般放在特制的架子上，或垂直悬挂在专用挂架上，以防止弯曲变形，不得直接与墙面、地面接触，防止碰伤绝缘层。

绝缘棒的检查耐压试验周期、项目、要求按相关规定执行。

2. 绝缘夹钳

绝缘夹钳（绝缘夹）主要用于35 kV及以下场合的安装和拆除熔断器等工作，高于35 kV以上的场合不准使用，其型式如图7-2所示。

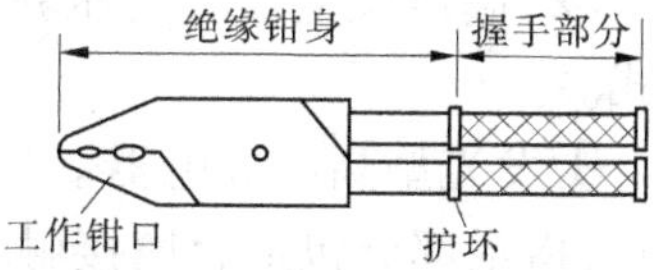

图7-2 绝缘夹钳

绝缘夹钳由工作钳口、绝缘钳身、握手部分（钳把）组成。各部分都采用与绝缘棒相同的绝缘材料，其工作部分的管形钳口部分构成强固的夹钳，保证能夹紧熔断器。

绝缘夹钳各部分的尺寸规定，根据电压等级和户内外使用场合而定。

使用时，不得在其绝缘夹钳上装接地线，以防止操作时，接地线在空中游荡造成接地短路或触电事故。工作人员除穿绝缘靴（或站在绝缘台、绝缘垫上）、带绝缘手套外，还应戴护目镜。使用后应将绝缘夹钳放在专用箱内保管，防止受潮及磨损。每年也应按要求进行耐压试验。

3. 验电器

验电器按使用电压登记场合，分为低压验电器和高压验电器两种，是检查电器设备是否确无电压的安全用具。利用电容电流经过氖气灯泡发光的原理制成的发光型验电器，用于低压验电器比较适合；对于高压验电器，特别是在室外强光照下，隔开一定的距离观察氖管是否发光较困难，因此采用声光型、风车式的高压验电器更适用。

（1）低压验电器（见图7-3），又称为验电笔，主要用于检测250 V及以下的电气设备、线路的对地电压及是否带电。外型有笔式、改锥式等，其结构示意如图7-3（b）所示，由工作触头、降压电阻、氖管、弹簧等部件构成。因为没有绝缘部分，所以严禁在高压设备和线路上使用。

（a）低压验电器外观

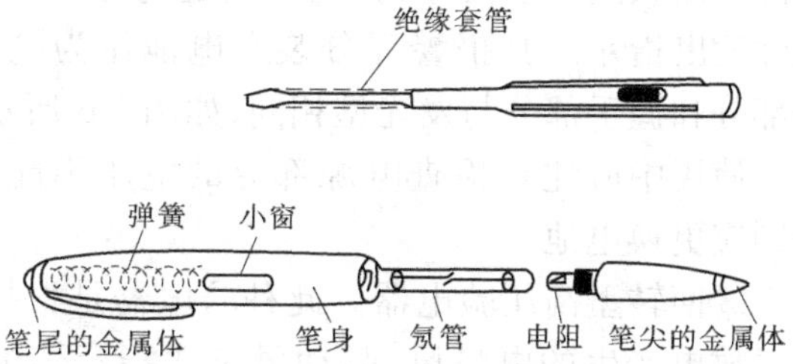

（b）低压验电器结构

图7-3 低压验电器

低压验电器的使用示意图如图 7-4 所示。使用时，手部握住端部金属挂钩，触头接触带电部位，只要带电体与大地之间有一定的电位差，有微小的电流通过验电器、人体到大地形成回路，即使穿有绝缘靴或站在绝缘垫上，其漏电电流也足以使氖管发光。根据发光程度，可以大致判断电压的高低 。如果接触的是零线则不发光；用于交流电时，氖管两极都发光，用于直流电时，仅一个电极发光。

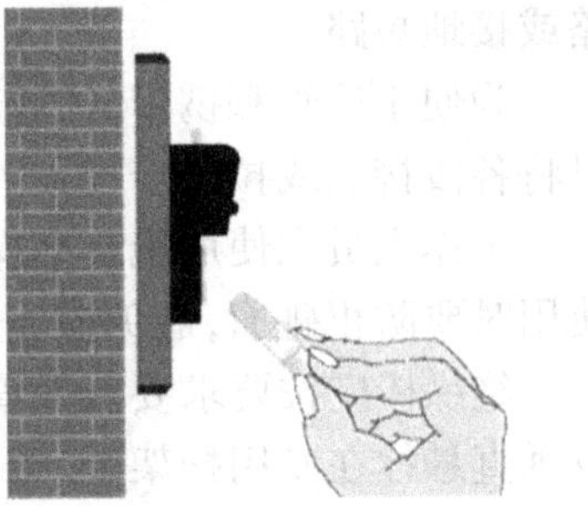

图 7-4　低压验电器的使用示意图

验电器在使用前，应先在有电的地方验证，确证其完好无损可以使用。

(2)高压验电器。高压验电器按工作原理有发光型、声光型和回转型（风车式）三种型式。

①发光型高压验电器。发光型高压验电器由指示器和支持器两部分组成，如图 7-5 所示，指示部分包括金属接触端及置于电木或聚氯乙烯材料的绝缘管内的压紧弹簧、氖气管、电容器等。

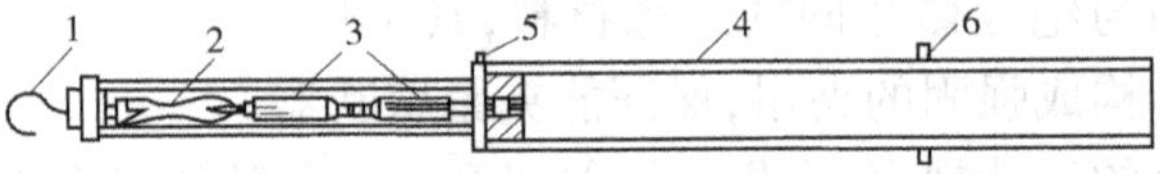

1—工作触头；2—氖灯；3—电容器；4—支持器；
5—接地螺丝；6—隔离护环

图 7-5　发光型高压验电器

支持器部分与指示器部分由金属接头连接，支持器包括绝缘部分、握手部分和两者之间的罩护环。

发光型高压验电器使用时必须选用电压等级相符合的合格的验电器，按照验电“三步骤”进行。所谓验电“三步骤”，即使用前先在有电设备上验电，证明其完好可用；然后在已停电设备进出线两端逐相验电；当证明无电后再把验电器在带电设备上复核，证明在整个验电过程中都是良好的。

验电时，应带绝缘手套，逐渐接近带电设备，不得立即接触，直到氖灯发光。除非在木梯、木杆等上验电，若不接地则不能指示外，验电器不应装接地线。

验电器应按规定要求保管、使用前检查和定期进行发光、耐压试验。

②声光型高压验电器。声光型高压验电器是根据检测部分接收到电场信号，验电器流过电容电流时，使声光元件发出指示。其报警部分装有电池作为电源，其余绝缘部分和握手部分与发光型相同，如图 7-6 所示。

使用中应注意检查电源部分的电压不能低于要求，否则应更换电池。

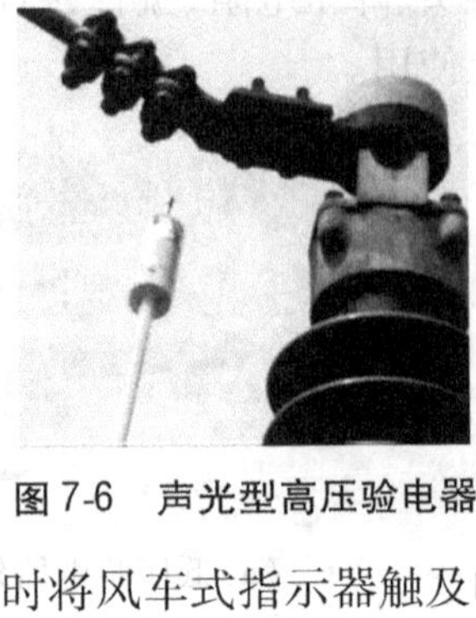

图 7-6　声光型高压验电器

③回转型高压验电器。此种验电器是根据带电导体电晕放电产生的电晕风，驱动风车式指示器的金属叶片旋转，检测设备是否带电，由指示部分和绝缘部分组成。使用时将风车式指示器触及电气

设备,如设备带电,则风车产生旋转,如图7-7所示。

这种验电器的特点是指示明显醒目、操作方便,并不受相邻带电部分的感应电压影响,当仅存在残余电荷时,风车只短时缓慢旋转几圈,然后自行停止,识别性好、灵敏度高。但这种验电器只适于在户内或户外良好天气下使用,雨、雪环境下禁止使用。使用前和使用中应按相关要求进行验证、检查和操作,使用完毕后也应按要求存放并定期进行试验。

图7-8为回转声光型高压验电器,兼有声光和回转指示两种检测功能。

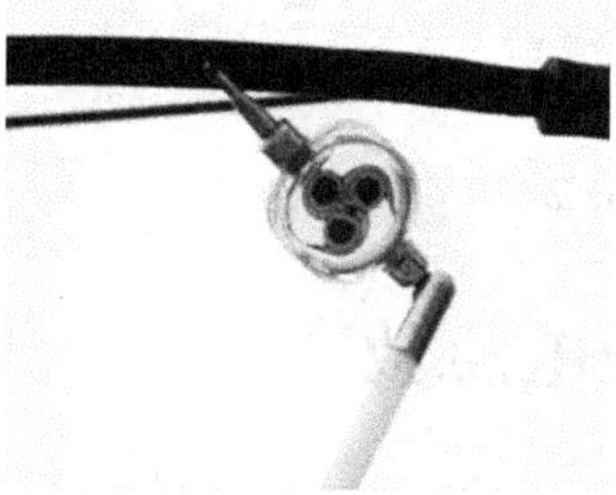

图7-7　回转型高压验电器

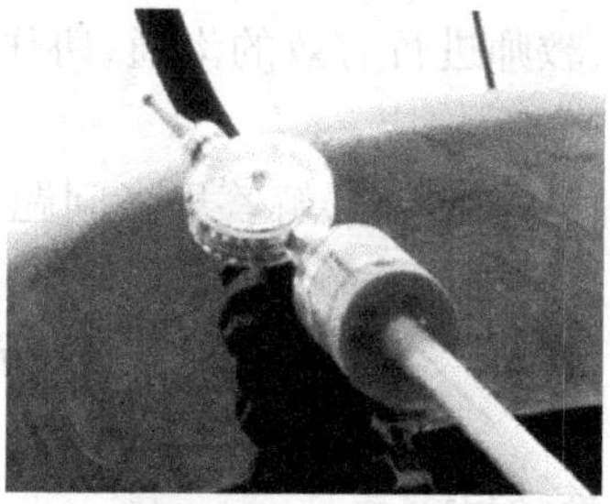

图7-8　回转声光型高压验电器

7.1.1.2　**辅助安全用具**

辅助安全用具主要有:①绝缘手套;②绝缘靴(鞋);③绝缘垫;④绝缘台。

7.1.2　安全防护用具

安全防护用具包括:①安全带;②安全帽;③携带型接地线;④临时遮栏;⑤标示牌;⑥其他辅助安全用具(高处作业用具等)等。

辅助安全用具及安全防护用具的使用要求、保管、试验等要求可参考有关电气安全书籍和《电业安全工作规程》(发电厂和变电所电气部分)。

◆任务实施

观察实物(或观看视频),熟悉绝缘安全用具的使用方法。

(1)联系相关实训室;

(2)各安全用具的准备;

(3)各安全用具的使用方法介绍;

(4)学生现场使用并考核,结果填入表7-1。

表7-1　绝缘安全用具使用

设备名称	作用	熟练程度
绝缘棒		
绝缘夹钳		
验电器		
其他		

◆思考问题

常用的电力安全用具有哪些?分别怎么使用?

◆**任务评价**

(1)评价内容。

实际操作:学生现场进行各安全用具的使用,教师自行设计考核表格与评分标准,考核学生使用熟练情况。

解答思考问题:学生解答思考问题,学生自评、互评,老师审定成绩。

职业素质养成考核:遵守安全规章制度,遵守纪律、吃苦耐劳,一丝不苟地工作,与团队成员、教师进行有效的沟通,协作共事等。

(2)成绩构成。

实际操作40%,解答思考问题40%,职业素质20%。

任务7.2　人身触电急救

◆**教学目标**

1. 知识目标

(1)知道现场紧急救护的原则和意义;

(2)熟知触电急救的原则和脱离电源的措施;

(3)熟知对触电者的抢救措施;

(4)熟知心肺复苏法的动作要领。

2. 能力目标

(1)能正确脱离电源;

(2)能熟练使用心肺复苏法;

(3)能对各类伤害进行紧急救护。

◆**任务描述**

在水电厂工作中能进行触电急救,能熟练使用心肺复苏法。

◆**任务准备**

(1)资料准备(考核标准等);

(2)熟悉触电急救的操作流程;

(3)触电急救设备。

◆**相关知识**

7.2.1　现场紧急救护

前面的章节中讲述了人体触电的类型和电流对人体造成的伤害,电力安全工作的另一个重要任务是,当这种事故发生后,对受到电流伤害的人员进行急救,以使伤员尽快脱离生命危险;同时,应保证施行救护人员自身不受到触电伤害。在对触电人员救助时,实行迅速、正确的救护措施是救助成功的关键,任何拖延和错误操作都会导致伤员伤情加重甚至死亡。

触电急救是现场紧急救护的一个重要内容。有时触电事故可能带来二次伤害,如触电后可能发生高处坠落，会造成外伤出血和骨伤等，所以除触电急救外，现场紧急救护还包括高空坠落，以及烧伤、烫伤、中暑等各种伤害的救护。现场紧急救护，根据《电业安全工作规程》的规定，应掌握下列原则和进行相关工作：

(1)紧急救护的基本原则，是在现场采取积极措施保护伤员生命，减轻伤情，减少痛苦，并根据伤情迅速联系医疗部门救治。

(2)认真观察伤情，防止伤情恶化。发现呼吸、心跳停止，应立即在现场就地抢救。用心肺复苏法支持呼吸和循环，对心、脑等重要器官供氧。在心脏停止跳动后，必须分秒必争地进行抢救。

(3)现场工作人员都应定期进行培训，学会紧急救护法。其内容包括正确脱离电源、心肺复苏、止血、包扎、转移搬运伤员等。

(4)生产现场应配备急救箱，存放急救用品。并应有专人经常检查、补充和更换。

7.2.2 触电急救

人的生命终止分为濒死、临床死亡、生理死亡三个阶段。人体触电后，虽呼吸、心跳停止，但可能属于濒死或临床死亡，即属于“假死”。如果抢救正确及时，仍有可能救活，其急救关键是能否迅速脱离电源和进行正确救护。

7.2.2.1 触电急救应掌握的基本原则

(1)迅速断开触电人员触及的电器的开关设备，使触电者尽快脱离电源。

(2)正确判断伤情，需要采取心肺复苏救护的，应按规定动作操作。

(3)坚持现场或就近救护，不要长距离护送到医院进行抢救，以免延误及影响抢救效果。

(4)现场救护时，在专业医务人员到达前，必须坚持救护不放弃，只有医生才有权力判断和宣布伤员的死亡。

(5)救护人员不得在未采取安全措施前，直接触碰未脱离电源的触电者，防止施救人员触电。在无法立即断开电源开关时，应分清电源是高压或低压电源，采取正确的切断高压电源或低压电源的措施。在切断电源时，根据触电人员位置，必要时应采取防止触电人员高处坠落的措施。

(6)夜间救护时，切断电源后，可能会失去照明，应考虑事故照明、应急灯等，以利于观察伤情及利于救护。

7.2.2.2 脱离电源

1. 脱离低压电源

根据现场实际情况，主要可采用以下几种方法：

(1)开关、插座等在附近时，可迅速拉开或拔掉电源。

(2)割断电源线。开关、插座等不在附近时，采用绝缘的工具剪断或用带干燥的木柄的利器如斧头、铁锨等割断电源线。切断点最好在靠电源侧有支持物处，以免被切断的带电侧电源线掉落再伤人。如果电流通过触电者入地，或紧握电线，最好能迅速在其身下塞一块绝缘木板。

(3)挑、拉电源线。如果断落的电源线在触电人身上或被压在触电人身下,电源开关不在附近时,可用身边能找到的干燥的木棍等物挑开电线,或用干燥的绝缘绳索套拉电线或使触电者脱离电源。

(4)上述措施都无法采用的情况下,救护人员可带绝缘手套或用干燥的衣物包裹一只手手部后,拉触电人的干燥衣服部分,并最好单手施救。有条件时,可先垫一块干燥绝缘木板在脚下,务必不要触及触电人的身体裸露部位或金属物体。

2. 脱离高压电源

脱离高压电源的方法与脱离低压电源的方法不同,上述脱离低压电源的工具是不能使用的。在户外时,开关电器的位置远离触电现场,不易直接切断电源。没有经过专门培训,不懂安全常识的贸然施救,不但不能使触电者迅速脱离电源,还会危及自身安全。脱离高压电源的方法主要有以下几种:

(1)救护人员戴绝缘手套,穿上绝缘靴,拉开电源开关。用相应电压等级的绝缘工具拉开高压跌落开关,并注意自身与周围带电部分之间的安全距离。

(2)架空线路上的触电,应迅速用电话通知有关部门迅速停电。如无法迅速联系,可用足够截面和适当长度的金属软导线,一端连接金属接地体或引下线,另一端系重物后抛掷,使电源线接地短路,引起断路器跳闸,同时做好防止高处坠落的措施。

(3)如果触电者触及断落的高压导线,施救人员必须防止跨步电压伤害。在未确认线路无电或未采取安全措施前,不能接近断线点8~10 m范围内。若要救助,救护人员应穿绝缘靴、戴绝缘手套,用相应电压等级的绝缘棒挑开电线。

7.2.2.3 抢救措施

当触电者脱离电源后,应根据其伤害的严重程度,采取不同的急救措施。

(1)触电者神志清醒,只有心慌、四肢发麻、全身无力或曾一度昏迷,但未失去知觉,应使其就地躺下安静休息,观察呼吸、脉搏变化,不要站立或走动,以减轻心脏负担,让其逐渐恢复正常。

(2)触电者神志不清,将其就地平躺,保持呼吸道畅通,并呼叫伤员、轻拍其肩部,判断其是否丧失意识,禁止用摇头的方法呼叫。

(3)如果触电者神志确实丧失,应进行呼吸、心跳的判断。即:

①看。伤员胸部、腹部有无起伏动作,用脸贴近伤员的口、鼻处,或用薄纸片靠近,看有无呼吸气流。

②听。用耳贴近伤员的口、鼻处,听有无呼吸声,贴近伤员的胸部,听有无心跳。

③试。用两手指轻试一侧喉结旁凹陷处的颈动脉有无脉动,判断心跳。

(4)判断后的施救方法:

①触电者意识丧失、呼吸停止,但心跳或脉搏仍跳动,应采用口对口人工呼吸法进行抢救。

②触电者有呼吸,但心脏和脉搏停止跳动,应采用胸外心脏按压法进行抢救。

③如果触电者呼吸、心跳均已停止,应按心肺复苏法的三项基本措施进行就地抢救,即通畅气道、口对口(鼻)人工呼吸、胸外心脏按压。

人工呼吸、胸外心脏按压是现场采用的主要救护方法。在采取救护措施的同时，应尽快通知医务人员赶赴现场急救，同时做好送医院的准备工作。对现场抢救已恢复的人员，应注意观察，防止再发生病变。

7.2.3 心肺复苏法

呼吸和心脏跳动是人存活的基本特征。一旦呼吸停止，肌体则不能建立正常的气体交换而死亡；同样，心脏一旦停止跳动，肌体则因血液循环中止、缺乏氧气和养料而丧失正常功能，也会死亡。在现场若发现伤员心跳和呼吸突然停止，则应采用心肺复苏法来进行抢救。只要抢救及时，复苏成功率还是很高的。

心肺复苏法就是根据伤员心跳和呼吸突然停止的不同情况，分别采取的支持心跳和呼吸的措施。一般心跳停止后呼吸必然随之停止，而呼吸停止后，心肌严重缺氧，心跳也就很快停止。因此，人工呼吸和胸外心脏按压需同时进行。在两者进行之前还必须清理伤员口腔异物、通畅气道。通畅气道、人工呼吸和胸外心脏按压是心肺复苏法支持生命的三项基本措施。

7.2.3.1 清理口腔异物、通畅气道

心肺复苏成功的关键是通畅气道。昏迷患者气道阻塞的最常见原因，是舌肌缺乏张力而松弛，舌根向后下坠堵塞气道，会厌堵住气道入口，造成上呼吸道阻塞，如图7-9所示。要对患者进行人工呼吸，就必须开放气道，使舌根抬起离开咽后壁。但在开放气道时，如已见到口内有异物或呕吐物，则应先将其清理掉。

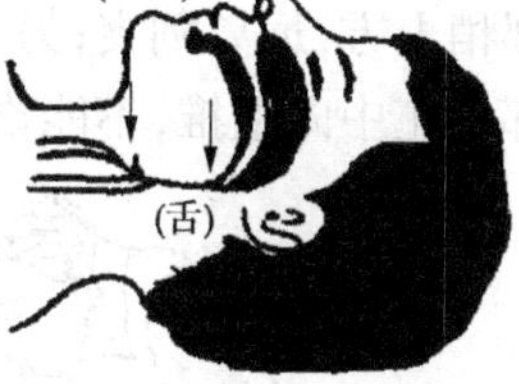

图7-9 舌和会厌阻塞气道示意图

1. 清理口腔异物

造成气道阻塞的原因除舌根坠入咽部外，还有在进食时，有大块食物、假牙、呕吐物等异物进入气道口，造成部分或完全气道阻塞，这时可根据伤员清醒或昏迷状态作不同处理。

对清醒者气道阻塞进行如下的处理：

(1)强行咳嗽法。若伤员用手指抓住自己的脖子或指向咽喉部，则说明气道有部分阻塞，这时可让他尽量反复用力强行咳嗽，使异物慢慢移动而被咳出。

(2)膈下腹部猛压法。让伤员站着或坐着，抢救者站在他的背后，用手臂抱住伤员腰部，一手握拳，使拳头的拇指一边朝向伤员的腹部，位置在正中线脐眼的上方，另一只手紧握第一只手，快速向上猛压，拳头压向他的腹部，一次不行可多次猛压(见图7-10)。

(3)立位胸部猛压法。立位胸部猛压法如图7-11所示，此法适用于肥胖人，其方法是让伤员立位，抢救人站在其背后，两臂通过其腋窝下方，环抱伤员胸部，拳头拇指侧放在胸骨中部(注意离开剑突和肋弓边缘)，然后抢救者用另一只手紧抓着拳头并向后猛压，直至异物排出。

对重度昏迷者气道阻塞进行如下的处理：

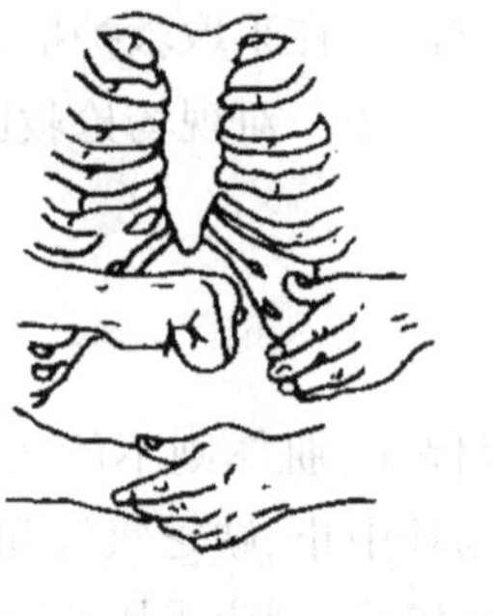

图 7-10　膈下腹部猛压法

图 7-11　立位胸部猛压法

(1)手指清除异物法。如果已经看到伤员口腔内的异物,则应该迅速用两个手指交叉取出或用手指将异物钩出口腔。方法是:抢救者用拇指和其余手指握住伤员的舌和下颌,使口张开,然后将下颌骨和舌头一同上抬,同时将舌头从咽后部向外拉,将阻塞在咽部的异物拉到口腔内,这样可部分地解除阻塞;用另一只手的手指沿口角部颊的内侧插入口腔,深达舌的根部,作钩取动作使异物松动落入口中取出(见图 7-12)。

(2)腹部猛压法。使伤员仰卧位,抢救者跪在其大腿旁,用一只手的掌根置放在正中线脐部稍上方,远离剑突;另一只手直接叠在第一只手上,用迅速向上的动作,猛压腹部,并从腹部的正中向上推,不能推向左侧或右侧,否则就难以达到排出异物的目的(见图 7-13)。

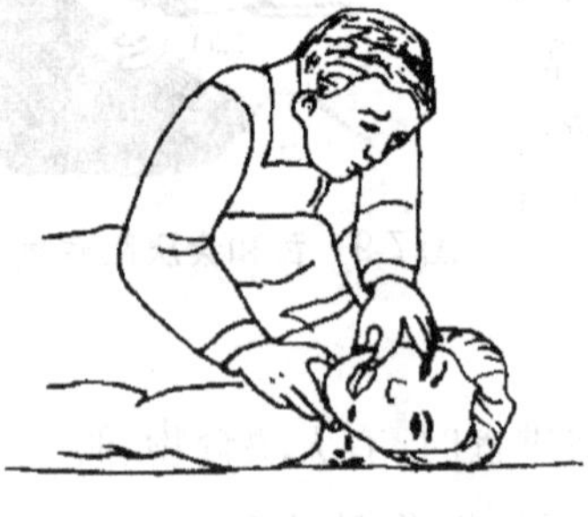

图 7-12　用手指清除异物

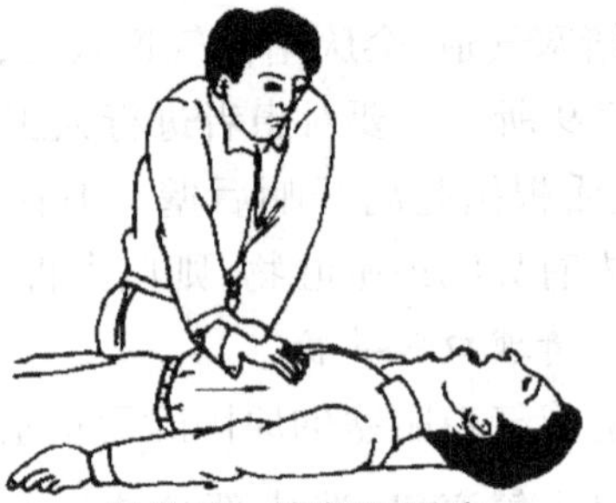

图 7-13　腹部猛压法

2. 通畅气道

异物从口腔清除掉后,即可进行通畅气道,其方法主要有以下两种:

(1)仰头抬颏法。这是一种简单、安全、易学和有效的方法。其具体做法是:将患者仰面躺平,抢救者位于伤员肩部呈跪状,用一只手放在伤员前额上,手掌用力向后压;另一只手的手指放在颏下将其下颏骨向上抬起,两手协同使下面的牙齿接触到上面牙齿,从而将头后仰,舌根随之抬起,呼吸道即可通畅。但应注意:在抬颏时不要将手指压向颈部软组织的深处,否则会阻塞气道。禁止用枕头或其他物品垫在伤员头下,否则头部抬高前倾,也会加重气道阻塞见图 7-14。

(2)托颌法。此法对通畅气道也非常有效。由于托颌可不必使头后仰,因此对颈部有损伤者更适用。其方法是:将伤者仰面躺平,抢救者跪在伤员的头部附近,两肘关节支撑在伤者仰卧的平面上,两手放在伤员的下颌两侧,以食指为主,用力将下颌角托起。在操作中,不得将头部从一侧转向另一侧或使头部后仰,以免加重颈椎部损伤(见图 7-15)。

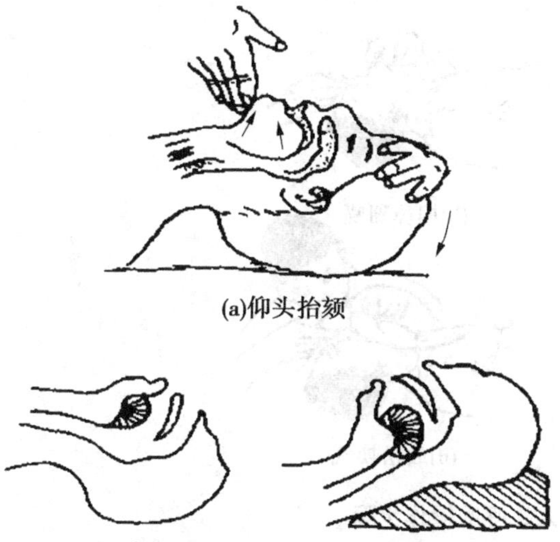

(a)仰头抬颏

(b)气道通畅　(c)气道阻塞

图 7-14　仰头抬颏法

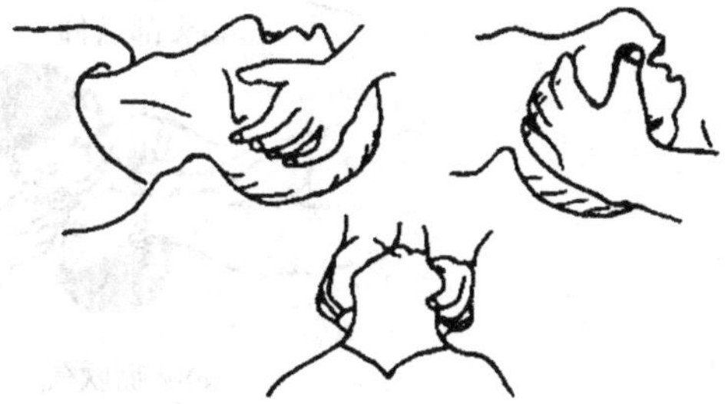

图 7-15　托颌法

7.2.3.2　人工呼吸

1. 口对口人工呼吸法

口对口人工呼吸就是采用人工机械动作(抢救者呼出的气通过伤员的口或鼻对其肺部进行充气以供给伤员氧气),使伤者肺部有节律地膨胀和收缩,以维持气体交换(吸入氧气,排出二氧化碳),并逐步恢复正常呼吸的过程,如图 7-16 所示。

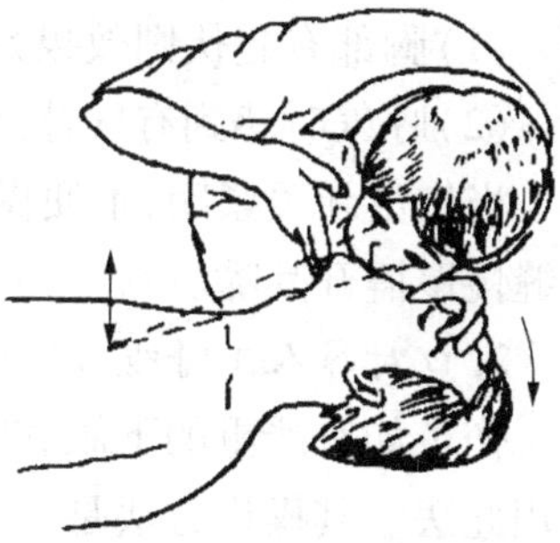

图 7-16　口对口人工呼吸

口对口人工呼吸的准备工作如下:

(1)按以上所述做好清理口腔异物、通畅呼吸道的工作。

(2)解开衣领扣,松开上身的紧身衣,解开裤带,摘下假牙,以使胸部能自由扩张。

(3)维持好现场秩序,以便抢救。

口对口人工呼吸的操作步骤如下:

(1)头部后仰。当上述准备工作完成后,让伤员头部尽量后仰、鼻孔朝天,避免舌下坠导致呼吸道梗阻,见图 7-17(a)。

(2)捏鼻掰嘴。救护人站在伤员头部的左(或右)边,用放在前额上的拇指和食指捏紧其鼻孔,以防止气体从伤员鼻孔逸出;另一只手的拇指和食指将其下颌拉向前下方,使嘴巴张开,准备接受吹气,见图 7-17(b)。

(3)贴嘴吹气。救护人深吸一口气屏住,用自己的嘴唇包绕封住伤员的嘴,在不漏气的情况下,作两次大口吹气,每次 1 ~ 1.5 s,同时观察伤员胸部起伏情况,以胸部略有起伏为宜,表示吹气适量,见图 7-17(c)。

(4)放松换气。吹完气后,救护人的口立即离开病人的口,头稍抬起,捏鼻子的手放松,让病人自动呼气,见图 7-17(d)。

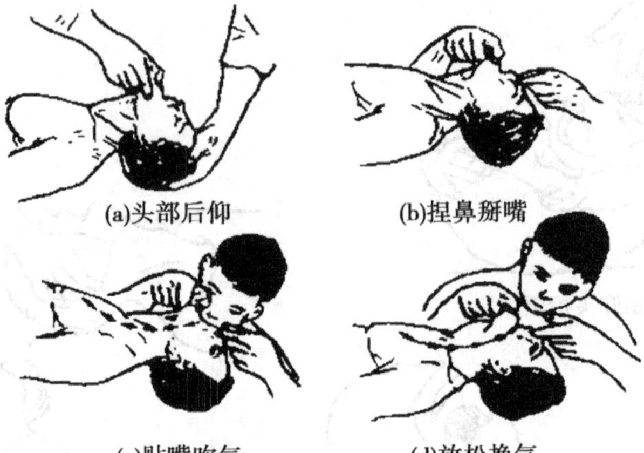

图 7-17　口对口人工呼吸操作步骤

在吹完两口气后,每隔 5 s 吹一次(吹 2 s,放松 3 s),依次不断,一直到呼吸恢复正常。

在进行上述操作时,应检查效果:

(1)胸部有起伏则效果好,无起伏可能是气道有阻塞,应检查气道;

(2)呼气时感到有气体逸出,效果为好。

当伤员牙关紧闭,不便做口对口人工呼吸时,则应用小木片或小金属片从其嘴角伸入牙缝慢慢撬开其嘴。

2. 口对鼻人工呼吸

伤员如有严重的下颌和嘴唇外伤、牙关紧闭、下颌骨折等难以做到口对口密封时,可采用此法。其操作方法是:

(1)抢救者用一只手放在伤员前额上使其头部后仰,用另一只手抬起伤员的下颌并使口闭合。

(2)抢救者做一深吸气,用嘴唇包绕封住伤员鼻孔,并向鼻内吹气。

(3)抢救者的口部移开,让伤员被动地将气呼出,依次反复进行,其他注意点同口对口法。

7.2.3.3　胸外心脏按压法

现场抢救危急伤员(呼吸停止、心跳停止)时除开放气道、人工呼吸(救生呼吸)外,还必须使心脏搏出血液进行循环。

胸外心脏按压法就是采用人工机械的强制作用(即在胸外按压心脏),迫使心脏有节律地收缩,从而达到恢复心跳、恢复血液循环,并逐步恢复正常的心脏跳动。

胸外心脏按压法主要是有节奏地按压胸骨下半部,它可使胸腔内压力普遍增加并对心脏产生直接压力,改善心、肺、脑和其他器官的血液循环,见图 7-18。

做胸外心脏按压前应进行有关准备工作:

(1)在进行胸外心脏按压前,应先测试颈动脉有无脉搏。如有脉搏,进行胸外按压就

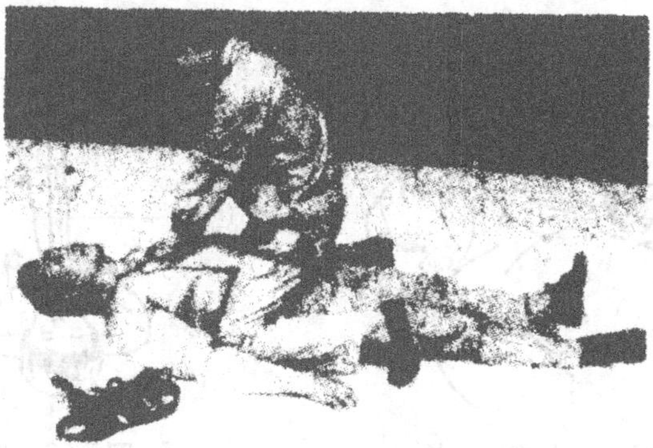

图7-18　胸外心脏按压法

可能导致严重的并发症；如无脉搏，应在进行两次人工呼吸后立即进行胸外心脏按压。

（2）伤员应仰面躺平在平硬处（地面、地板或木板上），头部放平，如头部比心脏高，则会减小流向头部的血流量，下肢可抬高30 cm左右，以帮助静脉回流。

救护者跪在伤员的肩旁，两脚分开，准备按压。

胸外心脏按压的操作步骤如下：

（1）确定胸外心脏按压的正确部位。

按压部位的正确，是保证胸外心脏按压实施效果好的重要前提，并可防止胸肋骨骨折和各种并发症的发生。

①找切迹。救护者靠近病人，手的食指和中指并拢，沿胸廓下方肋缘向上直达肋骨与胸骨接合处，沿线称为切迹，见图7-19。

②正确按压部位。一只手的中指置于切迹顶部，剑突与胸骨接合处，食指紧挨着中指置于胸骨的下端，另一只手的掌根紧挨着食指放在胸骨上，掌根处即为正确的胸外按压部位（见图7-20）。

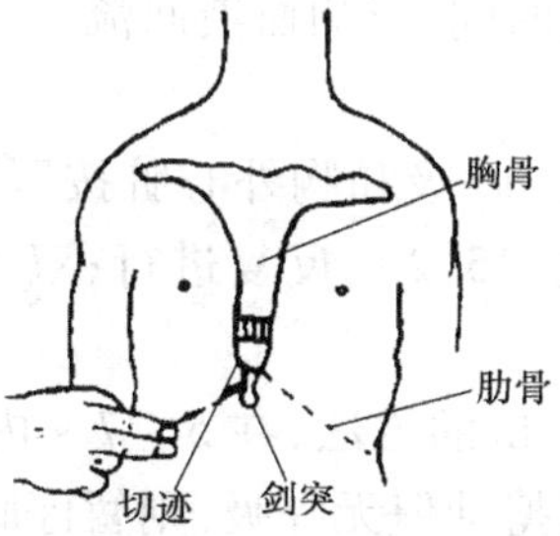

图7-19　找切痕

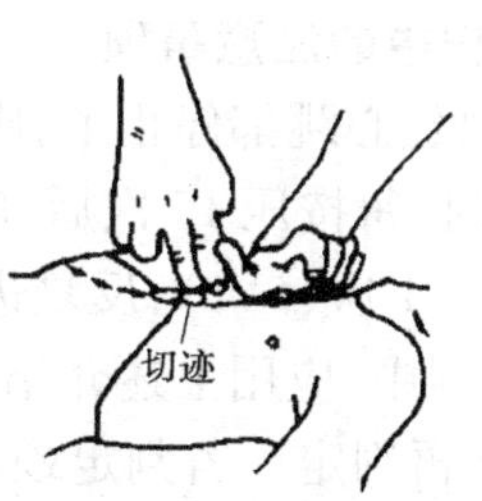

图7-20　正确按压部位

（2）按压的正确姿势。

①正确按压部位确定后，将第一只手从切迹处移开，叠放在另一只手的手背上，使两手相叠，以加强按压力量，见图7-21。

②救护人跪在地面上，身体尽量靠近伤员；腰部稍弯曲，上身略向前倾，两臂刚好垂直于正确按压部位的上方，使压力每次均直接压向胸骨，肘关节要绷直不屈曲，手指翘起，离开胸壁和肋骨，只允许掌根接触按压部位，见图7-22。

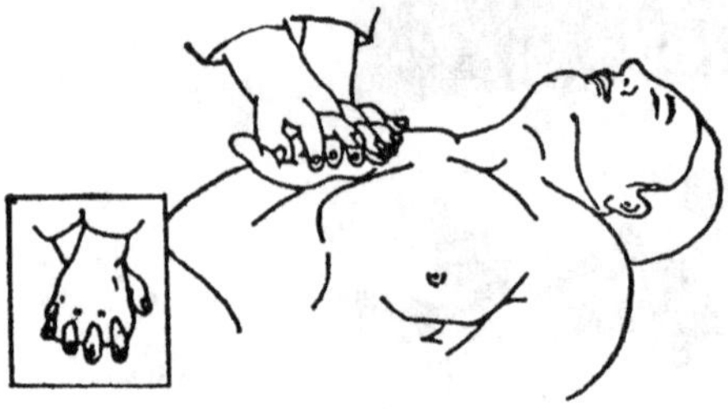

图 7-21　两手交叠，加大按压力量

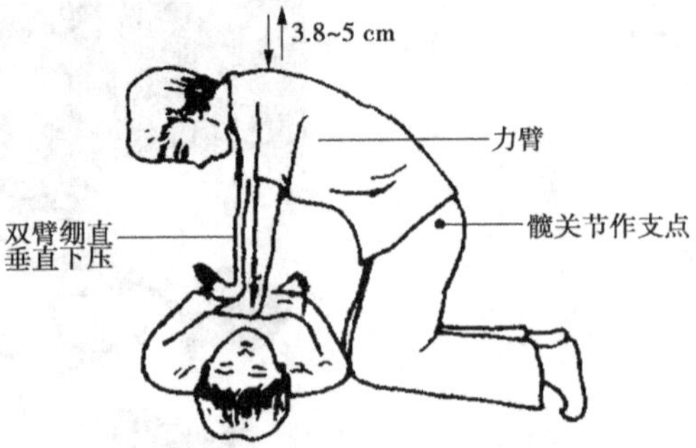

图 7-22　按压的正确姿势

（3）进行按压。

①操作时，利用上身的重量，以髋关节为活动支点，掌根用适当的力量有冲击性地垂直向下按压，见图 7-23（a）。

(a)向下按压　(b)迅速放松

图 7-23　按压操作

②压陷的深度一般为 3.8 ~5 cm，然后掌根要立即全部放松（但双手不要离开胸膛），以使胸部自动复原，让血液回流入心脏。见图 7-23（b）。

③按压的速度以每分钟 80 ~100 次为宜，放松时间与按压时间相等，各占 50%。假如按压时间长，放松时间短，就缩短了心脏舒张时间，影响血液回流。

7.2.3.4　救护过程中的注意事项

（1）若伤员呼吸、心跳都停止了，则采用人工呼吸和胸外心脏按压交叉救护。其操作节奏为：单人抢救时，每按压 15 次后，吹气 2 次（15∶2），反复进行；双人抢救时，每按压 5 次后，由另一人吹气 1 次(5∶1)，反复进行。

（2）在抢救过程中，应用上述介绍的看、听、试的方法，在 5 ~7 s 内，对伤员的呼吸和心跳是否恢复进行再判定。若判定颈动脉已有搏动但无呼吸，则暂停胸外心脏按压，可再进行两次口对口人工呼吸，接着每 5 s 吹气 1 次。如脉搏和呼吸均未恢复，则继续用人工呼吸和胸外心脏按压法进行抢救。

（3）抢救应在现场就地坚持进行，不要为图方便而随意移动伤员。只有在条件不允许时，才可将伤员抬到可靠地方进行急救。在将伤员移动和送往医院途中，抢救工作也不要中止，除非伤员呼吸和心跳完全恢复正常或者明显死亡。如抢救多时后，呼吸、心跳仍旧停止，瞳孔不缩小、对光照无反应，背部、四肢等部位出现红色尸斑，皮肤青灰、身体僵冷，且经医生确认死亡时，方可中止抢救。

(4)移动伤员或将其送往医院时,应使伤员平躺在担架上,并在其背部垫以平硬的阔木板,不得一人抱双臂、一人抬双腿抬着走。

(5)伤员好转初期,应严密监护,不能麻痹大意,随时准备再次抢救,以防心跳、呼吸在恢复的初期再次骤停,在此期间应让伤员安静休养。

◆**任务实施**

掌握触电急救的操作。

(1)实习地点联系、实习时间确定;

(2)触电急救的相关器材准备,资料准备;

(3)现场每个学生按小组进行触电急救操作,组长进行打分。

◆**思考问题**

(1)怎样使触电者脱离电源?

(2)触电事故怎样对症急救?

(3)触电事故的应急处理有哪些?

(4)心肺复苏法的主要内容是什么?

◆**任务评价**

(1)评价内容。

实际操作:按照评分标准进行打分。

解答思考问题:学生解答思考问题,学生自评、互评,老师审定成绩。

职业素质养成考核:遵守安全规章制度,遵守纪律、吃苦耐劳,一丝不苟地工作,与团队成员、教师和工厂师傅进行有效的沟通,协作共事等。

(2)成绩构成。

实际操作40%,解答思考问题40%,职业素质20%。

◆**项目总结**

通过本项目的学习,学生能独立完成如下任务:

(1)能正确使用常用的绝缘安全用具;

(2)能正确地进行触电急救。

拓展知识Ⅱ 人体触电及接地与接零

【阅读要求】了解人体触电的有关概念;掌握保护接地、保护接零的方法与原理;了解影响接地电阻的因素及降低方法,了解接地系统。

接地是防止人身受到电击,保障电力系统正常运行,保护线路和设备免遭损坏,预防电气火灾,防止雷击和防止静电损害的基本措施。

电对人体的伤害是多方面的:电流通过人体会造成电击;电流的热效应会造成电烧伤;电流的化学效应会造成电烙印和皮肤金属化;电磁场能量对人体的辐射作用,会引起头晕、乏力、神经衰弱等症状;电火花会引起瓦斯及氢气爆炸,造成设备损坏和人身伤亡。所以,必须研究电器安全技术,采取有效措施。

一、人体触电

(一)人体的触电发生的原因

人体的不同部分,如手脚之间、两手之间或两脚趾间受到电压的作用,在人体内产生电流,造成伤害,甚至危及生命安全,叫作触电。

通常是人站在天然导电的地面上,手接触到带电体而发生触电。统计表明,多数触电事故是由于直接接触或接近电路的裸带电部分而造成的;另有约20%的事故则是由于电气设备的绝缘损坏致使金属外壳、基础构架等发生非正常带电而引发的。前一类称为直接触电,防止的办法是采用电气隔离,并且正确地执行电气设备运行的组织措施和技术措施;后一类称为间接触电,除了加强绝缘的定期监测和维修,便是采用接地保护的办法。须知绝缘损坏并不都是由外部原因引发的偶然现象,任何绝缘的老化都是必然的,而老化的绝缘便随时可能出现绝缘故障。

(二)电流对人体影响

电流通过人体内部,对人体的伤害程度与通过人体电流大小、电流通过人体的持续时间、电流通过人体的途径、电流的种类及人体的精神状态有关,而且各种因素之间有着密切联系。

(1)电流大小。通过人体的电流越大,人体的生理反应越强烈,引起心室颤动所需的时间越短,致命的危险就越大。对于工频电流,按照电流通过人体的大小不同,可以划分为以下三种:

①感知电流。引起人的感觉的最小电流称为感知电流。实验资料表明,对于不同的人,感知电流也不同,成年男性的平均感知电流约为1.1 mA,成年女性的平均感知电流约为0.7 mA。

②摆脱电流。人触电后能自动摆脱电源的最大电流称为摆脱电流。实验资料表明,对于不同的人,摆脱电流也不同,成年男性的平均摆脱电流约为16 mA,成年女性的平均摆脱电流约为10.5 mA。

③致命电流。引起心室颤动的最小电流称为致命电流。根据动物实验和统计分析得出的资料见表7-2,该资料考虑了通电时间的影响,表中0是没有感觉的范围,*A*是不引起心室颤动的范围,*B*是容易产生严重后果的范围。

(2)通电时间。表7-2表明,通电时间愈长,愈容易引起心室的颤动,死亡的危险性增大。这是因为,通电时间愈长,能量积累增加,引起心室颤动的电流减小。

(3)电流途径。电流通过心脏时会引起心室颤动,较大的电流还会使心脏停止跳动。电流流过中枢神经,会引起中枢神经系统强烈失调而导致死亡。电流通过头部会使人昏迷,若电流较大,会对脑产生严重伤害,使人昏迷而导致死亡。因此,从左手到胸部是最危险的电流途径,从手到手、从手到脚也是很危险的电流途径。

(4)电流的种类。直流电流、高频电流、冲击电流和静电电荷对人体都有伤害作用,其伤害程度一般较工频电流为轻。电流的频率不同,对人体的伤害程度亦不同。25~300 Hz的交流电对人体的伤害程度最严重。

表7-2 工频电流对人体作用的分析资料

电流范围	电流(mA)	通电时间	人体生理反应
0	0~0.5	连续通电	没有感觉
A_1	0.5~5	连续通电	开始有感觉,手指、手腕等处有痛感,没有痉挛,可以摆脱带电体
A_2	5~30	数分钟以内	痉挛,不能摆脱带电体,呼吸困难,血压升高,尚可忍受
A_3	30~50	数秒到数分钟	心脏跳动不规则,昏迷,血压升高,强烈痉挛,时间过长及引起心室颤动
B_1	50至数百	低于心脏搏动周期	受强烈冲击,但未发生心室颤动
		超过心脏搏动周期	昏迷,心室颤动,接触部分留有电流通过的痕迹
B_2	超过数百	低于心脏搏动周期	昏迷,心室颤动,接触部分留有电流通过的痕迹
		超过心脏搏动周期	心脏停止跳动,昏迷,可能致命

(5)人体状况。电流对人体的伤害程度与人体状况也有关系:电流对人体的作用,女性较男性敏感;小孩承受电击能力较成年人低;引起心室颤动的电流约与体重成正比。

(6)人体电阻和安全电压。人体电阻不是一个常数,它与电流途径、皮肤(干湿及破损)状况以及接触面大小有关,且随作用电压的大小而变。在小电压时,皮肤具有绝缘保护作用,在电压升高时皮肤将逐渐发生击穿,并增加机体电解,使人体总电阻下降。

设电流途径为手—手或手—脚,皮肤具有一般的接触面积和平均干湿度。当电压低于100 V时,人体电阻平均值约为3 000 Ω,忽略站脚处地面电阻率的影响,则痉挛电压值约为3 000×0.02=60(V)。即在一般条件下,触电者不需要别人帮助能自行脱开60 V的触电电压,避免出现触电死亡事故。若接触条件变坏(指皮肤潮湿、接触面加大),即使人体电阻降至1 300 Ω,也不至于达到50 mA即心室纤颤的危险限值。根据国际电工学会的推荐,该电压值现已降至50 V。

在特殊环境中,例如水中或特别潮湿处,或金属地面上潮湿皮肤和大面积接触的情况下,人体电阻只有几百欧姆,此时必须使用更低的安全电压规定值,例如36 V、24 V,甚至12 V。

二、保护接地与保护接零

(一)保护接地

所谓接地,即将电气设备的某些部分用导线(接地线)与埋在土壤中或水中的金属导体(接地体)相连接。按照接地的作用,电气设备的接地主要有三种形式:

(1)工作接地。工作接地是为了使电气装置正常工作而将电气回路中的某一特定点接地,使之与地基本保持同电位。如变压器中性点、电压互感器中性点等的接地。

(2)保护接地。保护接地是将主要电气设备可能带电的金属部分进行接地。防备由于绝缘损坏使外壳带危险电压,以保护人身的安全。如电气设备的金属外壳,钢或钢筋混凝土构架、杆塔,停电检修的电路等的接地。由于绝缘故障有可能窜入高电压的低压回路一点接地,也具有保护接地的性质。如电流互感器二次回路的一点接地。

(3)冲击接地。其作用是将雷电流安全地泄入地中,消除过电压的危险影响。如避雷针、避雷器和线路杆塔等的接地。

按照接地电流的波形,工作接地和保护接地属于工频接地,在电站共用一个统一的接地装置。冲击接地常设置独立的集中接地装置,构成过电压保护装置的一部分。

1. 基本原理

未作保护接地,当电气设备主绝缘损坏致使金属外壳等带电部分相连通时,人一接触设备,即与故障相的对地电压接触,这对人体是非常危险的,如图 7-24 所示。

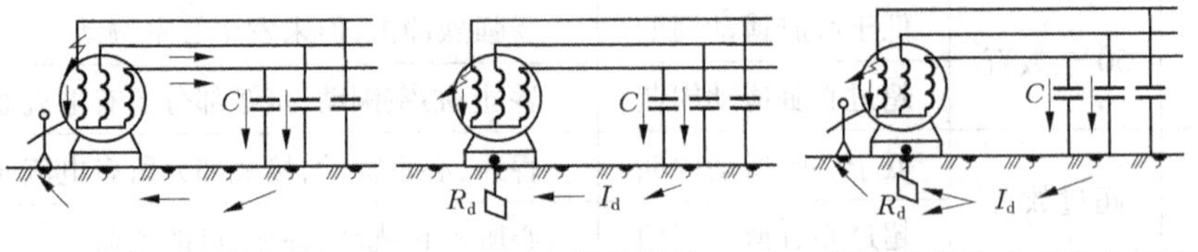

(a)无保护接地　(b)有保护接地　(c)保护接地防止触电的原理

图 7-24　保护接地的作用原理

处于相电压下的金属外壳对人体安全构成的威胁还与系统中性点的运行方式有关。

在中性点不接地系统或经消弧线圈接地的系统中,通过触电者的电流将是单相接地的电容性电流(或过补偿的感性电流),其数值以安培计,故对人体构成威胁。

在中性点直接接地系统中,加于触电者的电压将是相电压,在高压系统中将导致人体迅速烧毁。

当金属外壳等有保护接地之后,情况便大不相同。当电气设备绝缘损坏时,设备外壳上的对地电压为

$$U_d = I_d R_d \tag{7-1}$$

式中　I_d——单相接地电流;

R_d——接地装置的电阻。

当人触及设备外壳时,接地电流将沿着接地体和人体两条通道流过,而通过人体的电流为

$$I_r = \frac{I_d R_d}{R_r + R_d} \tag{7-2}$$

式中　R_r——人体的电阻。

以图 7-25 为例,与外壳同电位并与土壤紧密接触的接地体,在电流向地中散流时,因土壤的电阻率很大,在设备附近形成一个倒漏斗形的地面电位分布曲线。靠近接地体附近的土壤中电流密度大,电位分布陡峭。距接地体越远,电流密度越小,电压降也越小。在 15 ~ 20 m 处地电位接近于零。最高电位 U_{jd} 与接地电流 I_{jd} 的比值叫作接地电阻 R_{jd},即

$$R_{jd} = \frac{U_{jd}}{I_{jd}} \tag{7-3}$$

显然,接地电阻不是一个集中参数,而是遍及电位分布电场中的分布电阻。

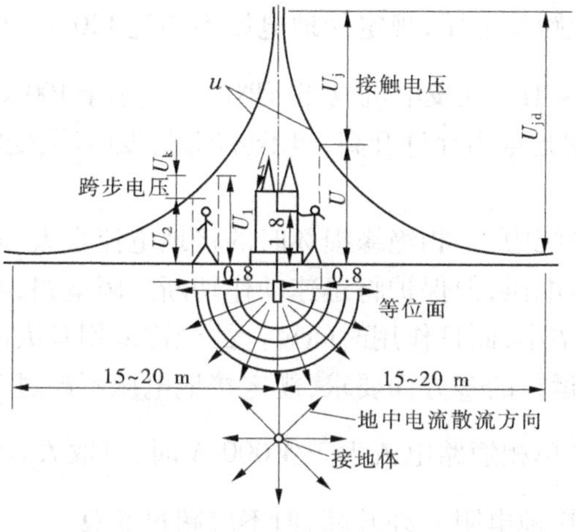

图7-25 单根垂直接地体的散流场和地面电位分布

2. 接触电压与跨步电压

在发生接地故障(如电气设备主绝缘损坏致使金属外壳等与带电部分相连通)时,位于分布电位场内的人体所受到的电压有接触电压和跨步电压。

所谓接触电压 U_j,即人站在距设备 0.8 m 处,手触外壳等带电部分,手脚之间所受的电压差值,即

$$U_j = U_{jd} - U \tag{7-4}$$

式中 U——触电者站脚处的电位。

由式(7-4)可知,接触电压的大小与接地电阻的大小有关,接地电阻愈小,接触电压就愈小。接地保护之所以有效,不仅在于降低了带电外壳等的电位 U_{jd},而且还因抬高了站脚处的电位 U。设备的接地即使非常好,在故障电源未切断前,接触电压也是存在的。

所谓跨步电压 U_k,即人在接地故障区域内行走,跨出 0.8 m 步距的两脚所受到的电位差值,即

$$U_k = U_1 - U_2 \tag{7-5}$$

式中 U_1、U_2——两脚落地点的地面电位。

当人处于电场内有麻电的感觉时,不能奔跑逃离电场,而应该单脚跳或细步离开电场。

3. 接地电阻最大允许值

接地电阻由 $R_{jd} = \frac{U_{jd}}{I_{jd}}$来决定,这时的接地电压 U_{jd}应是能保证人身安全的数值。

1)对小接地电流系统

在中性点不接地或经消弧线圈接地系统中,一相绝缘损坏时的接地电流一般控制在 10 ~ 30 A 以下,可以带故障运行 2 h。此时,为了不致出现过高的接触电压和跨步电压,应适当限制接地电压值。当接地装置仅用于高压系统时,规定接地电压不超过 250 V,故一般应符合 $R_{jd} \leqslant \frac{250}{I_{jd}}$,接地电阻值一般不应大于 10 Ω。

当接地装置用于低压系统或高压系统共用时,考虑到人与低压设备接触的机会较多,

需要更加降低接触电压或跨步电压，规定接地电压不超过 120 V，故一般应符合 $R_{jd}\leqslant\frac{120}{I_{jd}}$，接地电阻一般不应该超过 4 Ω。在发电机或变压器的容量小于 100 kVA 时，可放宽至 10 Ω。

高土壤电阻率地区，接地电阻允许升高，但不应超过：发电厂、变电站 15 Ω，其余 30 Ω。

2）对大接地电流系统

在中性点直接接地系统中，一相绝缘损坏时的接地电流很大，此时巨大的短路电流流过接地点必伴随着高接地电压，但保护将迅速动作切断故障电路，接地电压的出现只是短暂的，致使人体触电的概率小，而且作用时间短。故允许采用较大的接地电压和跨步电压值，并综合考虑电力系统运行的多方面要求，规定接地电压不超过 2 000 V，故一般应符合 $R_{jd}\leqslant\frac{2\,000}{I_{jd}}$，当系统的计算单相短路电流大于 4 000 A 时，可取 $R_{jd}\leqslant 0.5$ Ω。

高土壤电阻率地区，接地电阻允许升高，但不应超过 5 Ω。

3）对低压系统

低压系统（主要是 380/220 V 系统）的中性点一般采用直接接地。

并联运行的电气设备的总容量为 1 000 kVA 以上时，接地电阻一般不应大于 4 Ω；并联运行的电气设备的总容量为 100 kVA 及以下时，接地电阻一般不应大于 10 Ω。

高土壤电阻率地区，接地电阻允许升高，但不应超过 30 Ω。

（二）保护接零

1. 保护接零原理

在中性点直接接地系统中，无论高低电压，发生单相接地时，都是一相电压经接地中性点与故障接地点形成单相短路回路。但由于低压系统电压低，中性点和设备处接地装置阻值较大，单相短路电流偏小，常达不到保护所需要的动作值。此外，对低压设备，接地电压也略显过大。

针对低压设备保护接地存在接地电流偏小和接地电压偏高的两个主要缺点，一般在 380/220 V 低压系统中设置工作零线，将电气设备的金属外壳等与工作零线相连，构成保护接零。它用零线短接了保护接地回路中的电阻 R_0 和 R_S，故接零保护可增大接地电流和减小接地电压，它是保护接地的进一步发展。

图 7-26（a）为低压设备保护接零图。当电气设备绝缘损坏而发生碰壳短路时，形成了一个闭合的金属型短路回路，由于这个回路不包括接地体的接地电阻，所以短路电流比较大，使继电保护装置能够可靠动作。另外，假定零线阻抗与相线阻抗（包括变压器或发电机每相绕组阻抗）持平，则相电压 220 V 在相线与零线上各降落 110 V 左右。图 7-26（b）中实线表示只有变压器中性点接地时接零保护的电位分布。此时，故障设备外壳的对地电压 U_{jd} 为 110 V 左右。若在故障设备处作零线的重复接地，则零线上的电位分布如图 7-26（b）中虚线所示，这时零线压降在 R_0 和 R_S 两个接地电阻上分压。可见，在中性点直接接地的低压系统中，具有重复接地的接零保护能提供比接地保护大得多的故障分断电流和低得多的接地电压，这是接零保护的优点。

2. 保护接零条件

低压系统在实施保护接零时如果处理不当，不仅会影响其优点的充分发挥，甚至带来

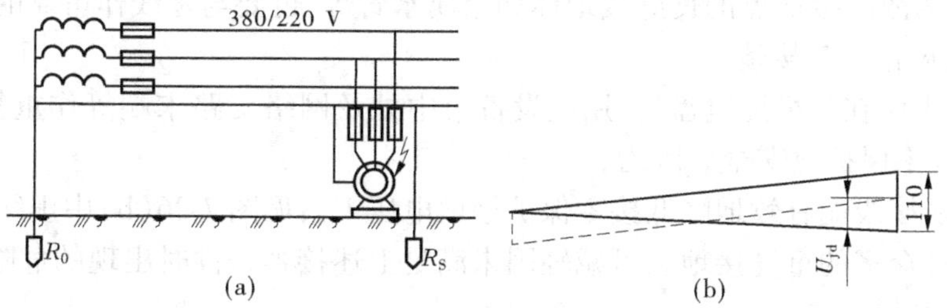

图 7-26　低压设备的保护接零

严重后果。为此必须履行以下接零条件。

1）零线不允许开断

图 7-27 表示零线在 S 开断后，其负载端由于单相负载 B 的连通而上升为相电压，导致接零保护设备 A 的外壳带电，这是非常危险的。为了防止零线开断，要求零线有足够的机械强度，截面不宜过小，并尽量减少其接头；各设备的接零保护不能采用串接，而应各自用保护导线与零干线连接；在零线上切记装设熔断器和闸刀开关。

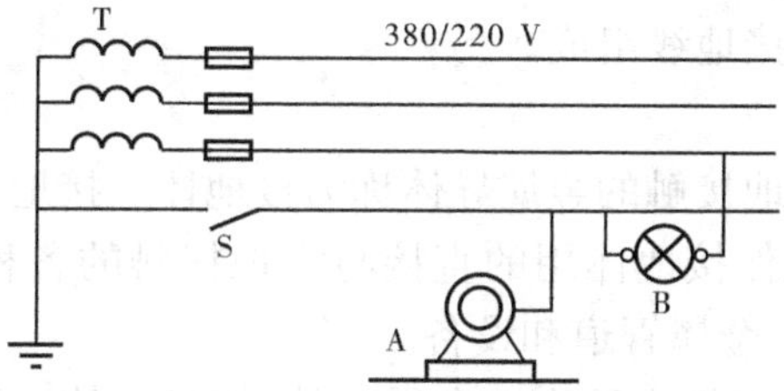

图 7-27　零线开断时引起的危险

2）接零网络中的低电阻接地体均应接零

如图 7-28 所示，当相线对着未接零的低电阻接地体 A 发生单相接地故障时，故障电流经设备 A 的接地电阻 R_A 和变压器中性点的接地电阻 R_0 回流，引起变压器中性点电位上升，使零线及接零保护的设备外壳产生危险的对地电压 U_0。若忽略变压器和相线中的阻抗，则 220 V 相电压在 R_A 和 R_0 上分压，零线对地电压 $U_0=\frac{220R_0}{(R_0+R_A)}$。$R_A$ 越小，则零线电位升高越大。

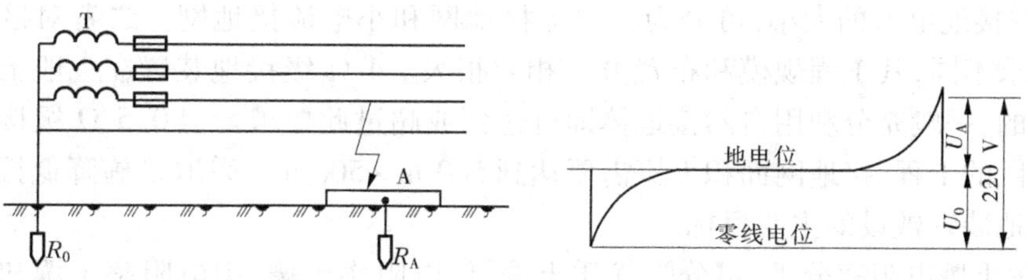

图 7-28　相线碰接未接零的低电阻接地体时引起零线电压的升高

由此可见，在接零网络中，不与零线相接的单纯保护接地是禁止采用的。此外，对那些有可能成为故障接地点的良好接地体如金属水管等，也要与零线作可靠的电气连接。

3）零线应作重复接地

零线至少应在各级配电盘处、用电设备集中处及网络支路末端等作重复接地。重复接地愈多，接零保护愈安全。因为：

（1）重复接线能有效地降低接零保护接地电压 U_{jd}，见图 7-26（b）中虚线。

（2）通过众多的重复接地点可减轻因未满足上述接零条件时出现的危险后果。

4）接零与接地统一

在有条件的地方宜在电气装置全范围内设置统一的接地网，它与电源中性点相接后便成为统一的接地接零网，此时电气设备的保护接地也就是保护接零，并自行满足上述各项接零条件。但为了避免单相负荷或三相不对称负荷电流长期流过接地网，对低压网络干线仍需设置工作零线。

三、接地系统

（一）接地系统的构成、分类与要求

1. 接地系统的构成

接地系统由接地体和接地线组成。

1）接地体

埋入地中并直接与大地接触的金属导体称为接地体。接地体包括以下两大类：

（1）自然接地体，指兼作接地体用的直接与大地接触的各种金属构件、金属井管、钢筋混凝土建筑物内的钢筋、金属管道和设备。

（2）人工接地体，指人为埋入地中的金属构件，按打入的方法不同可分为垂直接地体和水平接地体。垂直接地体一般采用钢管或角钢，垂直打入土中；水平接地体则用扁钢或圆钢平放，埋入 0.6 ~ 0.8 m 深地下。

通常情况下，按一定布置和要求，将众多的水平和垂直接地体相互连接（连接导体一般也是水平接地体），并向设备引出接地抽头，构成接地网。

2）接地线

电气设备的接地部分与接地体连接用的金属导体称为接地线。

2. 接地系统的分类

接地系统的分类情况如下：

（1）按接地电流的大小，可分为大电流接地网和小电流接地网。二者对接地阻值和均压的要求不同，其工程规模和布置方式相差很大。4 Ω 级接地装置在一般土壤地区是容易达到的，一般充分利用自然接地体即可达到或超过此要求。但 0.5 Ω 级接地装置则是一项艰巨的工程，接地网面积大概需要达到 500 m × 500 m。采取措施降低接地电阻值是这种接地装置敷设的主要目标。

（2）按土壤电阻率分类，可分为优质土壤、低电阻率土壤、中电阻率土壤和高电阻率土壤。通常认为 $\rho \leqslant 100\ \Omega \cdot m$ 的为不可多得的优质土壤，$100\ \Omega \cdot m < \rho < 500\ \Omega \cdot m$ 的为低电阻率土壤，$500\ \Omega \cdot m \leqslant \rho < 2\,000\ \Omega \cdot m$ 的为中电阻率土壤，$\rho \geqslant 2\,000\ \Omega$ 的为高电阻率土壤。由于 ρ 值差别很大，相应接地网的构造和规模也不大相同。在高电阻率地区，当

难以达到正常的接地电阻要求时，考虑到技术经济的合理性，允许按规程适当降低阻值要求。

(3)按所属电站的不同，可分为水电站接地网、变电站接地网和火电厂接地网等。水电站建筑的水下部分有大量自然接地体可资利用，还有水域面积可做外引接地网。但有的水电站地处峡谷，土壤覆盖层薄，又远离水库，接地工程十分困难。变电站和火电厂则主要依靠人工接地体，且一般要避免选址在高电阻率区。

3. 接地系统的要求

接地系统的要求如下：

(1)在使用期限内，接地系统的性能和接地电阻应满足电气装置对工作接地、保护接地及冲击接地的要求。

(2)接地设施应具有足够的机械强度或设置附加的机械保护，以能适应外界的影响。为此，接地钢管的厚度应不小于3.5 mm，扁钢不小于20 mm×4 mm，圆钢不小于ϕ8 mm。地中连接一律采用焊接。

(3)接地系统应有防腐蚀措施，以保证在使用期限内保持符合要求的接地电阻值。

(4)接地体要有适当的埋深，以避免机械外伤，也可避免地表土壤层温度的剧烈变化的影响。在北方宜尽量埋设在冻土层下。

(5)接地网应遍及需要保护接地的电气设备所在地点，为各设备提供接地引出抽头。在高压、配电装置室等户内必要场所，还应设置明敷接地带，为设备的检修和试验提供临时性接地抽头。

(6)接地网边缘一般应封闭成环，并酌情在场内增设均压带，以降低接触电压和跨步电压。

(7)节省钢材和投资、减少工作量、方便施工，为此可采取以下措施：①充分利用自然接地体。②大面积接地网应以水平接地体为主。③因地制宜不失时机地在基础开挖、土石方工程回填时作深埋接地体。④利用地质钻探孔作深井接地体等以获得事半功倍的效果。

(二)降低接地电阻值的常用措施

在高电阻率地区敷设接地网，降低接地电阻值是一个突出的难题，在技术经济合理的限度内应扩大接地工程规模和采用一些降低接地电阻值的措施，同时还可按规程适当放宽接地电阻值的要求。工程上常见的有以下几种措施降低接地电阻值。

1. 敷设外引接地网

若在附近1 km以内有电阻率较低的土壤，可设置外引接地网，它与主接地网之间至少要用两根接地干线相连接。外引允许距离受到连接干线本身阻抗值的限制，如有大截面的自然接地体如金属管道、压力钢管、钢轨作外引连接干线最为理想，但要注意在其接头处作补充的电气连接。经过公路外引线时，埋设深度不应小于0.8 m。

外引水下接地网在水电站有普遍意义。凡便于施工、水量丰富、水域宽阔之处，如尾水渠、前池、引水渠、水库、河道等均宜就近加以利用。为了充分发挥水下接地网的作用，应与建筑物中自然接地体相距10 m以上并向外伸展。

2. 深埋接地体

如果地下较深处的土壤电阻率较低，可用井式或深埋式接地体的方式，或用钻孔、冲压等技术将垂直接地体深埋至十几米、几十米甚至几百米深处，达到地下水层以下。由于地下水层导电性能的改善和散流截面的扩大，降阻效果非常明显。有时一根深埋接地体即可降到 1～2 Ω，甚至 0.5 Ω 以下。接地电阻值不仅随埋深下降，主要还取决于地层情况：黏土和矿砂层最好，砂卵石层次之，岩石层最差。深埋接地体较昂贵，最好能利用现成的地质钻探孔。相邻深井距离宜大于 20～30 m，以避免屏蔽效应。

3. 换土

用电阻率较低的土壤（如黏土、黑土及电石渣、矿渣、石灰、木炭等与优质天然土壤的混合物等）替换电阻率较高的土壤，具体做法见图 7-29（a）和（b）。

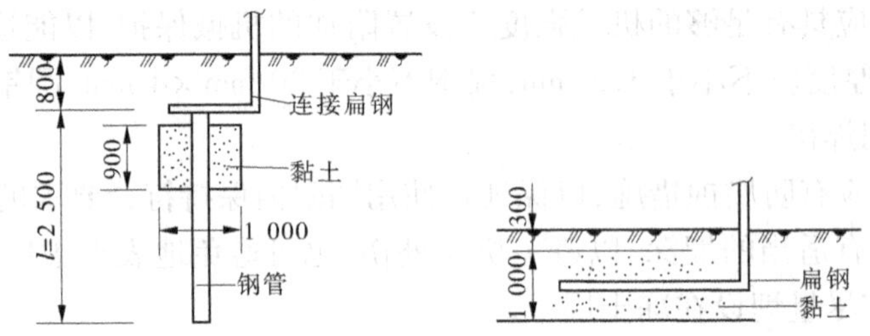

(a)在埋设垂直接地体的坑内换土　(b)在埋设水平接地体的坑内换土

图 7-29　换土

4. 利用降阻剂

降阻剂是用来降低高土壤电阻率接地体接地电阻的物质，由多种化学物质配制而成。降阻剂的电阻率一般应在 10 Ω · m 以下。

降阻剂用在小面积的集中接地、小型接地网中，可以明显降低接地体的接地电阻，如在输电线路杆塔的接地装置或小型变电站的接地网中，其降阻效果较为显著。但在大中型变电厂的接地网中，由于降阻剂使接地网的有效尺寸扩大的百分比很有限，所以降阻剂的作用不大。

5. 敷设水下接地网

充分利用水工建筑物（水塔、水井、水池等）以及其他与水接触的金属部分作为自然接地体，当不能满足要求时，可在就近的水中敷设外引接地装置。

（三）接地网的敷设

下面以水电站的接地网为例，介绍接地网的敷设情况。

1. 根据阻值要求和土壤环境确定工程规模和实施方案

在非高电阻率区敷设小电流接地网比较简单，其目标是：①使接地网遍及电气设备所在地点，就近向设备引出接地抽头；②适当顾及均压要求。在满足此两点后，其阻值已接近或达到 4 Ω。为此，在水电站的主、副厂房主变场地、开关站等处，分片或联片敷设环形接地网。再参照电气设备的布置，在环内每隔 5～8 m 敷设数行水平接地体，并准确按设备位置引出接地抽头。上述的“环”和“行”应尽量利用片内的自然接地体。最后在各分片之间至少用2根截面不小于40 mm×4 mm的扁钢相互连接(连接带本身也是水平接地体),形成一个全站统一的接地接零网。

大电流接地网是在上述基础上采取以下措施以降低接地阻值和进一步实现均压的:

(1)扩大接地网范围,不再囿于上述电气设备所在场地。

(2)增设较远的外引接地网,尤其是水下接地网,并尽量利用附近的水工建筑物的水下自然接地体。

(3)有选择地打设一些垂直接地体。

(4)在重要地段如主变场地、开关站及交通要道增设均压等。

2. 主、副厂房的接地

立式机组主厂房机构复杂,钢筋、金属管道等交织密集,应充分利用自然接地体。水轮机层以下一般为水下部分,其自然接地体对降低阻值颇为有效。基本实施方法是:分别在主厂房底层(包括集水井和集水廊道地板、尾水管底板等)、水轮机层和发电机层三层钢筋中,每隔3~5 m(考虑均压)或5~8 m(不考虑均压)选定一根纵向和横向尾水管直管段和机墩等处,相应地选取垂直主钢筋作为垂直自然接地体,与各层对应的水平自然接地体钢筋相连接,并上引至主厂房顶,形成一个多层的、立体的笼式钢筋接地网,与厂内所有金属管道、设备基础等牢固焊接。

卧式机组主厂房是单层的,且多系砖木结构,使用钢筋少,一般要敷设人工接地体,并与厂房大柱钢筋、尾水锥管、压力水管及机械电气管道相连接,其他要求同上。

3. 屋外配电装置的接地

配电装置和主变场地是接地网的中心地段。屋内配电装置接地网常和主副厂房的连成一片;主变场地则依主变位置或与主副厂房或与屋外配电装置的接地网连成一片。

大面积屋外配电装置场地的接地如图7-30所示。它以水平接地体为主,埋深0.6~0.8 m。考虑场内均压的需要,水平接地体行间距离取3~6 m(大接地电流、高ρ值和小面积场地时取小值),并就近向设备和构架引出接地抽头。对大电流接地系统,该接地网一般要向外扩展,并将外缘各角做成圆弧形,以缓和接地电位分布。

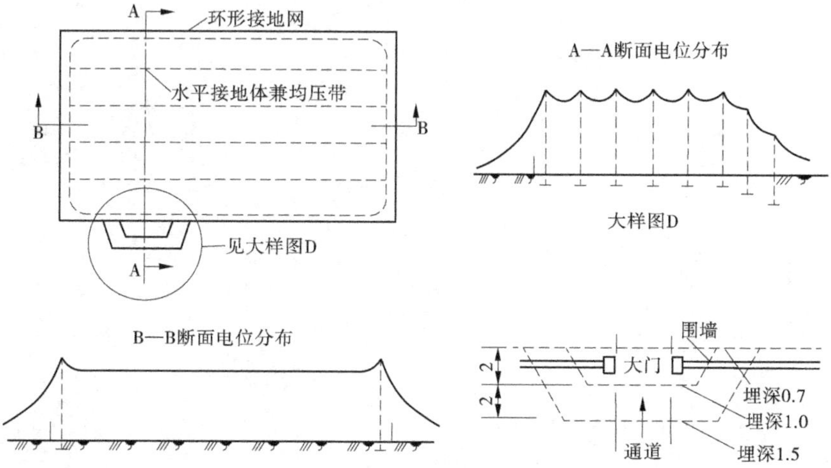

图7-30　屋外配电装置的环形均压接地网及地面电位分布

图 7-30 两断面图显示均压带使地面电位的分布趋于平缓。虽然其接地电压可能超过 2 kV,但场地内接触电压和跨步电压不大。

由于场地外侧的地面电位分布依然陡峭,为此可作以下处理:

(1)扩展边缘线至偏僻陡坡处。

(2)在边缘附近用高电阻材料(如卵石、沥青或沥青混凝土等)覆盖。

(3)在交通要道和出入口等处,为了有效地降低边缘跨步电压,可采用帽檐式均压带,即在局部地方加设两行埋深依次递增的均压带,详见图 7-30 中的大样图 D。该处地面电位的分布明显变平缓,如图 7-30 中 A—A 断面图右端所示。

参考文献

[1] 姚春球. 发电厂电气部分[M]. 北京:中国电力出版社,2004.
[2] 林莘. 现代高压电器技术[M]. 北京:机械工业出版社,2002.
[3] 陈化刚,张开贤,程玉兰. 电力设备异常运行及事故处理[M]. 北京:中国水利水电出版社,2008.
[4] 丁颖. 变电设备及运行处理[M]. 北京:中国电力出版社,2007.
[5] 陈家斌. 变电设备运行异常及故障处理技术[M]. 北京:中国电力出版社,2009.
[6] 黄兴泉,郭琳. 电气设备运行与检修[M]. 北京:中国电力出版社,2010.
[7] 王晓玲. 电气设备及运行[M]. 北京:中国电力出版社,2007.
[8] 潘龙德. 电气运行[M]. 北京:中国电力出版社,2003.
[9] 李景禄,胡毅,刘春生. 实用电力接地技术[M]. 北京:中国电力出版社,2001.
[10] 吴靓,谢珍贵. 发电厂及变电站电气设备[M]. 北京:中国水利水电出版社,2009.
[11] 戴宪滨. 发电厂电气部分[M]. 北京:中国水利水电出版社,2008.
[12] 余建华. 发电厂电气设备及运行[M]. 北京:中国电力出版社,2009.
[13] 刘增良,刘国亭. 电气设备及运行维护[M]. 北京:中国电力出版社,2007.
[14] 王朗珠,蒋燕. 发电厂电气设备及运行[M]. 北京:中国电力出版社,2008.
[15] 谢珍贵,汪永华. 发电厂电气设备[M]. 郑州:黄河水利出版社,2009.
[16] 卢文鹏,吴佩雄. 发电厂变电所电气设备[M]. 北京:中国电力出版社,2005.